高等职业教育“十三五”规划教材

电机与拖动

徐天宏　主编
李跃　副主编

天津大学出版社
TIANJIN UNIVERSITY PRESS

图书在版编目(CIP)数据

电机与拖动 / 徐天宏主编. —天津：天津大学出版社，2020.9（2023.7 重印）
高等职业教育“十三五”规划教材
ISBN 978-7-5618-6749-5

Ⅰ.①电…　Ⅱ.①徐…　Ⅲ.①电机－高等职业教育－教材②电力传动－高等职业教育－教材　Ⅳ.①TM3 ②TM921

中国版本图书馆CIP数据核字(2020)第160126号

出版发行　天津大学出版社
地　　址　天津市卫津路92号天津大学内（邮编:300072）
电　　话　发行部:022-27403647
网　　址　www.tjupress.com.cn
印　　刷　北京盛通商印快线网络科技有限公司
经　　销　全国各地新华书店
开　　本　185mm×260mm
印　　张　17.5
字　　数　437千
版　　次　2020年9月第1版
印　　次　2023年7月第3次
定　　价　48.00元

前　　言

“电机与拖动”是高职高专电气工程、电气自动化技术、机电一体化专业中应用性很强的一门专业课。随着计算机技术、电力电子技术和各种自动控制技术的发展，工业电气控制系统的核心设备及关键技术出现了多样化的格局，利用可编程控制器进行电气控制已成为工业控制领域的主流技术。本书根据高等职业教育“加强应用、联系实际、突出特色”的原则编写而成，在内容和编写思路上力求体现高职高专培养生产一线高技能人才的要求，力争做到重点突出、概念清楚、层次清晰、深入浅出。本书在内容处理上，既注意反映电气控制领域的最新技术，又注意专科学生的知识和能力结构，强调理论联系实际，注重学生动手能力、分析和解决实际问题能力以及工程设计能力和创新意识的培养。

本书根据“融学生就业竞争力与发展潜力培养为一体，教育与教学为一体，职业素质养成与职业技能培养为一体，课内与课外培养为一体”的涵盖人才培养全过程的指导思想，按照“逆向分解、正向培养、动态反馈、循环提升”的课程方案设计方法进行编写。以电机维修管理工作岗位为依托，分析工作岗位和典型工作任务，对典型工作任务进行分析和归纳，确定行动领域；按照机电设备维修管理及维护系统化原则，进行课程知识的解构与重构，系统设计“电机与拖动”的学习领域，完成工作过程系统化课程体系开发。

本书力求由浅入深、通俗易懂，并注重联系工程实际应用，以工厂电力拖动为背景，系统地介绍了磁路、变压器、异步电机电磁关系的联系，采用先交流后直流，先电机后拖动的项目设计，使读者掌握设备的工作原理，提高理论联系实际能力。

本书主要介绍变压器、异步电机、直流电机的工作原理、内部结构、电磁关系、运行分析和电力拖动等内容。全书共分为九个项目：项目 1 磁路，项目 2 变压器，项目 3 异步电动机的基本理论，项目 4 三相异步电动机的电力拖动，项目 5 直流电机的基本理论，项目 6 直流电动机的拖动，项目 7 电力拖动系统中电动机的选择，项目 8 特种电机，项目 9 电机与拖动试验，项目 1~8 后附有习题，供读者进行练习与实践，书中标记“*”的内容为参考内容，可由读者自学。

本书由云南锡业职业技术学院徐天宏任主编，云南锡业职业技术学院李跃任副主编，具体分工为李跃负责绘制图形并编写项目 7 和项目 8，徐天宏编写其余项目并负责全书的统稿、定稿工作。

本书由红河学院熊伟教授、云南锡业集团（控股）有限责任公司电气学科带头人尹久发高级工程师审阅，两位老师对本书提出了许多宝贵意见，在此表示衷心的感谢。

本书在编写过程中得到了云南锡业集团(控股)有限责任公司、云南锡业职业技术学院领导的关怀,得到了云南锡业集团(控股)有限责任公司松树脚分矿的支持,得到了红河学院、云南锡业职业技术学院部分教师的帮助,在此一并表示衷心的感谢!

由于编者水平及编写时间所限,书中难免存在错误和不妥之处,恳请读者批评指正。

编 者

2020 年 7 月

目　录

项目 1　磁路

项目	情境	职业能力	子情境	学习方式	学习地点	学时数
磁路	磁场的基本物理量	理解磁场的基本物理量的定义、方向、大小、单位	磁通	实物讲解、多媒体动画	多媒体教室	0.5
			磁感应强度			
			磁导率			
			磁场强度			
	铁磁材料	了解磁化的概念，理解铁磁材料的性质，了解铁磁材料的分类	物质的磁化	实物讲解、多媒体动画	多媒体教室	0.5
			铁磁材料的性质			
			铁磁材料的分类与用途			
	磁路及其基本定律	了解磁路的概念，掌握磁路欧姆定律	磁路	实物讲解、多媒体动画、图表归纳	多媒体教室	0.5
			磁路的基本定律		多媒体教室	1.5

世界上的物质以两种形式存在：一种是看得见、摸得着的物质，这是最常见的物质；另一种是看不见、摸不着，但却存在并与周围物质相互作用着的物质，这种物质叫场，电磁场就是这类物质。

电和磁是相互联系、不可分割的两个基本现象，几乎所有电气设备及其工作原理都与电和磁紧密相关。本项目主要讨论基本磁现象及其规律，磁场和磁路的基本概念和基本定律。

情境 1　磁场的基本物理量

职业能力：理解磁场的基本物理量的定义、方向、大小、单位。

子情境 1　磁通

众所周知，磁体周围存在磁力作用的空间称为磁场。互不接触的磁体之间具有的相互作用力就是通过磁场这一特殊物质进行传递的。磁场和电场都是特殊物质，它们的特殊性在于它们不是由分子和原子等粒子所组成的。

为了形象地描绘磁场，引入磁力线的概念，与电力线描绘电场相类似，其定性地描绘了磁场在空间的分布情况。为了定量地描述磁场在一定面积上的分布情况，引入磁通这一物理量。

（1）磁通的定义：通过与磁场方向垂直的某一面积上磁力线的总和，称为通过该面积的磁通，用 Φ 表示。

（2）磁通的单位：韦伯（Wb）简称韦，麦克斯韦（Mx）简称麦。

1 韦（Wb）=10^8 麦（Mx）

（3）磁通的意义：当面积一定时，通过该面积的磁通越多，则磁场越强。这一概念有其重要意义，如提高变压器、电磁铁效率的重要方法就是减小漏磁通，也就是尽可能让全部磁力线通过铁芯的截面。

子情境 2　磁感应强度

为了研究磁场中各点的强弱和方向，引入磁感应强度这一物理量，用字母 B 表示。

（1）磁感应强度的定义：垂直通过单位面积的磁力线的数目，称为该点的磁感应强度。在均匀磁场中，磁感应强度可表示为

$$B = \frac{\Phi}{A} \tag{1.1.1}$$

式（1.1.1）说明磁感应强度 B 等于单位面积的磁通量，如果通过单位面积 A 的磁通越多，则磁力线越密，磁场也就越强，所以有时磁感应强度也叫磁通密度。

（2）磁感应强度的单位：当磁通的单位用 Wb，面积的单位用 m^2 时，磁感应强度的单位是 Wb/m^2，称为特斯拉（T），简称特；当磁通的单位用 Mx，面积的单位用 cm^2 时，磁感应强度的单位是 Mx/cm^2，称为高斯（Gs），简称高。

1 特（T）$=10^4$ 高（Gs）

（3）磁感应强度的方向：某点磁力线的切线方向，就是该点磁感应强度的方向。

若磁场中各点的磁感应强度的大小和方向完全相同，则这种磁场称为均匀磁场，磁力线是等距离的平行线，如图 1.1.1 所示。

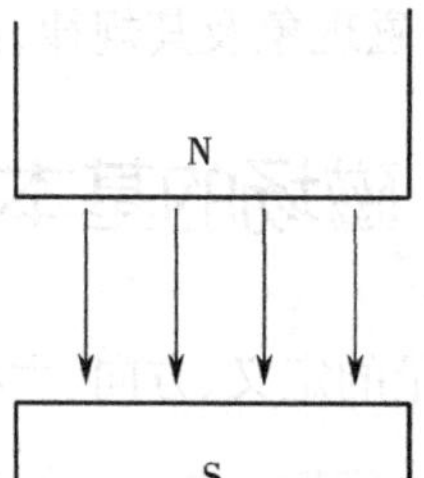

图 1.1.1　均匀磁场

为了在平面上表示，常用符号“×”与“·”代表电流、磁力线或磁感应强度垂直进入纸面和垂直从纸面出来。

注意：磁感应强度不但表示磁场中某点的强弱，而且还能表示该点磁场的方向。因此，磁感应强度是一个矢量。

子情境 3　磁导率

大家都知道，当用一个插有铁棒的通电线圈和一个插有铜棒的通电线圈吸引铁屑时，会发现这两种情况下的吸引力大小不同，前者比后者吸引力大得多。这说明不同的媒介质对

磁场的影响不同，影响的程度与媒介质的导磁性能有关。

为了表征物质的导磁性能，引入磁导率的概念。

（1）磁导率的定义：磁导率是表示磁介质导磁性能的物理量，用 μ 表示。磁导率 μ 等于磁介质中磁感应强度 B 的微分与磁场强度 H 的微分之比，即 $\mu=dB/dH$。

（2）磁导率的单位：H/m（亨利/米）。真空的磁导率 $\mu_0=4\pi\times10^{-7}$ H/m，为一常数。

（3）相对磁导率。世界上大多数物质对磁场的影响甚微，只有少数物质对磁场有着明显的影响，为了比较物质的导磁性能，引入相对磁导率的概念。

①相对磁导率的定义：任一物质的磁导率与真空磁导率的比值称为相对磁导率，用 μ_r 表示，即

$$\mu_r=\frac{\mu}{\mu_0} \tag{1.1.2}$$

相对磁导率只是一个比值，无单位，表明在其他条件相同的情况下，媒介质中的磁感应强度是真空中的多少倍。

②物质的分类。

$\mu_r<1$ 的物质称为反磁物质，如铜、银等。

$\mu_r>1$ 的物质称为顺磁物质，如空气、锡、铝等。

$\mu_r\gg1$ 的物质称为铁磁物质，如铁、镍、钴及其合金等，铁磁物质广泛地应用于电工技术方面（如制作变压器、电磁铁、电机的铁芯等）。

铁磁物质之间的相对磁导率差别很大。例如，铸铁的相对磁导率为 200~400，铸钢的相对磁导率一般为 500~2 000，硅钢片的相对磁导率通常达 7 000~10 000，坡莫合金的相对磁导率可高达 20 000~200 000 。

另外，铁磁物质的磁导率不是常数，通常随磁场强度的变化而变化。

子情境 4　磁场强度

为了计算方便，引入磁场强度的概念。

（1）磁场强度的定义：磁场中某点的磁感应强度 B 与媒介质的磁导率 μ 的比值，称为磁场强度，用 H 表示。

$$H=\frac{B}{\mu} \tag{1.1.3}$$

磁感应强度 B 与媒介质有关，磁场强度与媒介质无关。磁场强度的大小只与电流及导线的开关有关。

（2）磁场强度的单位：安/米（A/m），较大的单位是奥斯特（Oe），简称奥。

1 奥（Oe）=80 安/米（A/m）

情境 2 铁磁材料

职业能力:了解磁化的概念,理解铁磁材料的性质,了解铁磁材料的分类。

子情境 1 物质的磁化

1. 磁化的基本概念

当把一根原来不能吸引铁屑的铁棒插入载流线圈中时,我们会发现铁屑能被吸引。这是由于铁棒被磁化了。

(1)磁化的定义:使原来没有磁性的物质具有磁性的过程称为磁化。凡是铁磁物质都能被磁化。

(2)磁化的原因:铁磁物质是由许多被称为磁畴的磁性小区域所组成的,每一个磁畴相当于一个小磁铁。

铁磁材料在无外加磁场作用时,磁畴排列杂乱无章,磁性互相抵消,对外不呈现磁性,如图 1.2.1(a)所示。

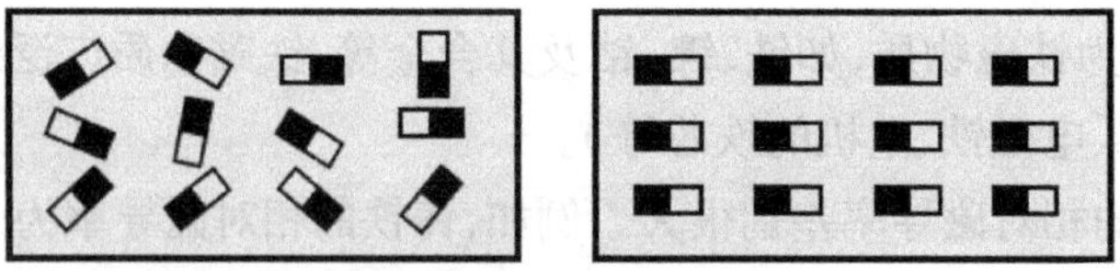

(a)　　(b)

图 1.2.1　磁化前后磁畴的排列

(a)磁化前　(b)磁化后

铁磁材料处于外磁场中时,磁畴就会受到外磁场的作用而打破原来的排列次序,顺外磁场的方向转向,形成一个与外磁场方向一致的附加磁场,从而使铁磁材料内部的磁感应强度大大增强,如图 1.2.1(b)所示。

2. 铁磁材料磁化的过程

1)起始磁化曲线

当铁磁物质从完全无磁状态开始磁化时,铁磁物质的磁感应强度 B 将按一定规律随外磁场强度 H 的变化而变化。这种 B 与 H 的关系曲线称为起始磁化曲线,如图 1.2.2 所示。

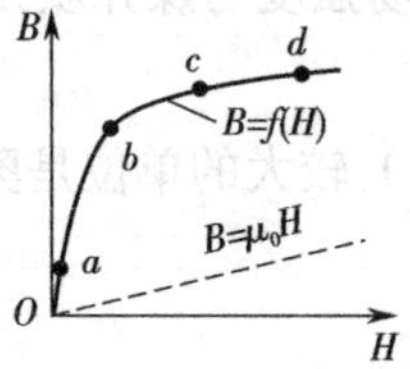

图 1.2.2　起始磁化曲线

由起始磁化曲线可知,当磁场强度 H 较小时,磁感应强度 B 随 H 近似成正比增加,此时铁磁材料中的小磁畴随之逐渐转向，如图 1.2.2 中曲线 *Oa* 段；接着磁感应强度几乎直线上升，铁磁材料中的小磁畴方向趋于外磁场方向，如图 1.2.2 中曲线 *ab* 段；起始磁化曲线上升到一定程度后，由于铁磁材料内部的小磁畴几乎全部转向完毕，再增加外磁场强度 H，磁感应强度 B 也不会继续增加，如图 1.2.2 中 c 点以后的曲线。

2）磁滞回线

铁磁材料在交变磁场中进行反复磁化时，可得到如图 1.2.3 所示的 B-H 曲线图，称为磁滞回线。

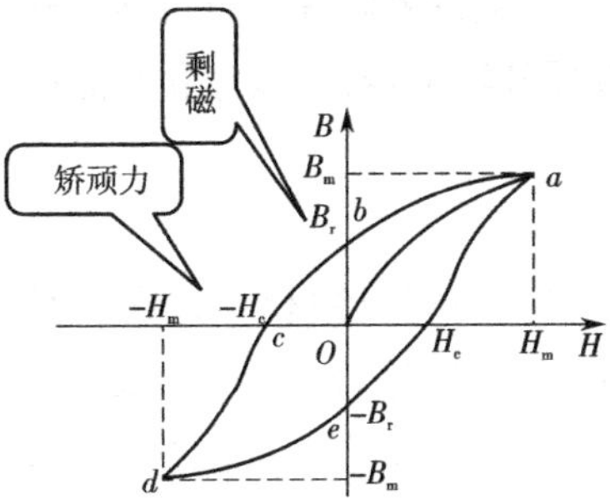

图 1.2.3　磁滞回线

在电路中串接可调电阻 R，以改变电流值，从而可得到磁滞回线，具体过程如下。

（1）调整可调电阻 R，使电流逐渐增大，当达到最大磁场强度 H_m 时，线圈中未经磁化的铁磁材料被磁化，得到起始磁化曲线，如图 1.2.3 中的 *Oa* 段。

（2）减小电流，使磁场强度 H 逐渐减小到零，此时磁化曲线不沿图 1.2.3 中 *Oa* 段变化，而是沿图 1.2.3 中 *ab* 段变化，磁感应强度 B 也不为零，而为一定数值，称其为剩磁（B_r）。

（3）改变电流方向，使 H 反方向增加直至剩磁消失，磁化曲线为图 1.2.3 中 *bc* 段，此时对应的磁场强度 H_c 称为矫顽力。

（4）反方向增大电流，使 H 达到 $-H_m$，磁化曲线为图 1.2.3 中 *cd* 段。

（5）反方向减小电流，使 H 为零，磁化曲线为图 1.2.3 中 *de* 段，此时 B 还是不为零，称其为反向剩磁（$-B_r$）。

（6）为了消除反向剩磁，必须通一正向电流。

重复上述过程，得到磁滞回线。显然，铁磁材料在反复磁化过程中，B 的变化总是滞后于 H 的变化，这种现象称为磁滞。

子情境 2　铁磁材料的性质

铁磁材料具有如下性质：

（1）能被磁体吸引；

（2）能被磁化，并且有剩磁和磁滞损耗；

（3）磁导率 μ 不是常数，每种铁磁材料都有一个最大值；

（4）磁感应强度 B 有一个饱和值。

由上可归纳，铁磁材料具有高导磁性、磁饱和性、磁滞性。

子情境 3　铁磁材料的分类与用途

不同的铁磁材料具有不同的磁滞回线，剩磁和矫顽力也不相同，在工程上的用途也不一样。通常把铁磁材料分为以下三类。

1. 软磁材料

软磁材料指剩磁和矫顽力均很小的铁磁材料，磁导率很高，易磁化也易去磁，磁滞回线较窄，如硅钢片、纯铁、坡莫合金、软磁铁氧体等。低碳钢和硅钢片多用于电机和变压器的铁芯；含镍的铁合金片多用于变频器和继电器；铁氧体和非晶态材料多用于振荡器、滤波器、磁头等高频磁路中。

2. 硬磁材料

硬磁材料指剩磁和矫顽力均很大的铁磁材料，磁导率不是很高，不易磁化也不易去磁，磁滞回线很宽，如钨钢、钴钢、碳钢、铝镍钴合金等。硬磁材料多用于制作各式永久磁铁、磁电式仪表、永磁式扬声器、发电机、磁悬浮器件、流量计、核磁共振器件、磁疗器件、传感器等。

3. 矩磁材料

矩磁材料在很小的外磁场作用下就能被磁化，一经磁化便达到饱和值，去掉外磁场后，磁性仍能保持在饱和值，磁滞回线近似于矩形，如镁锰铁氧体及 1J51 型铁镍合金等。矩磁材料只具有正向饱和和反向饱和两种稳定状态，对应二进制中的“0”和“1”两个数码，常用于制作计算机和控制系统中各类存储器记忆元件、开关元件和逻辑元件的磁芯。

情境 3　磁路及其基本定律

职业能力：了解磁路的概念，掌握磁路欧姆定律。

子情境 1　磁路

1. 磁路的定义

磁通（磁力线）通过的闭合路径称为磁路。

为了获得较强的磁场，常常需要把磁通集中在某一定型的路径中。形成磁路的最好方法是利用铁磁材料按照电器的结构要求而做成各种形状的铁芯，从而使磁通形成各自所需的闭合路径，如图 1.3.1 所示。

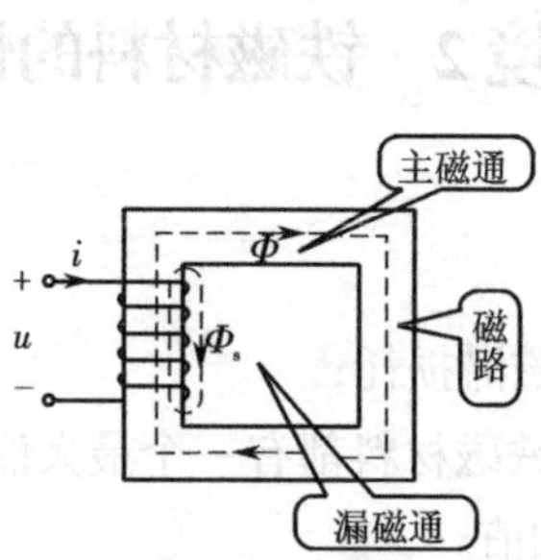

图 1.3.1　磁路

由于铁磁材料的磁导率 μ 远大于空气的磁导率，所以磁通主要沿铁芯闭合，只有很小部分磁通经过空气或其他材料闭合。我们把通过铁芯的磁通称为主磁通，铁芯外的磁通称为漏磁通。一般情况下，漏磁通很小，可忽略不计。

2. 磁路的分类

磁路按其结构不同，可分为无分支磁路和有分支磁路。无分支磁路又可分为对称分支磁路和不对称分支磁路。如图 1.3.2 所示为几种电气设备中的磁路。

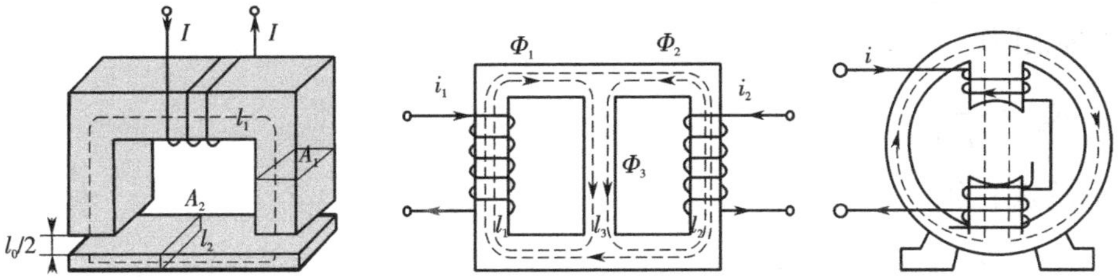

图 1.3.2　几种电气设备中的磁路

子情境 2　磁路的基本定律

1. 磁路欧姆定律

1）恒定磁通欧姆定律

图 1.3.3 所示铁芯上绕有一组线圈，形成一个无分支磁路。设励磁线圈的匝数为 N，通过的直流电流为 I，它在磁路当中将产生不随时间变化的恒定磁通 Φ。设铁芯的截面面积为 A_c，磁路的平均长度为 l_c，铁芯磁导率为 μ_c；空气隙的截面面积为 A_0，磁路的平均长度为 l_0，空气隙磁导率为 μ_0。则铁芯中：

$$B_c = \frac{\Phi}{A_c} \qquad H_c = \frac{B_c}{\mu_c} = \frac{\Phi}{\mu_c A_c}$$

空气隙中：

$$B_0 = \frac{\Phi}{A_0} \qquad H_0 = \frac{B_0}{\mu_0} = \frac{\Phi}{\mu_0 A_0}$$

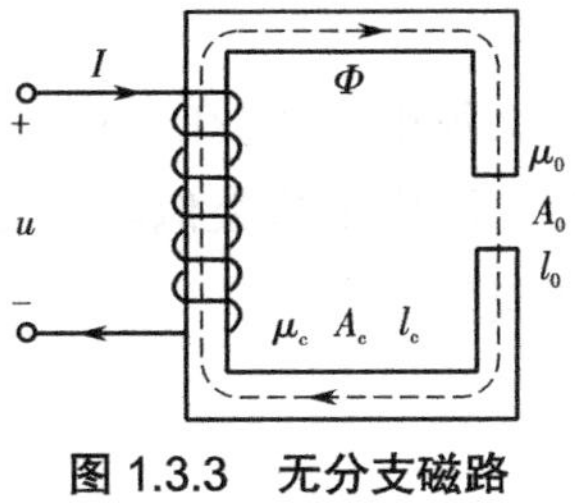

图 1.3.3　无分支磁路

全电流定律指出：在磁路中，沿任一闭合路径，磁场强度的线积分等于与该闭合路径交链的电流的代数和。即

$$\oint H\mathrm{d}l = \sum I \tag{1.3.1}$$

当电流方向与闭合路径的积分方向符合右手螺旋定则时,电流前取正号,反之取负号。故式(1.3.1)左边为

$$\oint H\mathrm{d}l = H_c l_c + H_0 l_0 = \left(\frac{l_c}{\mu_c A_c} + \frac{l_0}{\mu_0 A_0}\right)\Phi$$

令铁芯的磁阻为

$$R_{m_c} = \frac{l_c}{\mu_c A_c}$$

空气隙的磁阻为

$$R_{m_0} = \frac{l_0}{\mu_0 A_0}$$

故磁路的总磁阻为

$$R_m = R_{m_c} + R_{m_0} = \frac{l_c}{\mu_c A_c} + \frac{l_0}{\mu_0 A_0} \tag{1.3.2}$$

式(1.3.1)右边为$\sum I$,等于线圈的匝数N与电流I的乘积,即$\sum I = NI$,NI为线圈的磁通势,用F表示,即

$$F = NI = R_m \Phi \tag{1.3.3}$$

或写成

$$\Phi = \frac{F}{R_m} \tag{1.3.4}$$

式(1.3.4)称为磁路欧姆定律,其中R_m称为磁阻,其大小与磁路中磁力线的平均长度l成正比,与铁芯材料的磁导率μ和铁芯截面面积的乘积成反比。也就是说,如果铁芯的几何尺寸一定,磁导率μ越大,则磁阻越小。且当磁路中有空气隙存在时,磁路的磁阻将显著增加,若磁通势一定,则磁路中的磁通Φ将减小;反之,若保持磁路中的磁通一定,则磁通势就应增加。所以,磁路中应尽量减少不必要的空气隙。

磁路欧姆定律与电路欧姆定律相似,磁通Φ相当于电路的电流I,磁通势F相当于电路的电动势E,磁阻R_m相当于电路的电阻R。不过磁路与电路有本质不同,当电路断开时,电动势依然存在;但是磁路没有开路状态,也不可能有短路状态。

2)交变磁通欧姆定律

在图1.3.3中,如果线圈中通入交流电流,它在磁路当中将产生随时间交变的磁通。这时磁路欧姆定律的分析与交流电路的欧姆定律类似。交变磁通的大小用磁通的幅值(最大值)表示,所以交变磁通的欧姆定律应表示为

$$\Phi_m = \frac{F_m}{Z_m} \tag{1.3.5}$$

其中,F_m是磁通势的幅值,其数值为

$$F_m = NI_m = \sqrt{2}NI \tag{1.3.6}$$

Z_m是磁路的磁阻抗,其与交流电路中的阻抗一样,也是一个复数,即

$$Z_m = R_m + \mathrm{j}X_m \tag{1.3.7}$$

式中：R_m 是磁路的磁阻；X_m 是磁路的磁抗。

3）磁路欧姆定律和电路欧姆定律的对应关系

磁路欧姆定律和电路欧姆定律的对应关系见表 1.3.1。

表 1.3.1　磁路欧姆定律和电路欧姆定律的对应关系

磁路		电路	
磁通势	$F=NI$（安·匝）	电动势	E（伏特）
磁　通	Φ（韦伯）	电　流	I（安培）
磁导率	μ（亨利/米）	电阻率	ρ（欧姆·米）
磁　阻	$R_m=\frac{l}{\mu A}$（1/亨利）	电　阻	$R=\frac{\rho l}{S}$（欧姆）
欧姆定律	$\Phi=\frac{NI}{R_m}=\frac{F}{R_m}$	欧姆定律	$I=\frac{E}{R}$

2. 磁路的基尔霍夫定律

以恒定磁通磁路为例介绍磁路基尔霍夫定律。

1）磁路基尔霍夫第一定律

当铁芯有分支磁路时，各部分磁通分别为 Φ_1、Φ_2、Φ_3，方向如图 1.3.4 所示，根据磁通连续性原理，取穿出闭合面的磁通为正，穿入闭合面的磁通为负，则

$$\Phi_3-\Phi_2-\Phi_1=0$$

即在磁路的任意一个闭合面上，磁通的代数和等于零，这个规律称为磁路的基尔霍夫第一定律，用公式可表示为

$$\sum\Phi=0 \tag{1.3.8}$$

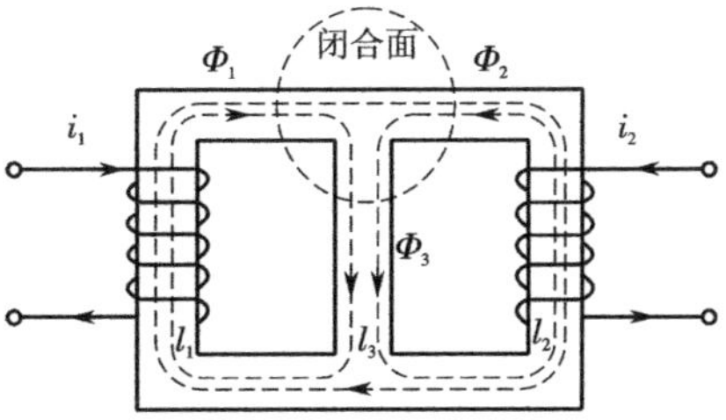

图 1.3.4　磁路基尔霍夫定律

2）磁路基尔霍夫第二定律

若磁路中的磁导率、磁通或面积不同，则磁场强度不同，所以磁路中的任何一条回路按磁导率、磁通或面积的不同都可以分为若干段，对图 1.3.4 中的最外边的闭合回路，取回路环形方向为顺时针方向，根据全电流定律，当磁场方向与回路环形方向一致时，Hl 前取正号，反之取负号；当电流方向与回路环形方向符合右手螺旋定则时，NI 前取正号，反之取负号，则有

$$F_1-F_2=\oint H\mathrm{d}l=H_1l_1+H_3l_3-H_2l_2-H_3l_3=H_1l_1-H_2l_2$$

式中：Hl 为磁位差，用 U_m 表示，即 $U_m = Hl$。

由此可见，在磁路的任何一个闭合回路中，磁通势的代数和等于磁位差的代数和，这个规律称为磁路的基尔霍夫第二定律，用公式可表示为

$$\sum F_m = \sum U_m \tag{1.3.9}$$

习　题

问答题

1. 一块条形磁钢和一块软铁的形状完全相同，如何判别它们，如何判断条形磁钢的 N、S 极？

2. “磁力线始于 N 极，止于 S 极”的说法对吗？

3. 磁通和磁感应强度在意义上有何区别？它们之间有什么联系？

4. 有两个大小完全相同的环形磁路，一个为铁芯，另一个为木芯（磁导率为 μ_0），当两个环形线圈的电流和匝数相等时，问：

（1）两个环形线圈中的 B、Φ、H 是否相等？

（2）分别在两个环形线圈上开一个缺口，两个环形线圈中的 B、Φ、H 是否有变化，变化大小如何？

5. 铁磁材料一般分哪几类？各有什么特点？

6. 铁磁材料有哪些基本性质？

项目2 变压器

项目	情境	职业能力	子情境	学习方式	学习地点	学时数
变压器	变压器的用途和分类	了解变压器的主要用途和分类方法	变压器的用途	实物讲解、多媒体动画	多媒体教室	0.5
			变压器的分类			
	变压器的结构和工作原理	了解变压器的主要结构，掌握变压器的基本工作原理，了解变压器的铭牌	变压器的结构	实物讲解、多媒体动画	多媒体教室	2
			变压器的基本工作原理			
			变压器的铭牌			
	变压器的运行分析	研究变压器的运行原理及特性	变压器的空载运行	实物讲解、多媒体动画	多媒体教室	1.5
			变压器的负载运行			
	变压器的运行特性	掌握变压器外特性和效率运行特性，了解变压器运行性能主要指标——电压调整率和效率	变压器的外特性和电压调整率	实物讲解、多媒体动画	多媒体教室	1.5
			变压器的损耗和效率			
	变压器的参数测定	通过对变压器的空载试验和短路试验得到的技术参数分析和检验变压器的运行性能	变压器的空载试验	实验室示范操作讲解	实验室	2
			变压器的短路试验			
			标么值			
	变压器绕组的极性测定与连接	掌握变压器绕组极性的判断方法，掌握判断三相变压器的连接组别的时钟法	单相变压器绕组的极性	实验室示范操作讲解	实验室	4
			变压器绕组的极性测定			
			三相变压器绕组的连接与首尾判别			
			三相变压器的连接组别			
	三相变压器的并联运行	了解变压器并联运行的条件	变压器并联运行的意义	实物讲解、多媒体动画	多媒体教室	0.5
			变压器并联运行的条件			
	特殊用途的变压器	掌握特殊用途变压器的结构特点、应用场合、使用注意事项	自耦变压器	实物讲解、多媒体动画	多媒体教室	0.5
			仪用互感器	实物讲解、多媒体动画	多媒体教室	1
	变压器的维护及检修	做好日常维护工作，将事故消灭在萌芽状态，能够迅速判断事故原因和性质以及正确处理事故，防止事故扩大	变压器运行中的日常维护	实物讲解、多媒体动画	多媒体教室	0.5
			变压器的特殊巡视检查项目	实物讲解、多媒体动画	多媒体教室	0.5
			变压器的常见故障及处理	实物讲解、多媒体动画	多媒体教室	1

变压器是电力系统中一种重要的电气设备，可以通过线圈间的电磁感应作用把一种电压等级的交流电能转换成同频率的另一种电压等级的交流电能，它是用来改变交流电压大小的供电设备，是一种静止的电气设备。

情境1 变压器的用途和分类

职业能力:了解变压器的主要用途和分类方法。

子情境1 变压器的用途

为提高电能的传输效率,将同步发电机输出的400 V、3.15 kV、6.3 kV、10.5 kV电压,通过升压变压器升压为110 kV、220 kV、330 kV、500 kV、765 kV的高压输电线路的电压。当电能传输到用电区后,又通过降压变压器多次降压以满足用户需求。如大型动力设备用电电压为10 kV、6 kV、3 kV,小型动力设备和照明用电电压为380 V、220 V,潮湿和不安全处安全用电电压为42 V、36 V、24 V、12 V、6 V。另外,还有可用作阻抗变换及其他用途的变压器。

变压器的用途可归纳为变换电压、变换电流、变换阻抗。

子情境2 变压器的分类

变压器的分类方法很多,通常可按用途、铁芯结构、冷却方式、绕组数目、相数、调压方式等进行分类。

1. 按用途分类

(1)电力变压器,常用于输配电系统中变换电压和传输电能,如升压变压器、降压变压器、配电变压器、联络变压器,如图2.1.1所示。

图2.1.1 电力变压器

(2)特殊变压器,常用于特殊场合。

①仪用互感器,常用于电工测量与自动保护装置,又分为电压互感器、电流互感器,如图2.1.2所示。

②电炉变压器,常用于冶炼、加热及热处理设备电源,如图2.1.3所示。

③自耦变压器,常用于实验室或工业中调节电压,如图2.1.4所示。

④电焊变压器,常用于焊接各类钢铁材料的交流电焊机,如图2.1.5所示。

图 2.1.2　仪用互感器

图 2.1.3　电炉变压器

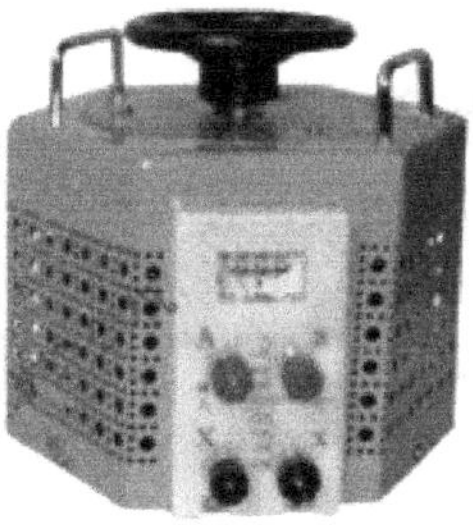
图 2.1.4　自耦变压器

图 2.1.5　电焊变压器

2. 按铁芯结构分类

（1）壳式铁芯，常用于小型变压器、大电流的特殊变压器，如电炉变压器、电焊变压器，或用于电子仪器及电视、收音机等的电源变压器，如图 2.1.3 至图 2.1.5 所示。

（2）芯式铁芯，常用于大、中型变压器和高压电力变压器，如图 2.1.1 所示。

（3）C 型铁芯，常用于电子技术中的变压器，如图 2.1.6 所示。

3. 按冷却方式分类

（1）油浸式变压器，常用于大、中型变压器，如图 2.1.1 所示。

（2）风冷式变压器，常用于大型变压器，强迫循环风冷，如图 2.1.7 所示。

图 2.1.6　C 型铁芯

图 2.1.7　风冷式变压器

（3）自冷式变压器，常用于中、小型变压器，空气冷却，如图 2.1.8 所示。

（4）干式变压器，常用于安全防火要求较高的场合，如地铁、机场及高层建筑等，如图 2.1.9 所示。

图 2.1.8　自冷式变压器

图 2.1.9　干式变压器

4. 其他分类

(1)按绕组数目分类:单绕组变压器(自耦变压器)、双绕组变压器、三绕组变压器、多绕组变压器。

(2)按相数分类:单相变压器、三相变压器、多相变压器。

(3)按调压方式分类:无励磁调压变压器、有载调压变压器。

情境 2　变压器的结构和工作原理

职业能力:了解变压器的主要结构,掌握变压器的基本工作原理,了解变压器的铭牌。

子情境 1　变压器的结构

变压器的种类很多,用途比较广泛,不同的变压器,其结构也有所不同,其基本结构部件有铁芯、绕组、油箱、绝缘套管和保护装置等。大功率电力变压器的结构比较复杂,多数为油浸式变压器,由绕组和铁芯组成器身,为了解决散热、绝缘、密封、安全等问题,还配有油箱、绝缘套管、储油柜、吸湿器、分接开关、安全气道、温度计和气体继电器等附件,如图 2.2.1 所示。

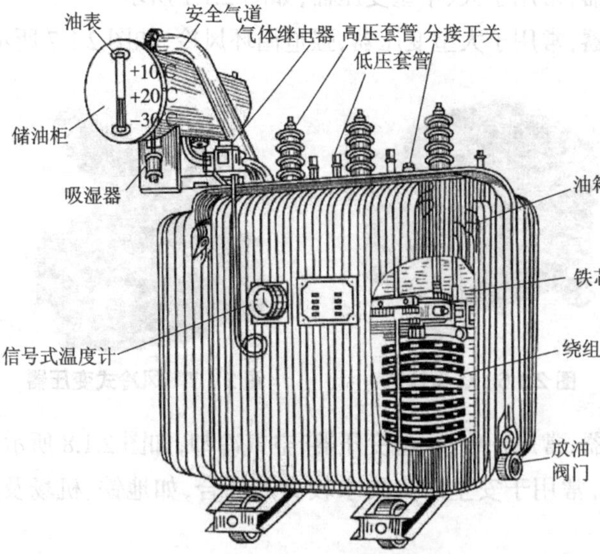

图 2.2.1　油浸式电力变压器

1. 铁芯

铁芯是主磁通的通道，是安装绕组的骨架。铁芯由铁芯柱和铁轭两部分组成，铁芯柱的作用是套装绕组，铁轭的作用是使磁路闭合，如图 2.2.2 所示。

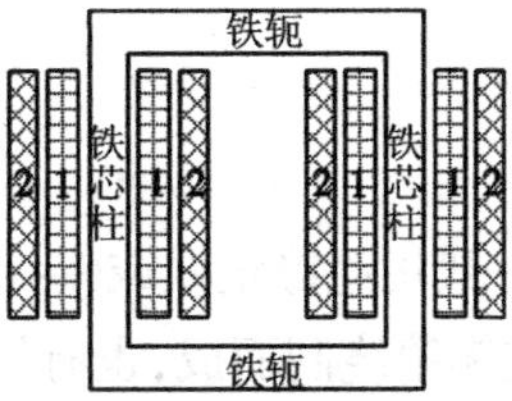

图 2.2.2　变压器的铁芯柱与铁轭

1）铁芯材料

铁芯材料的质量会直接影响变压器的性能。高磁导率、低损耗和低价格是选择铁芯材料的关键。为提高铁芯导磁能力，可增大变压器容量，减小体积、磁滞和涡流损耗，提高效率。铁芯常用 0.35 mm 厚、表面涂有绝缘漆的硅钢片叠制而成。

硅钢片分为热轧和冷轧两种。热轧硅钢片导磁性能好、损耗小，厚度有 0.35 mm 和 0.5 mm 两种，片间涂覆绝缘漆，工艺性较好，多用于小型变压器。冷轧硅钢片性能比热轧硅钢片好，但工艺性较差，导磁有方向性，价格高，厚度有 0.27 mm、0.35 mm 和 0.5 mm 等多种，多用于大、中型变压器，如电力变压器。

目前，有的变压器铁芯采用非晶合金材料。该材料问世于 20 世纪 70 年代，具有优异的导磁性、耐蚀性、耐磨性和硬度高、强度高等特点。利用该材料制作铁芯比利用硅钢片制作铁芯的空载损耗下降约 75%，空载电流下降约 80%，其多用于对安全和防火要求较高场合的大、中型变压器。

2）铁芯类型

铁芯按照绕组放置的位置不同分为芯式和壳式两种。

（1）芯式铁芯，线圈包着铁芯，结构简单，装配容易，省导线，广泛应用在大容量、高电压的变压器中。电力变压器大多采用三相芯式铁芯。

（2）壳式铁芯，铁芯包着线圈，铁芯易散热，但用导线量多，工艺复杂，多用在小型干式变压器中。

3）铁芯柱与铁轭的装配工艺

铁芯柱与铁轭的装配有对接式和叠加式两种。

（1）对接式铁芯的装配次序：首先把铁芯柱和铁轭分别叠装与夹紧，然后把它们拼在一起，并用特殊的夹件结构夹紧。由于其工艺气隙大，磁阻大，励磁电流也大，常用于小型变压器。对接式铁芯结构示意图如图 2.2.3 所示。

（2）叠加式铁芯的装配次序：把铁芯柱和铁轭的钢片一层一层地交错重叠，接缝相互错开。由于其接缝相互错开，气隙较小，磁阻相应较小，励磁电流也相应较小，常用于大型变压器，小型变压器一般也采用叠加工艺，结构简单，经济实用。叠加式铁芯结构示意图如图 2.2.4 所示。

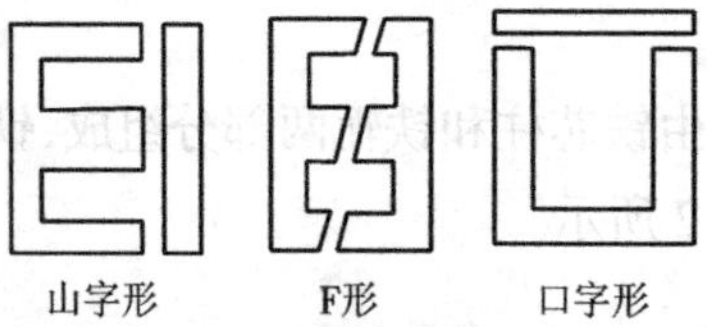

图 2.2.3 对接式装配工艺

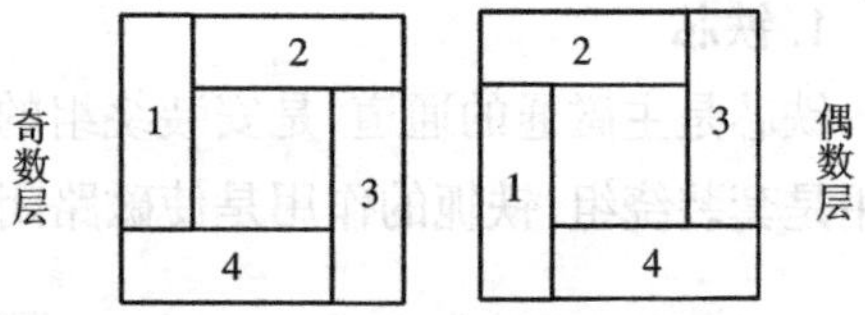

图 2.2.4 叠加式装配工艺

2. 绕组

绕组是变压器的电路部分,它一般用绝缘铜线或铝线绕制而成。

(1)绕组材料:常用绝缘铜线或铜箔绕制而成,也有用铝线或铝箔绕制而成的。

(2)绕组命名:接电源的绕组称为原边绕组,也称一次绕组;接负载的绕组称为副边绕组,也称二次绕组;按绕组所接电压高、低分为高压绕组和低压绕组。

(3)绕组类型:按绕组绕制的方式不同,绕组可分为同心绕组和交叠绕组。

①同心绕组将原、副边绕组线圈套在同一铁芯柱的内外层,一般低压绕组在内层,高压绕组在外层,当低压绕组电流较大时,绕组导线较粗,也可放到外层,绕组的层间留有油道,以利于绝缘和散热。同心绕组结构简单,绕制方便,大多用于电力变压器中。同心绕组结构示意图如图 2.2.5 所示。

②交叠绕组将高、低压绕组绕成饼状,沿铁芯轴向交叠放置,一般两端靠近铁轭处放置低压绕组。其高、低压绕组之间的间隙较多,绝缘比较复杂,但绕组漏电抗小,引线方便,机械强度好,主要用在电炉和电焊等特殊变压器中。交叠绕组结构示意图如图 2.2.6 所示。

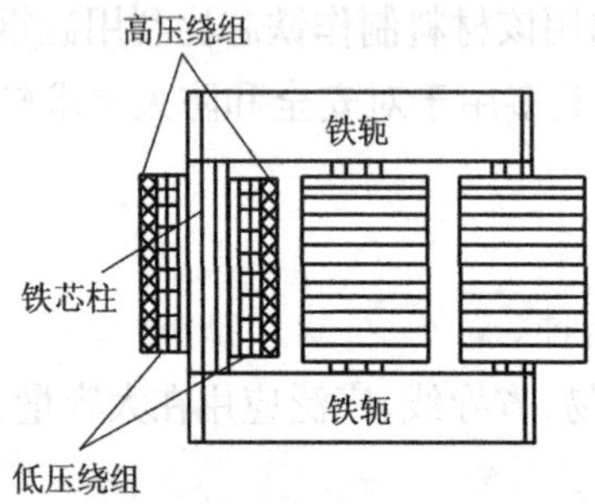

图 2.2.5 同心绕组示意图

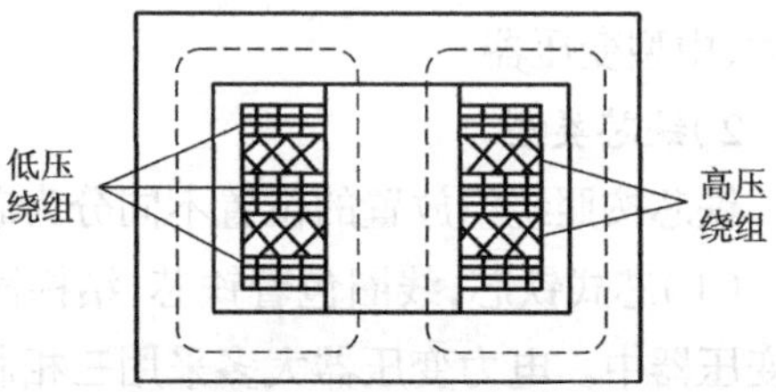

图 2.2.6 交叠绕组示意图

3. 冷却方式

变压器绕组和铁芯在运行中会有部分损耗的电能转化成热能,使绕组和铁芯温度升高。温度越高,绝缘老化越快,当绝缘老化到一定程度时,绝缘容易破裂,因而易发生电气击穿造成故障。可见,运行温度直接影响到变压器的安全和使用寿命。因此,必须有效地对运行中的变压器铁芯和绕组进行冷却。我国生产的电力变压器多数采用油浸式冷却,常见的冷却方式有油浸自冷式、油浸风冷式、强迫油循环风冷式、强迫油循环水冷式。

1)油浸自冷式(Oil Natural Air Natural,ONAN)

采用该方式的主要有 SJT、SJL 系列变压器。

冷却方式:油浸变压器的器身浸在充满变压器油的油箱里,变压器油既是绝缘介质,又是冷却介质，它通过受热后的对流，将铁芯和绕组的热量带到箱壁和外侧的散热器上，再散发到周围的空气中。

为了防止因油温变化和空气进入油箱使油质变差等，三相油浸变压器还在油箱顶上设有一个储油柜，称为油枕，用管道将其与变压器的油箱接通，使油刚好充满油枕容量的一半，油面的升降被限制在油枕中。这样可以使油箱内部和外界空气隔绝，防止潮气侵入。储油柜上部的空气通过存有氯化钙等干燥剂的通气管和外界自由流通。储油柜底部设有沉积器，用来沉积侵入储油柜中的水分和其他污物，应定期加以排除。通过玻璃油表，可以看到其中油面的高低。

散热器主要起冷却作用，可分为管式、扁管式、片式和波纹式四种，其中后三种结构如图 2.2.7 所示。

（a） （b） （c）

图 2.2.7 变压器的散热器

（a）扁管式 （b）片式 （c）波纹式

2）*油浸风冷式*（Oil Natural Air Forced，ONAF）

采用该方式的主要有 SP 系列变压器。

冷却方式：在自冷式变压器的油箱或散热器上加装风扇，利用风扇辅助冷却。其风力可调，适用于短期过载，加装风冷后可使变压器的容量增加 30%~35%，广泛用于容量在 1 000 kV·A 及以上的变压器中。

3）*强迫油循环风冷式*（Oil Forced Air Forced，OFAF）

采用该方式的主要有 SFP 系列变压器。

冷却方式：在自冷式变压器的基础上，利用油泵强迫油循环，并且在散热器上加装风扇，以提高散热效果。

4）*强迫油循环水冷式*（Oil Forced Water Forced，OFWF）

采用该方式的主要有 SSP 系列变压器。

冷却方式：在自冷式变压器的基础上，利用油泵强迫油循环，并且利用循环水冷却，以提高散热效果。

变压器的冷却方式随容量增大而有所不同，变压器容量越大，冷却方式要求越高。

4. 变压器的主要附件

变压器的主要附件有气体继电器、分接开关、压力释放阀，各附件外形图如图 2.2.8

所示。

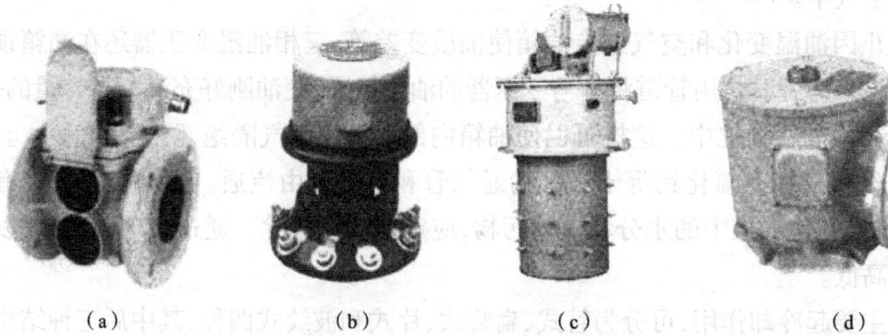

图 2.2.8　变压器主要附件外形图

(a)气体继电器　(b)无励磁调压分接开关　(c)有载调压分接开关　(d)压力释放阀

1)气体继电器(瓦斯继电器)

气体继电器装在油枕和油箱的连通管道中,当变压器发生绝缘击穿、匝间短路、铁芯事故等故障时,器身就会过热从而使油分解产生气体,或当油箱漏油使油面降低时,气体继电器就会动作并发出信号,以便运行人员及时处理,若事故严重,可使断路器自行跳闸,对变压器起保护作用。

2)分接开关

变压器运行时,其输出电压是随输入电压的高低、负载电流的大小及其性质而变化的。在电力系统中,为将输出电压控制在允许的范围内,其原边电压要求在一定范围内可调节,因而原边绕组一般都有抽头,称为分接头,如图 2.2.9 所示。

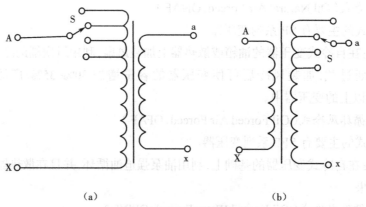

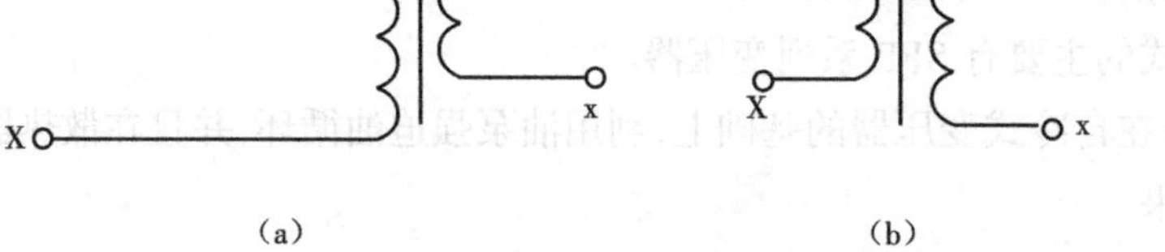

图 2.2.9　分接开关原理图

(a)原边分接开关　(b)副边分接开关

分接开关分为有载调压和无载调压两种。用于无载调压的分接开关的原理如图 2.2.9 所示,它是分接开关中最普通的一种,其调压范围是额定输出电压的 ±5%;用于有载调压的分接开关由于要切断电流,其结构要复杂一些,其调压范围可达额定输出电压的 ±15%。

3)绝缘套管

绝缘套管穿过油箱盖,将油箱中变压器的输入线、输出线从箱内引到箱外并与电网相接。绝缘套管由外部的瓷套和中间的导电杆组成，要求其绝缘性能和密封性能要好。根据运行电压的不同，绝缘套管可分为充气式和充油式两种，充油式为高电压用（60 kV 用充油式）。当用于更高电压时（110 kV 以上），在充油式绝缘套管中包有多层绝缘层和铝箔层，以使电场均匀分布，增强绝缘性能。根据运行环境的不同，绝缘套管又可分为户外式和户内式两种。

4）压力释放阀

安全气道又称防爆管，装在油箱顶盖上，它是一个长钢筒，出口处有一块厚度约 2 mm 的密封玻璃板（防爆膜），玻璃板上划有几道缝。当变压器内部发生严重故障而产生大量气体，内部压力超过 50 kPa 时，油和气体会冲破防爆玻璃喷出，从而防止油箱爆炸引起更大的危害。压力释放阀的动作压力为（53.9 ± 4.9）kPa，关闭压力为 29.4 kPa，动作时间不大于 2 ms。当变压器内部发生严重故障而产生大量气体，内部压力超过 50 kPa 时，压力释放阀动作，防爆膜被顶开后释放压力。当变压器内部压力在正常范围内时，防爆膜靠弹簧拉力紧贴阀座（密封圈）起密封作用。

5）测温装置

测温装置就是热保护装置。变压器的寿命取决于变压器的运行温度，因此对油温和绕组温度的监测极其重要。通常用三种温度计监测温度，油箱顶盖上设置酒精温度计（计量精确，但观察不便），另装有电阻式温度计（远距离监测），同时变压器上还装有信号温度计（便于观察）。

子情境 2　变压器的基本工作原理

变压器是利用电磁感应原理工作的，基本工作原理示意图如图 2.2.10 所示。变压器的主要部件是一个铁芯和套在铁芯上的原、副边绕组。原、副边绕组具有不同的匝数且相互绝缘，两绕组间只有磁的联系而没有电的联系。

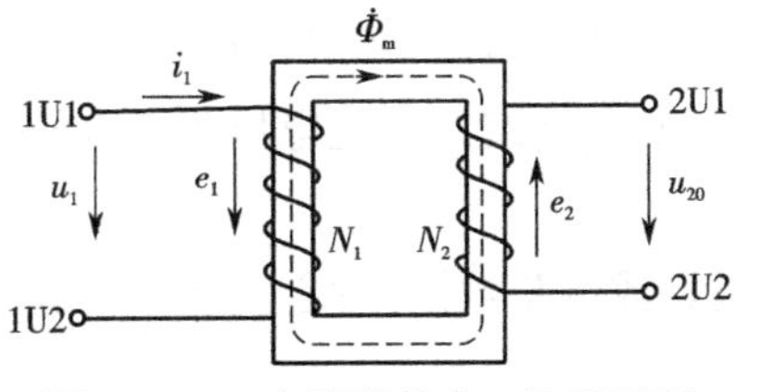

图 2.2.10　变压器基本工作原理图

当原边绕组接到交流电源上时，原边绕组便有交流电流 i_1 流过，在铁芯中产生与外加电压 u_1 相同频率，且与原、副边绕组同时交链的交变磁通 ϕ，根据电磁感应原理，分别在原、副边绕组中感应出同频率的电动势 e_1 和 e_2，即

$$e_1 = -N_1 \frac{d\phi}{dt} \tag{2.2.1}$$

$$e_2 = -N_2 \frac{d\phi}{dt} \tag{2.2.2}$$

式中：N_1 为原边绕组匝数，N_2 为副边绕组匝数。

若在副边绕组上接负载,在电动势 e_2 的作用下,就能向负载输出电能,即电流将流过负载,实现电能的转换。

可见,原、副边绕组感应电动势的大小正比于各自绕组的匝数,而绕组的感应电动势又近似于各自的电压,因此只要改变绕组的匝数比,就能达到改变电压的目的,这就是变压器的基本工作原理。

子情境 3　变压器的铭牌

变压器的铭牌标明了变压器工作时规定的使用条件,包括型号、额定值、器身质量、制造编号和制造厂家等有关技术数据。

1. 变压器型号

变压器的型号表示变压器的结构、额定容量、电压等级、冷却方式等。

我国颁布的国家标准《电力变压器第 1 部分:总则》(GB 1094.1—2013)规定,电力变压器的型号含义如图 2.2.11 所示。

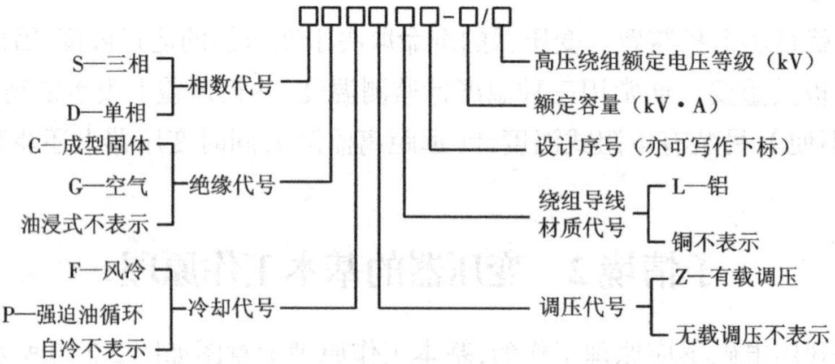

图 2.2.11　电力变压器的型号含义

例如:SL9-500/10 为三相油浸自冷双绕组铝线,额定容量 500 kV · A,高压绕组额定电压为 10 kV 级,设计序号为 9 的电力变压器;SFPL-63000/110 为三相强迫油循环风冷式双绕组铝线,额定容量 63 000 kV·A,高压绕组额定电压为 110 kV 级的电力变压器。

2. 额定值

额定值是制造厂家根据设计或试验数据,对变压器正常运行状态所给的规定值,它标注在铭牌上。

1)额定电压 U_N(V)

额定电压指变压器长时间运行时所能承受的工作电压。一次侧额定电压 U_{1N} 是指规定加到一次侧的电压;二次侧额定电压 U_{2N} 是指变压器一次侧加额定电压时,二次侧不接负载时的端电压。

在三相变压器中,额定电压指的是线电压。

2)额定电流 I_N(A)

额定电流指变压器在额定状态下,允许长期通过的电流。

在三相变压器中,额定电流指的是线电流。

3）额定容量 S_N（kV·A）

额定容量指变压器在额定使用条件下所能输出的视在功率，其大小由变压器的额定电压 U_N 与额定电流 I_N 决定，当然也受到环境温度、冷却条件的影响。

单相变压器的额定容量

$$S_N=U_NI_N \tag{2.2.3}$$

三相变压器的额定容量

$$S_N=\sqrt{3}U_NI_N \tag{2.2.4}$$

对三相变压器而言，额定容量指三相容量之和。

4）额定频率 f_N（Hz）

我国规定的额定频率为 50 Hz。

3. 温升（*T*）

温升是变压器在额定工作条件下，内部绕组允许的最高温度与环境的温度差，它取决于所用绝缘材料的绝缘等级。如油浸式变压器中用的绝缘材料都是 A 级绝缘。国家规定变压器线圈温升为 65 ℃，考虑最高环境温度为 40 ℃，则变压器线圈的极限工作温度为 65 ℃ +40 ℃ =105 ℃。

除额定值外，铭牌上还标有变压器的相数、连接组别、接线图、短路电压百分值、变压器的运行及冷却方式等。为了考虑运输和吊心，铭牌上还标有变压器的总重、油重和器身的重量等。

情境 3　变压器的运行分析

职业能力：研究变压器的运行原理及特性。

根据变压器二次侧是否连接负载，变压器的运行可分为空载运行和负载运行。

子情境 1　变压器的空载运行

变压器的空载运行是指一次绕组加额定电压，二次绕组开路的工作状态，如图 2.3.1 所示。图中各交变量按下列原则规定正方向：

（1）电压的正方向与电流的正方向一致；

（2）磁通的正方向与电流的正方向符合右手螺旋定则；

（3）感应电动势的正方向与产生它的磁通的正方向符合右手螺旋定则。

变压器在实际运行中存在各种损耗，分析也比较复杂。为了便于分析，把变压器分为理想变压器和实际变压器。

1. 理想变压器的空载运行

理想变压器的运行原理如图 2.3.1 所示，其绕组没有电阻，励磁后没有漏磁通，磁路不饱和，而且铁芯中没有任何损耗。

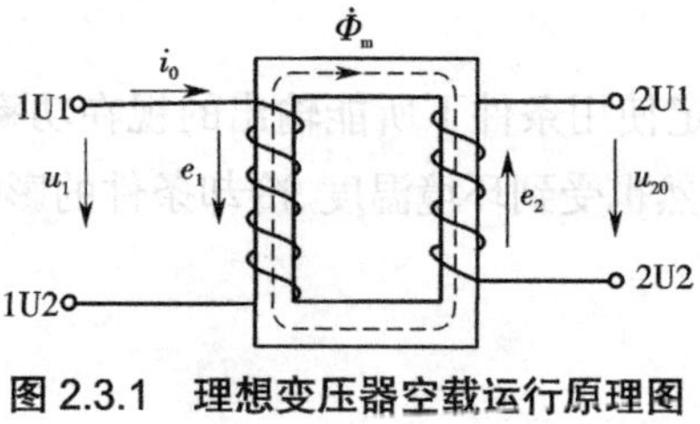

图 2.3.1 理想变压器空载运行原理图

当一次侧接上交流电压 u_1 时，在一次绕组中就会有交流电流 i_0 通过，并在铁芯中产生交变磁通ϕ。这个交变磁通不仅通过一次绕组，而且通过二次绕组，并在两绕组中分别产生感应电动势 e_1 和 e_2。此时，因为二次绕组开路而没有电流流过，但二次绕组有输出电压 u_{20}。

1）空载电流

变压器空载运行时流过一次绕组的电流 i_0 称为空载电流。理想变压器的空载电流主要作用是产生铁芯中的磁通，所以也称为空载励磁电流。

2）电压和感应电动势的关系

由于理想变压器不考虑绕组的电阻、铁芯的损耗和漏磁通等的影响，根据基尔霍夫第二定律可知，一次绕组的电压平衡方程式为

$$\dot{U}_1 = -\dot{E}_1 \tag{2.3.1}$$

式（2.3.1）说明一次绕组上的感应电动势在数值上等于电源电压的大小，即 $U=E$；在相位上，感应电动势与电源电压反相。

二次绕组的电压平衡方程式为

$$\dot{U}_{20} = \dot{E}_2 \tag{2.3.2}$$

式（2.3.2）说明二次绕组上的输出电压在数值上等于感应电动势的大小，即 $U_{20}=E_2$；在相位上，输出电压与感应电动势同相。

3）感应电动势的大小

根据电磁感应定律 $e=-N\dfrac{\mathrm{d}\phi}{\mathrm{d}t}$ 可得一、二次绕组上感应电动势的大小：

$$E=4.44fN\Phi_m \tag{2.3.3}$$

式中：Φ_m 为主磁通幅值（Wb）；f 为频率（Hz）；E 为感应电动势有效值（V）。

式（2.3.3）说明感应电动势的大小与电源频率、绕组匝数及铁芯中主磁通的幅值成正比。

由式（2.3.1）和式（2.3.2）可得

$$U_1=E_1=4.44fN_1\Phi_m \tag{2.3.4}$$

$$U_{20}=E_2=4.44fN_2\Phi_m \tag{2.3.5}$$

式（2.3.4）说明铁芯中的主磁通的大小取决于电源电压、频率和一次绕组的匝数，而与磁路所用的材料和磁路的尺寸无关，当电源电压不变时，变压器磁路上的主磁通的幅值是不会变化的。

4）变压比 K

将一次绕组感应电动势与二次绕组感应电动势大小之比定义为变压比，用 K 表示，即

$$K=\frac{E_1}{E_2}=\frac{4.44fN_1\Phi_m}{4.44fN_2\Phi_m}=\frac{N_1}{N_2}=\frac{U_1}{U_{20}} \tag{2.3.6}$$

式中：N_1 为一次绕组匝数；N_2 为二次绕组匝数。

2. 实际变压器的空载运行

实际变压器的运行原理如图 2.3.2 所示，其一次绕组存在电阻 r_1，产生的磁通有部分未完全通过铁芯，铁芯中存在损耗。

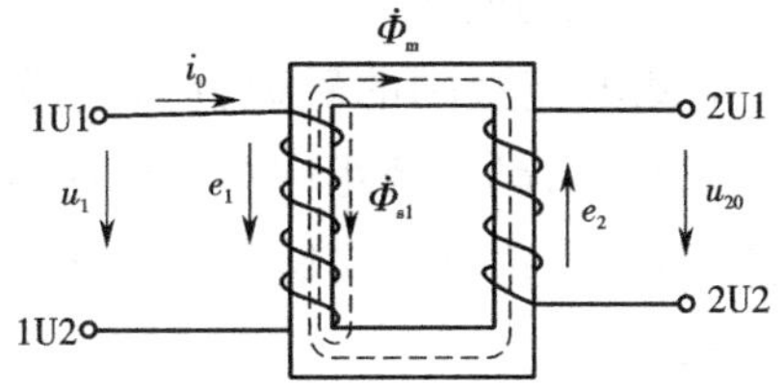

图 2.3.2　实际变压器空载运行原理图

1）电压降

实际上，当一次绕组有空载电流流过时，会在一次绕组的电阻 r_1 上产生电压降 i_0r_1。

2）主磁通、漏磁通

通过铁芯交链一、二次绕组的磁通称为主磁通 Φ_m，在一、二次绕组中分别感应出电动势 e_1、e_2。

只通过一次绕组和一次绕组周围的空间形成闭路的磁通，称为漏磁通 Φ_{s1}，其一般占主磁通的 0.25%，它在一次绕组中产生漏抗电动势 e_{s1}，且为

$$E_{s1}=4.44fN_1\Phi_{s1} \tag{2.3.7}$$

式（2.3.7）也可用电抗压降的形式来表示，即

$$E_{s1}=I_0x_1 \tag{2.3.8}$$

因漏磁通主要经过非铁磁路径，磁路不饱和，故磁阻很大且为常数，因而漏电抗 x_1 很小且为常数，它不随电源电压及负载情况的变化而变化。

3）空载损耗

变压器的空载损耗是指变压器的二次侧开路，在一次绕组上施加额定频率的额定电压时产生的有功损耗。在一次绕组上施加额定电压时，在铁芯中产生交变磁通，从而在铁芯中产生磁滞与涡流损耗，统称为铁损耗，简称为铁损。由于空载电流和一次绕组的电阻比较小，所以一次绕组的电阻损耗 $r_1I_0^2$（铜损耗）可以忽略不计，即变压器的空载损耗基本上就等于铁损。

空载损耗一般可通过空载试验测出，也可用经验公式计算：

$$P_{Fe}=P_{1/50}B_m^2(f/50)^{1.3}G \tag{2.3.9}$$

式中：$P_{1/50}$ 为频率为 50 Hz、最大磁通密度为 1 T 时，每千克材料的铁芯损耗，可从有关材料性能数据中查得；G 为铁芯质量（kg）。

空载损耗的大小与变压器的容量、磁路结构、硅钢片质量等因素有关,主要取决于铁芯材料的单位损耗(电工钢片单位损耗 × 铁芯质量)。当电源电压一定时,空载损耗的大小基本上是一个恒定值,而与负载的大小和性质无关。对于电力变压器而言,空载损耗不超过额定容量的 1%,而且随变压器容量的增大而下降。

3. 空载时的等效电路和相量图

变压器的工作原理是建立在电磁感应定律基础上的。在变压器运行时,既有电路、磁路问题,又有电和磁之间的相互耦合问题,尤其是当磁路出现饱和现象时,将给分析和计算变压器性能带来不便和困难。因此,将变压器运行中的电和磁之间的相互关系用一个模拟电路的形式进行等效,可使分析与计算大为简化。

实际变压器空载运行时,空载电流激励的磁通分为两部分:一部分通过铁芯同时与原、副边绕组交链形成主磁通,它在原、副边绕组中产生感应电动势 $\dot{E}_1$、$\dot{E}_2$;另一部分通过原边绕组周围的空间形成闭路,只与原边绕组交链形成漏磁通,它在原边绕组中产生漏抗电动势 $\dot{E}_{s1}$,相应的漏电抗用 x_1 表示,且

$$\dot{E}_{s1} = -j\dot{I}_0 x_1 \tag{2.3.10}$$

另外,空载电流 $\dot{I}_0$ 产生的主磁通在原边绕组感应的主电动势 $\dot{E}_1$ 也可以用某一参数的压降来表示,但考虑到交变主磁通在铁芯中还产生铁损耗,它就不能单纯地用电抗参数来表示,还需引入一个电阻参数 r_m,用 $\dot{I}_0^2 r_m$ 来反映变压器的铁损耗,因此可引入一个阻抗参数 Z_m,把 $\dot{E}_1$ 看成是空载电流 $\dot{I}_0$ 在 Z_m 上的阻抗压降,即

$$\dot{E}_1 = -\dot{I}_0 Z_m = -(r_m + jx_m)\dot{I}_0 \tag{2.3.11}$$

实际变压器的原边绕组有很小的电阻 r_1,空载电流 $\dot{I}_0$ 流过它要产生压降 $\dot{I}_0 r_1$,它和感应电动势 $\dot{E}_1$、漏抗电动势 $\dot{E}_{s1}$ 一起为电源电压 $\dot{U}_1$ 所平衡,故电动势平衡方程式为

$$\dot{U}_1 = \dot{I}_0 r_1 + j\dot{I}_0 x_1 + (r_m + jx_m)\dot{I}_0 = \dot{I}_0(r_1 + jx_1 + r_m + jx_m) \tag{2.3.12}$$

式(2.3.11)对应的电路即为变压器空载时的等效电路,如图 2.3.3 所示;变压器空载运行时的相量图如图 2.3.4 所示。

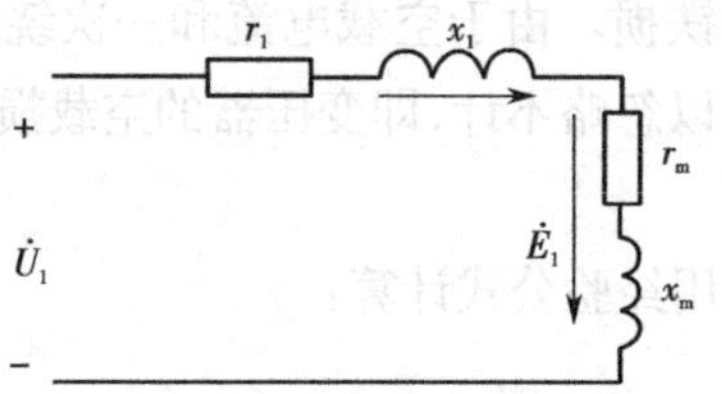

图 2.3.3 变压器空载时的等效电路

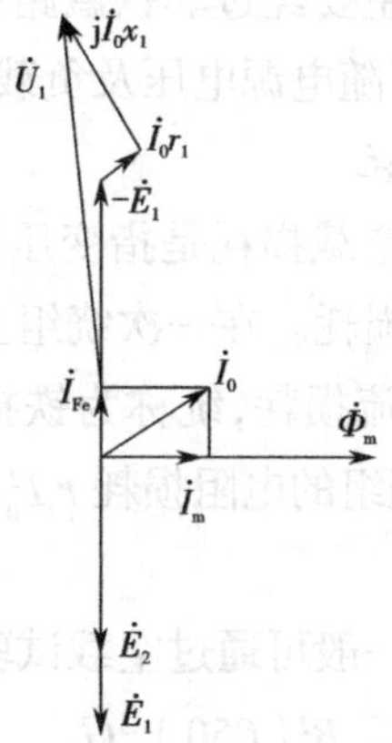

图 2.3.4 变压器空载运行时的相量图

对于电力变压器,由于 $r_1 \ll r_m$, $x_1 \ll x_m$,故有时可把一次漏阻抗 Z_1 忽略不计,则变压器空

载时的等效电路就成为只有一个励磁阻抗 Z_m 的电路。所以，在外施电压一定时，变压器空载电流的大小主要取决于励磁阻抗的大小。

从变压器运行的角度看，希望空载电流越小越好，因而变压器应采用高磁导率的铁磁材料，以增大 Z_m，减小 $\dot{I}_0$，从而提高变压器的运行效率和功率因数。

子情境 2　变压器的负载运行

变压器的负载运行是指一次绕组加额定电压，二次绕组接负载的工作状态，如图 2.3.5 所示。

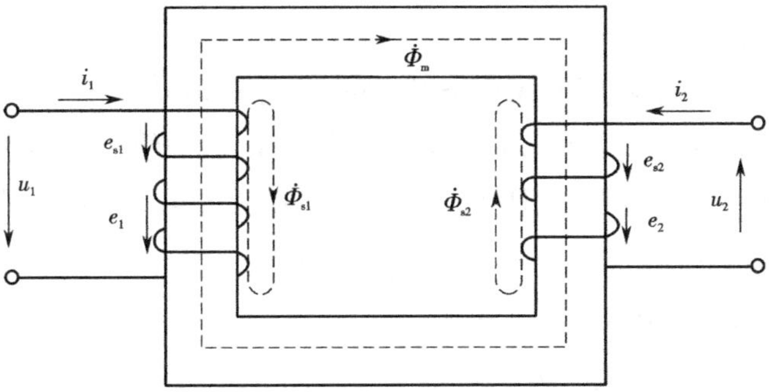

图 2.3.5　变压器负载运行时的原理图

1. 负载运行时的物理状况

副边绕组接上了负载 Z_L 后，在感应电动势 $\dot{E}_2$ 的作用下，副边绕组会产生电流 $\dot{I}_2$，进而产生磁通势 $\dot{I}_2N_2$，该磁通势也作用在主磁路上，并企图改变空载运行时 $\dot{I}_0$ 所建立起来的主磁通 $\dot{\Phi}_m$。正是由于 $\dot{I}_2$ 的出现，使变压器负载运行时内部的物理情况与空载运行时有所不同。但是，一般变压器一次漏阻抗 Z_1 很小，即便在额定运行时，$I_{1N}Z_1$ 也只占到 U_1 的 2%~6%，故仍可忽略不计，所以有 $\dot{U}_1=-\dot{E}_1$。因此，只要原边绕组所加电压 $\dot{U}_1$ 不变，就可以认为变压器由空载到负载时 $\dot{E}_1$ 保持不变，这在工程上是完全允许的。

由 $\dot{E}_1=-\text{j}4.44fN_1\dot{\Phi}_m$ 可知，$\dot{\Phi}_m$ 基本保持不变，这就是变压器恒磁通原理。即无论变压器工作在空载状态还是负载状态，其主磁通近似保持不变。正是基于这一原理，可知负载与空载时，产生主磁通的总磁通势应该相同，即

$$\dot{I}_1N_1+\dot{I}_2N_2=\dot{I}_0N_1$$

也即

$$\dot{I}_1=\dot{I}_0+\left(-\dot{I}_2\frac{N_2}{N_1}\right)=\dot{I}_0+\left(-\frac{\dot{I}_2}{K}\right)$$

上式表明变压器从空载转变到负载，副边绕组中会有电流产生，与此同时，原边绕组中必定产生一个电流增量 $\left(-\frac{\dot{I}_2}{K}\right)$，来抵消副边磁通势 $\dot{F}_2$ 对主磁通的影响，以保持恒磁通关系，这样才能把电能从原边绕组传递到副边绕组。

2. 平衡方程

1)磁通势平衡方程

由前面的讨论可知,变压器在负载运行时的磁通势平衡方程为

$$\dot{F}_1+\dot{F}_2=\dot{F}_0$$

$$\dot{I}_1=\dot{I}_0+\left(-\dot{I}_2\frac{N_2}{N_1}\right)=\dot{I}_0+\left(-\frac{\dot{I}_2}{K}\right)$$

上式表明变压器负载运行时,原边绕组中的电流 $\dot{I}_1$ 可以看成是由两部分组成:一部分为产生主磁通的励磁分量 $\dot{I}_0$;另一部分为抵消副边绕组磁通势作用的负载分量 $\left(-\frac{\dot{I}_2}{K}\right)$。

2)电动势平衡方程

变压器在负载运行时,除了原、副边绕组共同产生主磁通 $\dot{\Phi}_m$ 外,还会分别产生只与自身绕组相交链的少量漏磁通 $\dot{\Phi}_{s1}$、$\dot{\Phi}_{s2}$,它们又分别会在原、副边绕组中感应产生漏抗电动势 e_{s1}、e_{s2};另外,绕组本身也会存在电阻压降。于是在各量所选参考方向如图 2.3.5 所示的情况下,根据基尔霍夫第二定律可得原、副边绕组电动势平衡方程为

$$\dot{U}_1=-\dot{E}_1+\dot{I}_1R_1+j\dot{I}_1X_{s1}=-\dot{E}_1+\dot{I}_1Z_{s1}$$

$$\dot{U}_2=\dot{E}_2-\dot{I}_2R_2-j\dot{I}_2X_{s2}=\dot{E}_2-\dot{I}_2Z_{s2}$$

或

$$\dot{U}_2=\dot{I}_2Z_L \qquad (2.3.13)$$

3)阻抗变换

当变压器原边绕组接在交流电源上时,对电源来说变压器就相当于一个负载,其输入阻抗可用输入电压、输入电流来计算,即变压器的输入阻抗为 $Z_1=\dot{U}_1/\dot{I}_1$,而变压器的副边绕组输出端又接了负载,变压器的输出电压、输出电流与负载之间存在 $Z_2=\dot{U}_2/\dot{I}_2=Z_{fz}$ 的关系,如图 2.3.6 所示。

图 2.3.6 说明,经过变压器把 Z_{fz} 接到电源上和直接把 Z_2 接到电源上,两者是完全不一样的,这里变压器起到了改变阻抗的作用,即把 Z_2 变成 Z_1 并在 $\dot{U}_1$ 的电压下工作。

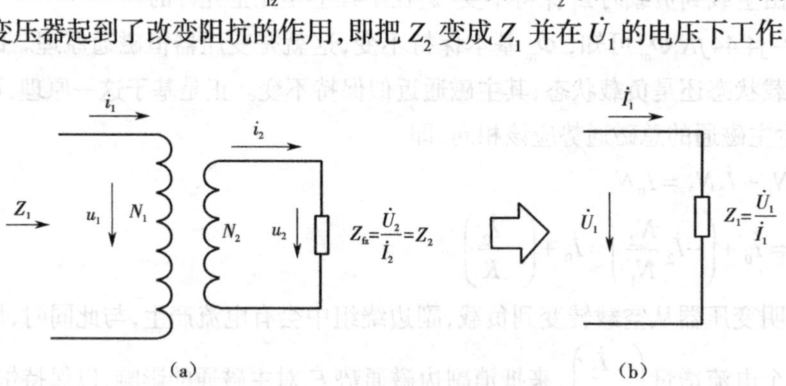

图 2.3.6 变压器的阻抗变换作用

(a)有变压器时 (b)无变压器时

当忽略漏阻抗,不考虑相位,只考虑大小时,在空载和负载运行分析中,已知

$U_1=KU_2$

$I_2=KI_1$

而变压器的一次侧和二次侧的阻抗分别为 $Z_1=U_1/I_1$，$Z_2=U_2/I_2$，所以阻抗变换公式为

$$Z_1=\frac{U_1}{I_1}=\frac{KU_2}{I_2/K}=K^2\frac{U_2}{I_2}=K^2Z_2 \quad (2.3.14)$$

式(2.3.14)说明负载 Z_2 经过变压器的阻抗变换作用，其阻抗值被扩大为原来的 K^2 倍。如果已知负载阻抗 Z_2 的大小，要把它变成另一个一定大小的阻抗 Z_1，只需接一个变压器，该变压器的变压比 $K=\sqrt{Z_1/Z_2}$。

在电子线路中，这种阻抗变换很常用，如扩音设备中扬声器的阻抗很小(4~16 Ω)，若直接接到功放的输出端，则扬声器得到的功率很小，声音就很小。只有经输出变压器把扬声器阻抗变成和功放内阻一样大，扬声器才能得到最大的输出功率，这也称为阻抗匹配。

例 2.3.1　某晶体管收音机的输出变压器的一次侧匝数 N_1=230 匝，二次侧匝数 N_2=80 匝，原来配接阻抗为 8 Ω 的扬声器，则二次侧匝数 N_2 应改绕成多少匝。

解　先求出一次侧的 Z_1，因为不论 N_1 和 N_2 怎么改变，必须保证 Z_1 不变，才能保证功率输出最大，则

$$Z_1=K^2Z_2=\left(\frac{N_1}{N_2}\right)^2\times 8=\left(\frac{230}{80}\right)^2\times 8=66.13\ \Omega$$

再由 Z_1 和 Z_2 求出新的变压比 K' 和 N_2'：

$$K'=\sqrt{\frac{Z_1}{Z_2}}=\sqrt{\frac{66.13}{4}}=4.07$$

$$N_2'=\frac{N_1}{K'}=\frac{230}{4.07}\approx 57\text{ 匝}$$

则二次侧匝数 N_2 应改绕成 57 匝。

3. 绕组折算、等效电路及相量图

利用变压器负载运行时的磁通势、电动势平衡方程以及原、副边绕组之间的变压比关系，可以计算出变压器在稳态运行时的各个电磁量。但是对于既有电路又有磁路的变压器而言，用方程组计算十分烦琐，为此我们希望有一个能正确反映变压器内部电磁关系的单纯电路来代替实际的变压器，用电路的理论对其进行分析和计算，这种电路称为等效电路。可以采用绕组折算的方法得到变压器的等效电路。既可以把原边绕组折算到副边绕组，也可以把副边绕组折算到原边绕组。下面就以副边绕组折算为例来说明其折算步骤。所谓的副边绕组折算，就是用一个与原边绕组具有相同匝数 N_1 的绕组，去代替实际匝数为 N_2 的副边绕组。折算的目的仅仅是为了简化分析和计算，折算前后的变压器应该具有相同的电磁过程和能量传递关系。副边绕组是通过其电流所产生的磁通势影响原边绕组的，因此折算前后的副边绕组磁通势应该保持不变。这样将有相同的电流和功率从原边绕组进入变压器，并有同样的功率传递到副边绕组，最后输送给负载。如果设定折算后的各个量用原来的符号加“′”表示，则折算规律如下。

1）电流折算

根据折算前后的磁通势保持不变，有 $I_2'N_2'=I_2N_2$，考虑 $N_2'=N_1$，有

$$I_2'=\frac{N_2}{N_2'}I_2=\frac{N_2}{N_1}I_2=\frac{I_2}{K}$$

2）电动势与电压折算

由于折算前后磁通势保持不变，因此主磁通也不会改变，感应电动势就与所对应的匝数成正比，根据折算前后的副边绕组从原边绕组得到的视在功率不变，有

$$\frac{E_2'}{E_2}=\frac{N_2'}{N_2}=\frac{N_1}{N_2}=K$$

即　$E_2'=KE_2=E_1$

同理，二次侧漏磁电动势、端电压的折算为

$$E_{s2}'=KE_{s2}\qquad U_2'=KU_2$$

3）阻抗折算

根据折算前后副边绕组的铜损耗和无功功率保持不变的原则，有

$$I_2'R_2'=I_2R_2\qquad R_2'=K^2R_2$$

同理有

$$Z_{s2}'=K^2Z_{s2}\qquad Z_L'=K^2Z_L$$

根据以上的折算规律，变压器的基本方程式可归纳为

$$\dot I_1+\dot I_2'=\dot I_0$$
$$\dot U_1=-\dot E_1+\dot I_1Z_{s1}$$
$$\dot U_2'=\dot E_2'-\dot I_2'Z_{s2}'$$
$$\dot E_1=\dot E_2'=-\dot I_0Z_m$$
$$\dot U_2'=\dot I_2'Z_L'$$

根据所学过的电路知识，可以看出，与基本方程式相对应的等效电路应该具有两个节点（只有一个 KCL 方程）、两个单孔回路（有两个 KVL 方程），其等效电路如图 2.3.7 所示。

图 2.3.7 所示的等效电路为变压器在负载运行时的 T 型等效电路。当变压器在额定点附近运行时，励磁支路上的电流 $\dot I_0$ 远小于原边电流 $\dot I_1$，励磁支路便可以提到原边支路的前面，这种电路称为变压器的 Γ 型等效电路，如图 2.3.8 所示。在此基础上，其可进一步简化为近似等效电路，如图 2.3.9 所示。

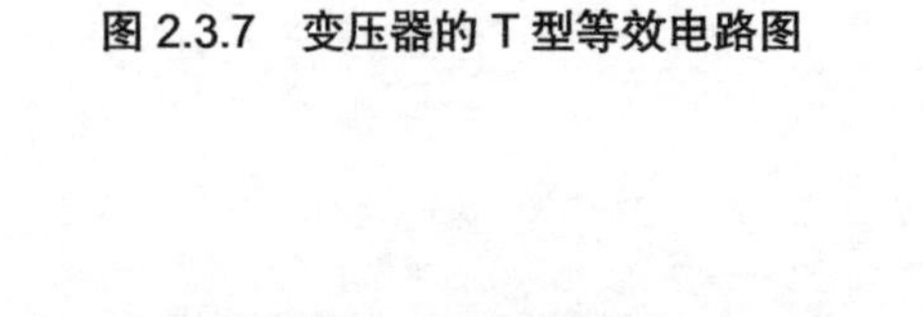

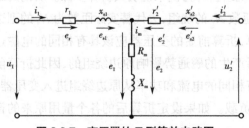

图 2.3.7　变压器的 T 型等效电路图

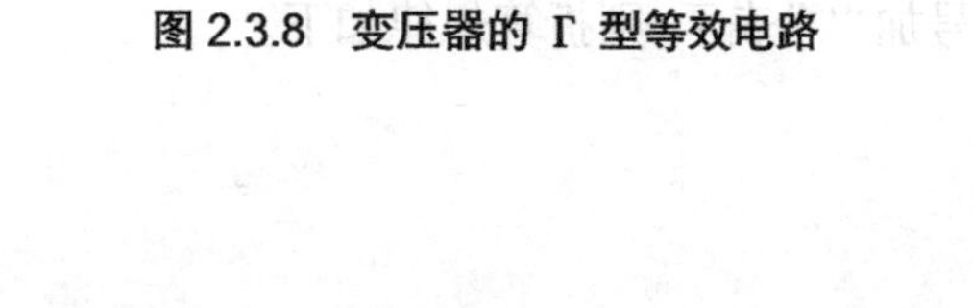

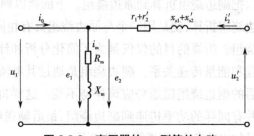

图 2.3.8　变压器的 Γ 型等效电路

选择 $\dot{\Phi}_m$ 为参考相量，根据基本方程式可以画出变压器负载运行时的相量图。假定所带负载为感性负载，$\dot{I}_2'$ 滞后 $\dot{U}_2'$ 一个角度 φ_2，根据基本方程可以画出变压器负载运行时的相量图，如图 2.3.10 所示。

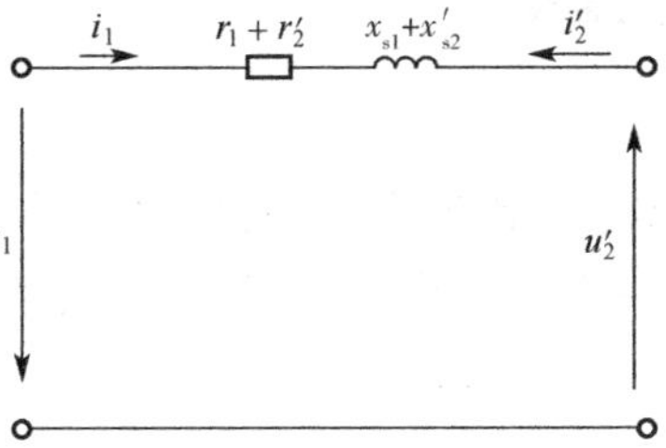

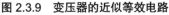

图 2.3.9　变压器的近似等效电路

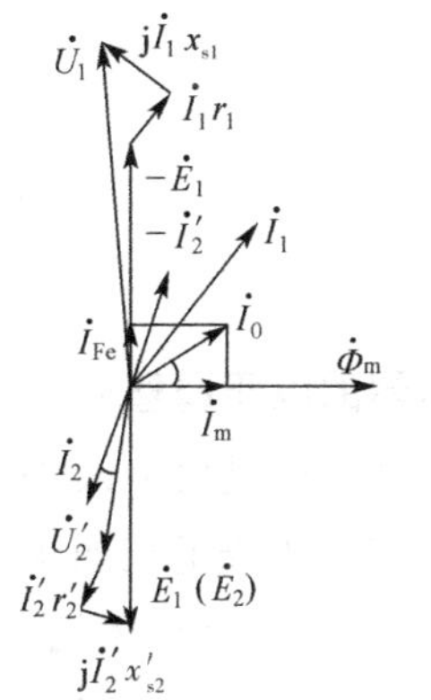

图 2.3.10　变压器负载运行时的相量图

情境 4　变压器的运行特性

职业能力：掌握变压器外特性和效率运行特性，了解变压器运行性能主要指标——电压调整率和效率。

变压器的运行特性包含以下两个方面。

（1）外特性，即原边绕组施加额定电压，负载的功率因数保持不变时，副边绕组端电压随负载电流的变化规律，$U_2=f(I_2)$。

（2）效率特性，$\eta=f(I_2)$。

子情境 1　变压器的外特性和电压调整率

1. 变压器的外特性

由于原边绕组所加电压始终为额定值，主磁通 Φ_m 保持不变，副边绕组的感应电动势也保持不变。当副边电流 I_2 发生变化时，副边漏阻抗压降也会发生变化，从而导致副边端电压 U_2 随之变化，将其变化规律用曲线描述出来，就是变压器的外特性曲线。

当原边电压 U_1 和负载的功率因数 $\cos\varphi_2$ 一定时，副边电压 U_2 与负载电流 I_2 的关系，称为变压器的外特性。它可以通过试验求得，功率因数不同时的几条外特性曲线如图 2.4.1 所示。可以看出，变压器在纯电阻负载时，$\cos\varphi_2=1$，外特性曲线略呈下降趋势，U_2 随 I_2 下降的并不多；在感性负载时，$\cos\varphi_2$ 为正值，U_2 随 I_2 下降的程度加大，这是因为滞后的无功电流对变压器磁路中的主磁通的去磁作用更为显著，而使 E_1 和 E_2 有所下降的缘故；在容性负载时，$\cos\varphi_2$ 为负值，超前的无功电流有助磁作用，主磁通会有所增加，E_1 和 E_2 有相应增大，使得 U_2 随 I_2 的增加而增大，出现上翘的情况。

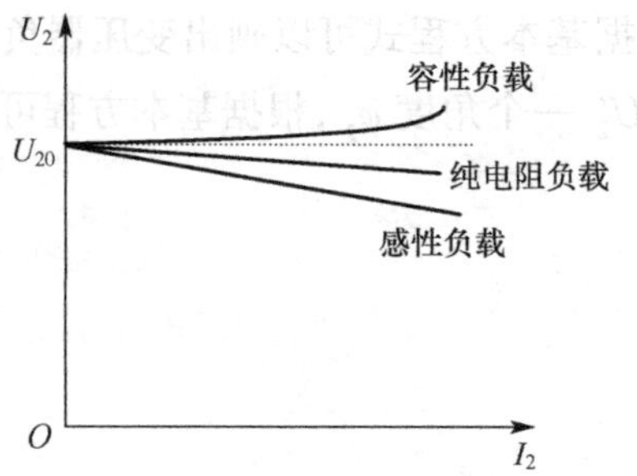

图 2.4.1　变压器的外特性曲线

2. 变压器的电压调整率

在变压器分析过程中，通常用电压调整率 ΔU^* 来衡量副边端电压变化的程度。电压调整率指的是在原边绕组施加额定电压，负载功率因数一定，变压器从空载到负载时，副边端电压之差（$U_{20}-U_2$）与副边额定电压 U_{2N} 之比的百分值，即

$$\Delta U^* = \frac{U_{20}-U_2}{U_{2N}} = \frac{U_{1N}-U_2'}{U_{1N}} \times 100\% \tag{2.4.1}$$

下面通过对变压器负载运行时简化电路的相量图的分析（以感性负载为例），对电压调整率作进一步分析，可以得出

$$\Delta U^* = \left[I_1^* \left(R_k^* \cos\varphi_2 + X_k^* \sin\varphi_2 \right) + \frac{1}{2} I_1^{*2} \left(X_k^* \cos\varphi_2 - R_k^* \sin\varphi_2 \right)^2 \right] \times 100\%$$

式中：$I_1^* = I_2^* = \dfrac{I_1}{I_{1N}} = \dfrac{I_2}{I_{2N}}$ 为负载系数，当所带负载为额定负载时，$I_1^* = I_2^* = 1$。

对三相变压器而言，在利用上式计算电压调整率时，电压、电流分别用相电压、相电流的额定值来代替。从上式还可以看出，一般 X_k^* 比 R_k^* 大得多，故在纯电阻负载时 ΔU^* 很小；当为感性负载时，$\varphi_2>0$，ΔU^* 较大且为正值，说明感性负载时二次侧端电压比空载时低；当为容性负载时，$\varphi_2<0$，$\sin\varphi_2<0$，当 $|X_k^*\sin\varphi_2|>R_k^*\cos\varphi_2$ 时，ΔU^* 为负值，则说明容性负载时二次侧端电压比空载时高，外特性便会呈上翘的特性。

在一定程度上，电压调整率可以反映出变压器的供电品质，它是衡量变压器性能的一个非常重要的指标。一般电力变压器，当 $\cos\varphi_2 \approx 1$ 时，ΔU^* 为 2%~3%；当 $\cos\varphi_2 \approx 0.8$ 时，ΔU^* 为 4%~6%。可见提高二次侧负载功率因数 $\cos\varphi_2$，还能提高二次侧电压的稳定性。一般情况下，照明电源电压波动不超过 ±5%，动力电源电压波动不超过 −5%~10%。

子情境 2　变压器的损耗和效率

1. 变压器的损耗

变压器在能量传递过程中会产生损耗，但变压器没有旋转部件，因此没有机械损耗。变压器的损耗主要包括铁损耗和原、副边绕组的铜损耗两部分。其中，每个部分又分为基本损耗和附加损耗。

1）铁损耗 P_{Fe}

基本铁损耗为铁芯中的磁滞损耗与涡流损耗之和，它决定于铁芯中磁通密度的大小、磁通交变的频率和硅钢片的质量。为了降低涡流损耗，一般变压器铁芯均采用 0.35 mm 厚的硅钢片叠成，从而可把涡流损耗降低到基本铁损耗的 30%~40%。

附加铁损耗主要是指铁芯接缝处磁通分布不均匀而引起的额外损耗及磁通在金属构件中引起的涡流损耗，对中、小容量的变压器附加损耗一般为基本损耗的 15%~20%。

总铁损耗为基本铁损耗和附加铁损耗之和，近似地与磁通密度最大值的平方成正比。

变压器空载时的能量损耗以铁损耗为主，一般情况下认为变压器的铁损耗等于空载损耗。当电源电压一定时，铁损耗为恒定值，与负载电流的大小和性质无关，即

$$P_{Fe} \approx P_0 \tag{2.4.2}$$

式中：P_{Fe} 为铁损耗；P_0 为空载损耗。

2）铜损耗 P_{Cu}

基本铜损耗是电流在原、副边绕组直流电阻上的损耗。

附加铜损耗包括因集肤效应引起导线等效截面变小而增加的损耗以及漏磁场在结构部件中引起的涡流损耗等。附加铜损耗一般为基本铜损耗的 0.5%~20%。

总铜损耗为基本铜损耗和附加铜损耗之和。

某一负载电流 I_2 与额定负载电流 I_{2N} 之间的比值称为负载系数，用 β 表示，即 $\beta=I_2/I_{2N}$，则铜损耗计算公式为

$$P_{Cu}=\beta^2 P_{CuN} \tag{2.4.3}$$

式中：P_{CuN} 为额定负载下的铜损耗，近似等于短路损耗 P_k（可由变压器的短路试验获得）。

由式（2.4.3）可以看出，变压器的铜损耗随负载的变化而变化，大小与负载电流的平方成正比，所以把铜损耗称为“可变损耗”。

2. 变压器的效率

变压器的效率指的是输出的有功功率与输入的有功功率之比，用百分数表示，即

$$\eta = \frac{P_2}{P_1} \times 100\% \tag{2.4.4}$$

由能量守恒定律知 $P_1=P_2+P_{Cu}+P_{Fe}$，所以

$$\eta = \frac{P_2}{P_2 + P_{Cu} + P_{Fe}} \times 100\% = \left(1 - \frac{P_{Cu} + P_{Fe}}{P_2 + P_{Cu} + P_{Fe}}\right) \times 100\% \tag{2.4.5}$$

如果忽略负载运行时二次侧电压的变化，输出功率为

$$P_2 = U_{2N} I_2 \cos\varphi_2 = \beta U_{2N} I_{2N} \cos\varphi_2 = \beta S_{2N} \cos\varphi_2 \tag{2.4.6}$$

式中：S_{2N} 为变压器的额定容量（也称视在功率），单相变压器 $S_{2N}=U_{2N}I_{2N}$，三相变压器 $S_{2N} = \sqrt{3} U_{2N} I_{2N}$。

将式（2.4.3）和式（2.4.6）代入式（2.4.5），得到效率实用公式（单相、三相均可用）：

$$\eta = \left(1 - \frac{P_{Fe} + \beta^2 P_{CuN}}{\beta S_{2N} \cos\varphi_2 + P_{Fe} + \beta^2 P_{CuN}}\right) \times 100\% \tag{2.4.7}$$

变压器的效率特性曲线 $\eta=f(\beta)$ 如图 2.4.2 所示。从该特性曲线可以看出，在某一负载时效率有最高值。我们可以根据高等数学的理论，求得效率最高的条件为 $P_{Cu}=P_{Fe}$，即当不变损耗（铁损耗）等于可变损耗（铜损耗）时，变压器具有最高效率。将式（2.4.7）对 β 取一阶导数，并令其为零，得变压器效率最高的条件：

$$\beta_m^2 P_{CuN} = P_{Fe} \tag{2.4.8a}$$

或

$$\beta_m = \sqrt{\frac{P_{Fe}}{P_{CuN}}} \tag{2.4.8b}$$

式中：β_m 为最大效率时的负载系数，一般情况下 $\beta_m=0.5\sim0.6$。

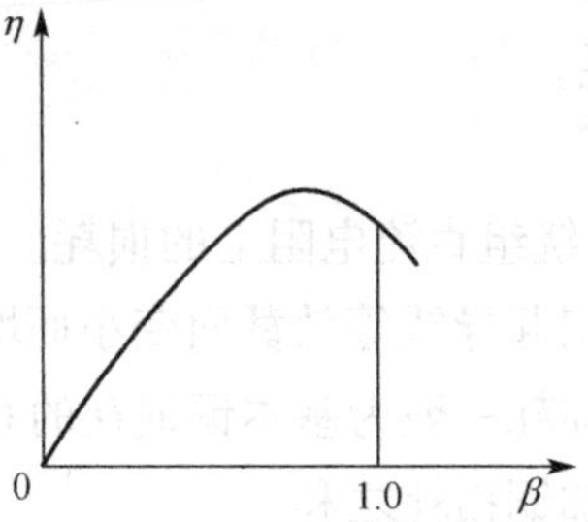

图 2.4.2　变压器的效率特性曲线

式（2.4.8）说明，当铜损耗等于铁损耗时，效率最高。将 β_m 代入式（2.4.7）便求得最高效率 η_{max}。

考虑到变压器的实际情况，一般并不在额定状态下运行，在设计变压器时，常常让变压器在 $\beta<1$ 时达到最高效率。这样做的目的主要是让铁损耗尽量小一些。

效率的高低可以反映出变压器运行的经济性能，它也是衡量变压器性能的一项重要指标。由于变压器是一种静止的装置，在能量传递过程中没有机械损耗，所以其效率比同容量的旋转电机要高一些。一般电力变压器的额定效率 $\eta_N=0.95\sim0.99$。

例 2.4.1　一台容量为 50 kV · A 的单相变压器，一次侧电压为 6 000 V、电流为 8.33 A，二次侧电压为 230 V、电流为 217.4 A，空载损耗 $P_0=400$ W，短路损耗 $P_k=1\ 100$ W，当二次侧输出电流为 150 A 时，求：

（1）二次侧功率因数 $\cos\varphi_2=0.8$ 时变压器的效率 η；

（2）二次侧功率因数 $\cos\varphi_2=0.9$ 时变压器的最高效率 η_m。

解　（1）负载系数

$$\beta=I_2/I_{2N}=150/217.4=0.69$$

因为 $P_{CuN}=P_k=1\ 100$ W，$P_{Fe}=P_0=400$ W，由式（2.4.7）可得

$$\eta=\left(1-\frac{P_{Fe}+\beta^2P_{CuN}}{\beta S_{2N}\cos\varphi_2+P_{Fe}+\beta^2P_{CuN}}\right)\times100\%$$

$$=\left(1-\frac{400+0.69^2\times1\ 100}{0.69\times50\ 000\times0.8+400+0.69^2\times1\ 100}\right)\times100\%=96.8\%$$

（2）最高效率时，$\beta_m = \sqrt{\dfrac{P_{Fe}}{P_{CuN}}} = \sqrt{\dfrac{400}{1\,100}} = 0.6$，则

$$\eta_m = \left(1 - \frac{P_{Fe} + \beta_m^2 P_{CuN}}{\beta_m S_{2N} \cos\varphi_2 + P_{Fe} + \beta_m^2 P_{CuN}}\right) \times 100\%$$

$$= \left(1 - \frac{400 + 0.6^2 \times 1\,100}{0.6 \times 50\,000 \times 0.9 + 400 + 0.6^2 \times 1\,100}\right) \times 100\% = 97.1\%$$

情境 5　变压器的参数测定

职业能力：通过对变压器的空载试验和短路试验得到的技术参数分析和检验变压器的运行性能。

一台新生产或经维修后的变压器，必须按照相关的标准对其进行检验，检验合格方可使用。检验的内容主要有：铁芯材料、装配工艺的质量是否达标；绕组的匝数是否正确，匝间是否有短路；铁芯、线圈的铁损耗、铜损耗是否达到设计要求；变压器运行性能是否良好等。为了掌握变压器的运行性能，可以对变压器的空载试验和短路试验中得出的技术参数进行分析和检验。下面以单相变压器为例，通过动手做试验来掌握其运行性能和相关参数的测定。

子情境 1　变压器的空载试验

1. 空载试验的目的

学习并掌握变压器参数的试验测定方法；根据数据，测定变压比 K、空载损耗 P_0 和励磁参数 R_m、X_m、Z_m。

2. 试验器材

单相变压器、交流电压表、交流电流表、调压器、低功率因数电能表、熔断器、自动空气开关、导线。

3. 试验内容

理论上，空载试验既可以在高压侧进行，也可以在低压侧进行，但为了安全起见，一般在低压侧进行。单相变压器空载试验接线图如图 2.5.1 所示。

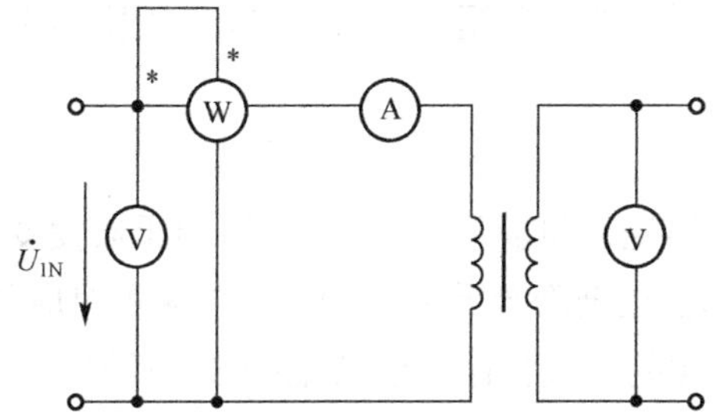

图 2.5.1　单相变压器的空载试验接线图

1）测量空载参数

假定试验对象为一台升压变压器，则原边绕组为低压侧，在原边绕组施加额定电压 $\dot{U}_{1N}$，分别测取 I_0、P_0、U_{20}。

变压器空载运行时，I_0 比较小，所以绕组的铜损耗也比较小，但所施加的电压为额定电压，根据 $U_{1N} \approx E_1 = 4.44fN_1\Phi_m$ 可知，主磁通 Φ_m 为额定值，而铁损耗的大小取决于磁场的强弱，故空载时所测功率 P_0 可认为近似等于铁芯中的铁损耗 P_{Fe}，即 $P_0 \approx P_{Fe}$。又因为主磁通远大于漏磁通，有 $X_m \approx X_0$，其等效电路如图 2.5.2 所示。

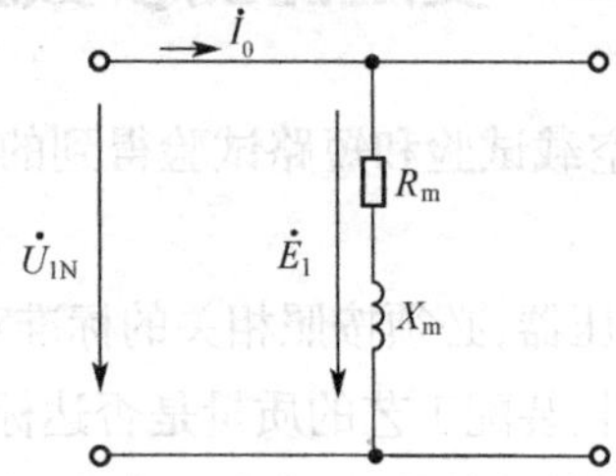

图 2.5.2　变压器空载试验等效电路图

空载时所测阻抗可近似等效为励磁阻抗，即

$$\begin{cases} k = \dfrac{U_{20}}{U_{1N}} = \dfrac{N_2}{N_1} \\ Z_0 = \dfrac{U_{1N}}{I_0} \approx Z_m \\ R_0 = \dfrac{P_0}{I_0^2} \approx R_m \\ X_0 = \sqrt{Z_0^2 - R_0^2} \approx X_m \end{cases} \tag{2.5.1}$$

对三相变压器而言，公式中的各量都要采用相值，即一相的损耗、相电压和相电流。所测励磁阻抗是否需要折算，视要求而定。例如一台降压变压器，副边绕组属于低压侧，试验在副边绕组进行，测得的参数便属于副边绕组参数，如要求得到折算到原边绕组的参数，便须在计算值的基础上乘以变压比的平方。需要指出的是，励磁阻抗与铁芯的饱和程度有关，电压超过额定值越多，饱和程度越高，Z_m 越小。常用的励磁阻抗为对应于额定电压下所测的 Z_m。若要求取折算到高压侧的励磁阻抗，必须乘以变压比的平方，即高压侧的励磁阻抗为 K^2Z_m。

2）绘制空载特性曲线

在图 2.5.1 所示的变压器空载试验接线图中，利用调压器使变压器一次侧电压 U_1 由零逐渐升至 $1.2U_{1N}$（或由 $1.2U_{1N}$ 逐渐降至零），分别测出 7~8 组对应的 I_0、P_0、U_{20}，则可绘出空载电流、空载损耗随电压变化的空载特性曲线，如图 2.5.3 所示。

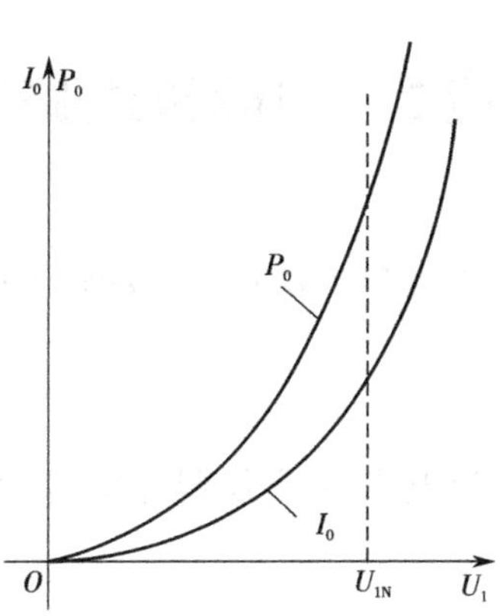

图 2.5.3　变压器空载特性曲线

4. 空载试验说明和意义分析

1）空载试验接线和仪表选用说明

空载试验通常是将低压侧接额定电压、高压侧开路进行测量。

由于变压器空载试验时，流过变压器低压侧的空载电流很小，变压器的功率因数也很小，为减小测量误差，应采用低功率因数瓦特表，电压表应接在电流表外侧。

2）空载试验可以测出变压器的铁损耗 P_{Fe}

变压器的损耗由铁损耗和铜损耗两部分组成，即 $P_0=P_{Fe}+P_{Cu}$，因为空载电流 I_0 很小，一般为（0.02~0.1）I_N，所以空载时的铜损耗可以忽略不计，可近似认为空载损耗就等于铁损耗，即 $P_0=P_{Fe}$。

由于铁损耗正比于主磁通的平方，当一次侧电压 U_1 为变压器的额定电压时，Φ_m 为额定主磁通，此时的铁损耗为额定运行时的铁损耗。只要变压器的电源电压不变，铁损耗就不会变化，所以铁损耗也称为不变损耗。

3）空载试验参数可以反映变压器铁芯和线圈质量

通过空载损耗 P_0 的测试，可以检查铁芯材料、装配工艺的质量和绕组的匝数是否正确以及有无匝间短路。

如果空载损耗 P_0 和空载电流 I_0 过大，则说明铁芯质量差、气隙太大。如果试验时变压器的变压比 K 太小或太大，则说明绕组的绝缘或匝数有问题。另外，可以通过示波器观察开路侧电压或空载电流 I_0 的波形，如不是正弦波，失真过大，则说明铁芯过于饱和。

如果是升压变压器，则可以在一次侧进行试验，将二次侧开路，这样可以保证安全和便于选择仪表，而且空载电流 I_0、励磁阻抗 Z_m 都不需要折算。测高电压时，可采用电压互感器。

4）空载特性曲线反映了铁芯的磁化曲线

空载特性曲线 $U_{10}=f(I_0)$实质上反映了变压器铁芯的磁化曲线。当电压较低时，Φ 较小，U_{10} 与 I_0 呈线性关系；U_{10} 增大，磁路逐渐饱和，当 U_{10} 超过额定值时，I_0 将大幅度增加。

子情境 2　变压器的短路试验

1. 短路试验的目的

学习并掌握变压器参数的试验测定方法;根据数据,计算额定铜损耗 P_{Cu}、短路电压、短路阻抗参数。

2. 试验器材

单相变压器、交流电压表、交流电流表、调压器、低功率因数电能表、熔断器、自动空气开关、导线。

3. 试验内容

理论上,短路试验既可以在高压侧进行,也可以在低压侧进行,但为了安全起见,一般在高压侧进行。短路试验时,副边绕组处于短路状态。单相变压器短路试验接线图如图 2.5.4 所示。

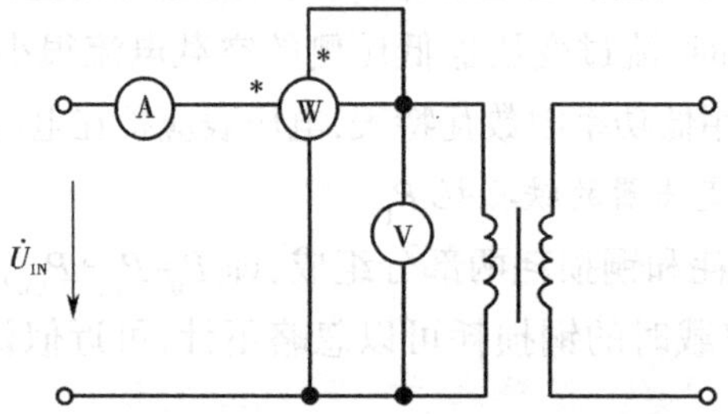

图 2.5.4　单相变压器的短路试验接线图

1)测量短路参数

下面以降压变压器为例来说明短路试验步骤。因原边绕组为高压侧,故在原边绕组加压。开始时电压必须很低,直到原、副边绕组电流达到额定值,此时测得 U_k、I_k、P_k。

由于短路试验所施加电压很低, U_k 仅为 U_{1N} 的 4%~10%,由 $U_{1N} \approx E_1=4.44fN_1\Phi_m$ 可知,主磁通 Φ_m 很小,铁损耗也很小,铁芯的饱和程度低,故 Z_k 就很大,励磁支路可认为处于开路状态,电源所吸收的功率也可以认为是全部消耗在绕组电阻上。此时,等效电路如图 2.5.5 所示。可以由以下公式求取短路参数:

$$\begin{cases} Z_k = \dfrac{U_k}{I_{1N}} \\ R_k = \dfrac{P_k}{I_{1N}^2} \\ X_k = \sqrt{Z_k^2 - R_k^2} \end{cases} \tag{2.5.2}$$

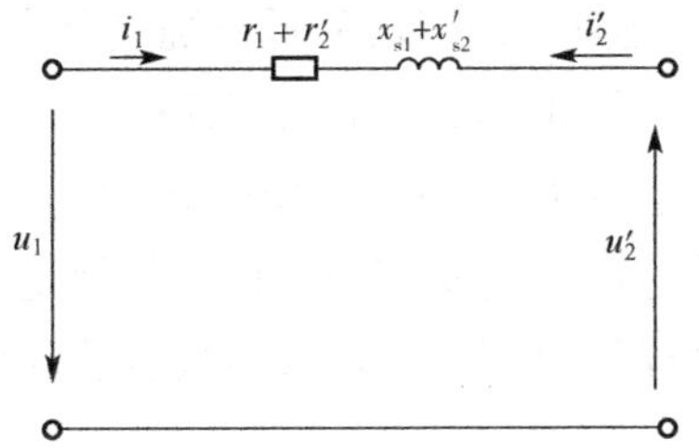

图 2.5.5　变压器短路试验等效电路图

绕组电阻与温度有关，根据国家标准，对于绝缘等级为 A、B、E 的油浸式变压器，在试验温度 θ 下所测得的电阻值需折算到 75 ℃，折算规律为

$$R_{k75℃}=R_k\frac{T+75}{T+\theta}$$

当绕组为铜线时，上式中 $T=234.5$ ℃；当绕组为铝线时，$T=228$ ℃。在短路试验中，把绕组电流达到额定值时，加在原边绕组两端的电压称为短路电压或阻抗电压，即 $U_k=I_{1N}Z_{k75℃}$，所测得的 Z_k 称为短路阻抗，它们一般用相对值（标么值）来表示。

与空载试验一样，对于三相变压器，在应用式（2.5.2）时，U_k、I_k、P_k 应该采用每相值来计算。

2）绘制短路特性曲线

在图 2.5.4 所示的变压器短路试验接线图中，利用调压器使变压器一次侧电压 U_1 由零逐渐升高，使短路电流 I_k 由零变至 $1.2I_{1N}$，分别测出 7~8 组对应的 U_k、I_k、P_k，则可绘出短路电流、短路损耗随电压变化的短路特性曲线，如图 2.5.6 所示。

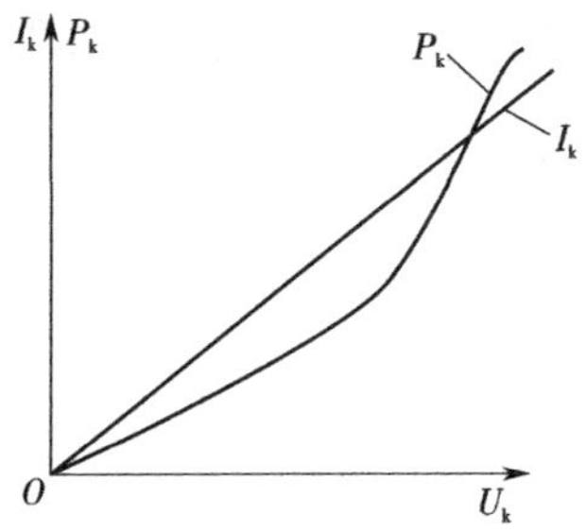

图 2.5.6　变压器短路特性曲线

4. 短路试验说明和意义分析

1）短路试验接线说明

短路试验应在高压侧加电压，低压侧短路。为保证短路不损坏变压器，短路试验时电流应等于额定电流，这时所加的电源电压很低。由于变压器短路阻抗很小，为减小测量误差，电流表应接在电压表的外侧，图 2.5.4 中仪表的位置不能任意改变。

在短路试验过程中，绝不允许在高压侧施加额定电压，否则变压器会因产生很大的短路电流而损坏。

2）短路试验可以测出变压器额定铜损耗

短路试验时，高压侧通过调压器接到电源上，变压器高压侧电压 U_1 由零逐渐增加，使高压侧电流达到额定电流 $I_1=I_{1N}$。这时，变压器高、低压绕组上流过的电流等于额定电流，根据变压器铜损耗公式 $P_{Cu}=I_1^2r_1+I_2^2r_2$ 可知，短路试验时铜损耗就等于变压器额定铜损耗。

当高压侧电流达到额定电流 $I_1=I_{1N}$ 时，电压表读数为短路电压 U_k，其值很低，只有（4%~10%）U_{1N}，所以变压器铁芯中磁通 Φ_m 很小，而铁损耗正比于主磁通的平方，因此铁损耗 P_{Fe} 也很小，可忽略不计，这样短路试验时功率因数表的读数 P_k 可近似看成额定负载的铜损耗 P_{Cu}。

3）短路试验参数可用来分析变压器运行性能的好坏

短路试验测出的短路电压 U_k 和励磁阻抗 Z_k，反映了一次绕组在额定电流时的内部压降及内部阻抗，可以用来分析变压器的运行性能好坏。U_k 和 Z_k 越小，说明变压器的内部压降和内部阻抗小，电压调整率就低，变压器输出电压就越稳定。但从限制短路时的短路电流来看，U_k 和 Z_k 大些好，Z_k 大则短路电流就小，对变压器和设备的危害就小。因此，不能绝对地讲 U_k 和 Z_k 应该大还是小，而是需要根据具体情况考虑。例如电炉用变压器容易短路，所以 U_k 和 Z_k 要设计得大些，以降低短路电流。

U_k 一般用相对值（标么值）表示，即 $U_k^*=\dfrac{U_k}{U_{1N}}\times100\%=4\%\sim10\%$。一般变压器容量越大，电压越高，$U_k'$ 也越高。

子情境 3　标么值

在变压器的分析和计算中，有时会采用标么值来表示某一物理量的大小。所谓的标么值，是指某一物理量的实际值与所选基值之间的比值，即标么值 = 实际值/基值。基值一般选择为额定值。对变压器而言，其标么值及基值的选择如下。

（1）电压：

$$U_1^*=\frac{U_1}{U_{1N}},\ U_2^*=\frac{U_2}{U_{2N}}$$

（2）电流：

$$I_1^*=\frac{I_1}{I_{1N}},\ I_2^*=\frac{I_2}{I_{21N}}$$

（3）阻抗：

$$Z_{s1}^*=\frac{Z_{s1}}{Z_{1N}}=\frac{I_{1N}Z_{s1}}{U_{1N}},\ Z_{s2}^*=\frac{Z_{s2}}{Z_{2N}}=\frac{I_{2N}Z_{s2}}{U_{2N}}$$

其中，$Z_{1N}=\dfrac{U_{1N}}{I_{1N}}$，$Z_{2N}=\dfrac{U_{2N}}{I_{2N}}$。

可见，基值如何选取，首先要看该物理量属于哪一侧，一般选择所属侧相应的额定值作为其基值。用标么值来描述某一物理量具有以下优点。

（1）可以直观地看出变压器的运行状况。例如一台变压器，已知其原边绕组所加电压 U_1=110 V，电流 I_1=10 A。对此，除了其实际工作电压和电流，我们看不出其他任何东西。如果我们知道 U_1^*=1，I_1^*=0.5，便可以十分清楚地知道原边绕组所加的电压为额定值，而电流只达到额定电流的 50%，处于带半载的工作状态。

（2）可以根据标么值判定变压器的性能是否正常。无论变压器的容量为多少，其空载电流的标么值 I_0^* 一般为 2%~5%，短路阻抗的标么值 Z_k^* 一般为 4%~10%。如果已知一台变压器的 I_0^* =25%，初步可以判断该变压器已经出现了不正常的工作状态。

（3）绕组折算前后，物理量的标么值保持不变。为此，我们就没有必要知道到底是从哪一侧往另外一侧折算。例如

$$Z_{s1}^* = \frac{I_{1N} Z_{s1}}{U_{1N}} = \frac{1/KI_{2N} \cdot K^2 Z_{s2}}{K \cdot U_{2N}} = \frac{I_{2N} Z_{s2}}{U_{2N}} = Z_{s2}^*$$

这是由于在折算前，Z_{s2} 属于副边参数，其基值应该选副边阻抗的额定值 Z_{2N}，折算到原边以后，Z'_{s2} 已属于原边参数，其值增大为原来的 K^2 倍，但此时应该选择原边绕组额定阻抗 Z_{1N} 作为其基值，折算值与基值同时增大为原来的 K^2 倍，故折算前后标么值不变。

（4）采用标么值后，可以使计算变得简单。

情境 6　变压器绕组的极性测定与连接

职业能力：掌握变压器绕组极性的判断方法，掌握判断三相变压器的连接组别的时钟法。

子情境 1　单相变压器绕组的极性

1. 单相变压器的极性

变压器的极性是指变压器一、二次绕组在同一磁通作用下所产生的感应电动势之间的相位关系，通常用同名端来标记。同名端的标记可用星号“*”或点“·”来表示。

同名端取决于两个绕组的绕向和相对位置，在图 2.6.1（a）中，一次绕组与二次绕组套在同一铁芯柱上，两个绕组绕向相同，这时 1 号和 3 号出线端（2 号和 4 号出线端）为同名端，1 号和 4 号出线端（2 号和 3 号出线端）为异名端。在图 2.6.1（b）中，一次绕组与二次绕组套在同一铁芯柱上，两个绕组绕向相反，这时 1 号和 4 号出线端（2 号和 3 号出线端）为同名端，1 号和 3 号出线端（2 号和 4 号出线端）为异名端。

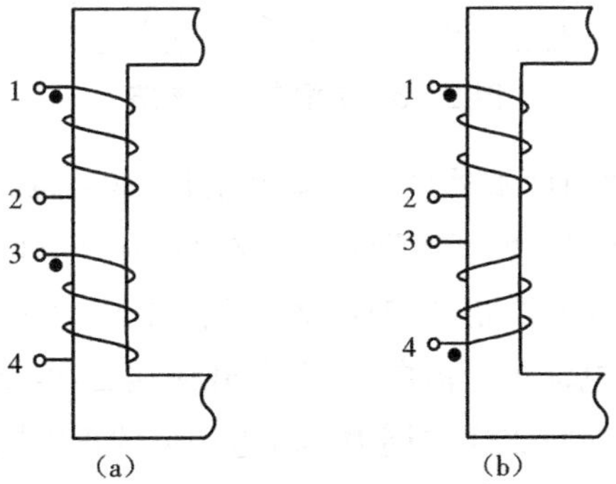

图 2.6.1　单相变压器一、二次绕组极性

（a）绕向相同　（b）绕向相反

应该注意,没有被同一个交变磁通所贯穿的线圈之间不存在同名端的问题。

可见,一、二次绕组的绕向可以相同,也可以相反。通常把绕组的一端称为首端,另一端称为尾端,用字母后的"1"表示首端,用字母后的"2"表示尾端。例如1U1、2U1分别为两套绕组的首端,1U2、2U2分别为两套绕组的尾端。每一个绕组的两个出线端中任一出线端都可以作为首端,也可以作为尾端。但不管怎样组合,一、二次绕组的相对极性只能出现两种情况,即两个绕组的首端不是同极性,就是异极性。

在任意瞬间,同名端的极性始终保持一致,同为"+"或同为"-"。单相变压器一、二次绕组上感应电动势 $\dot{E}_{1U}$ 与 $\dot{E}_{2U}$ 的相位关系不是同相位就是反相位。图2.6.2(a)中,一、二次绕组绕向一致,首端为同名端,则一、二次绕组上感应电动势 $\dot{E}_{1U}$ 与 $\dot{E}_{2U}$ 的相位相同;图2.6.2(b)中,一、二次绕组绕向不一致,首端为异名端,则一、二次绕组上感应电动势 $\dot{E}_{1U}$ 与 $\dot{E}_{2U}$ 的相位相反。

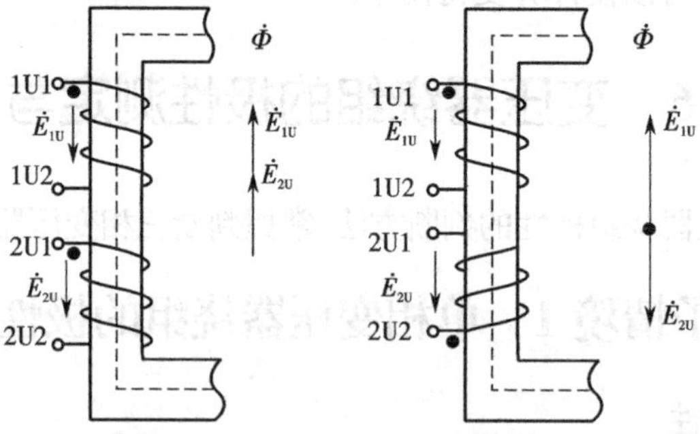

图2.6.2　一、二次绕组首端极性不同

(a)首端为同名端　(b)首端为异名端

例2.6.1　某一台单相变压器,一、二次绕组在某一瞬间的电流方向如图2.6.3所示,试判断并用符号标出同名端。

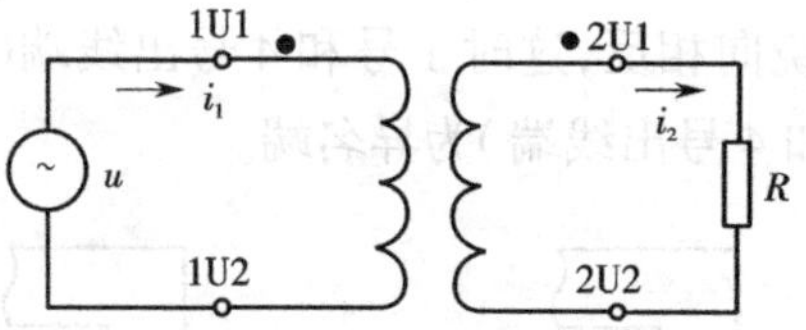

图2.6.3　单相变压器电路

分析　当变压器一次绕组两端外加一交流电压时,某一瞬间电流 i_1 由1U1端流入,由1U2端流出,假设该瞬间电流是增大的,则在一次绕组会产生自感电动势,其方向与电流方向相反,即自感电动势方向由1U2指向1U1,这一瞬间1U1感应电动势极性为正。此时,二次绕组接上负载后,负载上电流由上流向下,即负载所接二次绕组的2U1端感应电动势极性是正。这样,变压器1U1端和2U1端同为感应电动势的正极性端,即高电位端;1U2端和2U2端同为感应电动势的负极性端,即低电位端。故1U1与2U1(或1U2与2U2)为同名端。

2. 变压器绕组的连接和极性的重要性

如果变压器一次绕组有两个以上的绕组或一、二次绕组都有两个以上的绕组，则这样的变压器称为多绕组变压器，其多用于各种电子设备中，输出多种电压。例如电源变压器为了配合 220 V 和 110 V 不同的电网电压使用，需设两个额定电压为 110 V 的一次绕组，在电网电压为 220 V 时，将两个一次绕组串联起来使用，在电网电压为 110 V 时，将两个一次绕组并联起来使用。

1）绕组串联

Ⅰ. 正向串联

把两个绕组的异名端相连的串联称为绕组正向串联，如图 2.6.4（a）所示。这时绕组上的感应电动势为两个串联绕组上感应电动势之和。具有两个额定电压为 110 V 的一次绕组的电源变压器，应该采用绕组正向串联方式连接后，才可以接到 220 V 交流电源上。

Ⅱ. 反向串联

把两个绕组的同名端相连的串联称为绕组反向串联，如图 2.6.4（b）所示。这时绕组上的感应电动势为两个串联绕组上感应电动势之差。具有两个额定电压为 110 V 的一次绕组的电源变压器，如果采用反向串联方式接到 220 V 交流电源上，由于绕组上感应电动势为零，在电源电压作用下，会有很大的电流流过一次绕组，变压器将烧坏。

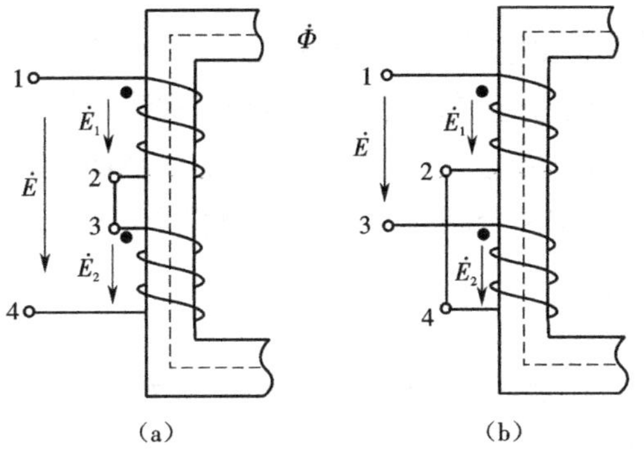

图 2.6.4　绕组串联

（a）正向串联　（b）反向串联

2）绕组并联

Ⅰ. 同极性并联

将绕组的同名端相连的并联称为同极性并联，如图 2.6.5（a）所示。这时如果两个绕组上的感应电动势相等，绕组内部就不会产生内部环流，这是比较理想的状态。

Ⅱ. 反极性并联

将绕组的异名端相连的并联称为反极性并联，如图 2.6.5（b）所示。这时如果两个绕组上的感应电动势不相等，将会在绕组内部产生内部环流，产生损耗和发热，对绕组的正常工作不利，严重时甚至会烧坏绕组。这种接法是不允许的，应绝对避免。

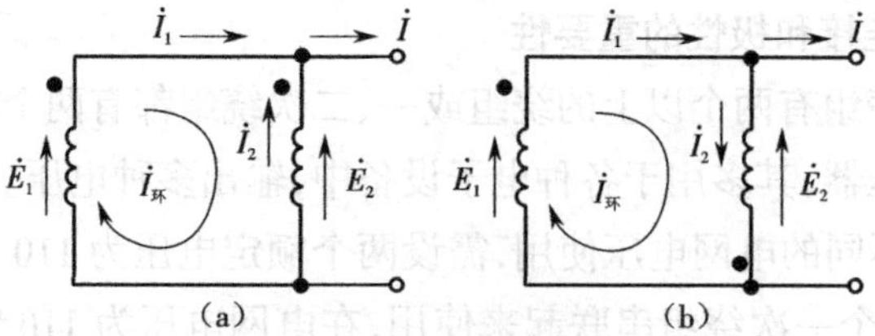

图 2.6.5 绕组并联

(a)同极性并联 (b)反极性并联

具有两个额定电压为 110 V 的一次绕组的电源变压器,应该采用绕组同极性并联方式连接后,才可以接到 110 V 交流电源上。应该注意,这时必须将两个一次绕组并联后接到电源上,而不能只用一个一次绕组,否则该一次绕组中工作电流将变成正常电流的一倍而损坏变压器。

可见,变压器绕组之间进行连接时,极性判别至关重要。一旦极性接反,轻者不能正常工作,重者导致绕组和设备严重损坏。

子情境 2 变压器绕组的极性测定

在变压器绕组极性的测定方法中,一般采用直观法和仪表测试法。

1. 直观法

因为变压器绕组的极性是由它的绕制方向和相对位置决定的,在图 2.6.1 中,两个绕组的相对位置确定,且也明确知道绕组的绕向,故可以用直观法判断它们的极性。

判断方法:同时假设从两个绕组的某一端分别通入直流电流,用右手螺旋定则判别电流所产生的磁通方向,如果铁芯中两个磁通方向一致,则两个绕组流入电流的端就是同名端,反之为异名端。

2. 仪表测试法

已经制成的变压器由于经过浸漆或其他工艺处理,从外观上无法看出内部绕组的绕向,故只能借助仪表来测定绕组的同名端。

1)直流法

直流法测定极性原理图如图 2.6.6 所示,在变压器高压绕组接通直流电源的瞬间,根据低压绕组电压的正负方向来确定变压器各出线端的极性。

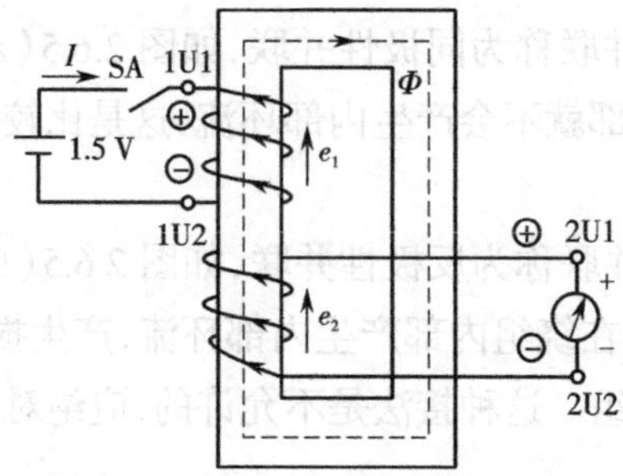

图 2.6.6 直流法测定极性原理图

具体操作步骤如下。

（1）假定变压器绕组的首端和尾端，并记为 1U1、1U2、2U1、2U2。

（2）按图 2.6.6 接线，将电池的"-"极与 1U2 相接，电池的"+"极经开关 SA 与 1U1 相接，直流毫安表（0.5 mA）的"+"极与 2U1 相接，直流毫安表的"-"极与 2U2 相接。

（3）测定判断，合上开关 SA 的瞬间，高压绕组电流从 1U1 进、从 1U2 出，且逐渐增大，此时若直流毫安表的指针向零刻度的正方向（右方）偏转，说明二次绕组感应电动势方向由 2U2 指向 2U1，即 2U1 端是感应电动势的正极，说明被测变压器 1U1 与 2U1（或 1U2 与 2U2）是同名端；若指针向负方向（左方）偏转，则说明被测变压器 1U1 与 2U2（或 1U2 与 2U1）是同名端。

用直流法测定变压器绕组的极性时，为了安全，一般采用 1.5 V 的干电池或 2~6 V 的蓄电池。

2）交流法

交流法测定极性原理图如图 2.6.7 所示。

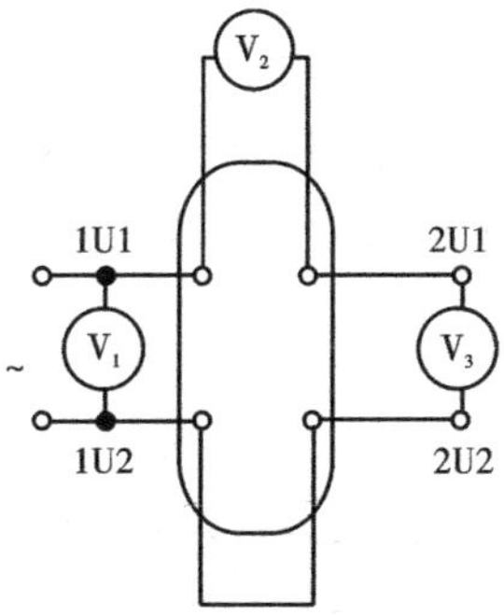

图 2.6.7　交流法测定极性原理图

具体操作步骤如下。

（1）假定变压器绕组的首端和尾端，并记为 1U1、1U2、2U1、2U2。

（2）按图 2.6.7 接线，将变压器的高压绕组尾端 1U2 和低压绕组尾端 2U2 用导线连接起来，然后再通过调压器把变压器高压绕组接到交流电源上，调节调压器改变输出电压，使施加在变压器高压绕组上的电压为 110 V。

（3）测定判断，用交流电压表测量变压器高、低压绕组首端 1U1 与 2U1 之间的电压为 122 V，用交流电压表测量变压器低压绕组 2U1 与 2U2 之间的电压为 12 V，则变压器高、低压绕组出线端 1U1 与 2U1（或 1U2 与 2U2）是同名端。

对三相变压器来说，只有同一相的一次与二次绕组之间存在同名端的关系，这时就相当于是一台单相变压器，也可以用上述办法来判断同名端。某一相绕组与另一相绕组之间，由于分别绕在不同的铁芯柱上，有各自的磁通，因此不存在同名端关系。

子情境 3　三相变压器绕组的连接与首尾判别

在供电系统中，一般都是三相交流电，要将某一电压等级的三相交流电转换为同频率的另一电压等级的三相交流电，可用三相变压器来完成，三相变压器按磁路系统可分为三相组合式变压器和三相芯式变压器。

三相组合式变压器是由三台单相变压器按一定连接方式组合而成的，其特点是各相磁路各自独立而不相关，如图 2.6.8 所示。

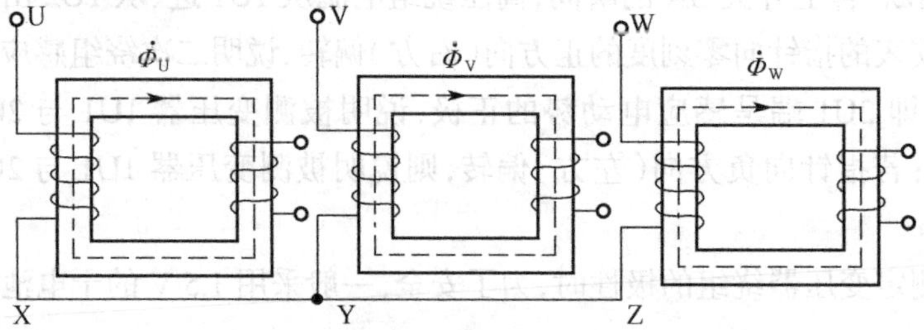

图 2.6.8　三相组合式变压器的磁路系统

三相芯式变压器是三相共用一个铁芯的变压器，各相磁路互相关联，如图 2.6.9 所示。图 2.6.9(a)中有三个铁芯柱，分别绕各相一次和二次绕组，中间的铁芯作为磁轭，供三相磁通 $\dot{\Phi}_U$、$\dot{\Phi}_V$、$\dot{\Phi}_W$ 分别通过。当三相电压平衡时，磁路也是对称的，总磁通为零，所以不需要另外的铁芯来供总磁通通过，可以省去中间的磁轭，类似于三相对称电路中省去中线一样，可以节省铁芯的材料，如图 2.6.9(b)所示。在实际的应用中，把三相铁芯布置在同一平面上，如图 2.6.9(c)所示。

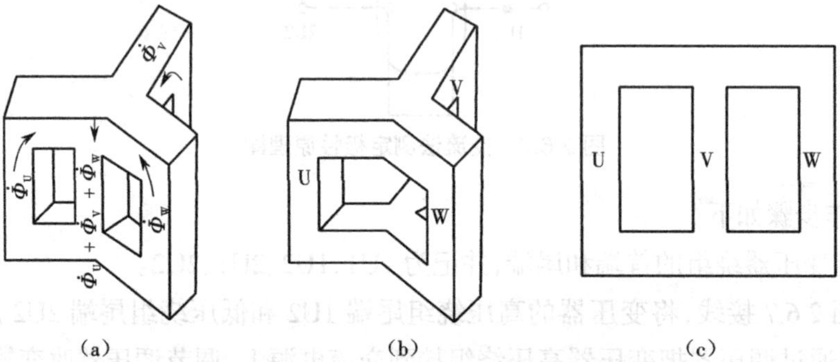

图 2.6.9　三相芯式变压器的磁路系统

三相芯式变压器体积小、经济性好，被广泛应用。但变压器铁芯必须接地，以防产生感应电压或漏电，而且铁芯只能有一点接地，以免形成闭合回路而产生环流。

1. 三相芯式变压器绕组的连接

将三个高压绕组或三个低压绕组连成三相绕组时，有两种基本接法：星形连接和三角形连接。

1)星形连接

星形连接是将三相绕组的尾端 U2、V2、W2 连接在一起成为中性点 N，把三相绕组的首端 U1、V1、W1 分别引出，星形连接用符号“Y”表示，其连接图如图 2.6.10(a)所示，中性点的引出线为中线，有中线的星形连接用符号“YN”表示。

2）三角形连接

三角形连接是将三相绕组的首尾两端依次连接构成一个闭合回路，把三个连接点 U1、V1、W1 分别引出，三角形连接用符号“△”表示。因为首尾连接的顺序不同，三角形连接分为顺接和反接两种接法，顺接如图 2.6.10（b）所示，反接如图 2.6.10（c）所示。

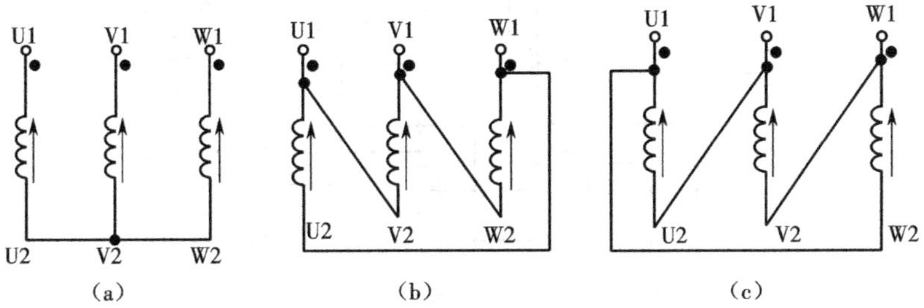

图 2.6.10　三相变压器绕组连接

（a）星形连接　（b）三角形顺接　（c）三角形反接

三相绕组无论是星形连接还是三角形连接，如果有一相绕组的首尾端接反了，磁通就不对称，就会出现空载电流 I_0 急剧增加的现象，从而导致严重事故。

2. 三相绕组的首尾判别

判别原则：磁路对称，三相总磁通为零。如果将某一相绕组首尾端弄错，会破坏三相磁通的相位平衡，结果磁通就不能从铁芯中返回，而是从空气和油箱中绕走，使磁阻大大增加，空载电流 I_0 也随之增加，后果严重，所以绝不允许接错绕组的首尾端。三相绕组的首尾判别有直流法和交流法两种。

1）直流法判别三相绕组首尾端

具体操作步骤如下。

（1）分相设定标记。首先用万用表电阻挡测量 12 个出线端的通断情况，分出一次和二次共六个绕组；再根据电阻大小，分出高、低压绕组，电阻大的为高压绕组，电阻小的为低压绕组；然后任意假设一次绕组中某一相绕组为 U 相绕组，将两个出线端做好标记 1U1、1U2，其他两相绕组的出线端分别做好标记 1V1、1V2 和 1W1、1W2。

（2）按图 2.6.11 接线。将一个 1.5 V 的干电池（用于小容量变压器）或 2~6 V 的蓄电池（用于电力变压器）与刀开关 SA 串联后接入一次侧任一相绕组上。

（3）测定判断。如果合上刀开关 SA 的瞬间，直流毫安表指针正偏（右侧），则接在直流毫安表“+”极上的出线端为绕组的尾端（比如 U 相的尾端 1U2），接在直流毫安表“-”极上的出线端为绕组的首端（比如 U 相的首端 1U1）。如果与开始标记的不符，只要将标记对调即可。如果合上刀开关 SA 的瞬间，直流毫安表指针反偏（左侧），则接在直流毫安表“+”极上的出线端为绕组的首端（比如 U 相的尾端 1U1），接在直流毫安表“-”极上的出线端为绕组的尾端（比如 U 相的首端 1U2）。如果与开始标记的不符，只要将标记对调即可。采用相同方法，可以确定 W 相绕组的首尾端。但要注意，测定 U 相绕组时，W 相绕组轮空，不接直流毫安表。同理，测定 W 相绕组时，U 相绕组轮空。

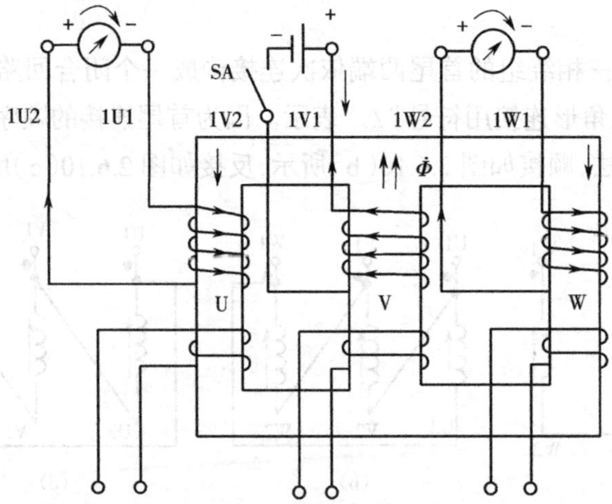

图 2.6.11　直流法测定三相变压器一次绕组首尾端

2)交流法判别三相绕组首尾端

具体操作步骤如下。

(1)同直流测定法,用万用表电阻挡测量一次绕组的 6 个出线端之间的通断情况,分出 3 个一次绕组。

(2)按图 2.6.12 接线,将 U 相绕组任意一个出线端与 V 相绕组任意一个出线端短接,即将 U 相与 V 相绕组串联后,接到一个电压较低的交流电源上,在 W 相绕组两个出线端之间接一个交流电压表。

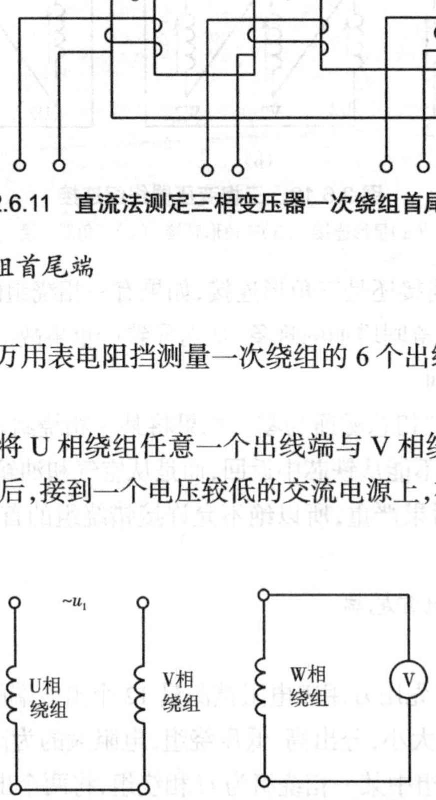

图 2.6.12　交流法测定三相变压器一次绕组首尾端

(3)测定判断。通过调压器,在 U 相绕组与 V 相绕组两个未短接的出线端之间加入 40 V 交流电压后,根据并联在 W 相绕组上的交流电压读数,可以确定 U 相绕组和 V 相绕组的首尾端。

如果 W 相交流电压表读数等于零,则说明接交流电源的两个出线端分别为 U 相绕组首端 1U1 和 V 相绕组首端 1V1。

如果 W 相交流电压表读数等于电源电压大小,则说明 U 相绕组和 V 相绕组短接的两个出线端为首尾短接。假设 U 相绕组接电源的出线端为首端 1U1,则短接线将 U 相绕组尾端 1U2 与 V 相绕组首端 1V1 连接起来,V 相绕组接电源的出线端就为尾端 1V2。

子情境 4　三相变压器的连接组别

1. 三相变压器连接组别

三相变压器的一、二次绕组，根据不同的需要可以有三角形和星形两种接法，一次绕组三角形接法用 D 表示，星形接法用 Y 表示，有中线时用 YN 表示，二次绕组分别用小写 d、y、yn 表示。

三相变压器的连接组别由两部分组成：一部分表示三相变压器的连接方法；另一部分表示连接组的标号。如图 2.6.13 所示连接组为 Y，y10。

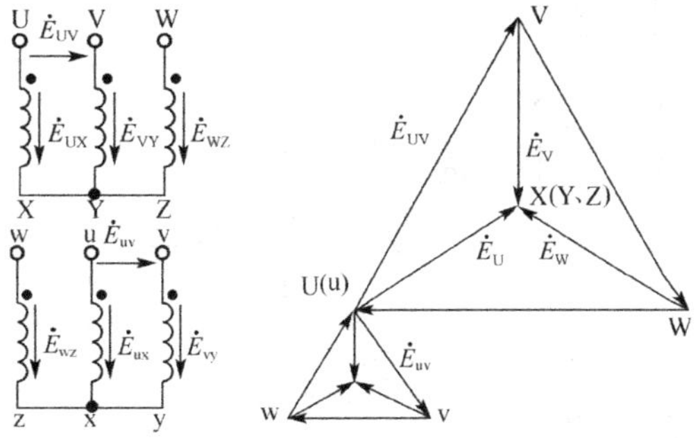

图 2.6.13　连接组 Y，y10

下面详细介绍确定连接组别的方法。连接组别标号由原、副边线电动势的相位差决定。三相变压器的三个铁芯柱上都有分别属于原边绕组和副边绕组的一相，它们的相位关系与单相变压器原、副边绕组感应电动势的关系完全一样。根据电路理论可知，当三相绕组 Y 接时，线电动势的大小为相电动势的 $\sqrt{3}$ 倍，相位则超前相应相电动势 30°；当三相绕组△接时，线电动势与相电动势相等。所以，在知道原、副边相电动势的相位关系后，线电动势的关系也随之确定，便可根据线电动势的相位关系确定连接组标号。连接组标号有两层含义：一方面原、副边线电动势相位差都是 30° 的倍数，该倍数即为连接组标号；另一方面代表着时钟的整点数，如果规定原边绕组的线电动势作为分针始终指向"12"点不动，副边绕组的线电动势作为时针按顺时针转动，则其指向几点，连接组别标号就是几，这就是所谓的时钟法。

三相变压器连接组别很多，为了便于制造和使用，国家规定了 5 种常用的连接组，见表 2.6.1。

表 2.6.1　5 种常见的连接组

连接组标号	连接图		一般适用场合
Y，yn0	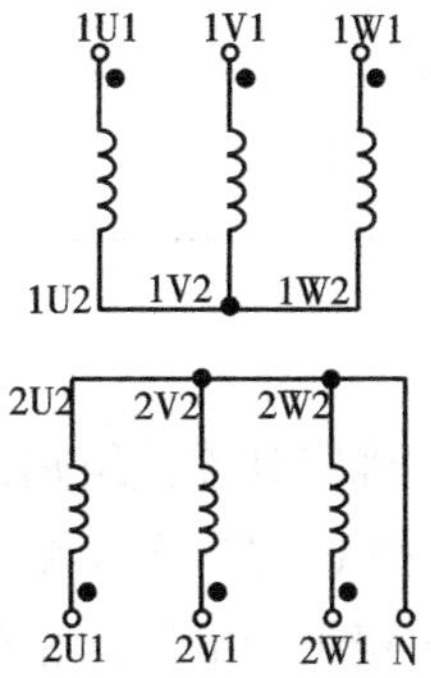	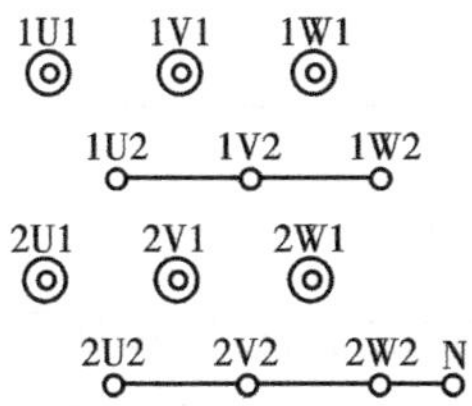	三相四线制供电，即同时有动力负载和照明负载的场合

续表

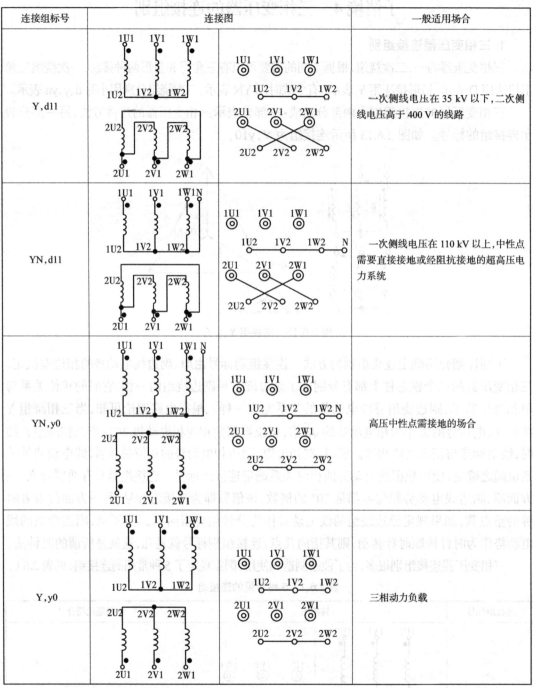

连接组标号	连接图		一般适用场合
Y,d11	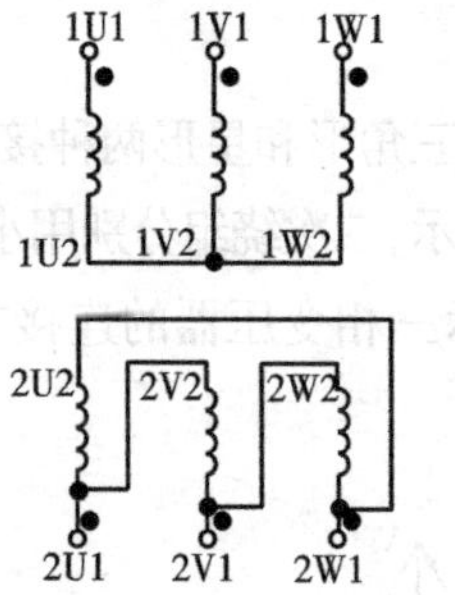	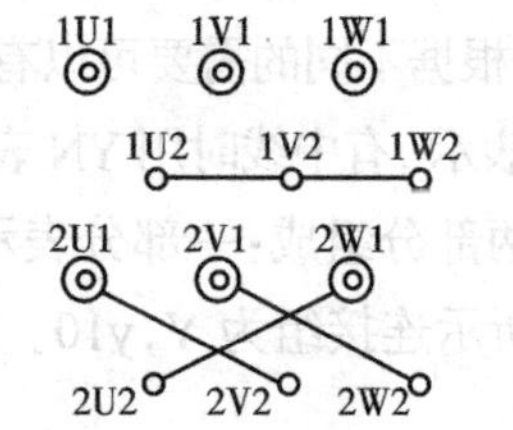	一次侧线电压在 35 kV 以下,二次侧线电压高于 400 V 的线路
YN,d11	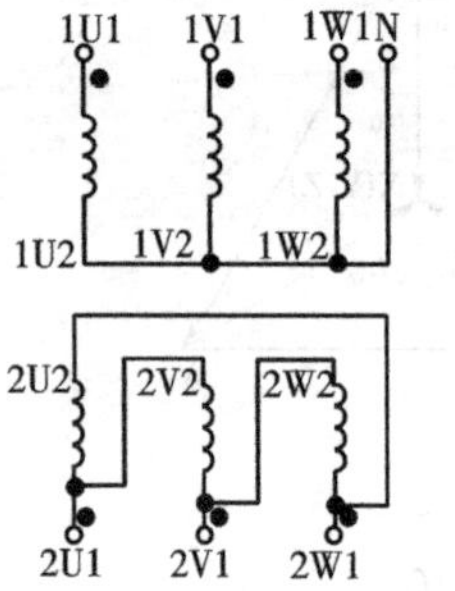	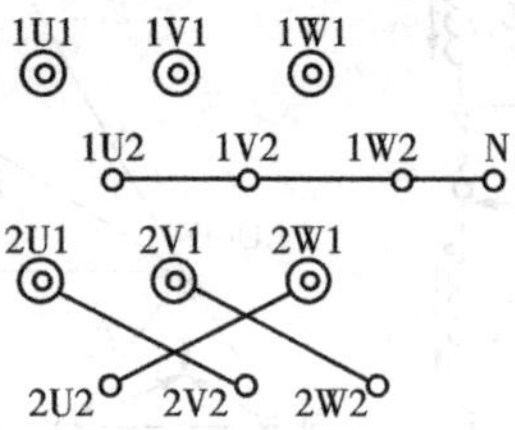	一次侧线电压在 110 kV 以上,中性点需要直接接地或经阻抗接地的超高压电力系统
YN,y0	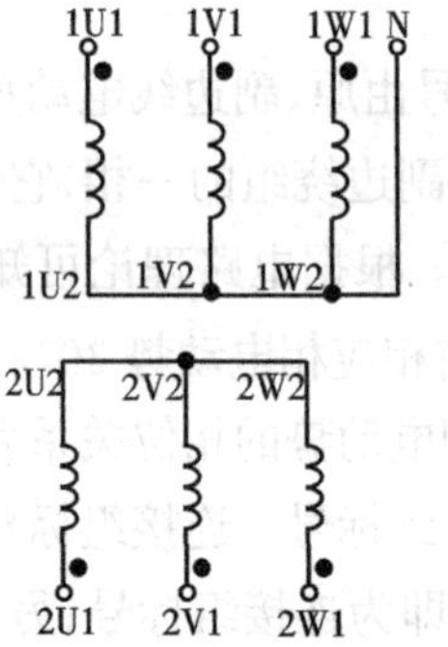	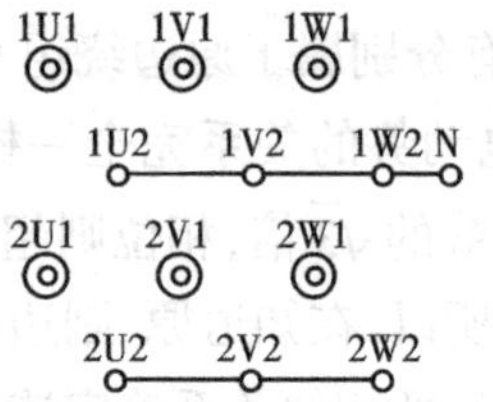	高压中性点需接地的场合
Y,y0	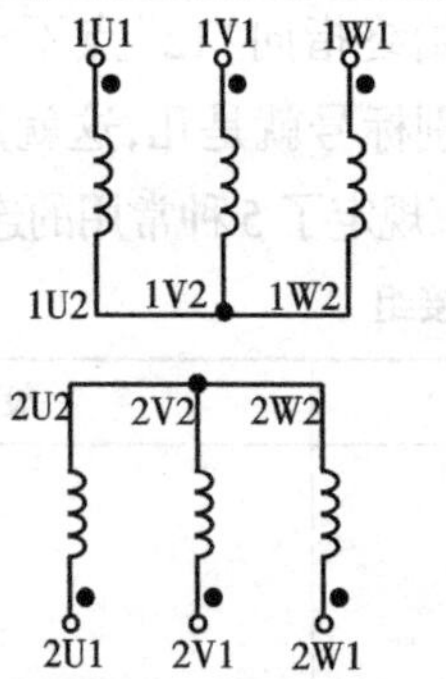	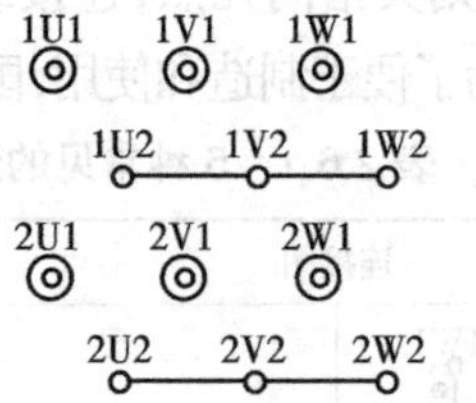	三相动力负载

2. 连接组别的判别方法与步骤

在已知三相变压器接线图的情况下,可以按如下步骤确定其连接组别:首先画出原边绕组相电压的相量图,并根据其连接方式求出线电压;然后把 U 端当作 u 端,根据同名端确定二次绕组相电压与一次绕组相电压的相位关系,画出二次绕组相电压的相量图,再由其连接方式求出二次绕组的线电压；最后根据相量图所示的原、副边线电压相位差，得到连接组标号。

（1）在接线图中标出一、二次绕组相电压的正方向和线电压的正方向，如图 2.6.14 所示。规定相电压正方向是从绕组的首端指向尾端，线电压正方向是从第一个下标指向第二个下标。

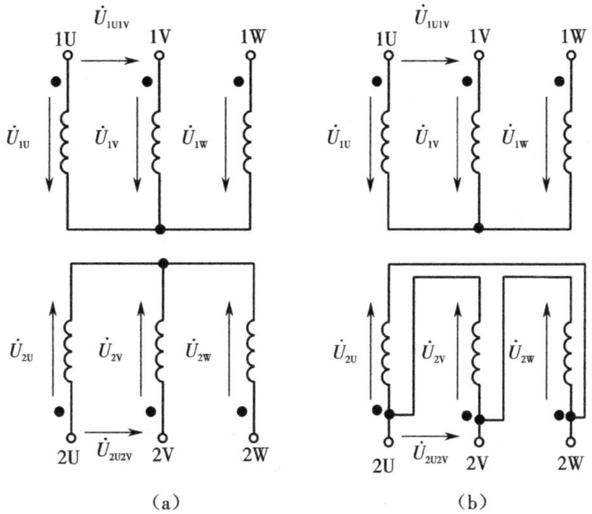

图 2.6.14　标出每相绕组相电压正方向

（a）Y，y 连接　（b）Y，d 连接

（2）画出一、二次绕组相电压相量图。根据三相对称电压“相位互差 120°”的规律，画出一次绕组（高压边）各相电压 $\dot{U}_{1U}$、$\dot{U}_{1V}$、$\dot{U}_{1W}$ 相量图，如图 2.6.15（a）所示。

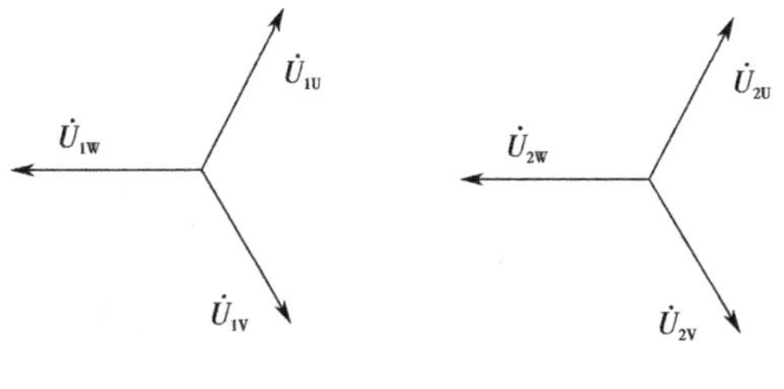

图 2.6.15　一、二次绕组相电压相量图

（a）一次绕组相电压相量图　（b）二次绕组相电压相量图

无论变压器二次绕组是星形连接还是三角形连接，根据变压器一次和二次绕组的同名端关系，便可画出二次绕组相电压相量图。绘制时，如果变压器一次绕组首端与二次绕组首端之间是同名端，则二次绕组相电压与相应的一次绕组相电压同相位，比如 $\dot{U}_{2U}$ 与 $\dot{U}_{1U}$ 同相位，$\dot{U}_{2V}$ 与 $\dot{U}_{1V}$ 同相位，$\dot{U}_{2W}$ 与 $\dot{U}_{1W}$ 同相位；如果变压器一次绕组首端与二次绕组首端之间是异名端，则二次绕组相电压与相应的一次绕组相电压反相位，比如 $\dot{U}_{2U}$ 与 $\dot{U}_{1U}$ 反相位，$\dot{U}_{2V}$ 与 $\dot{U}_{1V}$ 反相位，$\dot{U}_{2W}$ 与 $\dot{U}_{1W}$ 反相位。

图 2.6.14 所示的两台变压器，首端均为同名端，虽然连接方式不一样，但二次绕组相电压相量图相同，如图 2.6.15（b）所示。

（3）画出一、二次绕组线电压相量图。

图 2.6.14（a）所示变压器为 Y，y 连接，一、二次绕组线电压分别为 $\dot{U}_{1U1V}=\dot{U}_{1U}-\dot{U}_{1V}$，$\dot{U}_{2U2V}=\dot{U}_{2U}-\dot{U}_{2V}$，在图 2.6.15 上作出 $\dot{U}_{1U1V}$、$\dot{U}_{2U2V}$ 相量图，如图 2.6.16 所示。

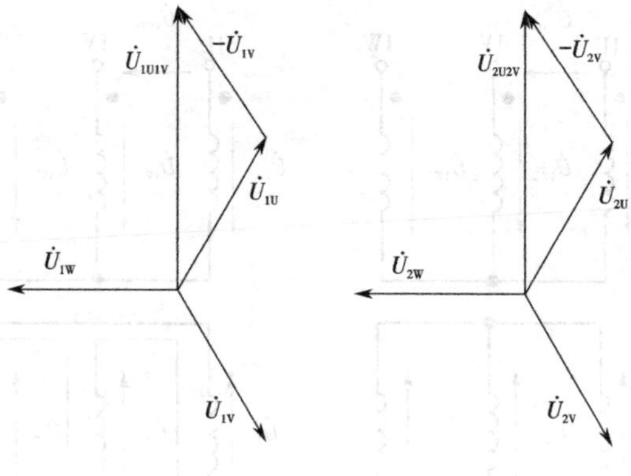

图 2.6.16 Y,y 变压器绕组线电压相量图

（a）一次绕组线电压相量图 （b）二次绕组线电压相量图

图 2.6.14（b）所示变压器为 Y，d 连接，一、二次绕组线电压分别为 $\dot{U}_{1U1V}=\dot{U}_{1U}-\dot{U}_{1V}$，$\dot{U}_{2U2V}=-\dot{U}_{2V}$，在图 2.6.15 上作出 $\dot{U}_{1U1V}$、$\dot{U}_{2U2V}$ 相量图，如图 2.6.17 所示。

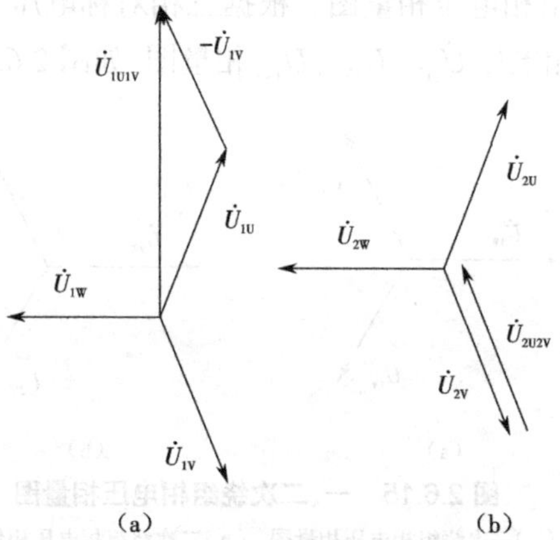

图 2.6.17 Y,d 变压器绕组线电压相量图

（a）一次绕组线电压相量图 （b）二次绕组线电压相量图

（4）画出时钟图，确定连接组别。

从图 2.6.16 中看出，图 2.6.14（a）所示变压器的 $\dot{U}_{2U2V}$ 与 $\dot{U}_{1U1V}$ 相位相同。先将线电压 $\dot{U}_{1U1V}$ 相量移入时钟盘面，指向“12”点，再根据 $\dot{U}_{2U2V}$ 与 $\dot{U}_{1U1V}$ 的相位关系，将 $\dot{U}_{2U2V}$ 相量移入时钟盘面，$\dot{U}_{2U2V}$ 指向“12”点，故该变压器的连接组别为“Y，y12”，如图 2.6.18（a）所示。

从图 2.6.17 中看出，图 2.6.14（b）所示变压器的 $\dot{U}_{2U2V}$ 与 $\dot{U}_{1U1V}$ 相位相差 30°，如图

2.6.18(b)所示。$\dot{U}_{2U2V}$ 指向 11 点,故该变压器的连接组别为“Y,d11”。

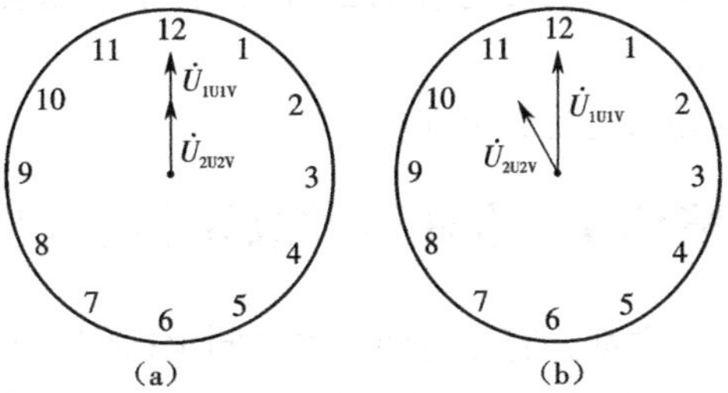

图 2.6.18　变压器连接组别的确定

(a)$\dot{U}_{2U2V}$ 指向 12 点　(b)$\dot{U}_{2U2V}$ 指向 11 点

3. 变压器连接组别的分析示例

分析图 2.6.19 所示变压器的连接组别。

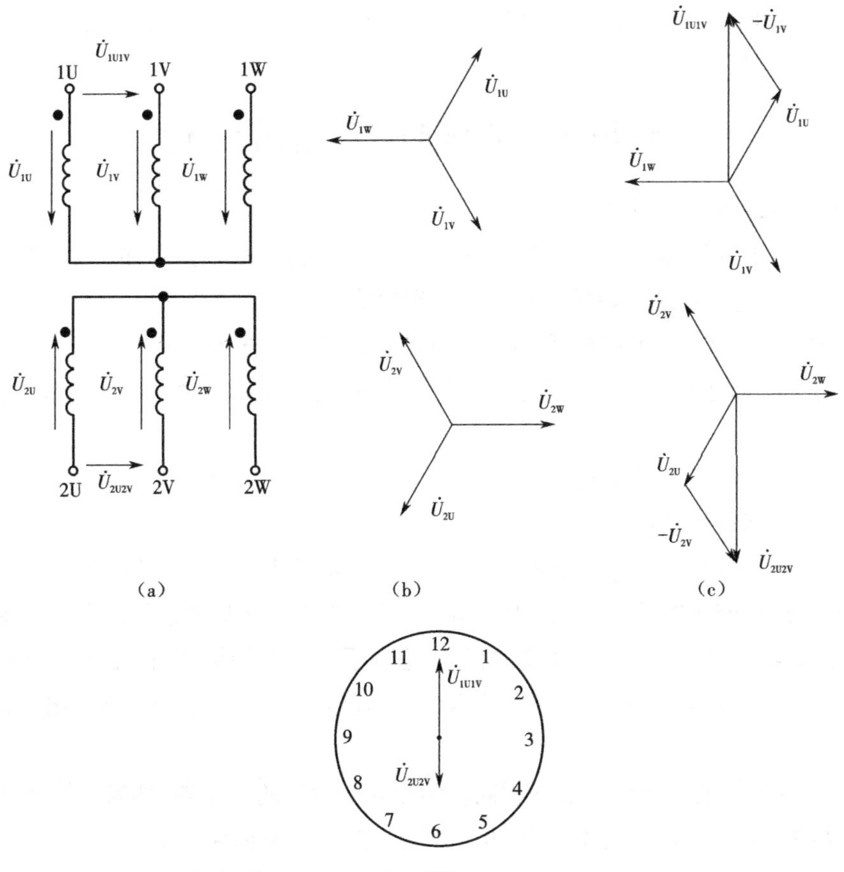

图 2.6.19　三相变压器的 Y,y6 连接

(a)变压器三相绕组 Y,y 连接　(b)相电压相量图　(c)线电压相量图　(d)时钟法判别

情境 7　三相变压器的并联运行

职业能力:了解变压器并联运行的条件。

子情境 1　变压器并联运行的意义

在发电厂或变电站中,通常都会有多台变压器共同承担传输电能的任务,其意义如下。

(1)提高供电的可靠性。在同时运行的多台变压器中,如果有变压器发生故障,可以在其他变压器继续工作的情况下将其切除,并进行维修,不会影响供电的连续性和可靠性。

(2)提高供电的经济效益。由于变压器所带负载是随季节、气候、早晚等外部情况的变化而改变的,可以对变压器的负载进行监控,从而决定投入运行的变压器的台数,以提高运行效率。

(3)减少总的备用变压器容量。随着用电量的逐步增加,可以分期增加并联变压器,以满足生产和生活用电需求。

子情境 2　变压器并联运行的条件

1. 变压器并联运行的理想情况

并不是任意的变压器都可以组合在一起并联运行,为了减少损耗和避免可能出现的危险情况,希望并联运行的变压器能实现以下的理想情况:

(1)空载时,为减少绕组铜损耗,应保证并联运行的各变压器之间无环流;

(2)负载时,为使各变压器都能得到充分利用,每台变压器应该按其容量成比例地承担负载;

(3)负载时,为了提高带载能力,并联运行各变压器的副边绕组电流相位应相同。

2. 理想并联运行的条件

(1)各台变压器的额定电压相等,并且各台变压器的电压比应相等,即变压比要相等。如果两台并联运行变压器的二次侧电压不相等,无论变压器是空载运行还是负载运行,二次绕组回路中都会产生环流。由于环流的存在,增加了变压器的损耗,使变压器的效率降低,因而要对环流加以限制。通常变压器制造厂家规定,出厂变压器的变压比误差不超过 $\pm0.5\%$。

(2)各台变压器的连接组别必须相同。两台并联运行的变压器,如果连接组别不相同,两台变压器的线电压相量之间至少有 30° 的相位差,二次侧回路上的电压之差会达到变压器二次侧额定电压的一半左右,从而产生额定电流 5 倍左右的环流。

(3)各台变压器的短路阻抗的相对值要相等,阻抗角要相同。假设两台变压比、额定电压和连接组别都相同的变压器并联运行,如果每台变压器的短路阻抗和阻抗角不相等,则负载电流的分配与各台变压器的短路阻抗成反比,短路阻抗小的变压器输出的电流大,短路阻抗大的变压器输出的电流小,则其容量得不到充分利用。故国家标准规定,并联运行的变压器的短路电压比不应超过10%。

（4）并联运行的变压器最大容量与最小容量之比应小于3∶1。

情境8　特殊用途的变压器

职业能力：掌握特殊用途变压器的结构特点、应用场合、使用注意事项。

子情境1　自耦变压器

自耦变压器也有单相和多相之分，但与普通双绕组变压器的区别在于其只有一个绕组，副边绕组是原边绕组的一部分，因此原、副边绕组之间不但有磁的耦合，还有电的联系。下面就以单相自耦变压器为例来对其进行分析。

1. 工作原理

图2.8.1所示为一台单相降压自耦变压器的工作原理图。其副边绕组（N_2）为原边绕组（N_1）的一部分，并且与铁芯中的磁通 Φ_m 同时交链。与普通变压器一样，根据电磁感应定律可知，绕组的感应电动势与匝数成正比，所以原、副边绕组的感应电动势分别为

$$E_1=4.44fN_1\Phi_m$$

$$E_2=4.44fN_2\Phi_m$$

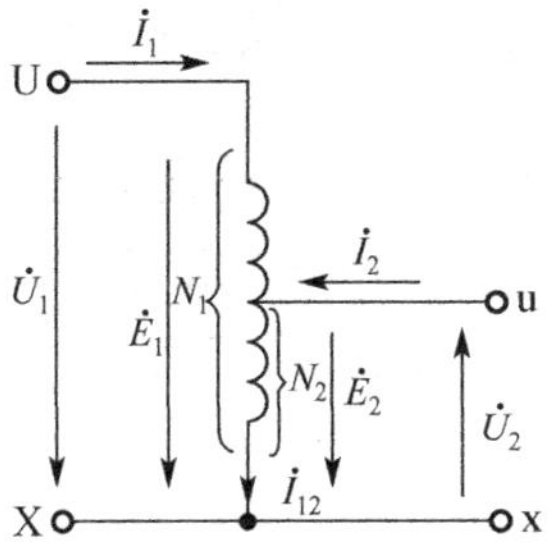

图2.8.1　单相降压自耦变压器的工作原理图

变压器的电压比为 $K=\dfrac{E_1}{E_2}=\dfrac{N_1}{N_2}$。在忽略漏阻抗压降时，有 $\dfrac{U_1}{U_2}\approx\dfrac{E_1}{E_2}=\dfrac{N_1}{N_2}=K$。自耦变压器与普通变压器有着相同的磁通势平衡方程式，即 $\dot{I}_1N_1+\dot{I}_2N_2=\dot{I}_mN_1$，如果忽略影响不大的励磁电流 $\dot{I}_m$，则有 $\dot{I}_1N_1+\dot{I}_2N_2=0$。即

$$\dot{I}_1=-\frac{\dot{I}_2}{K}$$

上式说明 $\dot{I}_1$ 与 $\dot{I}_2$ 反相，并且 $I_2>I_1$。

由于原、副边绕组为同一绕组，存在电的联系，副边绕组的抽头处可以看成是电路的一个节点。

自耦变压器的输出功率为

$$U_2I_2=U_2I_1+U_2I_{12}$$

普通变压器是以磁场为媒介，通过电磁感应作用进行能量传输。自耦变压器的原、副边绕组既然有了电的联系，它的能量传输方式也必然与普通变压器有不同之处。从上式可以看出，自耦变压器的输出功率由两部分组成：一部分为 $U_2 I_1$，由于 I_1 是原边电流，在它流经只属于原边部分的绕组之后，直接流到副边，传输到负载中去，故 $U_2 I_1$ 称为传导功率；另一部分为 $U_2 I_{12}$，显然其要受到负载电流和原边电流的影响，所以 I_{12} 可以看成是由于电磁感应作用而产生的电流，这一部分功率也相应地称为电磁功率。

另外，自耦变压器也通常设计为原、副边容量相等，即 $S_N=I_{1N}U_{1N}=I_{2N}U_{2N}$。

2. 自耦变压器的特点

（1）通过以上的分析可以看出，在自耦变压器从原边传递到副边的能量中，一部分是由于电磁感应的作用，另一部分是由于直接传导的作用。而对普通变压器而言，输出功率只有电磁功率。所以，在同样容量的前提下，自耦变压器所用材料要比普通变压器少，且体积小、质量轻，效率也要高一些，从而可以降低成本，提高经济效益。但当电压比 K 较大时，经济效益就不明显，一般自耦变压器电压比 K 设计为 1.25~2。

（2）由于副边绕组为原边绕组的一部分，两绕组之间存在着电的联系，低压侧容易受到高压侧过电压的影响，所以绝缘和过电压保护要加强。

（3）由于只有一个绕组，其漏电抗较普通变压器要小，因此短路阻抗小，短路电流就大，要加强短路保护。

子情境 2　仪用互感器

仪用互感器是配电系统中供测量和保护用的设备，分为电压互感器和电流互感器两类。它们的工作原理和变压器相似，即把高电压设备和母线的运行电压、大电流（即设备和母线的负荷或短路电流）按规定比例变成测量仪表、继电保护及控制设备的低电压和小电流。

1. 电压互感器

1）工作原理

电压互感器又称仪表变压器，记作 PT 或 TV，其工作原理、结构和接线方式都与普通变压器相同，其接线图如图 2.8.2 所示。电压互感器原边绕组并接于被测量线路上，副边绕组接有电压表，相当于一个副边开路的变压器。

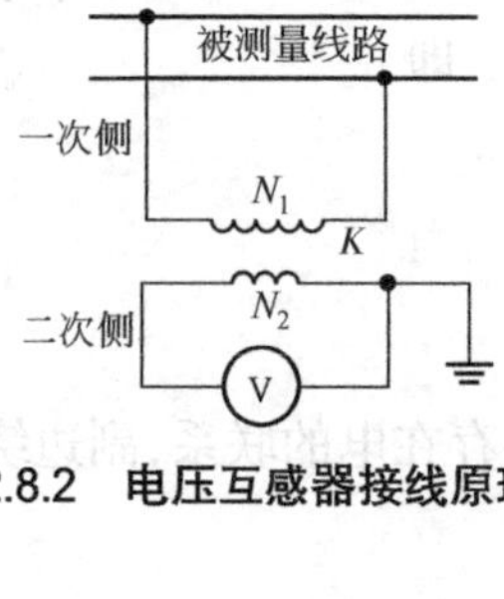

图 2.8.2　电压互感器接线原理图

2）电压互感器的种类

电压互感器按其绝缘结构形式，可分为干式、浇注式、充气式、油浸式等几种；根据相数可分为单相和三相；根据绕组数可分为双绕组和三绕组。

3）电压互感器的特点

（1）与普通变压器相比，容量较小，类似一台小容量变压器。

（2）副边负荷比较恒定，所接测量仪表和继电器的电压线圈阻抗很大，因此在正常运行时，电压互感器在近于空载状态下运行。电压互感器的原、副边绕组额定电压之比，称为电压互感器的额定电压比，即 $K_N=U_{1N}/U_{2N}$，其中原边绕组额定电压 U_{1N} 是电网的额定电压，且已标准化，如 10、35、110、220 kV 等，副边绕组额定电压 U_{2N} 则统一定为 100（或 $\frac{100}{\sqrt{3}}$）V，所以 K_N 也就相应地实现了标准化。

（3）为安全起见，副边绕组必须有一点可靠接地，并且副边绕组绝对不能短路。

2. 电流互感器

1）工作原理

电流互感器也是按电磁感应原理制成的，记作 CT 或 TA。其原边绕组串接于被测线路中，副边绕组与测量仪表或继电器的电流线圈串联，副边绕组的电流按一定的变压比反映原边电路的电流。其接线图如图 2.8.3 所示。与电压互感器的情况相似，电流互感器的副边绕组也必须有一点接地。由于作为电流互感器负载的电流表或继电器的电流线圈阻抗都很小，所以电流互感器在正常运行时接近于短路状态。

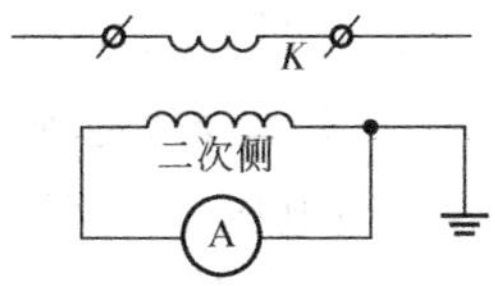

图 2.8.3　电流互感器接线原理图

2）电流互感器的种类

电流互感器根据安装地点可分为户内式和户外式；根据安装方式可分为穿墙式、支持式和套管式；根据绝缘结构可分为干式、浇注式和油浸式；根据原边绕组的结构形式可分为单匝式和多匝式等。

3）电流互感器的特点

（1）原边绕组串联在被测线路中，并且匝数很少，因此原边绕组中的电流完全取决于被测电路的负荷电流，而与副边电流无关。

（2）电流互感器副边绕组所接电流表或继电器的电流线圈阻抗都很小，所以正常情况下，电流互感器在近于短路状态下运行。电流互感器的原、副边额定电流之比，称为电流互感器的额定电流比，即 $K_N=I_{1N}/I_{2N}$，因为原边绕组额定电流 I_{1N} 已标准化，副边绕组额定电流 I_{2N} 统一为 5（或 1、0.5）A，所以电流互感器额定电流比也实现了标准化。

（3）电流互感器副边绕组在运行中绝对不允许开路，因此在电流互感器的副边回路中不允许装设熔断器，而且当需要将正在运行的电流互感器副边回路中的仪表设备断开或退出时，必须将电流互感器的副边短接，保证不致断路。

3. 电焊变压器

电焊机在生产中的应用非常广泛，它是利用变压器的特殊外特性（二次侧可以短时短路），按如图 2.8.4 所示的性能而工作的，实际上是一台降压变压器。

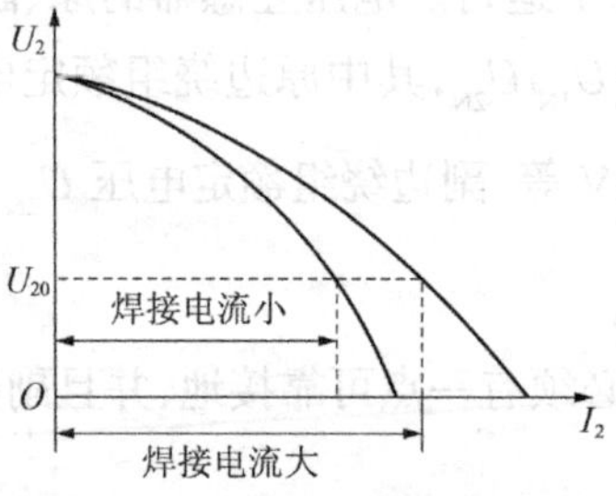

图 2.8.4　电焊变压器的外特性

1）电焊工艺对变压器的要求

要保证电焊的质量及电弧燃烧的稳定性，电焊机对变压器有以下几点要求。

（1）空载时，空载电压 U_{20} 一般应在 60~75 V，以保证容易起弧。但考虑到操作者的安全，U_{20} 最高不超过 85 V。

（2）当负载（即焊接）时，变压器应具有迅速下降的外特性，如图 2.8.4 所示。在额定负载时的输出电压 U_2（焊钳与工件间的电弧）约为 30 V。

（3）当短路（焊钳与工件间接触）时，短路电流 $\dot{I}_{2k}$ 不应过大，一般 $I_{2k} \leqslant 2I_{2N}$。

（4）为了适应不同焊接工件和焊条，要求焊接电流在一定范围内要均匀可调。由普通变压器的工作原理可知，引起变压器副边电压 U_2 下降的内因是内阻抗 Z_2 的存在（$U_2=E_2-I_2Z_2$）。而普通变压器的 Z_2 却很小，I_2Z_2 很小，从空载到额定负载 U_2 的变化不大，不能满足电焊的要求。因此，电焊变压器应具备较大的电抗，才能使 U_2 迅速下降，并且电抗还要可调。不同改变电抗的方法，可得到不同的电焊变压器。

2）磁分路动铁芯电焊变压器

Ⅰ. 结构

如图 2.8.5 所示，原、副边绕组分装于两个铁芯柱上，在两个铁芯柱之间有一磁分路铁芯，即动铁芯，动铁芯通过螺杆可以移动调节，以改变漏磁通的大小，从而达到改变电抗大小的目的。

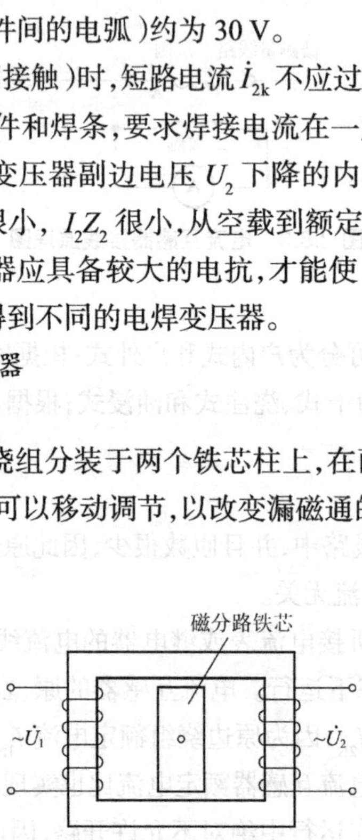

图 2.8.5　磁分路式电焊变压器

Ⅱ.工作原理

当动铁芯移出时,原、副边绕组漏磁通减小,磁阻增大,磁导减小,漏抗减小,阻抗压降减小,U_2 增大,焊接电流 I_2 增大。

当动铁芯移入时,原、副边绕组漏磁通经过动铁芯形成闭合回路而增大,磁阻减小,磁导增大,漏抗增大,阻抗压降增大,U_2 减小,焊接电流 I_2 减小。

根据不同焊件和焊条,灵活地调节动铁芯位置,从而改变电抗的大小,达到输出电流可调的目的。

3)串联可变电抗器的电焊变压器

Ⅰ.结构

如图2.8.6所示,在普通变压器副边绕组中串联一可变电抗器,电抗器的气隙 δ 可通过一螺杆调节大小,这时焊钳与焊件之间电压为

$$\dot{U}_2 = \dot{E}_2 - \dot{I}_2 Z_2 - j\dot{I}_2 X$$

式中:X 为可变电抗器的电抗。

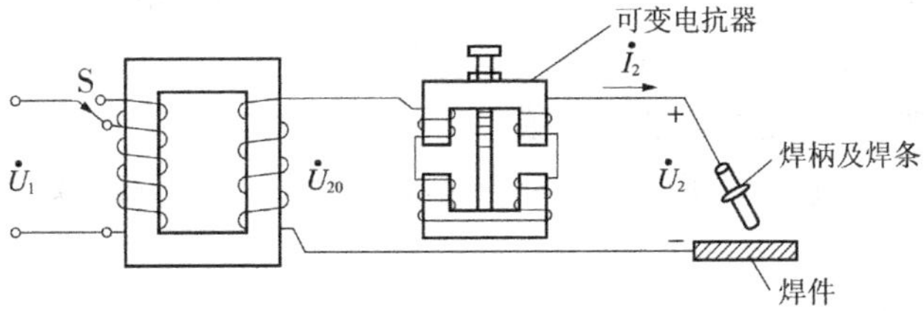

图2.8.6 串联可变电抗器的电焊变压器

Ⅱ.工作原理

(1)当电抗器的气隙 δ 调小时,磁阻减小,磁导增大,可变电抗 X 增大,U_2 减小,I_2 减小。

(2)当气隙调大时,磁阻增大,磁导减小,可变电抗 X 减小,U_2 增大,I_2 增大。

(3)根据焊件与焊条的不同,可灵活地调节气隙 δ 的大小,达到输出电流可调的目的。

电焊机原边还备有抽头,可以调节起弧电压的大小。

情境9 变压器的维护及检修

职业能力:做好日常维护工作,将事故消灭在萌芽状态,能够迅速判断事故原因和性质以及正确处理事故,防止事故扩大。

子情境1 变压器运行中的日常维护

运行值班人员应定期对变压器及其附属设备进行全面检查,每天至少一次,检查过程中,要遵守"看、闻、嗅、摸、测"五字准则,仔细检查。

具体检查项目如下。

1. 检查变压器上层油温

变压器上层油温一般应在 85 ℃以下，如油温突然升高，则可能是冷却装置有故障，也可能是变压器内部有故障；对油浸式自冷变压器，如散热装置各部分温度有明显不同，则可能是管道有堵塞现象。

2. 检查储油柜的油色、油位

储油柜的各部分应无渗油、漏油现象；正常的变压器油色是透明微带黄色，如呈红棕色，可能是油变质或油位计本身脏污造成的。

3. 检查套管外部

套管外部应清洁、无严重油污、完整无破损、无裂纹、无电晕放电及闪络现象。

4. 检查变压器的响声

变压器正常运行时，一般有均匀的“嗡嗡”声，这是由交变磁通引起铁芯振颤而发出的声音，不应该有“噼啪”的放电声和不均匀的噪声。

5. 检查引线接头的接触

各引线接头应无变色、无过热发红现象，接头接触处的示温蜡片应无融化现象。用快速红外线测温仪测试，接头接触处的温度不得超过 70 ℃。

6. 检查压力释放器、安全气道及防爆膜

压力释放器、安全气道和防爆膜应完好无裂纹、无积油，压力释放器的标示杆未突出、无喷油痕迹。

7. 检查气体继电器

气体继电器内应充满油，无气体存在，继电器与油枕间连接阀门应打开。

8. 检查变压器铁芯接地线和外壳接地线

采用钳形电流表测量铁芯接地线电流值，应不大于 0.5 A。

9. 检查变压器的外部表面

变压器外部表面应无积污。

10. 检查调压分接头接头位置

各调压分接头的位置应一致。

子情境 2　变压器的特殊巡视检查项目

当电力系统发生短路故障或天气突然发生变化时，值班人员应对变压器及其附属设备进行重点检查。

1. 电力系统发生短路或变压器事故后的检查

检查变压器有无爆裂、移位、变形、焦味、闪络及喷油等现象，油温是否正常，电气连接部分有无发热、熔断，瓷质外绝缘有无破裂，接地线有无烧断。

2. 大风、雷雨、冰雹后的检查

检查变压器的引线摆动情况及有无断股，引线和变压器上有无搭挂落物，瓷套管有无放电闪络痕迹及破裂现象。

3. 浓雾、小雨、下雪时的检查

检查瓷套管有无沿表面放电闪络,各引线接头发热部位在小雨中或落雪后应无水蒸气上升或落雪融化现象,导电部分应无冰柱。若有水蒸气上升或落雪融化现象,应用红外线测温仪进一步测量接头实际温度。若有冰柱,应及时清除。

4. 气温骤变时的检查

气温骤冷或骤热时,应检查油枕油位和瓷套管油位是否正常,油温和温升是否正常,各侧连接引线有无变形、断股或接头发热和发红等现象。

5. 过负荷运行时的检查

检查并记录负荷电流,检查油温和油位的变化,变压器的声音是否正常,接头发热状况,示温蜡片有无融化现象,冷却器运行是否正常,防爆膜、压力释放器是否处于未动作状态。

6. 新投入或经大修的变压器投入运行后的检查

在4 h内,应每小时巡视检查一次,除了正常项目以外,还要检查变压器声音的变化,如发现响声较大、不均匀或有放电声,则可认为内部有故障;要检查油位和油温变化,正常油位、油温随变压器带负荷,应略有上升和缓慢上升;要检查冷却器温度,手触及每一相冷却器,温度应基本均匀、正常。

子情境3　变压器的常见故障及处理

变压器的常见故障很多,究其原因可分为两类:一类是因为电网、负载的变化使变压器不能正常工作,如变压器过负荷运行、电网发生过电压、电源品质差等;另一类是变压器内部元件发生故障,降低了变压器的工作性能,使变压器不能正常工作。

1. 变压器短时过负载及处理原则

(1)解除音响报警,汇报值班班长并做好记录。

(2)及时调整运行方式,调整负荷的分配,如有备用变压器,应立即投入。

(3)如属正常过负荷,可根据正常过负荷的倍数确定允许运行时间,并加强监视油位、油温,不得超过允许值;若过负荷超过允许时间,则应立即减小负荷。

(4)如属事故过负荷,则过负荷的允许倍数和时间,应根据制造厂的规定执行;若过负荷倍数及时间超过允许值,应按规定减小变压器的负荷。

(5)过负荷运行时间内,应对变压器及其有关系统进行全面检查,若发现异常,应立即汇报处理。

2. 变压器常见故障的种类、现象、原因及处理方法

变压器常见故障的种类、现象、原因及处理方法见表3.9.1。

表 3.9.1 变压器常见故障的种类、现象、原因及处理方法

故障种类	故障现象	故障原因	处理方法
绕组匝间或层间短路	1. 变压器异常发热 2. 油温升高 3. 油发出特殊的“嘶嘶”声 4. 电源侧电流增大 5. 高压熔断器熔断 6. 气体继电器动作	1. 变压器运行时间长，绕组绝缘老化 2. 绕组绝缘受潮 3. 绕组绕制不当，使绝缘局部受损 4. 油道内落入杂物，使油道堵塞，局部过热	1. 更换或修复所损坏的绕组、衬垫和绝缘筒 2. 进行浸漆和干燥处理 3. 更换或修复绕组
绕组接地或相间短路	1. 高压熔断器熔断 2. 安全气道薄膜破裂、喷油 3. 气体继电器动作 4. 变压器油燃烧 5. 变压器振动	1. 绕组主绝缘老化或有破损等严重缺陷 2. 变压器进水，绝缘油严重受潮 3. 油面过低，露出油面的引线绝缘距离不足而击穿 4. 过电压击穿绕组绝缘	1. 更换或修复绕组 2. 更换或处理变压器油 3. 检修渗漏油部位，注油至正常位置 4. 更换或修复绕组绝缘，并限制过电压的幅值
绕组变形与断线	1. 变压器发出异常声音 2. 断线相无电流指示	1. 制造装配不良，绕组未压紧 2. 短路电流的电磁力作用 3. 导线焊接不良 4. 雷击造成断线	1. 修复变形部位，必要时更换绕组 2. 拧紧压圈螺钉，紧固松脱的衬垫、撑条 3. 割除熔蚀面，重焊新导线 4. 修补绝缘，并进行浸漆、干燥处理
铁芯片间绝缘损坏	1. 空载损耗变大 2. 铁芯发热、油温升高、油色变深 3. 变压器发出异常声响	1. 硅钢片间绝缘老化 2. 受强烈振动，片间发生位移或摩擦 3. 铁芯紧固松动 4. 铁芯接地后发热烧坏片间绝缘	1. 对绝缘损坏的硅钢片重新刷绝缘漆 2. 紧固铁芯夹件 3. 按铁芯接地故障处理
铁芯多点接地或者接地不良	1. 高压熔断器熔断 2. 铁芯发热、油温升高、油色变黑 3. 气体继电器动作	1. 铁芯与穿心螺杆间的绝缘老化，引起铁芯多点接地 2. 铁芯接地片断开 3. 铁芯接地片松动	1. 更换穿心螺杆与铁芯间的绝缘管和绝缘衬 2. 更换接地片或将接地片压紧
套管闪络	1. 高压熔断器熔断 2. 套管表面有放电痕迹	1. 套管表面积灰脏污 2. 套管有裂纹或破损 3. 套管密封不严，绝缘受损 4. 套管间掉入杂物	1. 清除套管表面积灰和脏污 2. 更换套管 3. 更换封衬 4. 清除杂物
分接开关烧损	1. 高压熔断器熔断 2. 油温升高 3. 触点表面产生放电声 4. 变压器油发出“咕嘟”声	1. 动触头弹簧压力不够或过渡电阻损坏 2. 开关配备不良，造成接触不良 3. 绝缘板绝缘性能变劣 4. 变压器油位下降，分接开关暴露在空气中 5. 分接开关位置错位	1. 更换或修复触头接触面，更换弹簧或过渡电阻 2. 按要求重新装配，并进行调整 3. 更换绝缘板 4. 补注变压器油至正常油位 5. 纠正错误
变压器油变劣	油色变暗	1. 变压器故障引起放电造成变压器油分解 2. 变压器油长期受热氧化使油质变劣	对变压器油进行过滤或换新油

习　题

一、判断题(正确的打√,错误的打 ×)

1. 在电路中所需的各种直流电,可以通过变压器获得。　(　　)
2. 变压器的基本工作原理是电流的磁效应。　(　　)
3. 变压器的铁芯采用相互绝缘的薄硅钢片叠装是为了减小铁芯损耗。　(　　)
4. 储油柜也称油枕,主要用于保护铁芯和绕组不受潮,还有绝缘和散热的作用。(　　)
5. 变压器中匝数较多、线径较小的绕组一定是高压绕组。　(　　)
6. 变压器既可以变换电压、电流和阻抗,又可以变换相位、频率和功率。　(　　)
7. 变压器空载运行时,一次绕组的外加电压与其感应电动势在数值上基本相等,而相位相差 180°。　(　　)
8. 当变压器的二次侧电流变化时,一次侧电流也跟着变化。　(　　)
9. 变压器的效率等于其输出功率与输入视在功率的比值。　(　　)
10. 在进行空载试验时,电流表应接在功率表前面。　(　　)
11. 空载试验通常是将高压侧接额定电压,低压侧开路进行测量。　(　　)
12. 对升压变压器进行空载试验,可以在一次侧进行,把二次侧开路。　(　　)
13. 对变压器进行短路试验,可以在一次侧电压较大时,把二次侧短路。　(　　)
14. 变压器的铜损耗 P_{Cu} 为常数,可以看成是不变损耗。　(　　)
15. 从设备利用率和全年效益考虑,变压器负载系数应在 0.9 以上,且越大越好。　(　　)
16. 三相芯式变压器的铁芯必须接地,且只能有一点接地。　(　　)
17. 三相一次绕组的首尾不能接错,否则会使磁阻和空载电流增大。　(　　)
18. 三角形接法优于星形接法是因为它可以有两个电压输出。　(　　)
19. 变压器二次侧采用三角形接法时,如果有一相绕组接反,将会使三相绕组感应电动势的相量和为零。　(　　)
20. 两台单相变压器接成 V 形时,也能传输三相功率。　(　　)
21. 通常忽略变压器的损耗,认为一次侧、二次侧能量传递不变,据此来计算一次侧、二次侧额定电流。　(　　)
22. Y,y8 连接组别的变压器,其一次绕组和二次绕组对应的相电压相位差为 240°。　(　　)
23. 将连接组别为 Y, y0 的三相变压器二次侧出线端标志由 2U1、2V1、2W1 依次改为 2W1、2U1、2V1,则其连接组别变为 Y,y4。　(　　)
24. 只要保证绕组的同名端不变,其连接组别就不变。　(　　)
25. Y,y0 连接组别不能用于三相壳式变压器,只能用于三相芯式变压器。　(　　)
26. 变压器并联运行接线时,既要注意变压器并联运行的条件,又要考虑实际情况与维

护、检修的方便。 (　　)

27. 连接组别不一样的变压器不能并联使用。 (　　)

28. 变压器并联运行时，连接组别不同，但只要二次侧电压大小一样，它们并联后就不会因为存在内部电动势差而导致产生环流。 (　　)

29. 新的或经大修的变压器投入运行后，应检查变压器声音的变化。 (　　)

30. 变压器短时过负载而报警，解除音响报警后，可以不做记录。 (　　)

31. 硅钢片间绝缘老化后，变压器空载损耗不会变大。 (　　)

32. 运行中的变压器若出现三相电压不平衡，其原因是三相负荷不平衡。 (　　)

33. 当电网发生故障时，如有一台变压器损坏，其他变压器允许长时间过负荷运行。 (　　)

34. 自耦变压器绕组公共部分的电流，在数值上等于一次侧、二次侧电流数值之和。 (　　)

35. 自耦变压器既可作为降压变压器使用，又可作为升压变压器使用。 (　　)

36. 自耦变压器一次侧从电源吸取的电功率，除一小部分损耗在内部外，其余部分经一次侧、二次侧之间的电磁感应传递到负载上。 (　　)

37. 利用互感器使测量仪表与高电压、大电流隔离，从而既可以保证仪表和人身安全，又可以大大减小测量中能量的损耗，扩大仪表量程，便于仪表的标准化。 (　　)

38. 为防止短路造成的伤害，在电流互感器和电压互感器二次侧电压中都必须装设熔断器。 (　　)

39. 电压互感器的一次侧接高电压，二次侧接电压表或其他仪表的电压线圈。 (　　)

二、选择题(将正确答案的序号填入括号中)

1. 变压器是传递(　　)的电气设备。

A. 电压　　B. 电流

C. 电压、电流和阻抗　　D. 电能

2. 有一台额定电压为 380 V/36 V 的变压器，在使用时不慎将高压侧和低压侧互相接错，当低压侧加上 380 V 电源后，会发生的现象是(　　)。

A. 高压侧有 380 V 的电压输出

B. 高压侧没有电压输出，绕组严重过热

C. 高压侧有电压输出，绕组严重过热

D. 高压侧有电压输出，绕组无过热现象

3. 如果将额定电压为 220 V/36 V 的变压器一次绕组接在 220 V 的直流电源上，将会发生的现象是(　　)。

A. 输出 36 V 的直流电压　　B. 输出电压低于 36 V

C. 输出 36 V 电压，一次绕组过热　　D. 没有电压输出，一次绕组严重过热而损坏

4. 有一台变压器，一次绕组的电阻为 10 Ω，在一次侧加 220 V 交流电压时，一次绕组的空载电流(　　)。

A. 等于 22 A　　B. 小于 22 A　　C. 大于 22 A　　D. 不一定

5. 变压器降压使用时,能输出较大的(　　)。

A. 功能　　B. 电流　　C. 电能　　D. 电压

6. 变压器运行时,在电源电压一定的情况下,当负载阻抗增加时,主磁通将(　　)。

A. 增加　　B. 基本不变　　C. 减少　　D. 不一定

7. 某变压器额定电压 U_{1N}/U_{2N}=220 V/110 V,现电源电压为 220 V,欲将其升高到 440 V,可采用(　　)。

A. 将二次绕组接到电源上,由一次绕组输出

B. 将二次绕组匝数增加为原来的 4 倍

C. 将一次绕组匝数减少为原来的 1/4

8. 变压器的外特性是(　　)。

A. 负载越大,电压变化率 ΔU^* 越大

B. $\cos\varphi_2$ 越小,电压变化率 ΔU^* 越大

C. 当为感性负载时,$\cos\varphi_2$ 越小,电压变化率 ΔU^* 越大

9. 一负载 R_L 经理想变压器接到信号源上,已知信号源的内阻 R_0=800 Ω,变压器的变压比 K=10,若该负载折算到一次侧的阻值 R'_L 正好与 R_0 达到阻抗匹配,则负载 R_L 为(　　)。

A. 80 Ω　　B. 0.8 Ω　　C. 8 Ω

10. 变压器短路试验的目的之一是测定(　　)。

A. 短路阻抗　　B. 励磁阻抗　　C. 铁损耗　　D. 功率因数

11. 变压器空载试验的目的之一是测定(　　)。

A. 变压器的效率　　B. 铜损耗　　C. 空载电流

12. 变压器进行短路试验时,可以测定(　　)。

A. 由短路电压与二次侧短路电流之比确定的短路阻抗

B. 短路电压

C. 额定负载时的铜损耗

D. 以上均正确

13. 单相变压器一次侧、二次侧电压的相位关系取决于(　　)。

A. 一、二次绕组的同名端

B. 对一次侧、二次侧出线端标志的规定

C. 一、二次绕组的同名端以及对一次侧、二次侧出线端标志的规定

14. 变压器二次绕组采用三角形接法时,如果有一相接反,将会产生的后果是(　　)。

A. 没有电压输出　　B. 输出电压升高

C. 输出电压不对称　　D. 绕组烧坏

15. 变压器二次绕组采用三角形接法时,为了防止发生一相接反的事故,正确的测试方法是(　　)。

A. 把二次绕组接成开口三角形,测量开口处有无电压

B. 把二次绕组接成闭合三角形，测量其中有无电流

C. 把二次绕组接成闭合三角形，测量一次侧空载电流的大小

D. 以上方法均可

16. Y，y 接法的三相变压器，若二次侧 W 相绕组接反，则二次侧三个线电压之间的关系为(　　)。

A. $U_{VW}=U_{WU}=U_{UV}/\sqrt{3}$　　B. $U_{VW}=U_{WU}=\sqrt{3}\ U_{UV}$

C. $U_{VW}=U_{WU}=U_{UV}$　　D. $U_{UV}=U_{WU}=U_{VW}/\sqrt{3}$

17. 将连接组别为 Y，y8 的变压器每相二次绕组的首尾端标志互相调换，重新连接成星形，则其连接组别变为(　　)。

A. Y，y10　　B. Y，y2　　C. Y，y6　　D. Y，y4

18. 连接组别为 Y，d11 的变压器每相一次绕组和二次绕组的匝数比为 $\sqrt{3}/1$，则一次侧、二次侧额定电流之比为(　　)。

A. $\sqrt{3}/4$　　B. 3/4　　C. 4/3　　D. $4/\sqrt{3}$

19. 将连接组别为 Y，d11 的变压器改接成 Y，y12，则其输出电压、电流及功率与原来相比，(　　)。

A. 电压不变，电流减小，功率减小　　B. 电压降低，电流增大，功率不变

C. 电压升高，电流减小，功率不变　　D. 电压降低，电流不变，功率减小

20. 对 Y，d 连接组别的变压器，若一次绕组、二次绕组的额定电压为 220 kV/110 kV，则该变压器一次绕组、二次绕组的匝数比为(　　)。

A. 2 ∶ 1　　B. 2 ∶ $\sqrt{3}$　　C. 2 $\sqrt{3}$ ∶ 1　　D.1 ∶ 2

21. 两组连接组别相同的变压器并联运行，空载时二次绕组中有一定大小的电流，其原因是(　　)。

A. 短路电压不相等　　B. 变压比不相等

C. 连接组别不同　　D. 与短路电压没有关系

22. 容量相同、短路电压不同的变压器并联运行时，最容易过载的是(　　)。

A. 短路电压小的变压器　　B. 短路电压高的变压器

C. 输出电流小的变压器　　D. 与短路电压没有关系

23. 若自耦变压器输入端的相线和零线反接，将会(　　)。

A. 对自耦变压器没有任何影响

B. 起到安全隔离的作用

C. 使输出零线成为高电位而使操作有危险

24. 自耦变压器接电源之前，应把自耦变压器的手柄位置调到(　　)。

A. 最大值　　B. 中间　　C. 零

25. 电流互感器二次侧开路运行的后果是(　　)。

A. 二次侧电压为零

B. 二次侧产生危险高压，铁芯过热

C. 二次侧电流为零，促使一次侧电流近似为零

D. 二次侧产生危险高压，变换到一次侧，使一次侧电压更高

26. 电流互感器二次侧回路所接仪表或继电器，必须(　　)。

A. 串联　　B. 并联　　C. 混联

27. 电压互感器二次侧回路所接仪表或继电器，必须(　　)。

A. 串联　　B. 并联　　C. 混联

三、问答题

1. 电能传输为什么要采用高压送电？

2. 按铁芯结构形式分，变压器可分为哪几种？各有怎样的用途？

3. 变压器主要由哪些部分组成？它们各起什么作用？

4. 变压器能改变直流电压吗？如果接上直流电压会发生什么现象？为什么？

5. 简述变压器的工作原理。

6. 为什么变压器在空载运行时功率因数很小？

7. 变压器带负载运行时，输出电压的变动与哪些因素有关？

8. 有一台 220 V/110 V 的变压器，N_1=2 000，N_2=1 000。有人想节省铜线，将匝数分别减少为 400 和 200，是否可以？为什么？

9. 试述空载试验的意义。

10. 试述短路试验的意义。

11. 为什么做变压器空载试验时应在低压侧通电进行测量，而做短路试验时又应在高压侧通电进行测量？

12. 变压器空载和短路试验时，仪表布置、接线不当为什么会引起测量误差？

13. 什么是绕组的同名端？什么样的绕组之间才有同名端？

14. 简述用直流法如何判定变压器绕组的同名端。

15. 简述用交流法如何判定变压器绕组的同名端。

16. 什么是变压器绕组的星形接法？它有什么优缺点？

17. 如何判断二次侧星形接法和三角形接法是否接错？

18. 二次侧为星形接法的变压器，空载测得三个线电压分别为 U_{UV}=400 V，U_{WU}=230 V，U_{VW}=230 V，作图说明哪相接反了？

19. 二次侧为三角形接法的变压器，测得三角形的开口电压为二次侧相电压的 2 倍，作图说明是什么原因造成的？

20. 如何判断变压器绕组的连接组别？

21. 简述交流接触器的工作原理。

22. 画出三相变压器 5 种标准连接组别的接线图和相量图。

23. 画出三相变压器 Y，d5 连接组别的接线图和相量图。

24. 三相变压器并联运行的意义是什么？

25. 变压器理想的并联运行必须满足哪些条件？

26. 自耦变压器为什么不能用作安全照明变压器？使用中应该注意什么？

27. 使用电流互感器时应注意哪些事项？

28. 使用电压互感器时应注意哪些事项？

四、计算题

1. 变压器的一次绕组为 2 000 匝，变压比 K=30，一次绕组接入工频电源时，铁芯中的磁通最大值 Φ_m=0.015 Wb。试计算一次绕组、二次绕组的感应电动势。

2. 单相变压器的一次侧电压 U_1=380 V，二次侧电流 I_2=21 A，变压比 K=11。试计算一次侧电流和二次侧电压。

3. 变压器的额定容量是 100 kV · A，额定电压是 6 000 V/230 V，满载下负载的等效电阻 R_L=0.25 Ω，等效电抗 X_L=0.44 Ω。试计算负载的端电压及变压器的电压调整率。

4. 有一台单相照明变压器，额定容量 S_N=30 kV · A，额定电压 U_{1N}/U_{2N}=10 kV/0.22 kV。现要在二次侧接上 60 W、220 V 的白炽灯，试计算最多可以接多少盏。

5. 某变压器额定电压为 10 kV/0.4 kV，额定电流为 5 A/125 A，空载时高压绕组接 10 kV 电源，消耗功率为 405 W，电流为 0.4 A。试计算变压器的变压比，空载时一次绕组的功率因数以及空载电流与额定电流的比值。

6. 一台三相变压器，额定容量 S_N=400 kV·A，额定电压 U_{1N}/U_{2N}= 10 kV/0.4 kV，一次绕组为星形接法，二次绕组为三角形接法。试计算：一次侧、二次侧额定电流；在额定工作情况下，一次绕组、二次绕组实际流过的电流；已知一次侧每相绕组的匝数是 150 匝，二次侧每相绕组的匝数。

7. 三相变压器一次绕组每相的匝数 N_1=2 080，二次绕组每相的匝数 N_2=1 280，如果将一次绕组接在 10 kV 的三相电源上，试计算当变压器分别为 Y，y0 和 Y，d1 两种接法时二次侧的线电压。

项目 3　异步电动机的基本理论

项目	情境	职业能力	子情境	学习方式	学习地点	学时数
异步电动机的基本理论	电动机的种类和用途	了解电动机的种类和用途	电动机的种类	实物讲解、多媒体动画	多媒体教室	0.5
			电动机的用途			
	三相异步电动机的结构	了解三相异步电动机的主要结构	定子	实物讲解、多媒体动画	多媒体教室	1.5
			转子			
			气隙			
			其他附件			
	三相异步电动机的工作原理	了解旋转磁场和转差率的概念，掌握三相异步电动机的工作原理	旋转磁场	多媒体动画	多媒体教室	1.5
			三相异步电动机的工作原理	多媒体动画	多媒体教室	0.5
	三相异步电动机的绕组	了解绕组的相关术语，掌握三相定子绕组的构成原则，能绘制绕组展开图	相关术语	多媒体动画	多媒体教室	2
			三相定子绕组的构成原则			
			三相单层绕组的展开图			
	三相异步电动机的铭牌数据	看懂铭牌数据，掌握电动机的型号、规格和有关技术数据	型号	实物讲解、多媒体动画	多媒体教室	1
			额定值			
			其他			
	* 三相异步电动机的电动势	了解旋转磁场在定子绕组中产生的感应电动势的情况，了解短距系数、分布系数概念	绕组的感应电动势及短距因数	多媒体动画	多媒体教室	1
			线圈组的感应电动势及分布系数			
			一相绕组的基波感应电动势			
	* 三相异步电动机的磁动势	了解单相和三相绕组中的磁动势	单相绕组的磁动势——脉振磁动势	多媒体动画	多媒体教室	1
			三相绕组的磁动势——旋转磁动势			
	三相异步电动机的运行分析	了解三相异步电动机的空载、负载运行情况，掌握空载、负载运行时电磁关系和电压平衡方程式，掌握三相异步电动机的等效电路和相量图	三相异步电动机的空载运行	多媒体动画	多媒体教室	2
			三相异步电动机的负载运行			
			三相异步电动机的等效电路和相量图			
	三相异步电动机的功率和转矩	了解三相异步电动机的功率及功率平衡关系，掌握电磁转矩的物理和参数表达式	功率平衡和转矩平衡	多媒体动画	多媒体教室	2
			电磁转矩			

续表

项目	情境	职业能力	子情境	学习方式	学习地点	学时数
异步电动机的基本理论	三相异步电动机的运行特性	掌握三相异步电动机的转速、功率因数、效率、定子电流、电磁转矩特性	转速特性	实物讲解、多媒体动画	多媒体教室	1
			转矩特性			
			定子电流特性			
			功率因数特性			
			效率特性			
	三相异步电动机的参数测定	通过参数测定，利用等效电路计算异步电动机的运行特性	空载试验	实物讲解、多媒体动画	多媒体教室	2
			短路试验			
	单相异步电动机的工作原理和启动方法	掌握单相异步电动机的工作原理和启动方法	单相异步电动机的工作原理	实物讲解、多媒体动画	多媒体教室	1
			单相异步电动机的启动方法			

电动机是把电能转换成机械能的设备。在机械、冶金、石油、煤炭、化学、航空、交通、农业以及国防、文教、医疗及日常生活等各个领域中，电动机作为动力源起着不可缺少的作用。

情境 1　电动机的种类和用途

职业能力：了解电动机的种类和用途。

子情境 1　电动机的种类

电机是利用电磁感应原理工作的机械，它应用广泛，种类繁多，性能各异，分类方法也很多。其主要的分类方法有：按功能用途不同可分为发电机、电动机和控制电机；按电源电流的不同可分为直流电机和交流电机；按所需交流电源相数不同可分为单相电机和三相电机；按防护形式不同可分为防护式、封闭式、防爆式；按安装结构形式不同可分为卧式、立式、带底脚式、带凸缘式；按绝缘等级不同可分为 E 级、B 级、F 级、H 级等。

直流电机又可分为直流发电机和直流电动机。直流电机按励磁绕组与电枢绕组接线方式的不同，可分为他励、自励两种。自励电机又分为并励、串励和复励三种。

交流电机按工作原理的不同，可分为同步电机和异步电机。目前，应用最广泛的是三相异步电动机，根据转子结构的不同，其又分为鼠笼式和绕线式两种。

子情境 2　电动机的用途

不同电动机的类别、特点及适用场合见表 3.1.1 至表 3.1.4。

表 3.1.1　三相异步电动机的类别、特点及适用场合

类别		特点	适用场合
鼠笼式	普通笼型	机械特性硬，启动转矩不大，调速时需要调速设备	调速性能要求不高的各种机床、水泵、通风机（与变频器配合可实现无级调速）
	高启动转矩	启动转矩大	带冲击性负载的机械，如剪床、冲床、锻压机；静止负载或惯性负载较大的机械，如压缩机、粉碎机、小型起重机
	多速	有几挡转速（2~4 挡）	要求有级调速的机床、电梯、冷却塔
绕线式		机械特性硬（转子串电阻后变软），启动转矩大，调速方法多，调速性能及启动性能较好	要求有一定调速范围、调速性能较好的生产机械，如桥式起重机；启动、制动频繁，且启动、制动转矩要求高的生产机械，如起重机、矿井提升机、压缩机、不可逆轧钢机

表 3.1.2　同步电动机的特点及适用场合

特点	适用场合
转速不随负载变化，功率因数可调节	转速恒定的大功率生产机械，如大中型鼓风机、泵、压缩机、连续式轧钢机、球磨机

表 3.1.3　直流电动机的类别、特点及适用场合

类别	特点	适用场合
他励、并励	机械特性硬，启动转矩大，调速范围宽，平滑性好	调速性能要求高的生产机械，如大型机床（车、铣、刨、磨、镗）、可逆轧钢机、造纸机、印刷机
串励	机械特性软，启动转矩大，过载能力强，调速方便	启动转矩大、机械特性软的机械，如电车、电气机车、起重机、吊车、卷扬机、电梯
复励	机械特性硬度适中，启动转矩大，调速方便	

表 3.1.4　防护式电动机的类别、特点及适用场合

类别	特点	适用场合
防护式	防护式电动机在机座下面有通风口，散热较好，可防止水滴、铁屑等杂物从与垂直方向成小于 45° 角的方向落入电动机内部，但不能防止潮气和灰尘的侵入	比较干燥、少尘、无腐蚀性和爆炸性气体的工作环境
封闭式	封闭式电动机的机座和端盖上均无通风孔，是完全封闭的，仅靠机座表面散热，散热条件不好	灰尘多、潮湿、易受风雨、有腐蚀性气体、易引起火灾等各种较恶劣的工作环境，能防止外部的气体或液体进入其内部，因此适用于在液体中工作的生产机械，如潜水泵
防爆式	防爆式电动机是在封闭式结构的基础上制成隔爆形式，机壳有足够的强度	含有易燃、易爆气体的工作环境，如有瓦斯的煤矿井下、油库、煤气站

情境 2　三相异步电动机的结构

职业能力：了解三相异步电动机的主要结构。

异步电动机的结构可分为定子、转子两大部分。定子就是电机中固定不动的部分，转子就是电机中的旋转部分。由于异步电动机的定子产生励磁旋转磁场,同时从电源吸收电能,并产生且通过旋转磁场把电能转换成转子上的机械能,所以与直流电机不同,交流电机的定子是电枢。另外,定子、转子之间还必须有一定间隙(称为空气隙),以保证转子的自由转动。异步电动机的空气隙较其他类型的电动机空气隙要小,一般为 0.2~2 mm。

三相异步电动机就外形而言有开启式、防护式、封闭式等多种形式,以适应不同的工作需要。在某些特殊场合,还有特殊的外形防护形式,如防爆式、潜水泵式等。不管外形如何,电动机的结构基本上是相同的。

现以封闭式电动机为例介绍三相异步电动机的结构。如图 3.2.1 所示是一台封闭式三相异步电动机解体后的零部件图。

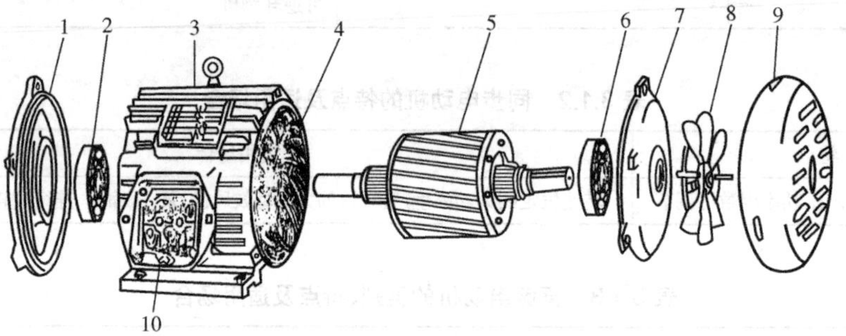

图 3.2.1　封闭式三相异步电动机的结构

1—端盖;2—轴承;3—机座;4—定子绕组;5—转子;6—轴承;7—端盖;8—风扇;9—风罩;10—接线盒

子情境 1　定子

定子部分由机座、定子铁芯、定子绕组及端盖、轴承等部件组成。

1. 机座

机座用来支撑定子铁芯和固定端盖。中、小型电动机的机座一般用铸铁浇铸而成,大型电动机的机座多采用钢板焊接而成。

2. 定子铁芯

定子铁芯是电动机磁路的一部分。为了减小涡流和磁滞损耗,通常用 0.5 mm 厚的硅钢片叠压成圆筒,硅钢片表面的氧化层(大型电动机要求涂绝缘漆)作为片间绝缘,在铁芯的内圆上均匀分布有与轴平行的槽,用以嵌放定子绕组。

3. 定子绕组

定子绕组是电动机的电路部分,也是最重要的部分,一般由绝缘铜(或铝)导线绕制的绕组连接而成。它的作用就是利用通入的三相交流电产生旋转磁场。通常定子绕组是用高强度绝缘漆包线绕制成各种形式的绕组,再按一定的排列方式嵌入定子槽内,且槽口用槽楔(一般为竹制)塞紧,槽内绕组匝间、绕组与铁芯之间都要有良好的绝缘。如果是双层绕组(就是一个槽内分上下两层嵌放两条绕组边),还要加放层间绝缘。

4. 轴承

轴承是电动机定子、转子衔接的部位，轴承有滚动轴承和滑动轴承两类，滚动轴承又有滚珠轴承（也称为球轴承），目前多数电动机都采用滚动轴承。滚动轴承的外部有贮存润滑油的油箱，轴承上还装有油环，轴转动时带动油环转动，并把油箱中的润滑油带到轴与轴承的接触面上。为使润滑油能分布在整个接触面上，轴承上紧贴轴的一面一般开有油槽。

子情境 2　转子

转子是电动机中的旋转部分，如图 3.2.1 中的部件 5。转子一般由转轴、转子铁芯、转子绕组、风扇等组成。转轴用碳钢制成，两端轴颈与轴承相配合。出轴端铣有键槽，用以固定皮带轮或联轴器。转轴是输出转矩、带动负载的部件。转子铁芯也是电动机磁路的一部分。转子绕组由 0.5 mm 厚的硅钢片叠压成圆柱体，并紧固在转轴上。转子铁芯的外表面有均匀分布的线槽，用以嵌放转子绕组。

三相交流异步电动机按照转子绕组形式的不同，一般可分为笼型异步电动机和绕线型异步电动机。

1. 笼型转子

笼型转子的线槽一般都是斜槽（线槽与轴不平行），目的是改善启动与调速性能，其外形如图 3.2.1 中的部件 5。笼型绕组（也称为导条）是在转子铁芯的线槽里嵌放裸铜条或铝条，然后用两个金属环（称为端环）分别在裸金属导条两端把它们全部接通（短接），即构成转子绕组。小型笼型异步电动机一般采用铸铝转子，这种转子是用熔化的铝液浇铸在转子铁芯上，导条、端环一次浇铸出来。如果去掉其铁芯，整个绕组形似鼠笼，所以得名笼型绕组，如图 3.2.2 所示。

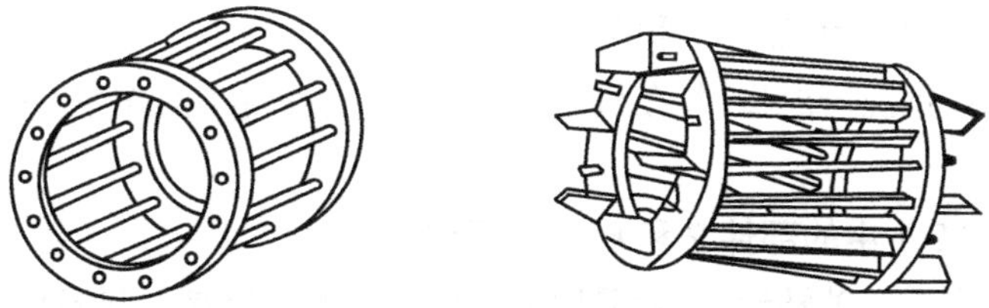

(a)　　　　(b)

图 3.2.2　笼型异步电动机的转子绕组形式

(a)直条形式　(b)斜条形式

2. 绕线型转子

与定子绕组类似，绕线型转子绕组由镶嵌在转子铁芯槽中的三相绕组组成。绕组一般采用星形连接，三相绕组的尾端接在一起，首端分别接到转轴上的 3 个铜滑环上，通过电刷把 3 根旋转的线变成固定线，并与外部的变阻器连接，构成转子的闭合回路，以便于控制，如图 3.2.3 所示。有的电动机还装有提刷短路装置，当电动机启动后又不需要调速时，可提起电刷，同时使 3 个滑环短路，以减少电刷磨损。

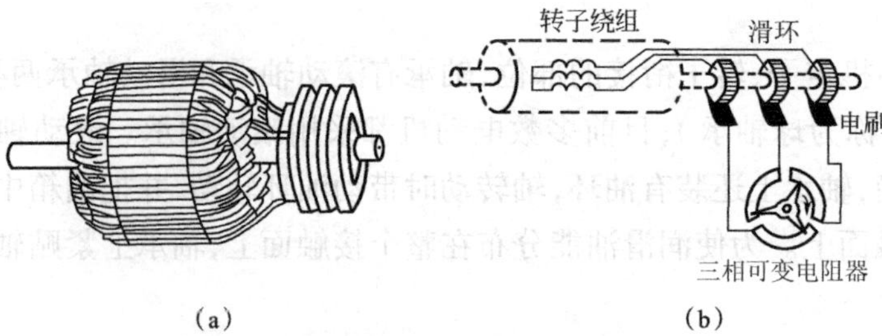

图 3.2.3　绕线型异步电动机的转子绕组

(a)绕组外观　(b)绕组接线图

两种转子相比较,笼型转子结构简单、造价低廉,并且运行可靠,因而应用十分广泛。绕线型转子结构较复杂,造价也高,但是它的启动性能较好,并能利用变阻器阻值的变化,使电动机能在一定范围内调速,在启动频繁、需要较大启动转矩的生产机械(如起重机)中常被采用。

一般电动机转子上还装有风扇或风翼(如图 3.2.1 中的部件 8),便于电动机运转时通风散热。铸铝转子一般是将风翼和绕组(导条)一起浇铸出来,如图 3.2.2(b)所示。

子情境 3　气隙

所谓气隙,就是定子与转子之间的空隙。中、小型异步电动机的气隙一般为 0.2~1.5 mm。气隙的大小对电动机的性能影响较大,气隙大,磁阻也大,产生同样大小的磁通所需的励磁电流 I_m 也越大,电动机的功率因数就越低;但气隙过小,将给装配造成困难,运行时定子、转子容易发生摩擦,使电动机运行不可靠。

子情境 4　其他附件

1. 端盖(如图 3.2.1 中的部件 1 和 7)

端盖用铸铁或铸钢浇铸成型,装在机座的两侧,起支撑转子的作用,并满足定子、转子之间同心度的要求。

2. 轴承(如图 3.2.1 中的部件 2 和 6)和轴承盖

轴承的作用是支撑转轴转动,一般采用滚动轴承以减少摩擦。轴承内注有润滑油脂,为防止润滑油脂溢出,可以加装内、外轴承盖,同时起到固定转子、使转子不能轴向移动的作用。

3. 接线盒(如图 3.2.1 中的部件 10)

接线盒一般用铸铁浇铸而成,其作用是保护和固定绕组的引出线端子。

4. 吊环(如图 3.2.1 中部件 3 的顶部)

吊环一般用铸钢制造,安装在机座的上端,用来起吊、搬抬电动机。

5. 风扇和风罩(如图 3.2.1 中的部件 8 和 9)

转轴可带动风扇一起旋转,冷却电动机。风罩可保护风扇。

情境 3　三相异步电动机的工作原理

职业能力：了解旋转磁场和转差率的概念，掌握三相异步电动机的工作原理。

在图 3.3.1 中，假设磁场逆时针旋转，这相当于金属框相对于永久磁铁以顺时针方向切割磁力线，金属框中感生电流的方向如图中小圆圈中所标的方向。此时的金属框已成为通电导体，于是它又会受到磁场作用的磁场力，磁场力的方向可由左手定则判断，如图中小箭头所指示的方向。金属框的两边受到两个反方向的磁场力，它们相对转轴产生电磁转矩（磁力矩），使金属框发生转动，转动方向与磁场旋转方向一致，但永久磁铁旋转的速度 n_0 要比金属框旋转的速度 n 大。从上述试验中可以看到，在旋转的磁场里，闭合导体会因发生电磁感应而成为通电导体，进而又受到电磁转矩作用而顺着磁场旋转的方向转动。实际的电动机中不可能用手去摇动永久磁铁产生旋转的磁场，而是通过其他方式产生旋转磁场，如在交流电动机的定子绕组（按一定排列规律排列的绕组）中通入对称的交流电，便产生旋转磁场。这个磁场虽然看不到，但是人们可以感受到它所产生的效果与有形体旋转磁场的效果一样。通过这个试验可以清楚地看到，交流电动机的工作原理主要是产生旋转磁场。

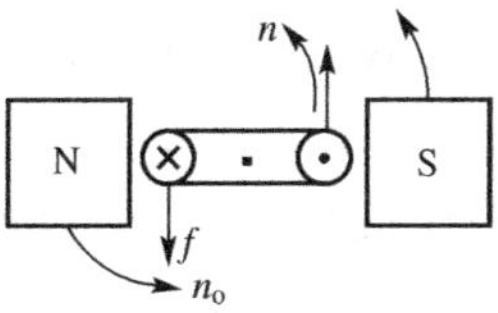

图 3.3.1　闭合金属框中受力示意图

子情境 1　旋转磁场

1. 旋转磁场的产生

为了更好地说明三相异步电动机的工作原理，用图 3.3.2 进行进一步说明，从中可以很清楚地看到三相交流电产生旋转磁场的现象。图 3.3.2 中所示的 3 个绕组在空间上相互间隔机械角度 120°（在实际的电动机中一般都是相差电角度 120°），将 3 个绕组的尾端（标有 U2、V2、W2）连接在一起，将对称的三相交流电 $i_U=I_m\sin\omega t$、$i_V=I_m\sin(\omega t-120°)$、$i_W=I_m\sin(\omega t-240°)$ 从 3 个绕组的首端（标有 U1、V1、W1）通入，放在绕组中心处的小磁针便迅速转动起来，由此可知旋转磁场的存在。

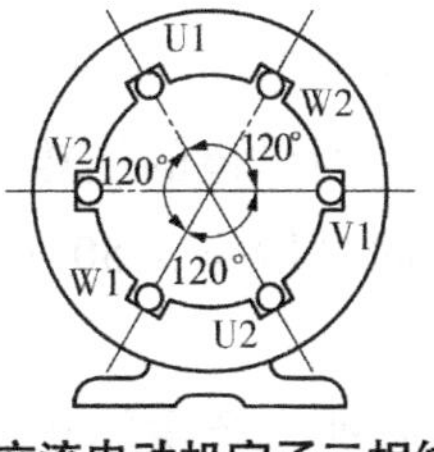

图 3.3.2　三相交流电动机定子三相绕组排列示意图

三相交流电是怎样产生旋转磁场的呢？可用图 3.3.3 进行分析。当 3 个绕组与三相电源接通后，绕组中便通过三相对称的交流电流 i_U、i_V、i_W，其波形如图 3.3.3 所示。选择几个特殊的运行时刻，观察三相交流电流所产生的合成磁场。这里规定：电流取正值时是由绕组首端流进（符号⊕），由尾端流出（符号⊙）；电流取负值时，绕组中电流方向相反。

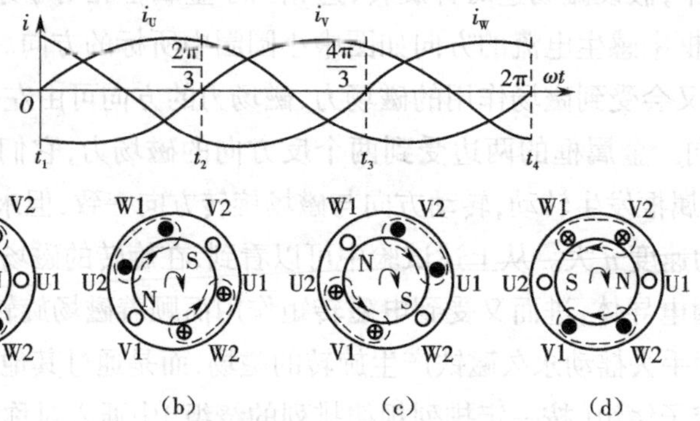

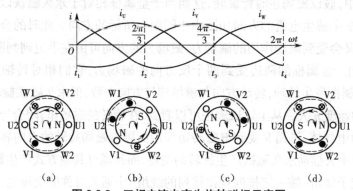

图 3.3.3　三相交流电产生旋转磁场示意图

（a）t_1 时刻　（b）t_2 时刻　（c）t_3 时刻　（d）t_4 时刻

当 $\omega t=\omega t_1=0°$，U 相电流 $i_U=0$；V 相电流为负，即电流由 V2 端流进，由 V1 端流出；W 相电流 i_W 为正，即电流从 W1 端流进，从 W2 端流出。在图 3.3.2 的定子绕组图中，根据电生磁右手螺旋定则，可以判定出此时电流产生的合成磁场如图 3.3.3（a）所示，此时好像有一个有形体的永久磁铁的 N 极放在导体 U1 的位置上，S 极放在导体 U2 的位置上。

当 $\omega t=\omega t_2=120°$ 时，电流已变化了 1/3 周期，此时 i_U 为正，电流由 U1 端流入，从 U2 端流出；i_V 为零；i_W 为负，电流从 W2 端流入，从 W1 端流出，这时的磁场如图 3.3.3（b）所示，磁场方向较 $\omega t=\omega t_1$ 时沿顺时针方向在空间转过了 120°。

用同样的方法，继续分析电流在 $\omega t=\omega t_3$、$\omega t=\omega t_4$ 时的瞬时情况，便可得这两个时刻的磁场如图 3.3.3（c）和（d）所示。在 $\omega t=\omega t_3=4\pi/3$ 时刻，合成磁场方向较 ωt_2 时刻又顺时针转过 120°。在 $\omega t=\omega t_4=2\pi$ 时刻，合成磁场较 ωt_3 时再转过 120°。即自 t_1 时刻起至 t_4 时刻，电流变化了一个周期，磁场在空间也旋转了一周。电流继续变化，磁场也将不断旋转。由上述分析可知，三相对称的交变电流通过对称分布的三组绕组产生的合成磁场是在空间旋转的磁场，而且是一种磁场幅值不变的圆形旋转磁场。

2. 旋转磁场的旋转速度

旋转磁场的转速也称为同步转速，用 n_0 表示，其单位是 r/min。它的大小由交流电源的频率及磁场的磁极对数决定。

图 3.3.3 所举的例子是只能产生一对磁极的电动机，电流变化一个周期，旋转磁场旋转一周；若电源电流的频率为 f（Hz），则一对磁极的旋转速度应为 $n_0=60f$（r/min）；我国电网供电电流的频率（即工频）为 f=50 Hz（即每秒完成 50 个周期的变化），则旋转磁场的转速就是 50 Hz × 60 r/min =3 000 r/min。

若定子绕组采用的排列方式不同，那么产生的磁极对数也不同，依照前面分析产生一对磁极的方法，仍然选取几个特殊的时刻，根据图 3.3.3 各相电流的正、负时刻，画出各个绕组中电流的流向，即可判定出各时刻产生的磁场情况，如图 3.3.4 所示。$\omega t=\omega t_1=0°$ 时，$i_U=0$，U 相绕组内没有电流；i_V 为负，电流由 V2′ 端流进，由 V1′ 端流出，再由 V2 端流进，由 V_1 端流出；i_W 为正，电流由 W1 端流进，由 W2 端流出，再由 W1′ 端流进，由 W2′ 端流出，此时三相电流产生的合成磁场如图 3.3.4（a）所示。 前面讲过，每当交流电流变化一个周期，两极旋转磁场就在空间转过 360°（即 1 转）机械角度。从图 3.3.4 可以看出，对于四极旋转磁场，交流电流变化一个周期，其在空间只转过 180°（即 1/2 转）机械角度。由此类推，当旋转磁场具有 p 对磁极时，交流电流每变化一个周期，磁场就在空间转过 $1/p$ 转，故旋转磁场的转速（同步转速）为

$$n_0=60f_1/p\ (\mathrm{r/min})$$

式中：f_1 为电流的频率；p 为定子绕组产生的磁极对数。

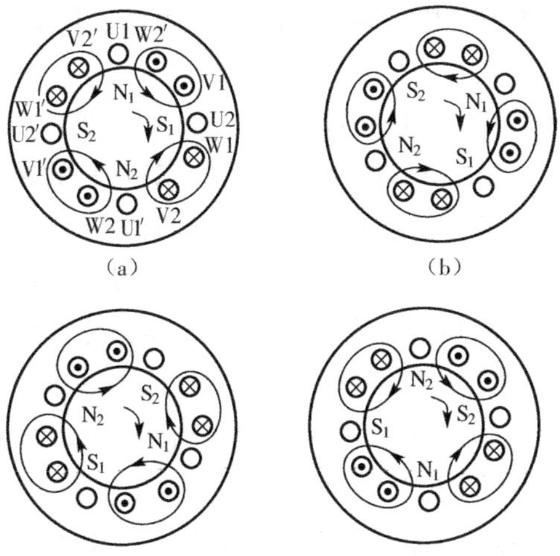

（a）　（b）　（c）　（d）

图 3.3.4　三相交流异步电动机产生 2 对磁极的旋转磁场

（a）t_1 时刻　（b）t_2 时刻　（c）t_3 时刻　（d）t_4 时刻

3. 旋转磁场的旋转方向

交流电动机旋转磁场的旋转方向，一般与接入定子绕组的电流相序有关。如前面所举的两个例子（图 3.3.3 和图 3.3.4），磁场都是按顺时针方向旋转的，这与三相电源通入三相绕组的电流相序 i_U—i_V—i_W（正序电流）是一致的。若要使磁场按逆时针方向旋转，只需改变通入三相绕组中的电流相序，也就是说将通入三相绕组的电流相序改为 i_U—i_V—i_W 的反（负）序，即只要把三相绕组的三根引出线任意调换两根后再接电源就可实现，如图 3.3.5 所示。在图 3.3.5 中，使 i_V 流入 W1W2 绕组，i_W 流入 V1V2 绕组，i_U 仍流入 U1U2 绕组。三相绕组通入反（负）序电流后，所产生的旋转磁场如图 3.3.5 所示。从图中可以明确看到，旋转磁场的旋转方向是逆时针的，与图 3.3.3 所示的旋转磁场的顺时针方向相反。

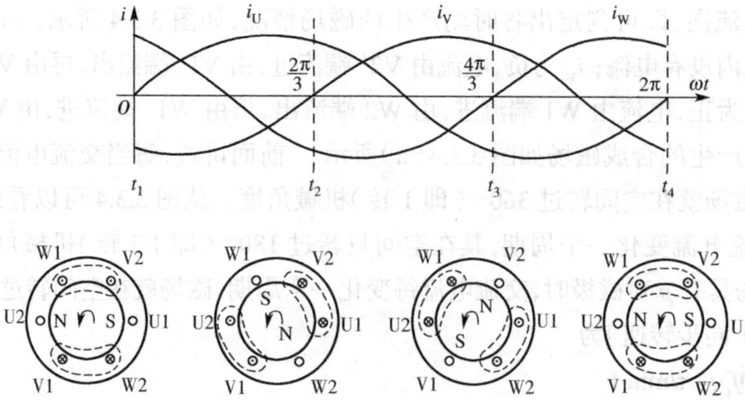

图 3.3.5　三相绕组通入反(负)序电流时的旋转磁场

所以,任意调换三相电源中两相的相序,就可调换旋转磁场的旋转方向。

4. 转子的旋转速度

转子的旋转速度一般称为电动机的转速,用 n 表示。根据前面的工作原理可知,转子是被旋转磁场拖动而运行的,在异步电动机处于电动状态时,它的转速恒小于同步转速 n_0,这是因为转子转动与磁场旋转是同方向的,转子比磁场转得慢,转子绕组才可能切割磁力线,从而产生感生电流,转子也才能受到磁力矩的作用。假如有 $n=n_0$ 的情况,则意味着转子与磁场之间无相对运动,转子不切割磁力线,转子中就不会产生感生电流,它也就受不到磁力矩的作用。如果真的出现了这样的情况,转子会在阻力矩(来自摩擦或负载)作用下逐渐减速,使 $n<n_0$。当转子受到的磁力矩和阻力矩(摩擦力矩与负载力矩之和)平衡时,转子保持匀速转动。所以,异步电动机正常运行时,总是 $n<n_0$,这也正是此类电动机被称作“异步”电动机的由来。又因为转子中的电流不是由电源供给的,而是由电磁感应产生的,所以这类电动机也称为感应电动机。

5. 转差率

旋转磁场的同步转速与转子转速之差和同步转速的比值,称为异步电动机的转差率,即

$$s=(n_0-n)/n_0$$

式中:s 为转差率。

当异步电动机刚要启动时,$n=0$,$s=1$;当 $n=n_0$ 时,$s=0$。异步电动机正常使用时,电动机转速略小于但接近同步转速,额定转差率一般小于 5%。

6. 三相异步电动机的转速与运行状态

如果作用在异步电动机转子上的外转矩使转子逆着旋转磁场的方向旋转,即 $n<0$,$s>1$,此时转子导条中的电动势和电流方向仍与电动机一样,电磁转矩方向仍与旋转磁场方向一致,但与外转矩方向相反,如图 3.3.6(a)所示。即电磁转矩是制动性质,在这种情况下,一方面电动机吸取机械功率;另一方面因转子导条中电流方向并未改变,对定子来说,电磁关系和电动机状态一样,定子绕组中的电流方向仍与电动机状态相同,也就是说,电网还对电动机输送电功率。因此,异步电动机在这种情况下,同时从转子输入机械功率、从定子输入电功率,两部分功率一起变为电动机内部的损耗。异步电动机的这种运行状态称为“电磁制

动”状态，又称为“反接制动”状态。

如果作用在异步电动机转子的外转矩使转子顺着旋转磁场的方向旋转，即 $0<n<n_0$，$0<s<1$，此时转子导条中电磁转矩方向与旋转磁场方向一致，如图 3.3.6（b）所示，即电磁转矩是拖动性质。因此，异步电动机在这种情况下，电网对电动机输送电功率，电动机对负载输送机械功率。异步电动机的这种运行状态称为“电动机运行”状态，又称为“电动”状态。

如果用原动机或者由其他转矩（如惯性转矩、重力所形成的转矩）去拖动异步电动机，使它的转速超过同步转速，这时在异步电动机中的电磁情况有所改变，因 $n>n_0$，$s<0$，转子导条切割旋转磁场的方向相反，导条中的电动势与电流方向都反向。根据左手定则所确定的电磁力及电磁转矩方向都与旋转磁场及转子的旋转方向相反。这种电磁转矩是一种制动性质的转矩，如图 3.3.6（c）所示，这时原动机对异步电动机输入机械功率。在这种情况下，异步电动机通过电磁感应由定子向电网输送电功率，电动机就处在“发电”状态。

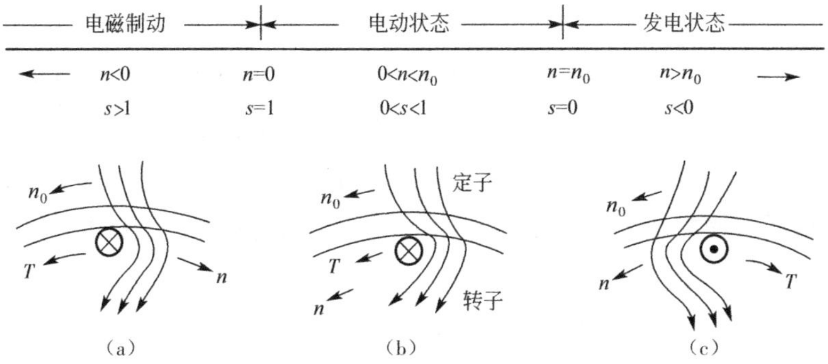

图 3.3.6　异步电动机的三种运行状态

（a）$n<0$，$s>1$　（b）$0<n<n_0$，$0<s<1$　（c）$n>n_0$，$s<0$

子情境 2　三相异步电动机的工作原理

三相异步电动机的基本工作原理是把对称的三相交流电通入彼此间隔 120° 电角度的三相定子绕组，可建立起一个旋转磁场，根据电磁感应定律可知，转子导条中必然会产生感生电流，该电流在磁场的作用下产生与旋转磁场同方向的电磁转矩，并随磁场同方向转动。

情境 4　三相异步电动机的绕组

职业能力：了解绕组的相关术语，掌握三相定子绕组的构成原则，能绘制绕组展开图。

三相异步电动机定子绕组通入三相交流电时，会产生旋转磁场，这就要求必须按照一定的规律把三相绕组嵌在定子铁芯槽内，并有序地连接起来。三相异步电动机定子绕组必须满足如下基本要求。

（1）三相定子绕组的结构要对称，空间上彼此相差 120° 电角度，各相阻抗相等。

（2）三相定子绕组的结构要力求使磁动势和电动势波形接近正弦波，尽量减少谐波分量及其产生的损耗。

（3）三相定子绕组要有可靠的绝缘性能和机械性能，嵌线工艺性能好，节省铜材料，同时保证散热性好，且维修方便。

三相定子绕组一般采用分布绕组的形式，即一个绕组均匀分布在一个相带里，而不像集中绕组都嵌在同一个相槽内，结构上可分为单层、双层和单双层混合绕组；按每极、每相所占槽数，可分为整数槽或分数槽绕组；按绕组的连接规律，单层绕组可分为链式绕组、同心绕组和交叉绕组，双层绕组可分为叠绕组和波绕组。

三相定子绕组构成原则是一致的。本情境以三相单层和双层绕组为例说明绕组的排列和连接。

子情境 1　相关术语

1. 极距 τ

相邻两个磁极轴线之间的距离，称为极距，用 τ 表示。极距的大小可以用长度表示，或用铁芯上的线槽数表示，也可以用电角度表示。由于各磁极是均匀分布的，所以极距在数值上也等于每极所占有的线槽数，但极距与磁极所占有线槽的空间位置不同。以 24 槽 4 极电动机为例，每极所占槽数是 24/4=6 槽，各极中心轴线到与它相邻的磁极中心轴线的距离，也就是极距，显然也是 6 槽。

一般来说，总槽数为 Z、有 $2p$ 个磁极的电动机，其极距为

$$\tau=Z/2p$$

2. 电角度 α' 与槽距角 α

一个圆周的机械角度是 360°，在研究电动机问题时，把这种定义的角度称为空间机械角度，用 θ 表示。如果铁芯圆周上分布有一对磁极，那么沿铁芯圆周转 1 周，则经过了空间机械角 360°，同时从磁场变化方面来说也完成了一个周期的变化，即 N—S—N 或 S—N—S，为了更加清晰地描述磁场，我们沿用机械角度变化 1 周为 360° 空间机械角的描述，即磁场变化 1 周在电空间也变化 360° 电角度。这种情况（指有 1 对磁极情况）下，电角度（用 α' 表示）和空间机械角度是相等的，即

$$\alpha'=\theta$$

如果是四极电动机，即定子内圆周上均匀分布有两对磁极，那么沿铁芯圆周转动，每经过 1 对磁极，从电的方面来讲就完成了 1 个磁场周期的变化，也就是转过了 360° 电角度。其沿铁芯圆周转 1 周，转过的空间机械角仍是 360°，但在电的方面完成了 2 周变化，转过的电角度就是 $\alpha'=360°\times 2=720°$。

对于有 p 对磁极的电动机来说，铁芯圆周的空间机械角依然是 360°，而对应的电角度则是

$$\alpha'=360°\times p$$

需要注意，按上式求得的电角度 α' 是对应铁芯整个圆周的电角度。在后面的分析中，

更多用到的是“槽间电角度”，即铁芯上相邻两槽中心间隔的电角度，它也等于每一个槽所占据的电角度。槽间电角度的计算公式为

$$\alpha=360° \times p/Z$$

式中：Z 为电动机铁芯总槽数。

3. 节距 y

一个绕组的两条有效边之间相隔的槽数称为节距（也可称为跨距、开档），用 y 表示，一般用槽数表示，$y<\tau$ 的绕组称为短距绕组，可节省导线，还可采取双层绕组（$y=5\tau/6$），以减少谐波损耗，改善电气性能；$y=\tau$ 的绕组称为整距绕组；$y>\tau$ 的绕组称为长距绕组，会浪费导线。常用的绕组是短距绕组与整距绕组。

4. 每极每相槽数 q

在交流电动机中，每个极距所占槽数一般要均等地分给所有的相绕组，每个相绕组在每个极距下所分到的槽数，称为每极每相槽数，用 q 表示。在三相交流电动机中，相数是 3；而在单相交流电动机中，相数是 1。每极每相槽数的计算公式为

$$q=\frac{Z}{2pm}=\frac{\tau}{m}$$

式中：Z 为总槽数；$2p$ 为磁极数；m 为相数；τ 为极距。

5. 相带

每相绕组在每一对磁极下所连续占有的宽度（用电角度表示）称为相带。在三相交流电动机中，一般将每相所占有的槽数均匀地分布在每个磁极下，因为每个磁极所占有的电角度是 180°，对三相绕组而言，每相占有 60° 的电角度，称为 60° 相带。由于三相绕组在空间上彼此相距 120° 电角度，所以相带的划分沿定子内圆应依次为 U1、W1、V1、U2、W2、V2，只要掌握相带的划分和线圈的节距，就可以掌握绕组的排列规律。

子情境 2　三相定子绕组的构成原则

图 3.4.1 为三相交流电动机绕组展开图，如何绘制绕组展开图呢？由上一情境电动机的工作原理可知，欲使电动机正常工作，必须遵循一定的绕组排列原则，进行正确的绕组排列，否则电动机将不能正常工作。

对于普通电动机而言，一般都要遵循下列原则。

（1）每相绕组在每对磁极下，按 U1—W2—V1—U2—W1—V2 相带顺序均匀分布。

（2）绕组展开图中每个相同极距内，绕组有效边中电流参考方向相同；相邻极距之间，有效边中电流参考方向相反。

（3）同一相绕组中，线圈之间的连接应顺着电流的参考方向进行。

（4）为了节省铜，线圈的节距应尽可能短。

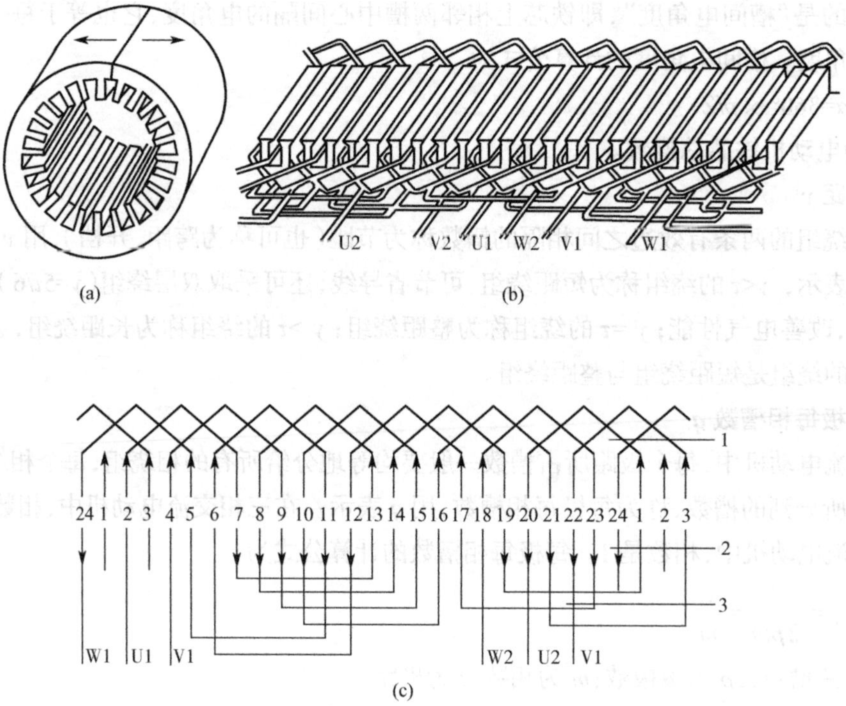

图 3.4.1　三相 4 极 24 槽交流电动机定子单层链式交叉绕组展开图

(a)绕组的排列形式　(b)槽中绕组边(导体)的位置　(c)各绕组端部的连接

子情境 3　三相单层绕组的展开图

在交流电动机绕组嵌线排列原则的指引下,可以很方便地了解和掌握绕组嵌线排列技术,并且分解出绕组展开图绘制的步骤,方便实际操作。

(1)计算参数。根据电动机的相数 m,已有的槽数 Z 与磁极对数 p,计算极距以及每极每相槽数 q。

极距(槽):$\tau=\dfrac{Z}{2p}$

每极每相槽数(槽/(极·相)):$q=\dfrac{Z}{2pm}$

关于绕组的节距以及绕组所采用的形式,可以根据原电动机或手册获得。

(2)编绘电动机的槽号。根据电动机的槽数,按照展开的形式画出每个槽,即将所有线槽等距离地画出,每一小竖线(竖线中间空开)代表一个线槽(也代表该槽内的导体),并且按顺序在每个槽(竖线中间空开部分)编上相应的号码。在画槽的时候,一般要多画几个,编号时要考虑到电动机槽的圆周整体性,所以要在展开槽的两端同时绘出首尾号码。注意在竖线中间上部留出每极每相槽数的位置。

(3)划定极距。在已编绘好槽号的基础上,从第一槽的前面半槽地方起,到最后一槽后面半槽止,在槽的上面划一长线,并根据电动机极距的具体数值,将它分为 $2p$ 份,每份下面的槽数就是一个极距。注意在划定极距的时候，要预留出一定空间，即为绕组展开图上部绕组绘制留出相应的位置，确定各极距相应的位置，为确定每极每相槽数的位置打下基础。

（4）确定每极每相槽数的位置。在一个极距下，按照相数 m，首先分成 m 等份（也称作整体分布绕组），然后根据每极每相槽数的具体数值，在已划定极距相应位置的基础上，确定每个槽属于哪相绕组的位置。三相单层绕组分别用 U、V、W 表示各槽相绕组边的位置；若为双层绕组，则只标上层边所在槽的位置，以为后期绕组嵌线和确定各相绕组具体所嵌的位置提供方便，不至于搞混。

（5）标定电流方向。按照交流电动机绕组排列原则，即一个极距内所有导体的电流方向必须一致，相邻两个极距内所有导体的电流方向必须相反，在已划定各极距相应位置的基础上，标定出每个极距内各槽内导体的电流方向，为后期各相绕组与绕组间的连接提供理论依据以及操作上的便利。

（6）绕组展开图成图。根据电动机的工作原理，一台交流电动机可以有很多种嵌排方式，但一般都要按照原电动机的绕组形式，即是单层绕组还是双层绕组，是叠式还是波式，是链式还是交叉式等具体情况，先确定绕组的节距 y，再绕制绕组。一相绕组的连接取决于同属一相绕组中的电流方向，绕组间的连接也取决于绕组中的电流方向，但同时也取决于同属一相绕组的并联支路数。在设计绕组排列时，没有考虑电流的因素。有些电动机，尤其是大功率低速电动机，绕组中电流很大，这就要求选用很粗的绕组导线，但粗导线绕组嵌线很困难。为解决这一问题，可以将每相绕组分成两条支路并联起来，再接引出线。同一相绕组中各并联支路必须对称，也就是说各并联支路中串联的绕组数必须相等。

总体来说，在前面各步已完成的基础上可完成绕组展开图。具体操作中，首先按照绕组的节距，把绕组展开图上部同属于一相绕组的绕组边有规则地连接起来构成绕组；然后在绕组展开图的下部，在确保绕组边中电流方向的前提下，连接各相绕组端部线头以及各相绕组间的端部线头。

1. 链式绕组

链式绕组由相同节距的线圈组成，其结构特点是线圈一环套一环，形如长链。

例 3.4.1　某台三相异步电动机，定子槽数 Z=24，极数 $2p$=4，定子绕组为单层链式绕组，试绘制定子绕组展开图。

解　（1）计算极距和每极每相槽数：

$$\tau = \frac{Z}{2p} = \frac{24}{4} = 6$$

$$q = \frac{Z}{2pm} = \frac{24}{4\times 3} = 2$$

若选择短节距，则 $y<\tau$，故 y=5。

（2）画出定子铁芯槽，划分极距和相带。在平面上画出 24 条平行竖线段，表示三相异步电动机的 24 个槽，并在每条平行竖线段上标明槽号。因为极距 τ=6 槽，将 24 个槽分成 4 个极，每个极下有 6 个槽，标出线圈有效边中电流参考方向。由于每极每相槽数为 2，则每一个定子槽所属磁极和相带如表 3.4.1 所示。划分极距和相带图形如图 3.4.2 所示。

表 3.4.1 每一个定子所属磁极和相带

极距	τ(S)			τ(N)		
相带	U1	W2	V1	U2	W1	V2
第一对磁极槽号	1、2	3、4	5、6	7、8	9、10	11、12
第二对磁极槽号	13、14	15、16	17、18	19、20	21、22	23、24

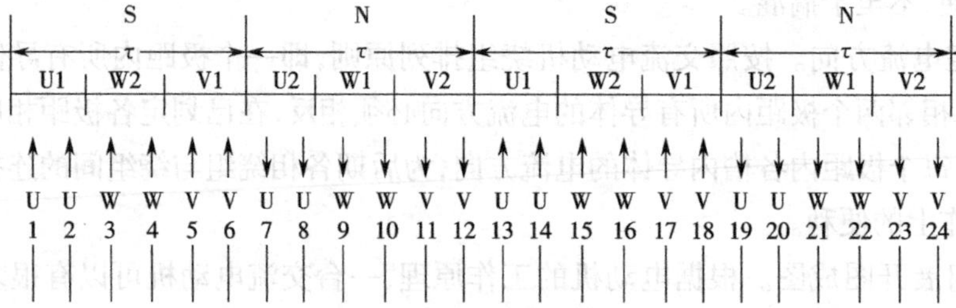

图 3.4.2 划分极距和相带

(3)画出极相组线圈。将 U 相相带(U1 相带和 U2 相带)的线圈边连接成 U 相极相组线圈。同样方法,画出 V 相和 W 相极相组线圈。

由于 y=5 槽,故 U 相线圈的连接顺序如下:

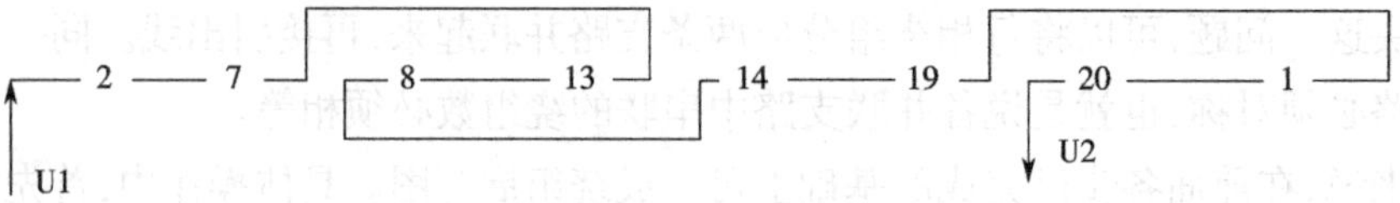

V 相线圈的连接顺序如下:

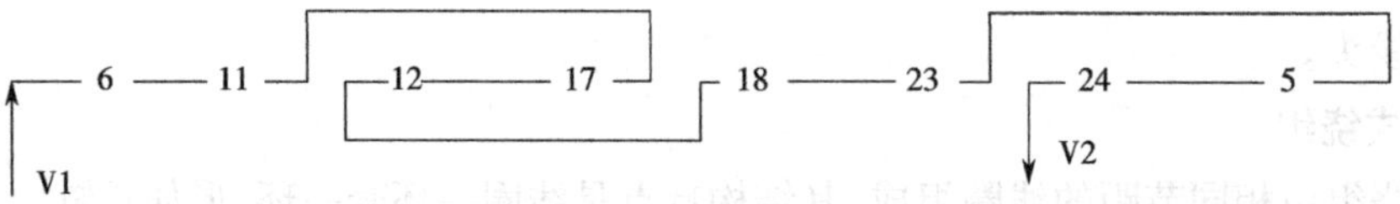

W 相线圈的连接顺序如下:

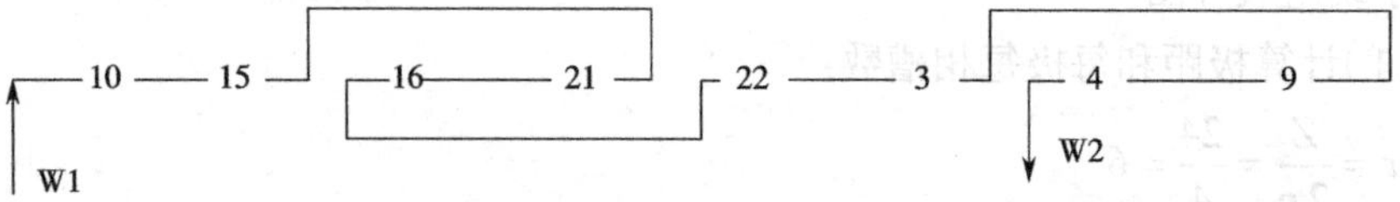

(4)画出各绕组的展开图。根据 U 相极相组线圈电流参考方向,将 4 个极相组线圈接成一相绕组,连接规律是极相组的头与头相连、尾与尾相连。其中,2 号槽属于 U1 相带,引出端为首端,20 号槽属于 U2 相带,引出端为尾端。同样方法,画出 V 相和 W 相绕组,并且 V 相首端 V1 从 6 号槽引出,V 相尾端 V2 从 24 号槽引出;W 相首端 W1 从 10 号槽引出,W 相尾端 W2 从 4 号槽引出。各绕组的展开图如图 3.4.3 所示。

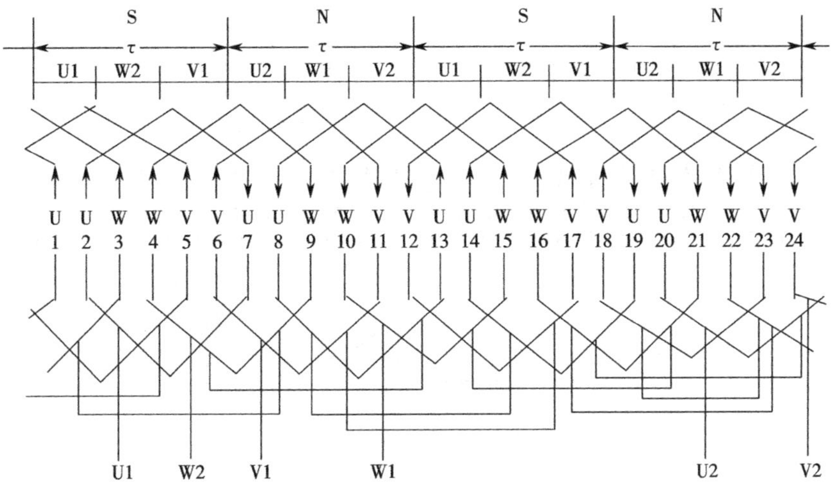

图 3.4.3　三相 24 槽 4 极异步电动机单层链式绕组展开图

2. 同心式绕组

同心式绕组的结构特点是各相绕组均由不同节距的同心线圈（大线圈套在小线圈外面）经适当连接而成，这种绕组的端部较长，常用于两极电动机中。

例 3.4.2　某台三相异步电动机，定子槽数 Z=24，极数 $2p$=4，定子绕组为单层同心式绕组，试绘制定子绕组展开图。

解　（1）计算极距和每极每相槽数：

$$\tau=\frac{Z}{2p}=\frac{24}{4}=6$$

$$q=\frac{Z}{2pm}=\frac{24}{4\times 3}=2$$

（2）画出定子铁芯槽，划分极距和相带。同例 3.4.1。

（3）画出极相组线圈。将 U 相相带（U1 相带和 U2 相带）的线圈边连接成 U 相极相组线圈，即将 1 号槽和 8 号槽的两个有效边连接成一个线圈，将 2 号槽和 7 号槽的两个有效边连接成一个线圈，再将这两个线圈串联成一个极相组，如图 3.4.4 所示。每个极相组中线圈如果画成圆形，它们应该有同一个圆心，所以将按这种规律连接的绕组称为同心式绕组。同样方法，画出 V 相和 W 相极相组线圈。

（4）画出各绕组的展开图。根据 U 相极相组线圈电流参考方向，将 2 个极相组线圈接成一相绕组，连接规律是极相组的尾与首相连。其中，1 号槽属于 U1 相带，引出端为首端，19 号槽属于 U2 相带，引出端为尾端。同样方法，画出 V 相和 W 相绕组，并且 V 相首端 V1 从 5 号槽引出，V 相尾端 V2 从 23 号槽引出；W 相首端 W1 从 9 号槽引出，W 相尾端 W2 从 3 号槽引出。V 相绕组如图 3.4.5 所示，W 相绕组如图 3.4.6 所示。

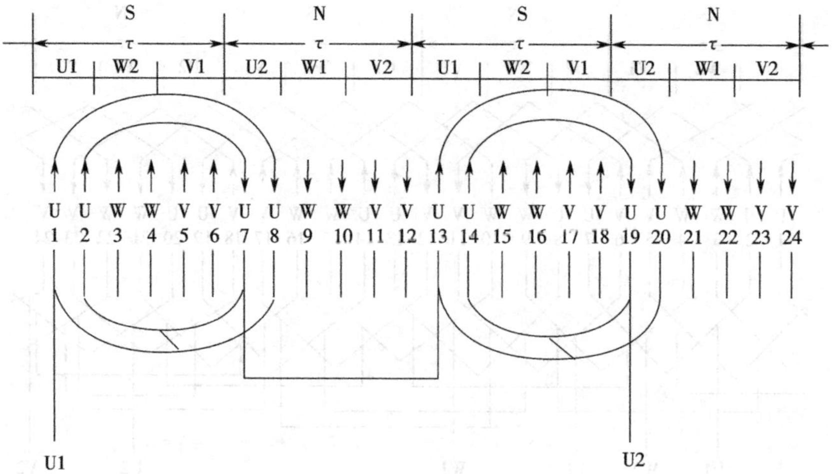

图 3.4.4　U 相绕组

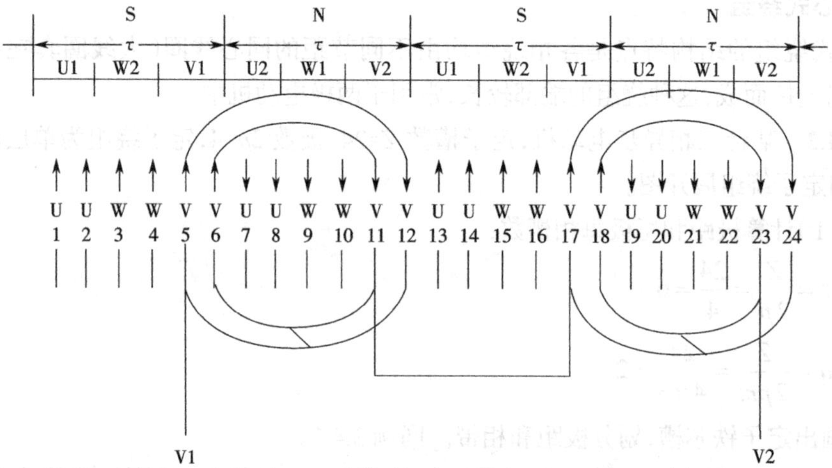

图 3.4.5　V 相绕组

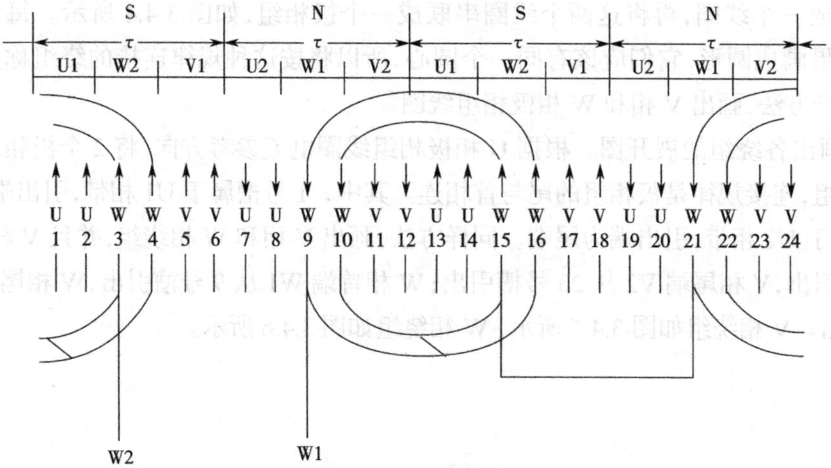

图 3.4.6　W 相绕组

3. 交叉链式绕组

交叉链式绕组是同心式绕组和链式绕组的综合，主要用于 q 为奇数的小型三相异步电动机定子绕组中。由于其采用了不等距的线圈，故它比同心式绕组的端部短，便于布置。

例 3.4.3 某台三相异步电动机，定子槽数 Z=36，极数 $2p$=4，大线圈节距为 8，小线圈节距为 7，定子绕组为单层交叉链式绕组，试绘制定子绕组展开图。

解 （1）计算极距和每极每相槽数：

$$\tau=\frac{Z}{2p}=\frac{36}{4}=9$$

$$q=\frac{Z}{2pm}=\frac{36}{4\times3}=3$$

（2）画出定子铁芯槽，划分极距和相带。在平面上画出 36 条平行竖线段，表示三相异步电动机的 36 个槽，并在每条平行竖线段上标明槽号，如图 3.4.7 所示。因为极距 τ=9，将 36 槽分成 4 个极，每个极下有 9 个槽，标出线圈有效边中的电流参考方向。

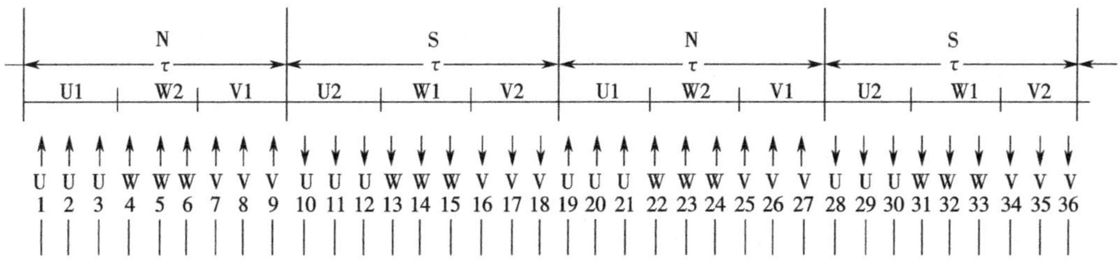

图 3.4.7 划分极距和相带

（3）画出极相组线圈，并标明电流参考方向。根据相带画出极相组线圈，从最短节距考虑，交叉链式绕组有两种节距不等的线圈，大线圈节距为 8，小线圈节距为 7，U 相绕组的极相组如图 3.4.8 所示。

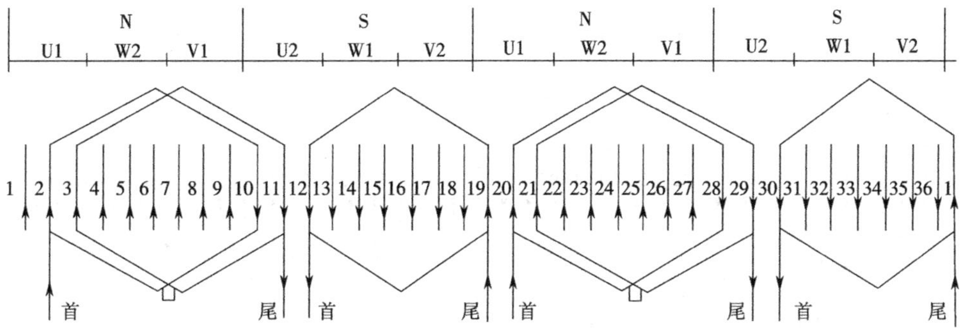

图 3.4.8 U 相绕组极相组

（4）画出各相绕组的展开图。根据 U 相绕组极相组线圈电流方向，依次将极相组线圈连接成一相绕组，连接规律是各极相组线圈的首与首相连、尾与尾相连。其中，2 号槽属于 U1 相带，引出线为首端，30 号槽属于 U2 相带，引出线为尾端，如图 3.4.9 所示。

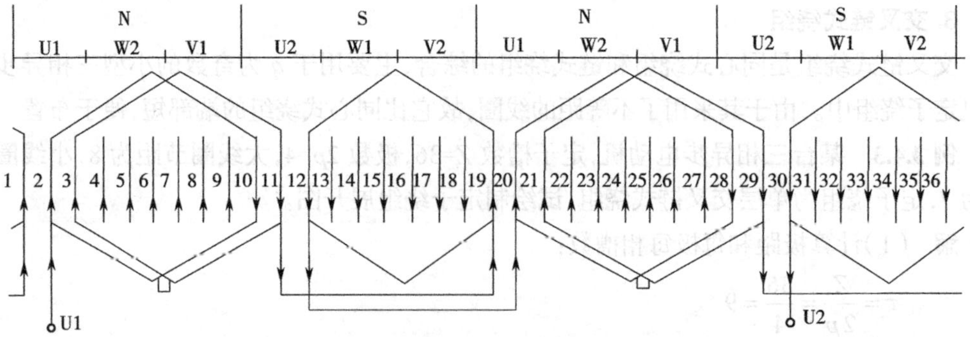

图 3.4.9 U 相绕组

各相绕组的电源引出线相隔 120° 电角度，相带为 60° 相带，则 V 相绕组的首端 V1 应从 8 号槽引出，V 相绕组的尾端 V2 应从 36 号槽引出；W 相绕组的首端 W1 应从 14 号槽引出，W 相绕组的尾端 W2 应从 6 号槽引出。V 相绕组如图 3.4.10 所示，W 相绕组如图 3.4.11 所示。

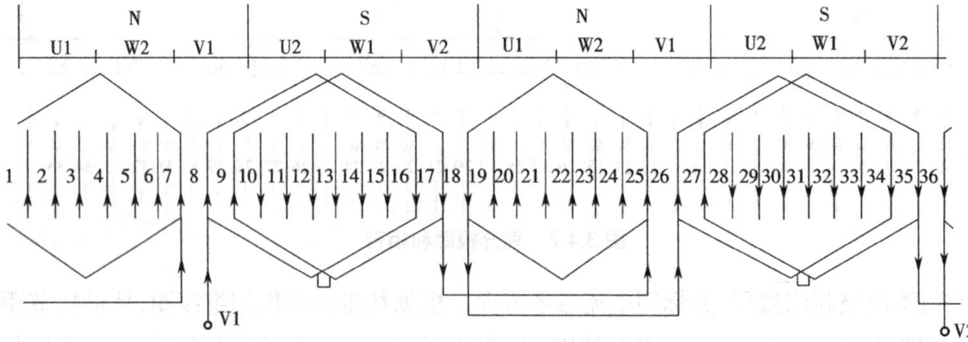

图 3.4.10 V 相绕组

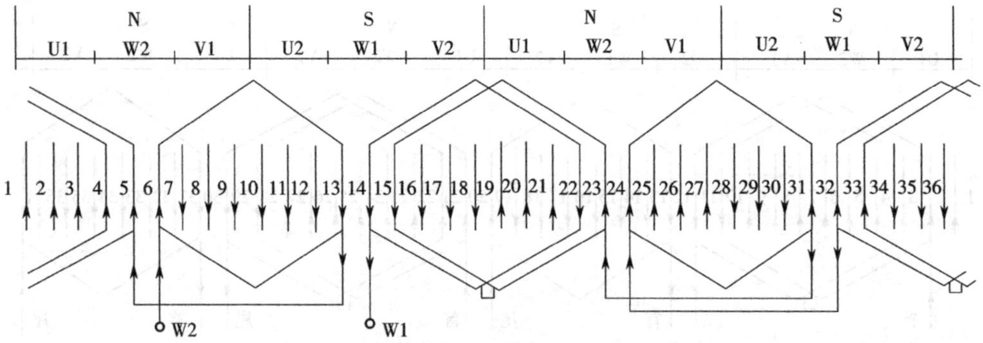

图 3.4.11 W 相绕组

情境 5 三相异步电动机的铭牌数据

职业能力：看懂铭牌数据，掌握电动机的型号、规格和有关技术数据。

子情境 1　型号

型号是三相异步电动机类型和规格的代号。国产异步电动机的型号由汉语拼音字母、国际通用符号和阿拉伯数字组成。如 Y180M-4 各部分含义如下：

Y——一般用途三相笼型异步电动机；

180——机座中心高 180 mm；

M——机座长度属中机座（S 为短机座，M 为中机座，L 为长机座）；

4——旋转磁场极数为 4（磁极对数 $p=2$）。

子情境 2　额定值

三相异步电动机在出厂时，机座上都固定有一块铭牌，铭牌上标注着额定数据，主要的额定数据如下。

（1）额定功率 P_N（kW）：指电动机额定工作状态时，电动机轴上输出的机械功率。

$$P_N=\sqrt{3}I_N U_N \eta_N \cos\varphi_N$$

（2）额定电压 U_N（V）：指电动机额定工作状态时，电源加在定子绕组上的线电压。电动机所接的电源电压的变动一般不应超过额定电压的 ±5%。电压过高，电动机容易烧毁；电压过低，电动机难以启动，即使启动后也带不动负载。Y 系列三相异步电动机的额定电压统一为 380 V。

（3）额定电流 I_N（A）：指电动机额定工作状态时，电源供给定子绕组上的线电流。额定电流影响与电动机相配的导线粗细的选择。若超过额定电流运行，三相异步电动机就会过热甚至烧毁。

（4）额定转速 n_N（r/min）：指电动机额定工作状态时，转轴上的每分钟的转数，略小于同步转速。

（5）额定频率 f_N（Hz）：指电动机所接交流电源的频率。国产三相异步电动机的额定频率为 50 Hz。

（6）额定效率 η_N：指电动机输出机械功率 P_2 与输入电功率 P_1 的比值的百分数。

（7）额定功率因数 $\cos\varphi_N$：指三相异步电动机从电网所吸收的有功功率与视在功率的比值。三相异步电动机的功率因数较低，在额定运行时为 0.7~0.8，空载时只有 0.2~0.3，因此必须正确选择电动机的容量，防止“大马拉小车”，并力求缩短空载运行时间。

（8）额定工作制：指电动机在额定状态下工作，可以持续运转的时间和顺序，可分为额定连续工作的定额 S_1、短时工作的定额 S_2、断续工作的定额 S_3 等三种。

此外，铭牌上还标明绕组的相数与接法（星形或三角形）、绝缘等级及温升等。对绕线式转子异步电动机，还应标明转子的额定电动势及额定电流。

子情境 3　其他

1. 工作方式

异步电动机常用的工作方式有三种,分别是连续工作制、短时工作制和断续工作制。

(1)连续工作制 S_1 是指电动机在额定负载范围内,允许长期连续不停使用,但不允许多次断续重复使用。

(2)短时工作制 S_2 是指电动机不能连续使用,只能在规定的负载下短时间的使用。

(3)断续工作制 S_3 是指电动机在规定的负载下,可多次断续重复使用。

2. 接法

接法是指电动机在额定电压下,三相定子绕组应采用的连接方法。Y 系列三相异步电动机规定额定功率为 3 kW 及以下的采用 Y 接法,4 kW 及以上的采用△接法;有的电动机铭牌上标有两种额定电压值,如 380 V/220 V,这时铭牌上会标有 Y/△两种接法,同时也会标出两种额定电流值。

3. 绝缘等级

绝缘等级是指电动机定子绕组所用的绝缘材料允许极限温度的等级,有 A、E、B、F、H、C 六级。如 Y 系列电动机采用的是 B 级绝缘,它的允许极限温度为 130 ℃。电动机的发展趋势是采用 F 级和 H 级绝缘,其目的是可以在一定输出功率下,减轻电动机的质量,缩小电动机的体积。

4. 防护等级

防护等级表示三相电动机外壳的防护等级,其中 IP 是防护等级的标志符号,其后面的两位数字分别表示电动机防固体和防水能力,数字越大,防护能力越强。如 IP44 表示电动机能防护大于 1 mm 固体异物入内,同时能防止溅水入内。

例 3.5.1　某三相异步电动机的铭牌数据如下:U_N=380 V,I_N=15 A,P_N=7.5 kW,$\cos\varphi_N$=0.83,n_N=960 r/min。试求:

(1)额定状态时电动机的输入功率和效率;

(2)电动机的额定转矩。

解　(1)$P_1=\sqrt{3}U_N I_N\cos\varphi_N=\sqrt{3}\times380\times15\times0.83=8.19\,\text{kW}$

$$\eta=\frac{P_2(P_N)}{P_1}\times100\%=\frac{7.5}{8.19}\times100\%=91.58\%$$

(2)$T_N=9\,550\dfrac{P_N}{n_N}=9\,550\dfrac{7.5}{960}=74.61\,\text{N}\cdot\text{m}$

情境 6　三相异步电动机的电动势

职业能力:了解旋转磁场在定子绕组中产生的感应电动势的情况,了解短距系数、分布系数概念。

三相异步电动机定子绕组接到三相电源后,气隙内即建立旋转磁场。这个磁场以同步转速 n_0 旋转,幅值不变。其分布近乎呈正弦,好像一种旋转的磁极。它同时切割定子、转子绕组,并在其中产生感应电动势。虽然在定子、转子绕组中感应电动势的频率有所不同,但两者定量计算的方法是一样的。本情境讨论呈正弦分布、以同步转速 n_0 旋转的旋转磁场在定子绕组中所产生的感应电动势。

子情境 1　绕组的感应电动势及短距因数

1. 导体的感应电动势

当磁场在空间呈正弦分布,并以恒定的转速 n_0 旋转时,导体感应电动势为一正弦波,其最大值为

$$E_{C1m}=B_{m1}lv$$

导体感应电动势的有效值为

$$E_{C1}=\frac{E_{C1m}}{\sqrt{2}}=\frac{B_{m1}lv}{\sqrt{2}}=\sqrt{2}fB_{m1}l\tau$$

因为 $B_{m1}=\dfrac{\pi}{2}\dfrac{\Phi_1}{l\tau}$,所以有

$$E_{C1}=\frac{\pi}{\sqrt{2}}f\Phi_1=2.22f\Phi_1$$

2. 整距线圈的感应电动势

在图 3.6.1(a)中,在相隔一个极距,即相差 180° 空间电角度的位置上放置两根导体 U1 和 U2,并在上端用导线将它们连成一个整距线圈,线匝下面的两个端头分别称为头和尾。由于两根导体在空间相隔一个极距,则可知若一根导体处在 N 极极面下,另一根导体必定处在 S 极极面下对应的位置,它们切割磁场所感应出的电动势必然大小相等、方向相反,即在时间相位上彼此相差 180° 时间电角度,每根导体的基波电动势相量如图 3.6.1(b)所示。每个线匝的电动势为

$$\dot{E}_{T1}=\dot{E}_{C1}-\dot{E}'_{C1}=2\dot{E}_{C1}$$

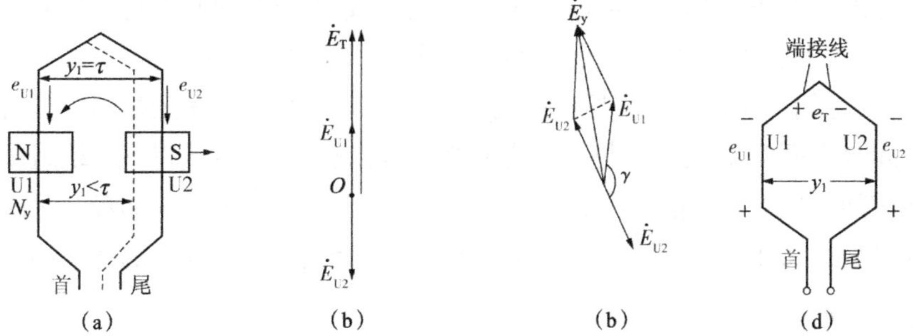

图 3.6.1　感应电动势的计算

(a)展开图 (b)整距线圈电动势相量图 (c)短距线圈电动势相量图 (d)电动势参考向

有效值为

$$E_{T1}=2E_{C1}=4.44f\Phi_1$$

在一个线圈内，每一匝电动势的大小和相位都是相同的，所以整距线圈的电动势为

$$\dot{E}_{y1}=N_C\dot{E}_{T1}$$

有效值为

$$E_{y1}=4.44fN_C\Phi_1$$

3. 短距绕组的感应电动势

短距绕组的线圈节距 $y_1<\tau$，则电动势 $\dot{E}_{C1}$ 和 $\dot{E}'_{C1}$ 相位差不是 180°，而是 γ，γ 是线圈节距 y_1 所对应的电角度。

$$\gamma=\frac{y_1}{\tau}\times\pi$$

因此，每个线匝的电动势为

$$\dot{E}_{T1(y<\tau)}=\dot{E}_{C1}-\dot{E}'_{C1}$$

有效值为

$$E_{T1(y<\tau)}=2E_{C1}\cos\frac{180°-\gamma}{2}=2E_{C1}\sin\frac{\gamma}{2}=2E_{C1}K_{y1}$$

式中：K_{y1} 为短距因数，$K_{y1}=\sin\frac{\gamma}{2}$。

则短距线圈的电动势为

$$E_{y1(y<\tau)}=4.44fN_C\Phi_1K_{y1}$$

$$K_{y1}=\frac{E_{y1(y<\tau)}}{E_{y1(y=\tau)}}$$

短距因数的物理含义是由于绕组短距后，两绕组边中的感应电动势不再相等，求绕组的感应电动势时不能像整距绕组那样代数相加，而是相量相加，也就是把绕组看成是整距后所求绕组感应电动势再做折算。

子情境 2　线圈组的感应电动势及分布系数

线圈组是由 q 个绕组串联组成的，若是集中绕组（q 个绕组均放在同一槽中），则每个绕组的电动势大小、相位都相同；对于分布绕组，q 个绕组嵌放在相邻 α 槽距角的 q 个槽中，对每个绕组而言，它们切割旋转磁场所产生的感应电动势的大小应完全相同。但由于 q 个绕组在定子空间分布而互差 α，则磁场切割它们必然有先有后，这就使得 q 个绕组中产生的感应电动势在时间相位上有超前和滞后。显而易见，q 个绕组中感应电动势在时间上依次相差 α 电角度，如图 3.6.2 所示。线圈组的电动势为 q 个绕组感应电动势的相量和，即

$$E_{q1}=2R\sin\frac{q\alpha}{2}$$

$$R=\frac{E_{y1}}{2\sin\frac{\alpha}{2}}$$

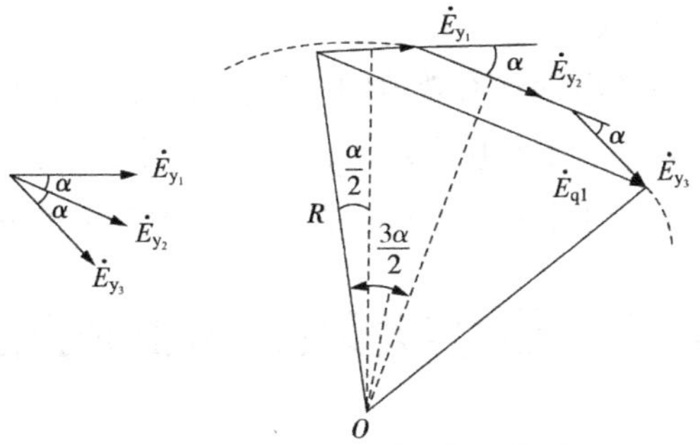

图 3.6.2　分布绕组基波电动势相量图

由于 q 个相量大小相等，相位又依次相差 α，所以它们依次相加就组成一个正多边形。即有

$$E_{q1}=E_{y1}\frac{\sin\frac{q\alpha}{2}}{\sin\frac{\alpha}{2}}=qE_{y1}\frac{\sin\frac{q\alpha}{2}}{q\sin\frac{\alpha}{2}}=qE_{y1}K_{q1}$$

式中：K_{q1} 为分布因数，$K_{q1}=\dfrac{\sin\frac{q\alpha}{2}}{q\sin\frac{\alpha}{2}}$。

线圈组的电动势为

$$E_{q1}=4.44fqN_C\Phi_1K_{y1}K_{q1}=4.44fqN_C\Phi_1K_{w1}$$

式中：$K_{w1}=K_{y1}K_{q1}$ 称为绕组因数。

子情境 3　一相绕组的基波感应电动势

一相绕组由 a 条支路并联组成，一条支路由若干个绕组组串联组成，因此一相绕组的电动势等于每一条并联支路的电动势。一般情况下，每条支路中所串联的几个绕组组的电动势都是大小相等、相位相同的，因此可将该相一条支路所串联的几个绕组组电动势直接相加。对于单层绕组，每条支路由 p/a 个绕组组串联而成。对于双层绕组，每条支路由 $2p/a$ 个绕组组串联而成。所以，每相绕组的电动势如下。

双层绕组：

$$E_{q1}=4.44fqN_C\frac{2p}{a}\Phi_1K_{w1}$$

单层绕组：

$$E_{q1}=4.44fqN_C\frac{p}{a}\Phi_1K_{w1}$$

式中：$\dfrac{2p}{a}qN_C$ 和 $\dfrac{p}{a}qN_C$ 分别表示双层绕组和单层绕组每条支路的串联匝数，统一用有效匝数 N 表示，这样就可得到绕组组电动势的一般计算公式为

$$E_{q1}=4.44fN\Phi_1K_{w1}$$

式中：N 为每相绕组的串联匝数。

上式是计算交流绕组每相电动势有效值的一个普遍公式。它与变压器中绕组感应电动势的计算公式十分相似，仅多一项绕组系数 K_{w1}。事实上，因为变压器绕组中每个线匝的电动势大小、相位都相同，因此变压器绕组实际上是一个集中整距绕组。

情境 7　三相异步电动机的磁动势

职业能力：了解单相和三相绕组中的磁动势。

在阐述三相异步电动机的工作原理时，曾指出在三相异步电动机中，实现能量转换的前提是需要产生一种旋转磁场。实际上，这种旋转磁场是由该电动机定子上的对称三相绕组中通入对称三相交流电流时产生的磁动势建立的。因为此旋转磁动势是对称三相绕组中通入对称三相交流电流时所形成的总磁动势，所以这个总磁动势肯定既是空间的函数，又是时间的函数。本情境从分析一个绕组的磁动势开始，进而分析一个绕组组以及一个相绕组的磁动势，然后把三个相绕组的磁动势叠加起来，便可得出三相绕组的合成磁动势。

子情境 1　单相绕组的磁动势——脉振磁动势

组成相绕组的单元是绕组，合成为单相绕组磁动势的单元是绕组的磁动势，下面先分析一个绕组所产生的磁动势。

1. 整距线圈的磁动势

图 3.7.1（a）所示为一台两极异步电动机的磁场分布示意图，定子上有一个匝数为 N_C 的整距绕组 U1-U2，绕组中有电流通过，从 U2 流入，从 U1 流出。电流所建立的磁场的磁力线分布如图 3.7.1（a）中虚线所示，故为二极磁场。

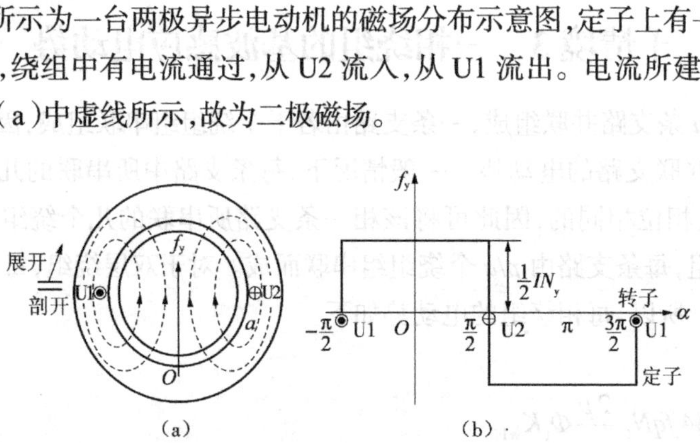

图 3.7.1　整距绕组产生的磁动势

（a）磁场分布　（b）绕组展平

根据全电流定律，每根磁力线所包围的全电流为

$$\oint H \cdot dl = \sum I = \sum N_C$$

式中：N_C 为绕组匝数，即绕组中每一有效边的导体数。

设想将电动机在放置 U1 绕组边的地方切开并展平，可确定磁极轴线为 y 轴，定子内圆

周为 x 轴,如图 3.7.1(b)所示。若绕组中通入交流电流 $i_C=\sqrt{2}I_C\cos\omega t$,因为电流是随时间变化的,这里选择 $\omega t=0$,$i_C=\sqrt{2}I_C$ 这一个合适的时间来分析。在讨论直流电动机电枢磁动势时,分析过这种整距绕组(直流电动机中称为元件)磁动势的分布情况,已确定这种整距线圈所产生的磁动势在空间的分布波形是一个矩形波,其周期为两个极距,其幅值等于磁力线所包围的全电流的一半,即 $\frac{1}{2}IN_C$,周期为 2π,则磁动势矩形波幅值的一般表达式为

$$f(x,t)=\frac{\sqrt{2}}{2}N_CI_C\cos\omega t$$

磁动势随时间的变化作正弦变化,当电流为最大值时,矩形波的高度也为最大值,当电流改变方向时,磁动势也随之改变方向。图 3.7.2 表示不同瞬时矩形波幅值随时间变化的关系。这种从空间上看位置固定,从时间上看大小在正负最大值之间变化的磁动势,称为脉振磁动势。脉振的频率就是交流电流的频率。

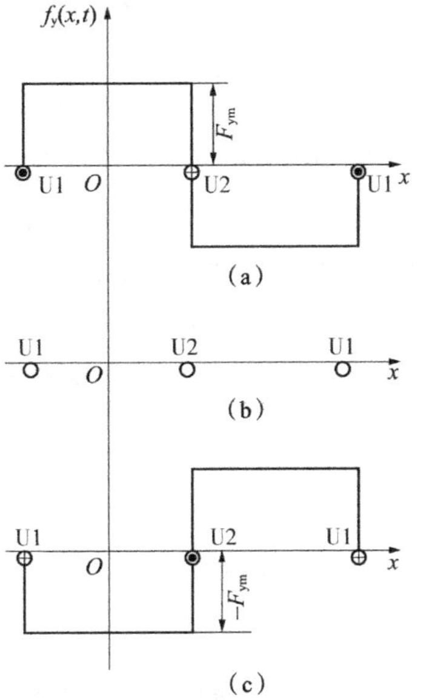

图 3.7.2　不同瞬间的脉振磁动势

(a)ωt=0, $i=I_m$　(b)ωt=90°, i=0　(c)ωt=180°, $i=-I_m$

2. 整距线圈组的磁动势

定子三相对称绕组不论是双层还是单层,每个绕组组都是由 q 个相同的绕组串联起来,各绕组之间依次相差一个槽距角 α。以 q=3 的整距绕组组为例,3 个绕组产生的磁动势矩形波大小相等,在空间依次相隔 α 电角度,此线圈组的基波合成磁动势的相量就可用 q 个(3 个)依次相差 α 电角度的基波磁动势相量之和来表示,即其幅值为

$$F_{q1}=qF_{y1}K_{q1}=0.9qI_CN_CK_{q1}\cos\omega t$$

式中:$K_{q1}=\dfrac{\sin\dfrac{q\alpha}{2}}{q\sin\dfrac{\alpha}{2}}$ 称为基波的分布因数。

它表明具有同样匝数的分布绕组的基波磁动势是具有同样匝数的集中绕组(q 个绕组集中在一个槽内的绕组)的基波磁动势的 $1/q$,或者可理解为把绕组中的各绕组分布排列以后会引起基波磁动势的一个折减。

同理,对于 ν 次谐波,其分布因数为

$$K_{q\nu}=\frac{\sin\frac{\nu\alpha}{2}}{\sin\frac{\alpha}{2}}$$

ν 次谐波磁动势的幅值为

$$F_{q\nu}=\frac{1}{\nu}0.9qI_CN_CK_{q\nu}\cos\omega t$$

采用分布绕组可以削弱磁动势的 ν 次谐波,改善磁动势的波形,使之接近于正弦波。

3. 短距线圈组的磁动势

双层绕组中常采用短距绕组。由于其是短距绕组,所以同一相上、下层导体要移开一个距离,这个距离即是绕组节距所缩短的电角度 $\beta=\left(1-\frac{y_1}{\tau}\right)\pi$,其中 y_1 为绕组节距。由于磁动势大小和波形只取决于槽内线圈组边的分布及电流的情况,而与各线圈组边的连接次序无关,因此可将上层线圈组边等效地看成是一个单层整距分布线圈组,下层线圈组边等效地看成是另一个单层整距分布线圈组,上、下两线圈组在空间相差电角度 β,因此双层短距分布绕组基波磁动势如同电动势一样,其大小为两个等效线圈基波磁动势的相量和,因此又可引入短距系数来计算绕组短距的影响。短距绕组组的基波合成磁动势幅值为

$$F_{\Phi 1}=2F_{q1}\cos\frac{\beta}{2}=2\times 0.9qN_CI_CK_{y1}K_{q1}\cos\omega t$$

式中:K_{y1} 为基波的短距因数。

同理,短距线圈组产生的 ν 次谐波磁动势幅值为

$$F_{\Phi\nu}=2F_{q\nu}K_{y\nu}$$

式中:$K_{y\nu}=\cos\frac{\nu\beta}{2}=\sin\frac{y_1}{2\tau}\pi$ 为 ν 次谐波磁动势的短距因数。

由以上分析可知,虽然采用分布短距绕组会使基波磁动势有所减小,但谐波磁动势得到了很大削弱,有利于改善基波磁动势的波形,使之更接近于正弦波。所以,容量较大的异步电动机定子均采用双层分布短距绕组。

4. 相绕组的磁动势

根据以上分析,单相绕组产生的磁动势可以很容易地求出。首先明确绕组磁动势是用每一个气隙所消耗的磁动势来描述的,所以相绕组的磁动势并不指整个相绕组的总磁动势,而是指气隙中的合成磁动势,也就是每一对磁极下对应的合成磁动势。综合以上关于整距绕组和绕组组磁动势的分析,可得出一个结论:绕组由集中绕组改为分布绕组,基波合成磁动势幅值应打一个折扣 K_{q1};绕组由整距绕组改为短距绕组,基波合成磁动势幅值也应打一个折扣 K_{y1},那么如果绕组由整距、集中绕组改为短距、分布绕组,基波合成磁动势幅值则应

打一个折扣 $K_{q1}K_{y1}$。换句话说，由短距绕组组成的分布绕组的基波合成磁动势幅值等于具有相同匝数的整距集中绕组的基波合成磁动势幅值乘以系数 K_{w1}。把分布因数 K_{q1} 与短距因数 K_{y1} 的乘积称为基波绕组因数，并以 K_{w1} 表示。

单相绕组在每对磁极下产生的磁动势就等于每对磁极下绕组组所产生的磁动势。但在表达式中，要用每相绕组串联总匝数 N_1 和相电流 I_1 来表示，所以只要导出每相绕组串联总匝数 N_1 和绕组匝数 N_C 之间的关系，导出一相电流 I_1 和绕组电流 I_C 之间的关系，代入前面所推导出的绕组组公式中，就得到了一相绕组磁动势的表达式。

对单层绕组而言，一对磁极对应一个绕组组，所以一相绕组串联总匝数为

$$N_1 = \frac{pqN_C}{a}$$

对双层短距分布绕组而言，一对磁极对应两个绕组组，所以一相绕组串联总匝数为

$$N_1 = \frac{2pqN_C}{a}$$

整个脉振磁动势的计算公式为

$$f_{\Phi(x,t)} = 0.9\frac{I_1N_1}{p}\left(K_{w1}\cos\frac{\pi}{\tau}x - \frac{1}{3}K_{w3}\cos 3\frac{\pi}{\tau}x + \frac{1}{5}K_{w5}\cos 5\frac{\pi}{\tau}x + \cdots\right)\cos \omega t$$

子情境 2　三相绕组的磁动势——旋转磁动势

因为 U、V、W 三个单相绕组在空间互差 120° 电角度，流入三相绕组的电流为对称的三相电流，因此它们产生的基波磁动势振幅所在位置在空间互差 120°，磁动势达最大值的时间也互差 120°。若取 U 相绕组的轴线位置作为空间坐标的原点，以正相序的方向作为 x 的正方向，同时取 U 相电流达到最大值的瞬间作为时间的起点，则三相基波磁动势的表达式为

$$f_{U1} = 0.9\frac{I_1N_1}{p}K_{w1}\cos\frac{\pi}{\tau}x\cos \omega t$$

$$f_{V1} = 0.9\frac{I_1N_1}{p}K_{w1}\cos\left(\frac{\pi}{\tau}x - 120°\right)\cos(\omega t - 120°)$$

$$f_{W1} = 0.9\frac{I_1N_1}{p}K_{w1}\cos\left(\frac{\pi}{\tau}x - 240°\right)\cos(\omega t - 240°)$$

通过以上对三相绕组合成磁动势的分析，可以看出三相合成基波磁动势具有以下特点。

（1）磁动势的性质：旋转磁动势。

（2）幅值：旋转磁动势的幅值大小不变，$F_1 = 1.35\frac{I_1N_1}{p}K_{w1}$，这种旋转磁动势常称为圆形旋转磁动势。

（3）转向：旋转磁动势的转向取决于电流的相序，总是由电流领先相转向电流滞后相。

（4）转速：旋转磁动势的转速为 $n = \frac{60f}{p}(\mathrm{r/min})$。

（5）幅值的瞬间位置：某相绕组的电流达到正的最大值时，三相合成基波旋转磁动势正

好与该相绕组的轴线重合。当电流在时间上变化任意一个电角度时，三相合成基波旋转磁动势在空间位置上也移动数值上与之相等的空间电角度。

（6）极对数：三相合成基波磁动势波长等于 2τ，极对数为电动机的极对数 p。

情境 8　三相异步电动机的运行分析

职业能力：了解三相异步电动机的空载、负载运行情况，掌握空载、负载运行时电磁关系和电压平衡方程式，掌握三相异步电动机的等效电路和相量图。

子情境 1　三相异步电动机的空载运行

三相异步电动机定子绕组接在对称的三相电源上，转子轴上不带负载时的运行，称为空载运行。

1. 空载电流和空载磁动势

当电动机空载，定子三相绕组接到对称的三相电源上时，在定子绕组中流过的电流称为空载电流 $\dot{I}_0$，也称为励磁电流。空载电流 $\dot{I}_0$ 的有功分量 $\dot{I}_{0P}$ 用来供给空载损耗，包括空载时的定子铜损耗、定子铁损耗和机械损耗；无功分量 $\dot{I}_{0Q}$ 用来产生气隙磁场，也称为磁化电流，它是空载电流的主要部分。$\dot{I}_0$ 也可写为

$$\dot{I}_0 = \dot{I}_{0P} + \dot{I}_{0Q}$$

三相空载电流所产生的合成磁动势的基波分量的幅值为

$$F_0 = 1.35\frac{I_0 N_1}{p}K_{w1}$$

它以同步转速 n_0 旋转。

2. 空载时的定子电压平衡关系

设定子绕组上每相所加的端电压为 $\dot{U}_1$，相电流为 $\dot{I}_0$，主磁通 $\dot{\Phi}_m$ 在定子绕组中感应的每相电动势为 $\dot{E}_1$，定子漏磁通在每相绕组中感应的电动势为 $\dot{E}_{s1}$，定子的每相电阻为 R_1，则电动机空载时每相的定子电压平衡方程式为

$$\dot{U}_1 = -\dot{E}_1 - \dot{E}_{s1} + \dot{I}_0 R_1$$

其与变压器类似有 $\dot{E}_1 = -\dot{I}_0(R_m + jX_m)$，$\dot{E}_{s1} = -j\dot{I}_0 X_{s1}$，于是该电压平衡方程可改写为

$$\dot{U}_1 = -\dot{E}_1 + \dot{I}_0(R_1 + jX_{s1}) = -\dot{E}_1 + \dot{I}_0 Z_1$$

由上式可画出感应电动机空载时的等效电路和相量图如图 3.8.1 所示。

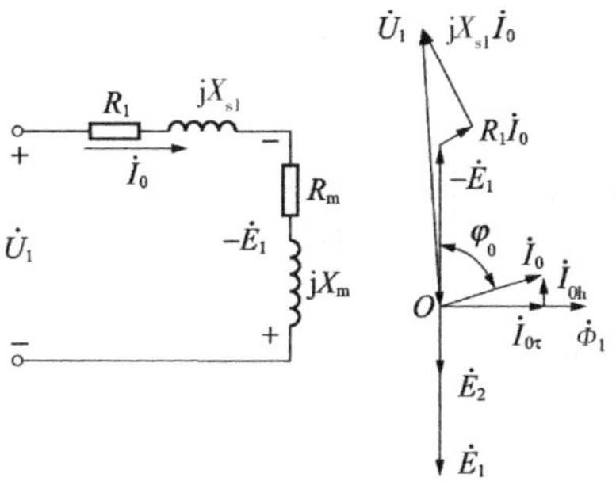

图 3.8.1　感应电动机空载时的等效电路和相量图

(a)等效电路　(b)相量图

子情境 2　三相异步电动机的负载运行

1. 负载运行时的物理情况

电动机负载运行时，将以低于同步转速 n_0 的转速 n 旋转，其转向仍与 n_0 的方向相同，因此气隙磁场与转子的相对速度为 $\Delta n = n_0 - n = sn_0$，$\Delta n$ 也就是气隙磁场切割转子绕组的速度，于是在转子绕组中感应出电动势，并产生电流，其频率为

$$f_2 = \frac{p\Delta n}{60} = s\frac{pn_0}{60} = sf_1$$

对感应电动机，一般 s =0.01~0.09，当 f_1=50 Hz 时，f_2 仅为 0.5~4.5 Hz。负载运行时，除了定子电流产生一个磁动势，转子电流也产生一个磁动势，总的磁动势是由它们合成的，因此必须对转子磁动势作一下说明。

2. 转子磁动势的分析

无论是笼型电机还是绕线型电机，其转子绕组都是一个对称的多相系统。转子中的电流也一定是一个对称的多相电流，产生的磁动势必是一个旋转磁动势，其幅值为

$$F_2 = 0.9\times\frac{m_2N_2K_{w2}}{2p}I_2$$

它相对于转子自身的转速为

$$n_2 = \frac{60f_2}{p} = \frac{60f_1s}{p} = sn_0$$

它在空间的旋转速度，即相对于定子的转速为

$$n_2+n=sn_0+(1-s)n_0=n_0$$

即等于定子磁动势 F_1 在空间的旋转速度。

上面的式子是在任意转速下得到的，这就说明无论电机的转速如何变化，定子磁动势与转子磁动势都是相对静止的。这是所有电机正常运行的必要条件。

3. 电动势平衡方程式

负载运行时，定子电流为 $\dot{I}_1$，则定子的电动势平衡方程式为

$$\dot{U}_1 = -\dot{E}_1 + \dot{I}_1(R_1 + jX_{s1}) = -\dot{E}_1 + \dot{I}_1 Z_1$$

$$E_1 = 4.44 f_1 N_1 K_{w1} \Phi_m$$

负载运行时，转子电动势的频率为$f_2 = \frac{p\Delta n}{60} = s\frac{pn_0}{60} = sf_1$，转子电动势的大小为

$$E_2 = 4.44 f_2 N_2 K_{w2} \Phi_m$$

转子的电动势平衡方程式为

$$\dot{E}_{2s} - \dot{I}_2(R_r + jX_{s2s}) = 0$$

转子电流的有效值为

$$I = \frac{E_{2s}}{\sqrt{R_r^2 + X_{s2s}^2}}$$

4. 磁动势平衡

由于定子、转子磁动势相对静止，因此可以合并成一个磁动势F_m，即

$$F_1 + F_2 = F_m$$

F_m也称为励磁磁动势，它产生气隙中的旋转磁场。

上述公式的物理意义如下：在平衡方程式中，表现出在转子绕组中通过电流产生磁动势F_2的同时，定子绕组中必然要增加一个分量，使这一分量产生磁动势$-F_2$抵消转子电流产生的磁动势F_2，从而保持总磁动势F_m近似不变，显然F_m等于空载时的定子磁动势F_0。

子情境 3　三相异步电动机的等效电路和相量图

1. 用静止的转子代替转动的转子——频率折算

通过对转子旋转的分析可知，转子旋转后，转子频率的大小仅影响转子旋转磁动势相对于转子本身的转速n_2，转子旋转磁动势相对于定子的转速永远为同步转速n_0，与转子电流的频率无关。另外，定子和转子之间是通过磁动势相联系的，所以只需保持转子旋转磁动势的大小不变，至于电流的频率是多少无所谓。根据这个概念，我们对下式进行变换：

$$I_{2s} = \frac{E_{2s}}{\sqrt{R_r^2 + X_{s2s}^2}} = \frac{sE_2}{\sqrt{R_r^2 + (sX_{s2})^2}} = \frac{E_2}{\sqrt{\left(\frac{R_r}{s}\right)^2 + X_{s2}^2}}$$

上述公式说明，进行频率折算后，只要用$\frac{R_r}{s}$代替R_r，就可以保持转子电流的大小不变。而转子电流滞后电动势的角度为

$$\varphi_2 = \arctan\frac{X_{s2s}}{R_r} = \arctan\frac{sX_{s2}}{R_r} = \arctan\frac{X_{s2}}{R_r / s}$$

上式说明频率折算后，转子对定子的影响不变。

由此可见，频率折算是用一个静止的电阻为$\frac{1-s}{s}R_r$的等效转子去代替电阻为R_r的实际旋转的转子，等效转子将与实际转子具有相同的转子磁动势。用静止的转子等效转动的转子时，转子上的动能就用消耗在电阻为$\frac{1-s}{s}R_r$的等效转子上的电能来表示。

2. 绕组的折算

为了得到电机的等效电路以方便计算，我们仿照变压器对电机进行绕组的折算，折算后的值在原符号右上角加“′”表示。

（1）电流的折算：

$$\frac{m_1}{2}0.9\frac{N_1K_{w1}}{p}\dot{I}_2'=\frac{m_2}{2}0.9\frac{N_2K_{w2}}{p}\dot{I}_2$$

根据折算前后转子磁动势不变，得

$$\dot{I}_2'=\frac{m_2N_2K_{w2}}{m_1N_1K_{w1}}\dot{I}_2=\frac{\dot{I}_2}{K_i}=-\dot{I}_{1z}$$

$$K_i=\frac{m_1N_1K_{w1}}{m_2N_2K_{w2}}$$

式中：K_i 为电流变比。

（2）电压的折算：

$$\frac{\dot{E}_2'}{\dot{E}_2}=\frac{N_1K_{w1}}{N_2K_{w2}}=K_e$$

$$\dot{E}_2'=K_e\dot{E}_2=\dot{E}_1$$

式中：K_e 为电压变比。

3. 阻抗的折算

1）电阻的折算

根据折算前后转子铜损耗不变，有

$$m_1I_2'^2R_r'=m_2I_2^2R_r$$

$$R_r'=\frac{m_2I_2^2}{m_1I_2'^2}R_r=K_eK_iR_r$$

2）电抗的折算

根据折算前后电路的功率因数不变，有

$$\tan\varphi_2=\frac{X_{s2}'}{R_r'}=\frac{X_{s2}}{R_r}\qquad X_{s2}'=\frac{R_r'}{R_r}X_{s2}=K_eK_iX_{s2}$$

3）阻抗的折算

$$Z_2'=K_eK_iZ_2$$

4. 三相异步电动机的等效电路

经过绕组折算后，感应电动机的基本方程可写为

$$\dot{U}_1=-\dot{E}_1+\dot{I}_1\left(R_1+jX_{s1}\right)$$

$$-\dot{E}_1=\dot{I}_0\left(R_m+jX_m\right)$$

$$\dot{E}_1=\dot{E}_2'$$

$$\dot{E}_2'=\dot{I}_2'\left(\frac{R_r'}{s}+jX_{s2}'\right)$$

$$\dot{I}_1+\dot{I}_2'=\dot{I}_0$$

由基本方程可作出感应电动机的等效电路和相量图如图 3.8.2 所示。

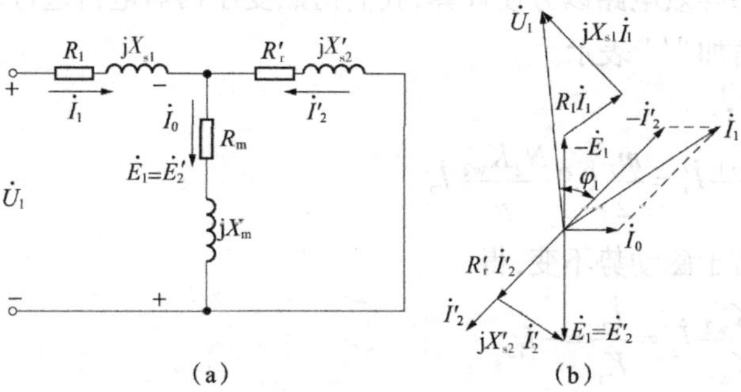

图 3.8.2　三相异步电动机的等效电路及相量图

(a)等效电路　(b)相量图

情境 9　三相异步电动机的功率和转矩

职业能力:了解三相异步电动机的功率及功率平衡关系,掌握电磁转矩的物理和参数表达式。

异步电动机是通过电磁感应作用把电能传递到转子,再转化为轴上输出的机械能,在能量的转换过程中电磁转矩起了关键作用,故电磁转矩是异步电动机一个重要的物理量。

子情境 1　功率平衡和转矩平衡

1. 功率转换过程和功率平衡方程式

异步电机运行时,不可避免地存在着一定的损耗,本子情境着重分析各种损耗之间的关系。

由气隙旋转磁场通过电磁感应传递到转子的功率,称为电磁功率 P_{em},有

$$P_{em}=P_1-P_{Fe}-P_{Cu1}$$

转子旋转的总机械功率 P_m 为

$$P_m=P_{em}-P_{Cu2}$$

转子轴端输出的机械功率 P_2 为

$$P_2=P_m-(P_{me}+P_s)$$

感应电动机的功率平衡方程为

$$P_1=P_{em}+P_{Cu1}+P_{Fe}$$

$$P_{em}=P_m+P_{Cu2}$$

$$P_m=P_2+P_{me}+P_s$$

功率变换过程可用功率图表示,如图 3.9.1 所示。

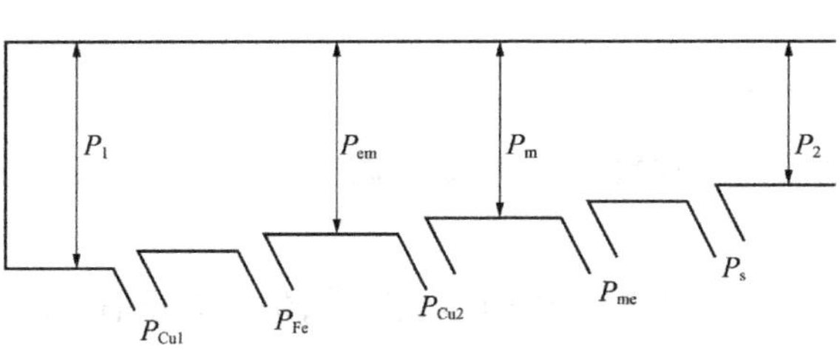

图 3.9.1　三相异步电动机功率图

从电路的观点看：

$$P_{em}=P_1-P_{Cu1}-P_{Fe}=m_1I_2'^2\frac{R_r'}{s}$$

$$P_{Cu2}=sP_{em}$$

$$P_m=(1-s)P_{em}$$

这是在分析感应电动机的特性中很重要的公式。它说明转差 s 越大，电磁功率消耗在转子铜损耗中的比重就越大，电动机的效率就越低，所以感应电动机一般都运行在 s=0.02~0.06 的范围内；同时也说明只要知道了感应电动机的转子铜损耗和转速，就可求出电磁功率和总机械功率。

2. 转矩平衡方程式

当电机稳定运行时，作用在电机上的转矩有三个：

（1）使电机旋转的转矩 T_{em}；

（2）由电机的机械损耗和附加损耗引起的空载制动转矩 T_0；

（3）由电机所拖动的负载引起的反作用转矩 T_2。

显然有：

$$T_{em}=T_0+T_2$$

$$T_{em}=\frac{P_{em}}{\Omega}$$

$$T_2=\frac{P_2}{\Omega}$$

$$T_0=\frac{P_0}{\Omega}$$

式中：Ω 为旋转磁场的旋转角速度，$\Omega=\frac{2\pi n_0}{60}$。

子情境 2　电磁转矩

1. 电磁转矩的物理表达式

如前所述，三相异步电动机的电磁功率 P_{em} 是由旋转磁场传递到转子的功率。所以有

$$T_{em}=\frac{P_{em}}{\Omega}=\frac{60}{2\pi}\frac{m_2E_2I_2\cos\varphi_2}{\frac{60f_1}{p}}=\frac{pm_2}{2\pi f_1}E_2I_2\cos\varphi_2=\frac{pm_2}{2\pi f_1}4.44k_{w2}N_2f_1\Phi_mI_2\cos\varphi_2$$

令

$$C_T = \frac{pm_2}{2\pi} 4.44 k_{w2} N_2$$

它是由电机结构所决定的常数,称为转矩常数,于是得到电磁转矩的物理表达式为

$$T = C_T \Phi_m I_2 \cos\varphi_2$$

该式从物理意义上说明了电磁转矩的形成原因,但是并没有反映出电磁转矩与定子电压、转子转速或转差率和电机参数等的关系。为了得到电磁转矩与转差率和转速的关系,以便于后面的分析,还需要推导出转矩的参数公式。

2. 电磁转矩的参数表达式

$$T_{em} = \frac{P_{em}}{\Omega} = \frac{60}{2\pi} \frac{m_2 E_2 I_2 \cos\varphi_2}{\frac{60 f_1}{p}} = \frac{pm_2}{2\pi f_1} E_2 I_2 \cos\varphi_2$$

$$= \frac{pm_2}{2\pi f_1} E_2 \frac{E_2}{\sqrt{\left(\frac{R_2}{s}\right)^2 + X_2^2}} \frac{R_2}{R_2^2 + (sX_2)^2} = \frac{pm_2}{2\pi f_1} \frac{sR_2 E_2^2}{R_2^2 + (sX_2)^2}$$

$$= \frac{pm_2}{2\pi f_1} \frac{sR_2}{R_2^2 + (sX_2)^2} (4.44 k_{w2} N_2 f_1 \Phi_m)^2$$

$$= \frac{pm_2}{2\pi f_1} \frac{sR_2}{R_2^2 + (sX_2)^2} \left(4.44 k_{w2} N_2 f_1 \frac{U_1}{4.44 k_{w1} N_1 f_1}\right)^2$$

$$= \frac{m_2}{2\pi} \left(\frac{k_{w2} N_2}{k_{w1} N_1}\right)^2 \frac{spU_1^2 R_2}{f_1\left[R_2^2 + (sX_2)^2\right]}$$

令

$$K_T = \frac{m_2}{2\pi} \left(\frac{k_{w2} N_2}{k_{w1} N_1}\right)^2$$

它也是由电机结构所决定的常数,于是求得电磁转矩的参数公式为

$$T = K_T \frac{spU_1^2 R_2}{f_1\left[R_2^2 + (sX_2)^2\right]}$$

因为上式表示了转矩 T 与转差率 s 的关系,所以也称为 T-s 曲线方程。

情境 10　三相异步电动机的运行特性

职业能力:掌握三相异步电动机的转速、功率因数、效率、定子电流、电磁转矩特性。

三相异步电动机的工作特性是指电源电压、频率均为额定值的情况下,电动机的定子电流、转速(或转差率)、功率因数、电磁转矩、效率与输出功率的关系,即在 $U_1=U_{1N}$、$f=f_N$ 时,I_1、n、$\cos\varphi_1$、T、$\eta=f(P_2)$的关系曲线。工作特性指标在国家标准中都有具体规定,设计和制造都必须满足这些性能指标。工作特性曲线可用等值电路计算,也可以通过试验和作图方法求得。图 3.10.1 所示是一台电动机的典型工作特性曲线。

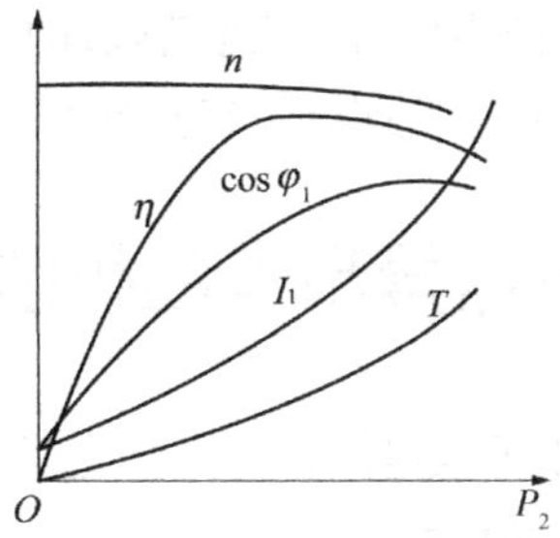

图 3.10.1　三相异步电动机工作特性曲线

子情境 1　转速特性

由 $T_2=\dfrac{P_2}{\Omega}$ 可知，当 P_2 增加时，T_2 也增加，T_2 增加会使转速 n 降低，但是异步电动机转速变化范围较小，所以转速特性是一条稍有下降的曲线。

子情境 2　转矩特性

异步电动机稳定运行时，电磁转矩应与负载制动转矩 T_L 相平衡，即 $T=T_L=T_2+T_0$，电动机从空载到额定负载运行，其转速变化不大，可以认为是常数。所以，T_2 与 P_2 成比例关系。而空载转矩 T_0 可以近似认为不变。这样 T 和 P_2 的关系曲线近似为一条直线。

子情境 3　定子电流特性

输出功率变化时，定子电流变化情况如图 3.10.1 所示。空载时，$P_2=0$，转子转速接近同步转速，即 $n\approx n_0$，此时定子电流就是空载电流，因为转子电流 $I_2'\approx 0$，所以 $\dot{I}_1=\dot{I}_0+\left(-\dot{I}_2'\right)\approx\dot{I}_0$，几乎全部为励磁电流。随着负载的增大，转子转速略有降低，转子电流增大，为了保持磁动势平衡，定子电流的负载分量也相应增大，故 I_1 随着 P_2 的增大而增大。

子情境 4　功率因数特性

异步电动机空载运行时，定子电流基本上是产生主磁通的励磁电流，功率因数很低，一般为 0.1~0.2。随着负载的增大，电流中的有功分量逐渐增大，功率因数也逐渐提高。在额定负载附近，功率因数 $\cos\varphi_1$ 达到最大值。如果负载继续增加，电动机转速下降较快，转子漏抗和转子电流中的无功分量迅速增加，反而使功率因数下降，这样就形成了如图 3.10.1 所示的功率因数特性曲线。

子情境 5　效率特性

由于损耗有不变损耗（$P_{Fe}+P_{me}$）和可变损耗（$P_{Cu1}+P_{Cu2}+P_s$）两大部分，所以电动机效率不仅随负载变化而变化，且随损耗较慢增加，效率上升较快。当不变损耗等于可变损耗时，电动机的效率达到最大值。如果负载继续增加，可变损耗增加很快，效率开始下降。异步电动机在空载和轻载时，效率和功率都很低；而接近满载，即(0.7~1)P_N时，效率和功率因数都很高。在选择电动机容量时，不能使它长期处于轻载运行。

情境 11　三相异步电动机的参数测定

职业能力：通过参数测定，利用等效电路计算异步电动机的运行特性。

与变压器一样，异步电动机也有两类参数：一类是表示空载状态的励磁参数，即 R_m、X_m；另一类是表示短路状态的短路参数，即 R_1、R_1'、X_1、X_1'。这两类参数，不仅大小相差悬殊，而且性质也不同。前者决定于电动机主磁路的饱和程度，是一种非线性参数；后者基本上与电动机的饱和程度无关，是一种线性参数。与变压器等效电路中的参数一样，励磁参数、短路参数可分别通过简便的空载试验和短路试验测定。

子情境 1　空载试验

1. 空载试验的目的

确定电动机的励磁参数以及铁损耗 P_{Fe} 和机械损耗 P_{me}。

2. 空载试验过程

试验时，电动机轴上不带任何负载，定子接到额定频率的对称三相电源上，将电动机运转一段时间(30 min)，使其机械损耗达到稳定值，然后用调压器改变电源电压的大小，使定子端电压从(1.1~1.3)U_{1N} 开始逐渐降低到转速开始波动，直至定子电流也开始波动时所对应的最低电压(约为 $0.2U_{1N}$)，测取 8~10 点。每次记录电动机的端电压 U_{10}、空载电流 I_{10}、空载输入功率 P_0 和转速 n，即可得电动机的空载特性 I_0、$P_0=f(U_1)$，如图 3.11.1 所示。

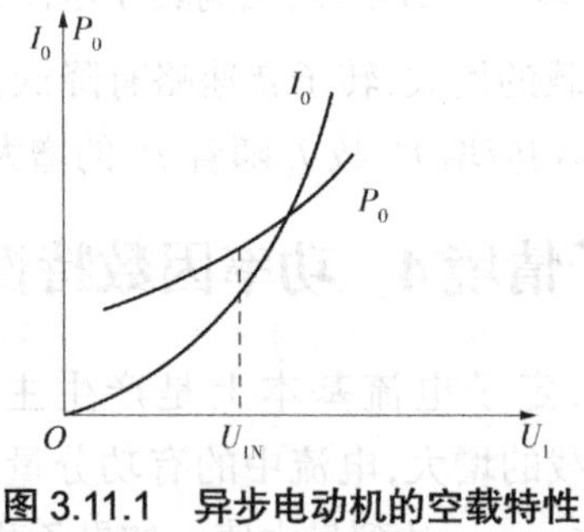

图 3.11.1　异步电动机的空载特性

3. 参数计算

空载时，转子铜损耗和附加损耗很小，可忽略不计。此时，电动机的三相输入功率全部用以补偿定子铜损耗、铁损耗和转子的机械损耗，即

$$P_0=P_1=P_{Cu1}+P_{Fe}+P_{me}$$

所以，从空载功率减去定子铜损耗，就可得到铁损耗和机械损耗之和，即

$$P_0'=P_{Fe}+P_{me}$$

由于铁损耗 P_{Fe} 与磁通密度的平方成正比，因此可认为它与 U_1^2 成正比；而机械损耗的

大小仅与转速有关，与端电压高低无关，可认为 P_{me} 是个常数。因此，把不同电压下的机械损耗和铁损耗两项之和与端电压的平方值画成曲线 $P_{Fe}+P_{me}=f(U_1^2)$，并把这一曲线延长到 $U_1=0$ 处，如图 3.11.2 虚线所示，则虚线以下部分就表示与电源电压大小无关的机械损耗，虚线以上部分就表示铁损耗 P_{Fe}。

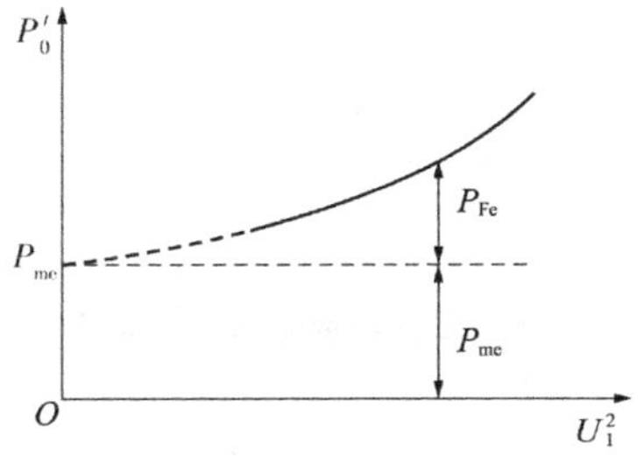

图 3.11.2　机械损耗与铁损耗的求法

励磁参数按下面的方法确定。定子加额定电压时，根据空载试验测得的数据 I_0 和 P_0，可以算出空载总阻抗 Z_0、空载总电阻 R_0、空载总电抗 X_0 分别为

$$Z_0=\frac{U_1}{I_0}$$

$$R_0=\frac{P_0}{m_1 I_0^2}$$

$$X_0=\sqrt{Z_0^2-R_0^2}$$

电动机空载时，转差率 $s=0$，等效电路中附加电阻 $\left(\frac{1-s}{s}\right)R_r\to\infty$，根据等效电路，定子的空载总电抗 X_0 应为

$$X_0=X_m+X_{s1}$$

式中：X_{s1} 可由下面短路试验测得，通过短路试验求得 X_{s1} 后，可求出励磁电抗 X_m。

励磁电阻则为

$$R_m=\frac{P_{Fe}}{m_1 I_0^2}$$

子情境 2　短路试验

1. 短路试验的目的

测定短路阻抗 $Z_k(=R_k+jX_k)$、转子电阻 R_r' 和定子及转子漏抗 X_1、X_2'。

2. 短路试验过程

试验时如果是绕线式转子异步电动机，转子绕组应予以短路（笼型电动机转子本身已经短路），然后将转子堵住不转，故短路试验又叫堵转试验。

短路试验是在转子堵住不转时，对定子绕组施加不同数值的电压。为防止试验时发生过电流，定子绕组必须加低电压，一般从 $U_1=(0.1\sim0.3)U_{1N}$ 开始，用电流表监视，以电流不超过额定值为准，然后逐渐降低电压，记录定子相电压 U_k、定子相电流 I_k 和定子输入三相功率

P_k,然后作出短路特性 $I_k=f(U_k)$ 和 $P_k=f(U_k)$,如图 3.11.3 所示。

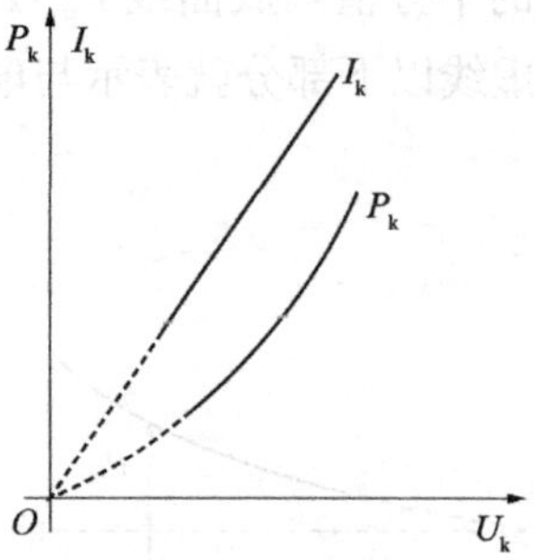

图 3.11.3　三相异步电动机的短路特性

3. 参数计算

异步电动机堵转时，s=1,代表总机械功率的附加电阻 $\left(\frac{1-s}{s}\right)R_r=0$。由于电源电压 U_1 较低(E_1、Φ_1 很小),故励磁电流 I_0 很小,等效电路的励磁支路可以忽略。因而,电动机的铁损耗很小,可认为 P_{Fe}=0,由于堵转,机械损耗 P_{me}=0。所以,定子输入功率 P_k 都消耗在定子、转子的电阻上,即

$$P_k=m_1I_1^2R_1+m_1I_2'^2R_r'=m_1I_1^2(R_1+R_r')=m_1I_k^2R_k$$

$$Z_k=\frac{U_k}{I_k}$$

则

$$R_k=R_1+R_r'=\frac{P_k}{m_1I_k^2}\quad (m_1\text{ 为相数})$$

$$X_k=X_{s2}'+X_{s1}=\sqrt{Z_k^2-R_k^2}$$

定子电阻 R_1 可直接测得,则

$$R_r'=R_k-R_1$$

对于大、中型电动机,有

$$X_{s1}=X_{s2}'=\frac{1}{2}X_k$$

对于 P_N<100 kW 的小型电动机,有

$$2p\leqslant 6\quad X_{s2}'=0.67X_k$$

$$2p\geqslant 8\quad X_{s2}'=0.57X_k$$

必须指出,由于受磁路饱和的影响,异步电动机的短路参数一般是随电流变化的。因此,根据计算目的不同,应选取不同的短路电流进行计算,例如在计算工作特性时,应取额定电流时的参数;计算启动性能时,应取额定电压下的短路电流计算短路参数;而计算最大转矩时,则应采用 2~3 倍额定电流时的参数。

情境 12　单相异步电动机的工作原理和启动方法

职业能力：掌握单相异步电动机的工作原理和启动方法。

单相异步电动机就是指用单相交流电源供电的异步电动机。单相异步电动机因其电源供电方便，故在家用电器、医疗器械以及电动工具中广泛使用。三相同步电动机在额定负载内工作，是一种恒速电动机，故广泛应用于各交流发电厂/站，同步电动机还可作为大容量异步电动机的功率补偿装置。单相异步电动机具有结构简单、成本低、噪声小、运行可靠等优点，因此广泛应用在家用电器、电动工具、自动控制系统等领域。单相异步电动机与同容量的三相异步电动机相比，它的体积较大、运行性能较差。因此，一般只制成小容量的电动机。我国现有产品的功率一般从几瓦到几千瓦不等。

子情境 1　单相异步电动机的工作原理

1. 一相定子绕组通电的异步电动机

一相定子绕组通电的异步电动机就是指单相异步电动机定子上的主绕组（工作绕组）是一个单相绕组。当主绕组外加单相交流电后，在定子气隙中就产生一个脉振磁场（脉动磁场）。

为了便于分析，本子情境利用已经学过的三相异步电动机的知识来研究单相异步电动机，首先研究脉振磁动势的特性。

该磁场振幅位置在空间固定不变，大小随时间做正弦规律变化，如图 3.12.1 所示。

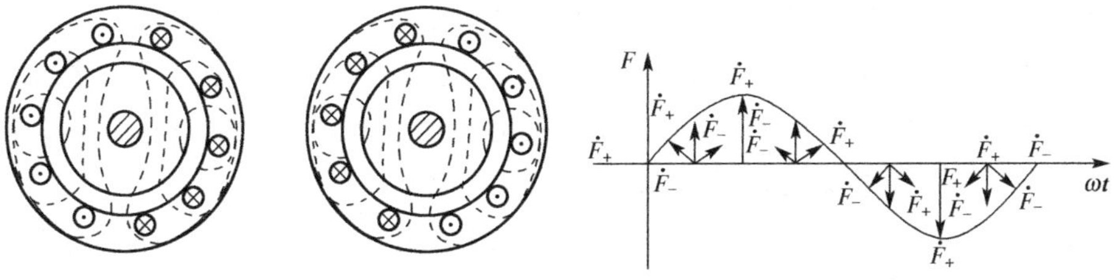

(a)　(b)　(c)

图 3.12.1　单相绕组通电时的脉振磁场

(a)正半周　(b)负半周　(c)脉振磁动势变化曲线

通过对图 3.12.1 的分析可知，一个脉振磁动势可由一个正向旋转的磁动势 f_+ 和一个反向旋转的磁动势 f_- 组成，它们的幅值大小相等（大小为脉振磁动势的一半）、转速相同、转向相反，由磁动势产生的磁场分别为正向和反向旋转磁场。同理，正、反向旋转磁场能合成一个脉振磁场。

2. 单相异步电动机的工作原理

单相异步电动机单绕组通电后产生的脉振磁场可以分解为正、反向旋转的两个旋转磁场。因此，电动机的电磁转矩是由两个旋转磁场产生的电磁转矩合成的。当电动机旋转后，正、反向旋转磁场产生电磁转矩 T_+、T_-，它的机械特性变化与三相异步电动机相同。在图

3.12.2 中的曲线 1 和曲线 2 分别表示 $T_+=f(s_+)$，$T_-=f(s_-)$的特性曲线，它们的转差率分别为

$$s_+=\frac{n_0-n}{n_0}=s$$

$$s_-=\frac{n_0-(-n)}{n_0}=2-s$$

曲线 3 表示单相单绕组异步电动机机械特性。

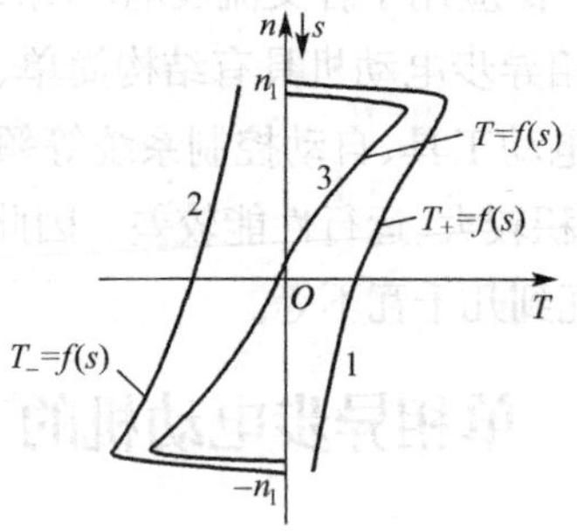

图 3.12.2　单相异步电动机的 T-s 曲线

当 T_+ 为拖动转矩，T_- 为制动转矩时，其机械特性具有下列特点。

（1）当转子静止时，正、反向旋转磁场均以转速 n_0 沿相反方向切割转子绕组，在转子绕组中感应出大小相等而相序相反的电动势和电流，它们分别产生大小相等而方向相反的两个电磁转矩，使其合成的电磁转矩为零。即启动瞬间，$n=0$，$s=1$，$s_+=s_-$，$T=T_++T_-=0$，表明单相异步电动机一相绕组通电时无启动转矩，如不采取其他措施，电动机不能自行启动。由此可知，三相异步电动机电源断一相时，相当于一台单相异步电动机，且不能启动。

（2）旋转方向不固定时，由外力矩确定旋转方向，并且一经启动，就会继续旋转。当 $n>0$，$T>0$ 时，机械特性在第一象限，电磁转矩属拖动转矩，电动机正转运行。当 $n<0$，$T<0$ 时，机械特性在第二象限，T 仍是拖动转矩，电动机反转运行。

（3）由于存在反向电磁转矩起制动作用，因此单相异步电动机的过载能力、效率、功率因数较低。

子情境 2　单相异步电动机的启动方法

单相异步电动机不能自行启动，如果在定子上安放具有空间相位相差 90° 的两套绕组，然后通入相位相差 90° 的正弦交流电，那么就能产生一个像三相异步电动机那样的旋转磁场，实现自行启动。常用的方法有分相式和罩极式两种。

1. 单相分相式异步电动机

单相分相式异步电动机的结构特点是定子上有两套绕组，一相为主绕组（工作绕组），另一相为副绕组（辅助绕组），它们的参数基本相同，在空间相位相差 90° 的电角度，如果通入两相对称相位相差 90° 的电流，即 $i_V=I_m\sin\omega t$，$i_U=I_m\sin(\omega t+90°)$，就能实现单相异步电动机的启动，如图 3.12.3 所示。其中反映了两相对称电流波形和合成磁场的形成过程，当 ωt

经过 360° 后，合成磁场在空间也转过 360°，即合成旋转磁场旋转一周。其磁场旋转速度为 $n_1=60f_1/p$，此速度与三相异步电动机旋转磁场的速度相同，其机械特性如图 3.12.4 所示。

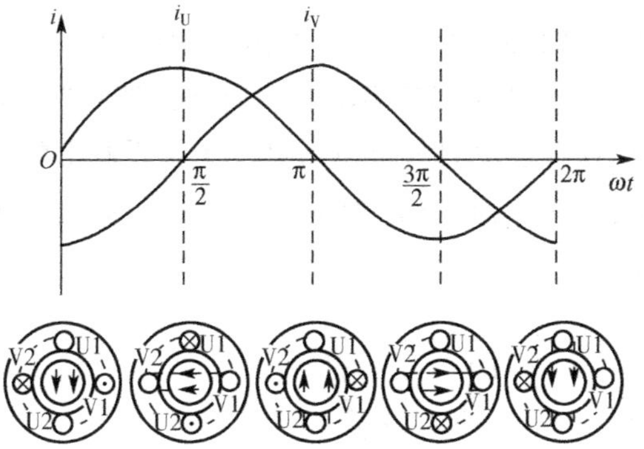

图 3.12.3　两相绕组通入两相电流时的旋转磁场

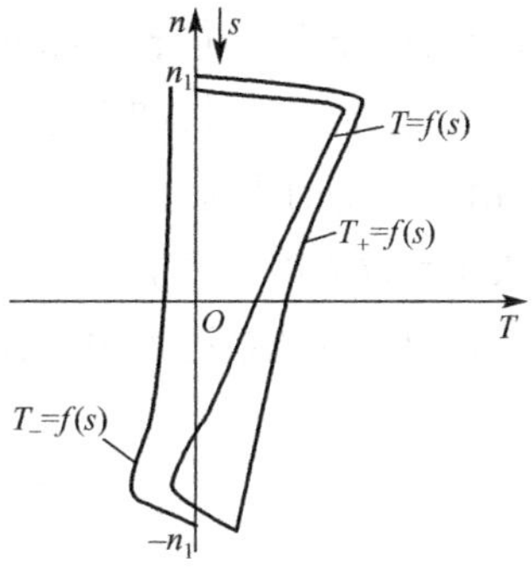

图 3.12.4　合成磁动势单相异步电动机的机械特性

从上面的分析可看出，单相分相式异步电动机启动的必要条件如下：

（1）定子具有空间不同相位的两套绕组；

（2）两套绕组中通入不同相位的交流电流。

根据上面的启动要求，单相分相式异步电动机按启动方法分为以下几类。

1）单相电阻分相启动异步电动机

单相电阻分相启动异步电动机的定子上嵌放两个绕组。两个绕组接在同一单相电源上，副绕组（辅助绕组）中串一个离心开关，如图 3.12.5 所示。开关的作用是当转速上升到 80% 的同步转速时，断开副绕组使电动机运行在只有主绕组工作的情况下。为了使启动时产生启动转矩，通常可采取如下两种方法。

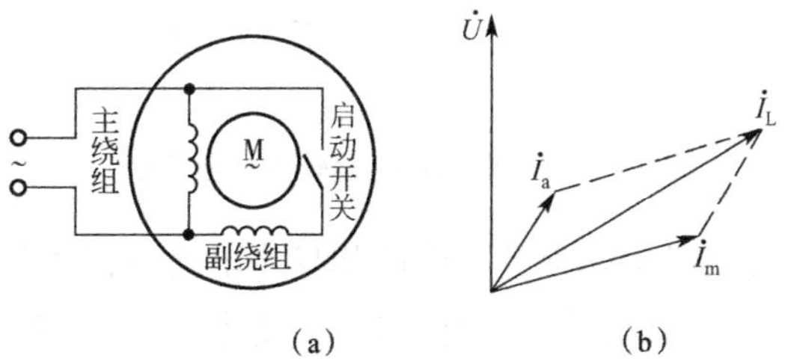

图 3.12.5　单相电阻分相启动异步电动机

（a）示意图　（b）相量图

（1）副绕组中串入适当电阻。

（2）副绕组采用的导线比主绕组细，且匝数比主绕组少。

这样两相绕组阻抗就不同，促使通入两相绕组的电流相位不同，达到启动目的。

由于电阻分相启动时，电流的相位移较小，小于 90° 电角度，启动时，电动机的气隙中建立椭圆形的旋转磁场，因此电阻分相异步电动机启动转矩较小。

单相电阻分相异步电动机的转向由气隙旋转磁场的方向决定，若要改变电动机转向，只需把主绕组或副绕组中任何一个绕组电源接线对调，就能改变气隙旋转磁场的方向，从而达到改变电动机转向的目的。

2）单相电容分相启动异步电动机

单相电容分相启动异步电动机的电路如图 3.12.6 所示。可以看出，当副绕组中串联一个电容器和一个开关时，如果电容器容量选择适当，则可以在启动时使通过副绕组的电流在时间和相位上超前主绕组电流 90° 电角度，这样在启动时就可以得到一个接近圆形的旋转磁场，从而有较大的启动转矩。电动机启动后转速达到 75%~85% 同步转速时，副绕组通过开关自动断开，主绕组进入单独稳定运行状态。

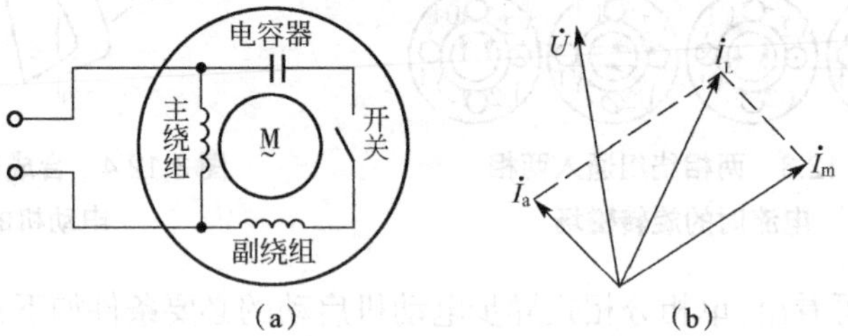

图 3.12.6　单相电容分相启动异步电动机

（a）示意图　（b）相量图

3）单相电容运转异步电动机

若单相异步电动机辅助绕组不仅在启动时起作用，而且在电动机运转中也长期工作，则这种电动机称为单相电容运转异步电动机，如图 3.12.7 所示。

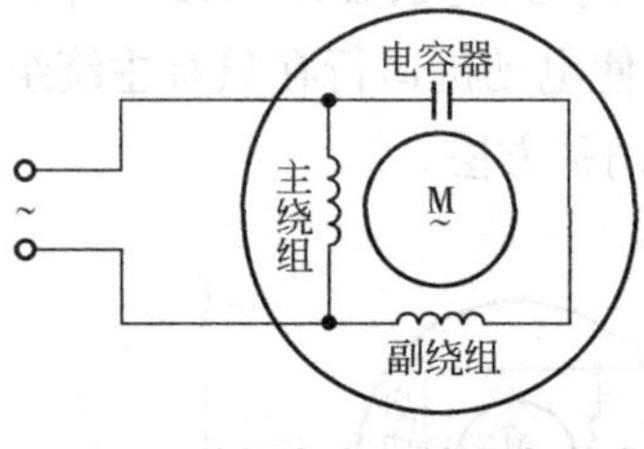

图 3.12.7　单相电容运转异步电动机

单相电容运转异步电动机实际上是一台两相异步电动机，其定子绕组产生的气隙旋转磁场较接近圆形旋转磁场。因此，其运行性能较好，功率因数、过载能力比普通单相分相式异步电动机好。其中，电容器容量的选择较重要，其对启动性能影响较大。如果电容器容量大，则启动转矩大，而运行性能下降；反之，则启动转矩小，运行性能好。综合以上因素，为了保证有较好的运行性能，单相电容运转异步电动机的电容比同功率单相电容分相启动异步电动机电容容量要小，启动性能不如单相电容启动异步电动机。

4）单相双值电容异步电动机（单相电容启动及运转异步电动机）

如果想要单相异步电动机在启动和运行时都能得到较好的性能，则可以采用将两个电容并联后再与副绕组串联的接线方式，这种电动机称为单相电容启动和运转异步电动机，如图 3.12.8 所示。图中启动电容器 C_1 容量较大，运转电容器 C_2 容量较小。启动时，C_1 和 C_2

并联，总电容量大，所以有较大的启动转矩；启动后，C_1 被切除，只有 C_2 运行，因此电动机有较好的运行性能。对电容分相式异步电动机，如果要改变电动机转向，只要使主绕组或副绕组的接线端对调即可，对调接线后旋转磁场方向改变，因而电动机转向也随之改变。

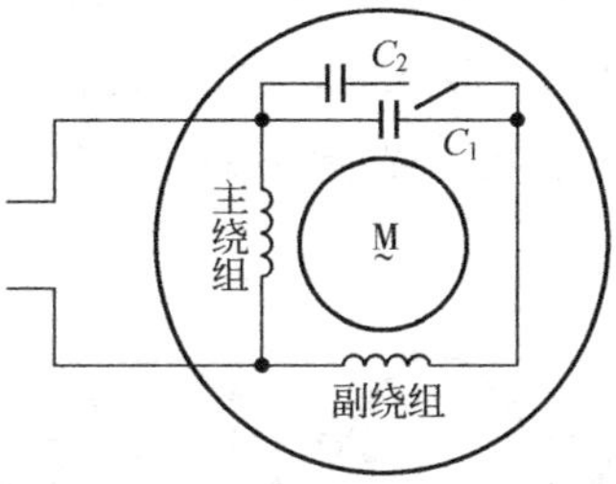

图 3.12.8　单相电容启动及运转电动机

2. 单相罩极式（磁通分相式）异步电动机

单相罩极式异步电动机的结构有凸极式和隐极式两种，其中以凸极式结构最为常见，如图 3.12.9 所示。凸极式异步电动机定子做成凸极铁芯，然后在凸极铁芯上安装集中绕组组成磁极，在每个磁极 1/4~1/3 处开一个小槽，槽中嵌放短路环，将小部分铁芯罩住；转子均采用笼型结构。对罩极式异步电动机，当定子绕组通入正弦交流电后，将产生交变磁通 $\dot{\Phi}$，其中一部分磁通 $\dot{\Phi}_U$ 不穿过短路环，另一部分磁通 $\dot{\Phi}_V$ 穿过短路环，由于短路环的作用，当穿过短路环的磁通发生变化时，短路环必然产生感应电动势和感应电流，感应电流总是阻碍磁通变化的，这就使穿过短路环部分的磁通 $\dot{\Phi}_V$ 滞后于未罩部分的磁通 $\dot{\Phi}_U$，使磁场中心线发生移动。于是，电动机内部产生了一个移动的磁场或扫描磁场，将其看成是椭圆度很大的旋转磁场，在该磁场作用下，电动机将产生一个电磁转矩使电动机旋转，如图 3.12.10 所示。

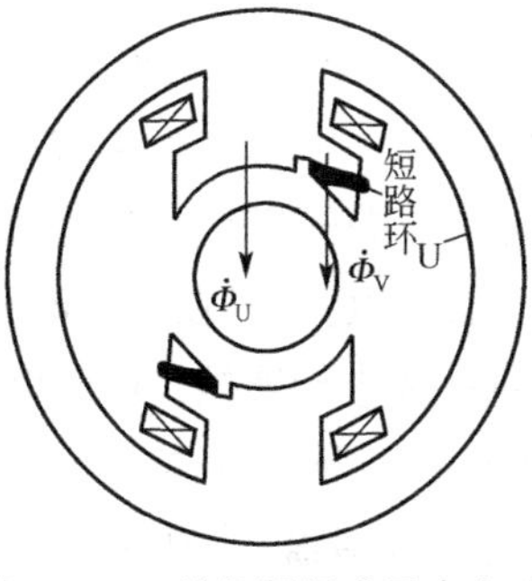

图 3.12.9　单相罩极式异步电动机

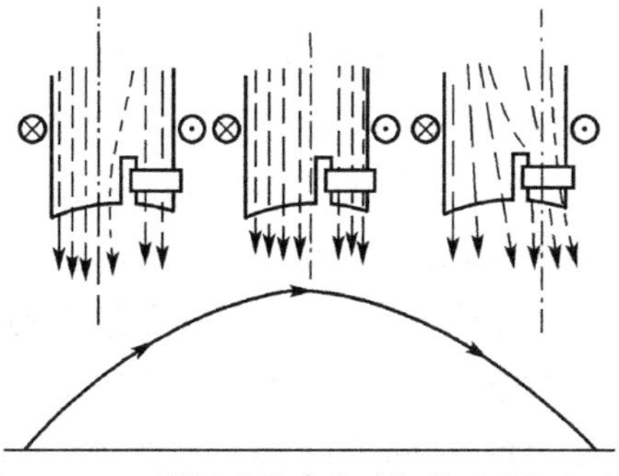

图 3.12.10　罩极式异步电动机移动磁场示意图

由图 3.12.10 可以看出，罩极式异步电动机的转向总是从磁极的未罩部分向被罩部分移动，即转向不能改变。

单相罩极式异步电动机的主要优点是结构简单、成本低、维护方便，但启动性能和运行性能较差，所以主要用于小功率电动机的空载启动场合，如电风扇等。普通的单相异步电动机旋转磁场波形不太好，在运行中不太平稳，振动、噪声都比较大，一般用在对环境要求不太高的情况下。而在家用电器上就不适用，如冰箱、空调、洗衣机、电风扇等。

正弦绕组的单相电动机可以大量应用在家用电器中。下面就以单相四极 24 槽电动机的正弦绕组展开图(图 3.12.11)为例进行说明。图 3.12.11(a)中横轴代表电动机槽号分布,纵轴代表各槽中每相绕组匝数的相对量。从图 3.12.11(b)可以看到,每个槽号下都有两条线圈边,这是一个双层绕组,也就是说每个线槽被分成了上、下层,分配给主、副两相绕组(主、副两相绕组的参数可以一样也可以不一样)。嵌线时,一般是先将主绕组各线圈嵌放进线槽下层,也即主绕组全部是下层,垫上绝缘层后,再将副绕组嵌放入各线槽上层。

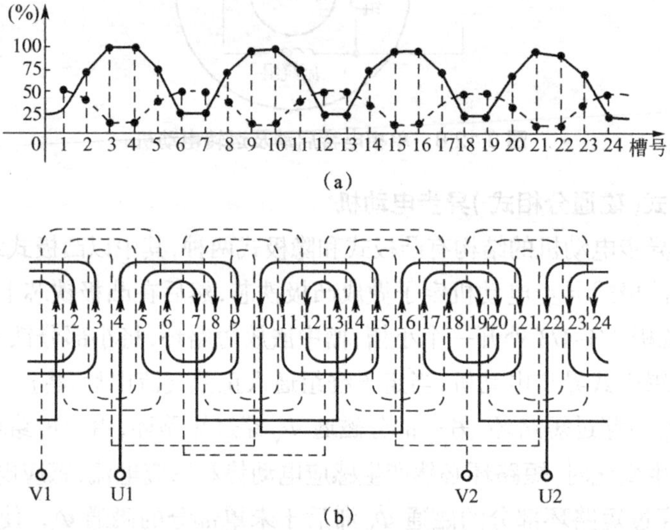

图 3.12.11　单相四极 24 槽电动机正弦绕组示意图

产生磁极的几个线圈(一组线圈)由同心式的几个线圈组成,但各线圈的匝数不同,大线圈匝数多,小线圈匝数少。嵌线以后,各线槽中每相绕组的导体数随槽号数按正弦规律分布,“正弦绕组”由此得名,这也是此种绕组与其他形式绕组的根本区别。例如 U 相绕组的第一组,4 号和 9 号槽中嵌大线圈,其匝数最多(以它为 100%);5 号和 8 号槽中线圈匝数均为大线圈的 75%;6 号和 7 号槽中嵌小线圈,匝数最少,约是大线圈的 25%。其他各线圈组(包括 V 相组)的情况类似。由于正弦绕组为比较特殊的双层绕组,所以在绘制时要注意。例如 U 相绕组,要按照一个极距内所有下层边电流方向必须一致进行连接,U 相绕组嵌放完毕,V 相绕组(全部为上层绕组)嵌放以 U 相为准,或左或右推半个极距,按照一个极距内所有上层边电流方向必须一致进行连接。实际中,单相电动机“正弦绕组”中的小线圈匝数可能是零,也就是说造成整个绕组从外观上看好像是单双层混绕,例如图 3.12.11 中的 6 号和 7 号槽内 U 相绕组匝数若为零,即没有 U 相绕组,只有 V 相单层绕组;而 3 号和 4 号槽中 V 相绕组匝数若为零,即没有 V 相绕组,只有 U 相单层绕组;8 号槽中为双层绕组,即 U、V 两相都有。需要注意,在此种情况下,这里仍然按照双层绕组进行分析讨论。因为可以认为零不是没有,只是匝数很少,少到匝数为零,零只不过是一个数而已,与 10 匝、20 匝等一样。

习　题

一、判断题(正确的打√,错误的打 ×)

1. 不管异步电动机转子是旋转还是静止,定子、转子的磁通势都是静止的。(　　)
2. 三相异步电动机的定子是用来产生旋转磁场的。(　　)
3. 三相异步电动机的转子可以用整块铸铁来制成。(　　)
4. 三相定子绕组在空间上互差 120° 电角度。(　　)
5. “异步”是指三相异步电动机的转速与旋转磁场的转速有差值。(　　)
6. 三相异步电动机没有转差也能转动。(　　)
7. 负载增加时,三相异步电动机的定子电流不会变化。(　　)
8. 不能将三相异步电动机的最大转矩确定为额定转矩。(　　)
9. 根据旋转磁场的转速公式 $n=60f/p$,当 $f=50$ Hz 时,两极异步电动机和四极异步电动机的额定转速分别为 3 000 r/min 和 1 500 r/min。(　　)
10. 转差率是分析异步电动机运行性能的一个重要参数,电动机转速越快,对应的转差率越大。(　　)
11. 额定功率是指三相电动机工作在额定状态时轴上所输出的机械功率。(　　)
12. 额定转速表示三相电动机在额定工作情况下运行时每秒钟的转数。(　　)
13. 我国规定标准电源频率为 50 Hz。(　　)
14. 三相异步电动机的额定电压和额定电流是指电动机的输入线电压和线电流。(　　)
15. 国产三相异步电动机只看型号中的最后一个数字,就能估算出该电动机的转速。(　　)

二、填空题(将正确答案填在横线上)

1. 电动机是一种把________转换成________的动力设备,按其功能可分为________电动机和__________电动机;按用电类型可分为__________电动机和__________电动机;按其转速与电网电源频率之间的关系可分为__________电动机和__________电动机。
2. 三相异步电动机又称为__________,基本结构由__________和__________组成,它们之间存在______________的气隙,此外还有端盖、轴承、接线盒等附件。
3. 三相定子绕组是异步电动机的________________部分,通入三相对称交流电流后产生__________,三相定子绕组按需可接成______________和______________两种形式。
4. 三相异步电动机根据转子结构不同可分为________和__________两类。
5. 转子绕组的作用是产生__________________和________________,并在旋转磁场的作用下产生__________________而使转子转动。
6. 旋转磁场的产生必须有两个条件:一是______________________________________;二是____。

7. 旋转磁场的转向是由接入三相绕组中的电流的________决定的，改变电动机任意绕组所接的电源接线，旋转磁场即反向。

8. 三相定子绕组中产生的旋转磁场的转速与____________成正比，与__________成反比。

9. 三相异步电动机转子的转速总是______________旋转磁场的转速，因此称为异步电动机。

10. 异步电动机的电磁转矩的计算公式是________________________。电磁转矩与______________的平方成正比，________________________的变化将显著地影响电动机的输出转矩。

11. 一台 6 极三相异步电动机接于 50 Hz 的三相对称电源上，其转差率 s=0.05，则此时转子转速为________r/min，定子旋转磁通势相对于转子的转速为________r/min

12. 三相异步电动机的电磁转矩是由____________和______________共同作用产生的。

13. 三相异步电动机在额定负载运行时，其转差率一般在__________范围内。

14. 当转差率在________范围内，三相异步电动机运行于电动机状态时，电磁转矩的性质为________；在______范围内，三相异步电动机运行于发电机状态时，电磁转矩性质为_____________。

15. 极距是指____________________的距离，其公式为____________________。

16. 一个线圈的两个有效边所跨______________________________的距离称为线圈节距。

三、选择题(将正确答案的序号填入括号中)

1. 三相异步电动机空载时气隙磁通的大小主要取决于(　　)。

A. 电源电压　　B. 气隙大小　　C. 定子、转子铁芯材质 D. 定子绕组的漏阻抗

2. 三相异步电动机能画出像变压器那样的等效电路是由于(　　)。

A. 它们的定子或原边电流都滞后于电源电压

B. 气隙磁场在定子、转子或主磁通在原、副边都有感应电动势

C. 它们都有主磁通和漏磁通

D. 它们都由电网取得励磁电流

3. 开启式电动机适用于(　　)的工作环境。

A. 清洁、干燥　　B. 灰尘多、潮湿、易受风雨

C. 有易燃、易爆气体

4. 带冲击性负载的机械宜选用(　　)异步电动机。

A. 普通笼型　　B. 高启动转矩笼型

C. 多速笼型

5. 转速不随负载变化的是(　　)电动机。

A. 异步　　B. 同步　　C. 异步或同步

6.(　　)电动机适用于有易燃、易爆气体的工作环境。

A. 防爆式　　B. 防护式　　C. 开启式

7. 国产小功率三相笼式异步电动机的转子导体结构采用最广泛的是(　　)。

A. 铜条结构转子　　B. 铸铝转子　　C. 深槽式转子

8. 异步电动机的转速 n 与旋转磁场的转速 n_1 的关系是(　　)。

A. $n_1>n$　　B. $n_1<n$　　C. $n_1=n$

9. 某电动机的额定转速 n_N=980 r/min，则该异步电动机是(　　)极的。

A. 两　　B. 四　　C. 六

10. 当三相异步电动机参数一定时，电磁转矩与(　　)成正比。

A. U_1　　B. f_1　　C. U_1^2

11. 三相异步电动机要保持稳定运行，则其转差率 s 应该(　　)临界转差率。

A. 小于　　B. 等于　　C. 大于

12. 某三相异步电动机的铭牌参数如下：U_N=380 V，I_N=15 A，P_N=7.5 kW，n_N=960 r/min，f_N=50 Hz，对这些参数理解正确的是(　　)。

A. 电动机正常运行时三相电源的相电压为 380 V

B. 电动机额定运行时每相绕组中的电流为 15 A

C. 电动机额定运行时电源向电动机输入的电功率为 7.5 kW

D. 电动机额定运行时同步转速比实际转速快 40 r/min

13. 三相笼式异步电动机铭牌上关于电压的标记为 380 V /220 V，接法为 Y/△，电动机正常启动，下列说法正确的是(　　)。

A. 电源电压 380 V，电动机采用 Y 接法　　B. 电源电压 380 V，电动机采用△接法

C. 电源电压 220 V，电动机采用 Y 接法　　D. 电源电压 220 V，电动机采用△接法

四、问答题

1. 如何改变三相异步电动机的旋转方向？

2. 三相异步电动机为什么会旋转？

3. 异步电动机的空气隙为什么做得很小？

4. 一台额定频率为 60 Hz 的三相异步电动机运行于 50 Hz 的电源上，其他不变，电动机空载电流如何变化？

5. 三相绕线式异步电动机和三相笼式异步电动机的绕组有什么区别？

6. 简述三相异步电动机的工作原理。

7. 当异步电动机的机械负载增加时，为什么定子电流会随着转子电流的增加而增加？

8. 简述三相异步电动机型号 Y112S-2 含义。

9. 已知六极 50 Hz 三相异步电动机，铭牌上额定电压为 380 V /220 V，接法为 Y/△，试说明电动机连接方法，并求该电动机的同步转速。

10. 何谓相带？何谓极相组？绕组的极相组与电动机的极数之间有何关系？

11. 单相异步电动机有哪几种启动方法？

12. 单相异步电动机为什么没有启动转矩？

五、计算题

1. 一台三相异步电动机的f_N=50 Hz，n_N=960 r/min，该电动机的额定转差率是多少？另有一台四极三相异步电动机，其额定转差率s_N=0.03，它的额定转速是多少？

2. 两台三相异步电动机电源频率为 50 Hz，额定转速分别为 1 440 r/min 和 2 910 r/min，试求它们的磁极数分别是多少，额定转差率分别是多少？

3. 一台三相四极鼠笼式异步电动机：P_N=28 kW，U_N=380 V，n_N=1 480 r/min，定子绕组△接，$\cos\varphi_N$=0.88，η=90%，K_m=2。试求：(1)P_1；(2)I_N；(3)T_N；(4)T_{max}。

4. 一台三相异步电动机：P_N=28 kW，U_N=380 V，n_N=950 r/min，f_N=50 Hz，定子绕组 Y 接，$\cos\varphi_N$=0.88，$P_{Cu1}+P_{Fe}$=2.2 kW，P_{me}=1.1 kW，P_{ad}=186 W，试计算额定运行时：(1)s_N；(2)P_{Cu2}；(3)η_N；(4)I_N。

5. 一台三相异步电动机：n_N=960 r/min，f_N=50 Hz，P_N=10 kW，$\cos\varphi_N$=0.86，$P_{me}+P_{ad}$=20%P_N。试求：(1)额定转差率和磁极对数；(2)额定运行时的电磁功率、转子铜损耗和电磁转矩。

6. 一台异步电动机：P_N=28 kW，U_N=380 V，f_N=50 Hz，n_N=950 r/min，Y 接，$\cos\varphi_N$=0.88，$P_{Cu1}+P_{Fe}$=2.2 kW，P_{me}=1.1 kW，P_{ad}=186 W。试计算额定运行时：(1)s_N；(2)P_{Cu2}；(3)η_N；(4)I_N。

7. 一台三相 4 极异步电动机：P_N=17 kW，U_N=380 V，I_N=33 A，f_N=50 Hz，定子△接，已知额定运行时P_{Cu1}=700 W，P_{Cu2}=700 W，P_{Fe}=150 W，P_{ad}=200 W，P_{me}=200 W。试计算额定运行时：(1)电磁功率；(2)额定转速；(3)电磁转矩；(4)负载转矩；(5)空载制动转矩；(6)效率；(7)功率因数。

8. 一台三角形连接的三相异步电动机的额定数据如下：P_N=7.5 kW，U_N=380 V，f_N=50 Hz，n_N=1 440 r/min，$\cos\varphi_N$=0.82，η_N=88.2%。试求该电动机的额定电流和对应的相电流。

9. 某三相异步电动机的铭牌数据如下：U_N=380 V，I_N=15 A，P_N=7.5 kW，$\cos\varphi_N$=0.83，n_N=960 r/min。试求该电动机的额定效率及磁极对数。

六、作图题

1. Y112S-6 型三相异步电动机的定子绕组数据 Z=36，$2p$=6，绕组为单层链式绕组。试计算绕组各参数，并画出各相绕组展开图。

2. Y90S-2 型三相异步电动机的定子绕组数据 Z=18，$2p$=2，绕组为单层交叉链式绕组。试计算绕组各参数，并画出 U 相绕组展开图。

项目 4　三相异步电动机的电力拖动

项目	情境	职业能力	子情境	学习方式	学习地点	学时数
三相异步电动机的电力拖动	三相异步电动机的机械特性	掌握三相交流电动机的固有机械特性和人为机械特性	固有机械特性	多媒体动画	多媒体教室	2
			人为机械特性			
	三相异步电动机的启动	了解对异步电动机启动性能的要求，掌握笼型异步电动机启动方法，掌握绕线式异步电动机的启动方法	三相笼型异步电动机的启动	多媒体动画	多媒体教室	2
			绕线式三相异步电动机的启动			
	三相异步电动机的调速	掌握三相异步电动机调速原理和方法	三相异步电动机的变极调速	多媒体动画	多媒体教室	2
			三相异步电动机的变频调速			
			三相异步电动机的变转差率调速			
			三相异步电动机的电磁调速			
	三相异步电动机的反转与制动	掌握三相异步电动机反转和制动的原理和方法	三相异步电动机的反转	多媒体动画	多媒体教室	2
			三相异步电动机的制动			
	三相异步电动机的使用、维护及故障处理	了解三相异步电动机使用前的检查内容，掌握三相异步电动机启动中的注意事项，掌握三相异步电动机的维护内容，了解三相异步电动机常见的故障及处理方法	三相异步电动机的正确使用与日常维护	多媒体动画	多媒体教室	2
			三相异步电动机的常见故障及处理			

异步电动机具有结构简单、运行可靠、价格低、维护方便等一系列优点，广泛应用在电力拖动系统中。尤其是随着电力电子技术的发展和交流调速技术的日益成熟，使得异步电动机在调速性能方面的技术优势越来越强。目前，异步电动机广泛应用在工业电气自动化领域中，并逐步成为电力拖动的主流。

本项目首先讨论三相异步电动机的机械特性，然后以机械特性为理论基础，研究三相异步电动机的启动、制动和调速问题。

情境 1　三相异步电动机的机械特性

职业能力：掌握三相交流电动机的固有机械特性和人为机械特性。

三相异步电动机的机械特性是指电动机电磁转矩 T_{em} 与转速 n 之间的关系，即 $n=f(T_{em})$。因为异步电动机的转速 n 与转差率 s 之间存在着一定的关系，所以异步电动机的机械特性通常也用 $s=f(T_{em})$ 的形式表示。

子情境 1　固有机械特性

1. 固有机械特性概述

三相异步电动机的固有机械特性是指三相异步电动机工作在额定电压和额定频率下，按规定的接线方式接线，定子、转子外界电阻为零时，n 与 T_{em} 的关系。根据电磁转矩的参数表达式可绘出三相异步电动机的固有机械特性，如图 4.1.1 所示。

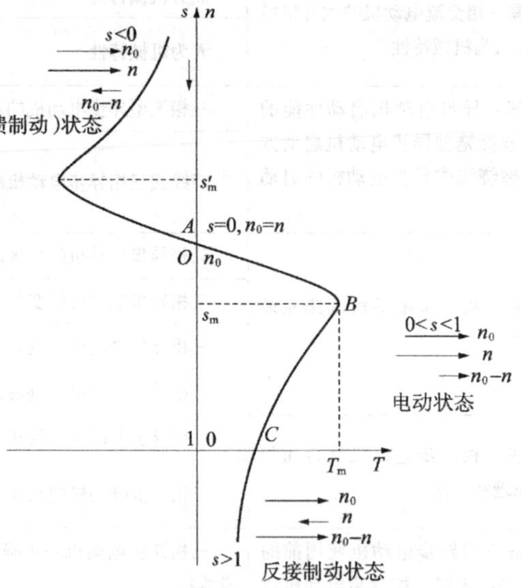

图 4.1.1　三相异步电动机的固有机械特性

2. 固有机械特性分析

当同步转速 n_0 为正时，机械特性曲线跨越第一、二、四象限。

在第一象限，旋转磁场的转向与转子的转向一致，而 $0<n<n_0$，转差率 $0<s<1$。电磁转矩 T_{em} 及转子转速 n 均为正，电动机处于电动运行状态；在第二象限，旋转磁场的转向与转子的转向一致，但 $n>n_0$，故 $s<0$，$T_{em}<0$，$n>0$，电动机处于发电（回馈制动）运行状态；在第四象限，旋转磁场的转向与转子的转向相反，$n_0>0$，$n<0$，$s>1$，此时 $T_{em}>0$，电动机处于电磁制动运行状态。

三相异步电动机在第一象限的机械特性曲线有 3 个运行点值得关注，即图 4.1.1 中的 A、B、C 三点。

（1）同步转速点 A：电动机的理想空载点，即转子转速达到了同步转速。此时 $T_{em}=0$，$n=n_0=60f_1/p$，$s=0$。转子电流 $I_2=0$，显然如果没用外界转矩的作用，异步电动机是不可能运行于这一点的。

（2）最大转矩点 B：机械特性曲线中线性段（A—B）与非线性段（B—C）的分界点，此时电磁转矩为最大值 T_m，相应的转差率为 s_m。通常情况下，电动机在线性段上工作是稳定的，而在非线性段上工作是不稳定的，因此称 s_m 为临界转差率。

由于 T_m 点是 T_{em}-s 曲线上电磁转矩的最大点，所以可用对转矩方程求导，并令其导数

为 0 的方法求得临界转差率为

$$s_m = \pm \frac{R_r'}{\sqrt{R_1^2 + \left(X_{s1} + X_{s2}'\right)^2}} \tag{4.1.1}$$

把上式代入转矩方程,可得最大转矩为

$$T_m = \pm \frac{m_1 p_1 U_1^2}{4\pi f_1 \left(\pm R_1 + \sqrt{R_1^2 + \left(X_{s1} + X_{s2}'\right)^2}\right)} \tag{4.1.2}$$

式中:“+”号适用于电动运行状态(第一象限);“-”号适用于发电动机运行状态或回馈制动运行状态(第二象限)。

从以上两式可得出以下结论:

① 最大转矩 T_m 与定子电压 U_1 的平方成正比,而 s_m 与 U_1 无关;

② T_m 与转子电阻无关,s_m 与 R_r' 成正比;

③ T_m 和 s_m 都近似与 $X_{s1}+X_{s2}'$ 成反比;

④ 若忽略 R_1,最大转矩 T_m 随频率增加而减小,且正比于 U_1^2/f_1。

为了保证电动机稳定运行,不至于因短时过载而停止运转,要求电动机有一定的过载能力。异步电动机的过载能力可用最大转矩 T_m 与额定转矩 T_N 之比来表示,称为过载能力或过载倍数,用 λ_m 表示,即

$$\lambda_m = \frac{T_m}{T_N} \tag{4.1.3}$$

过载倍数 λ_m 是异步电动机的主要性能技术指标。通常异步电动机的过载倍数 λ_m=1.8~2.2,起重冶金用电动机 λ_m=2.2~2.8。

(3)启动点 C:在 C 点,s=1,n=0,电磁转矩为启动转矩 T_{st},把 s=1 代入参数表达式中可得

$$T_{st} = \frac{m_1 p U_1^2 R_r'}{2\pi f_1 \left[\left(R_1 + R_r'\right)^2 + \left(X_{s1} + X_{s2}'\right)^2\right]} \tag{4.1.4}$$

由上式可得以下结论:

① T_{st} 与电压 U_1 的二次方成正比;

② 在一定范围内,增加转子回路电阻 R_r',可以增大启动转矩 T_{st};

③ 电抗参数($X_{s1}+X_{s2}'$)越大,T_{st} 就越小。

异步电动机的启动转矩 T_{st} 与额定转矩 T_N 之比用启动转矩倍数 K_m 来表示,即

$$K_m = \frac{T_{st}}{T_N} \tag{4.1.5}$$

启动转矩倍数 K_m 也是笼型异步电动机的重要性能指标之一。启动时,当 T_{st} 大于负载转矩 T_L 时,电动机才能启动。

一般将异步电动机的特性曲线分为以下两部分。

① 转差率 0~s_m 部分:在这一部分,T_{em} 与 s 的关系近似成正比,即 s 增大时,T_{em} 也随之

增大，根据电力拖动系统稳定运行的条件，可知该部分是异步电动机的稳定运行区。只要负载转矩小于电动机的最大转矩 T_m，电动机就能在该区域中稳定运行。

② 转差率 s_m~1 部分：在这一部分，T_{em} 与 s 的关系近似成反比，即 s 增大时，T_{em} 反而减小，与 0~s_m 部分的结论相反，该部分是异步电动机的不稳定运行区（风机、泵类负载除外）。

3. 机械特性的其他表达式

式（4.1.4）称为机械特性的参数表达式，适用于分析各种参数变化对电动机运行性能的影响。

1）物理表达式

三相异步电动机机械特性的物理表达式，即电磁转矩的一般公式：

$$T_{em}=C_T\Phi_m I_2'\cos\varphi_2 \tag{4.1.6}$$

式中：C_T 为异步电动机的转矩常数；Φ_m 为异步电动机的每极主磁通；I_2' 为折算定子侧的转子电流；$\cos\varphi_2$ 为转子电路的功率因数。

式（4.1.6）表明，异步电动机的电磁转矩是由主磁通 Φ_m 与转子电流的有功分量 $I_2'\cos\varphi_2$ 相互作用产生的。

该物理表达式反映了异步电动机电磁转矩产生的物理本质，但并没有直接反映出电磁转矩与电动机参数之间的关系，也没有明显表示出电磁转矩与转速之间的关系，适用于对电动机的运行作定性分析。

2）实用表达式和参数计算方法

Ⅰ. 实用表达式

式（4.1.1）和式（4.1.2）清楚地表示了转差率和转矩与电动机参数之间的关系，用它们分析各种参数对机械特性的影响是很方便的。但是，针对电力拖动系统中的具体电动机而言，其参数是未知的，欲求得其机械特性的参数表达式显然是困难的。因此，希望能够利用电动机的技术数据和铭牌数据求得电动机的机械特性，即机械特性的实用表达式。

在忽略 R_1 的条件下，机械特性的实用表达式如下：

$$T_{em}=\frac{2T_m}{\dfrac{s}{s_m}+\dfrac{s_m}{s}} \tag{4.1.7}$$

式中的 T_m 和 s_m 可由电动机额定数据方便地求得，因此该式在工程计算中是非常实用的机械特性表达式。

Ⅱ. 参数计算方法

已知电动机的额定功率 P_N、额定转速 n_N、过载能力 λ_m，则额定转矩为

$$T_N=\frac{P_N}{\Omega_N}=\frac{P_N\times10^3}{\dfrac{2\pi n_N}{60}}=9\,550\frac{P_N}{n_N}(\mathrm{N\cdot m}) \tag{4.1.8}$$

式中：P_N 的单位为 kW；n_N 的单位为 r/min。

最大转矩为

$$T_m=\lambda_m T_N \tag{4.1.9}$$

额定转差率为

$$s_N=\frac{n_0-n}{n_0} \tag{4.1.10}$$

忽略空载转矩，当 $s=s_m$ 时，$T_{em}=T_N$，将其代入式（4.1.7）中，则

$$T_N=\frac{2T_m}{\frac{s_N}{s_m}+\frac{s_m}{s_N}} \tag{4.1.11}$$

将 $T_m=\lambda_m T_N$ 代入式（4.1.11）中，则

$$s_m^2-2\lambda_m s_N s_m+s_N^2=0$$

$$s_m=s_N\left(\lambda_m\pm\sqrt{\lambda_m^2-1}\right)$$

因为 $s_m>s_N$，故上式中应取"+"号，于是

$$s_m=s_N\left(\lambda_m+\sqrt{\lambda_m^2-1}\right)$$

在 $0<s<s_m$ 部分，可近似有 $s/s_m \ll s_m/s$，如果忽略 s/s_m，则式（4.1.7）变为

$$T_{em}=\frac{2T_m}{s_m}s \tag{4.1.12}$$

例 4.1.1　一台 Y80L-2 三相笼型异步电动机，已知 P_N=2.2 kW，U_N=380 V，λ_m=2，I_N=4.74 A，n_N=2 840 r/min，试绘制其机械特性曲线。

解　电动机的额定转矩 $T_N=9\,550\frac{P_N}{n_N}(\mathrm{N\cdot m})=9\,550\times\frac{2.2}{2\,840}=7.4\ \mathrm{N\cdot m}$

最大转矩 $T_m=\lambda_m T_N=2\times7.4=14.8\ \mathrm{N\cdot m}$

额定转差率 $s_N=\frac{n_0-n_N}{n_0}=\frac{3\,000-2\,840}{3\,000}=0.053$

临界转差率 $s_m=s_N\left(\lambda_m+\sqrt{\lambda_m^2-1}\right)=0.053(2+\sqrt{2^2-1})=0.198$

机械特性方程式为 $T_{em}=\frac{2T_m}{\frac{s}{s_m}+\frac{s_m}{s}}=\frac{2\times14.8}{\frac{s}{0.198}+\frac{0.198}{s}}$

把不同的 s 值代入上式，求出对应的 T_{em} 值，见表 4.1.1。

表 4.1.1　例 4.1.1 数据

s	1.0	0.9	0.8	0.7	0.6	0.5	0.4	0.3	0.2	0.15	0.1	0.053
T_{em}/(N·m)	5.64	6.21	6.9	7.75	8.81	10.13	11.77	13.61	14.8	14.25	11.91	7.4

根据表 4.1.1 中数据，可绘出电动机的机械特性曲线。

子情境 2　人为机械特性

1. 人为机械特性概述

人为改变电动机的某个参数后所得到的机械特性，称为人为机械特性，如改变 U_1、f_1、p，改变定子回路电阻或电抗，改变转子回路电阻或电抗，等等。

2. 人为机械特性分析

1）降低定子端电压的人为机械特性

电动机的其他参数都与固有机械特性相同，仅降低定子端电压，这样得到的人为特性称为降低定子端电压的人为机械特性（图 4.1.2），其特点如下。

（1）降压后，同步转速 n_0 不变，即不同 U_1 的人为机械特性都通过固有机械特性上的同步转速点。

（2）降压后，最大转矩 T_m 随 U_1^2 成比例下降，但是临界转差率 s_m 不变，因此不同 U_1 的人为机械特性的临界点的变化规律如图 4.1.2 所示。

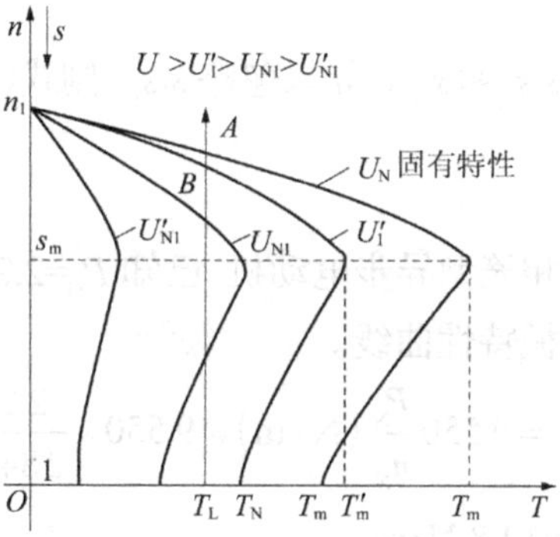

图 4.1.2　降低定子端电压时的人为机械特性

（3）降压后的启动转矩 T'_{st} 也随 U_1^2 成比例下降。

2）转子回路串对称三相电阻的人为机械特性

对于绕线式转子异步电动机，如果其他参数都与固有机械特性一样，仅在转子回路中串入对称三相电阻 R_Ω，所得的人为机械特性称为转子回路串对称三相电阻的人为机械特性，如图 4.1.3 所示。转子回路串对称三相电阻的人为机械特性曲线有如下特点。

（1）n_0 不变，所以不同 R_Ω 的人为机械特性都通过固有机械特性的同步转速点。

（2）临界转差率 s_m 会随转子电阻的增加而增加，但是 T_m 不变。为此，不同 R_Ω 对应的人为机械特性如图 4.1.3 所示。

（3）当 s'_m<1 时，启动转矩 T_{st} 随着 R_Ω 的增加而增加；但是，当 s'_m>1 时，启动转矩 T_{st} 随 R_Ω 的增加反而减小。

三相异步电动机的人为机械特性种类很多，本子情境只介绍其中两种。关于改变电源频率、改变定子绕组极对数的人为机械特性，将在异步电动机调速情境中介绍。

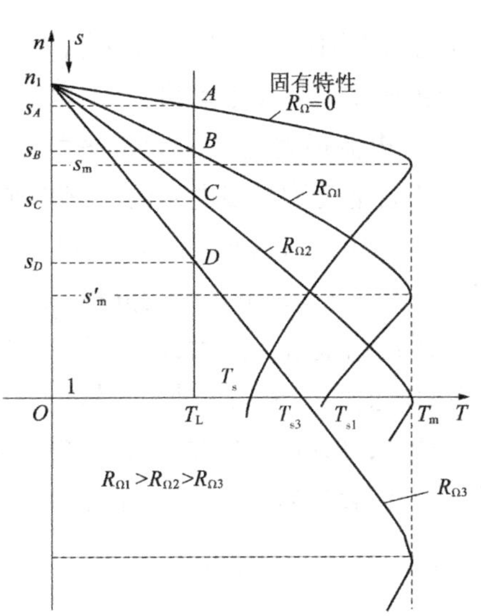

图 4.1.3　转子回路串对称三相电阻时的人为机械特性

情境 2　三相异步电动机的启动

职业能力：了解对异步电动机启动性能的要求，掌握笼型异步电动机启动方法，掌握绕线式异步电动机的启动方法。

电动机的启动是指电动机接通电源后，由静止状态加速到稳定运行状态的过程。对异步电动机启动性能的要求，主要有以下两点：

（1）启动电流要小，以减小对电网的冲击；

（2）启动转矩要大，以加速启动过程，缩短启动时间。

子情境 1　三相笼型异步电动机的启动

1. 直接启动

直接启动是最简单的启动方法，也称全压启动。直接启动时，电动机定子绕组直接接在额定电压的电网上，用刀开关、电磁启动器或接触器将电动机定子绕组直接接到电源上，其接线图如图 4.2.1 所示。其中，取熔断器熔体的额定电流为电动机额定电流的 2.5~3.5 倍。

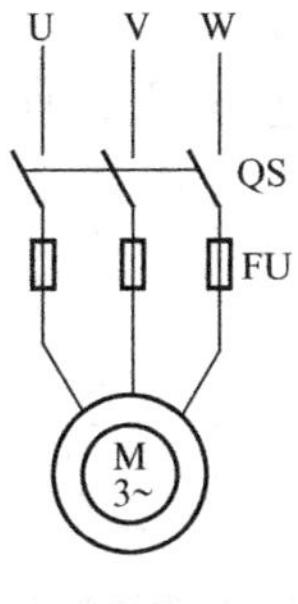

图 4.2.1　三相异步电动机的直接启动

但是直接启动的启动性能与所需满足的要求不太吻合，原因如下。

（1）启动电流 I_{st} 大。对于普通笼型异步电动机，启动电流倍数 $K_i=I_{st}/I_N=4\sim7$。启动时，$n=0$，$s=1$，转子电动势大，所以转子电流很大，根据磁动势平衡关系，定子电流也必然很大。

（2）启动转矩 T_{st} 不大。对于普通笼型异步电动机，启动转矩倍数 $K_m=T_{st}/T_N=1\sim2$。启动时，$n=0$，$s=1$（$\gg0.01\sim0.06$），转子功率因数 $\cos\varphi_2$ 很低（一般只有 0.3 左右），从机械特性物理表达式 $T_{em}=C_T\Phi_m I'_2\cos\varphi_2$ 可见，虽然 I'_2 很大，但其有功分量 $I'_2\cos\varphi_2$ 并不大，所以启动转矩不大。另外，由于启动电流大，定子绕组漏抗压降大，使定子绕组感应电动势 E_1 减小，导致对应的气隙磁通量 Φ 减小（约为额定值的一半），也使启动转矩减小。

一般对于小型笼型异步电动机，如果电源容量足够大，应尽量采用直接启动方法。对于某一电网，多大容量的电动机才允许直接启动，可按以下经验公式确定：

$$\frac{I_{st}}{I_N}\leqslant[3+(\text{电源总容量}/\text{电动机额定功率})]/4 \tag{4.2.1}$$

式中：I_{st} 为启动电流，I_N 为额定电流。

电动机的启动电流倍数 K_i 需符合式（4.2.1）中电网允许的启动电流倍数，才允许直接启动。一般 7.5 kW 以下的电动机都可以直接启动。随着电网容量的加大，允许直接启动的电动机容量也逐渐变大。需要注意，对于频繁启动的电动机不允许直接启动，应采取降压启动。

2. 降压启动

降压启动是指电动机在启动时降低加在定子绕组上的电压，启动结束时再加额定电压运行的启动方式。

降压启动虽然能降低电动机的启动电流，但由于电动机的转矩与电压的平方成正比，因此降压启动时电动机的转矩减小较多，故其一般适用于电动机空载或轻载启动。降压启动的方法有以下几种。

1）定子串接电抗器或电阻降压启动

方法：启动时，将电抗器或电阻接入定子电路；启动后，切除电抗器或电阻，进入正常运行状态，如图 4.2.2 所示。

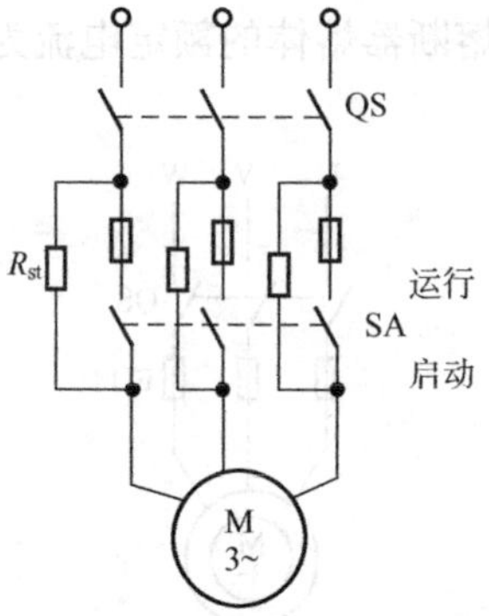

图 4.2.2　三相异步电动机串电阻降压启动

三相异步电动机定子边串入电抗器或电阻启动时，定子绕组实际所加电压降低，从而减小启动电流；但定子绕组串电阻启动时，能耗较大，实际应用不多。

优缺点：三相异步电动机定子绕组串电阻降压启动所需降压设备简单、成本较低；但启动电阻使控制设备体积增大，启动电阻消耗大量的电能，且启动转矩较低，所以目前这种方法在生产现场中应用得越来越少。

2）星形－三角形（Y-△）降压启动

方法：启动时定子绕组接成 Y 形，运行时定子绕组则接成△形，其接线图如图 4.2.3 所示。对于运行时定子绕组接成 Y 形的笼型异步电动机则不能采用 Y-△降压启动方法。

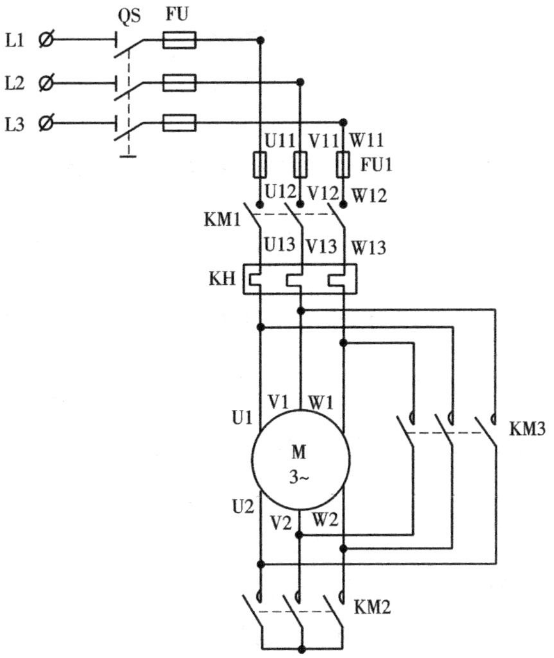

图 4.2.3　三相异步电动机 Y-△降压启动

Y-△启动时，定子绕组承受的电压只有三角形连接时的 $\frac{1}{\sqrt{3}}$，启动电流为直接启动时的 $\frac{1}{3}$，而启动转矩也为直接启动时的 $\frac{1}{3}$。

优缺点：Y-△启动方法简单，不需要专用降压设备，线路简单，价格便宜，因此在轻载启动条件下应优先采用。我国 Y 系列三相笼型异步电动机额定功率在 4 kW 及以上的定子绕组均设计成△接法。我国采用 Y-△启动方法的电动机额定电压都是 380 V，绕组是△接法。但其只适用于正常运行时定子绕组接成△形的笼型异步电动机。

3）自耦补偿启动

方法：自耦变压器也称启动补偿器，启动时电源接自耦变压器原边，自耦变压器副边接电动机；启动结束后电源直接加到电动机上。三相笼型异步电动机采用自耦变压器降压启动的接线图如图 4.2.4 所示。

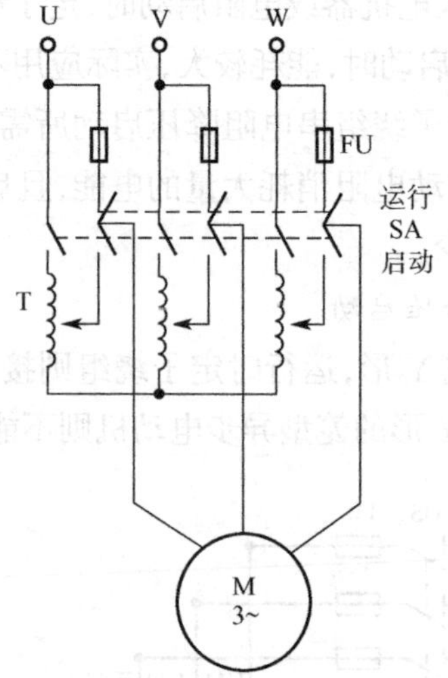

图 4.2.4　三相异步电动机自耦变压器降压启动

设自耦变压器的电压比 $K=\frac{N_1}{N_2}=\sqrt{3}$，则启动时，电动机所承受的电压为 $\frac{1}{\sqrt{3}}U_N$，启动电流为全压启动时的 $\frac{1}{\sqrt{3}}$，启动转矩为全压启动时的 $\frac{1}{3}$。其与定子串电阻降压启动不同：定子串电阻降压启动时，电动机的启动电流就是电网电流；而自耦变压器降压启动时，电动机的启动电流与电网电流的关系则是自耦变压器一、二次侧电流的关系，因一次侧电流 $I_1=\frac{I_2}{K}$，所以此时电网电流为电动机启动电流的 $\frac{1}{\sqrt{3}}$，只有直接启动时的 $\frac{1}{3}$。

可见，采用自耦变压器降压启动，启动电流和启动转矩都降为直接启动的 1/3。自耦变压器一般有 2~3 组抽头，其电压可以分别为原边电压 U_1 的 80%、65% 或 80%、60%、40%，以调节启动电流并获得不同的启动转矩。

优缺点：由于自耦变压器变比可以改变，三相异步电动机的启动电压可以调节，所以自耦变压器启动的优点是启动转矩和启动电流可以调节，通常用于既不允许大电流冲击，又要求启动转矩较大的场合，但设备体积大，投资较大。

自耦变压器启动主要用于较大容量三相异步电动机的启动。

子情境 2　绕线式三相异步电动机的启动

笼式三相异步电动机的转子绕组是短接的，因此无法通过改变其参数改善启动性能，对于既要限制启动电流，又要满载启动的场合，必须采用绕线式三相异步电动机。绕线式三相异步电动机有以下几种启动方法。

1. 转子串联电阻启动

1）启动方法

启动时，在转子电路中串接启动电阻，以提高启动转矩，同时因转子电阻增大也限制了启动电流；启动结束后，切除转子所串电阻。为了在整个启动过程中得到比较大的启动转矩，需分几级切除启动电阻。其启动接线图和特性曲线如图 4.2.5 所示。

2）启动过程

将 3 个接触器均断开，转子串全电阻启动，选择合适的电阻值，可以保证启动转矩等于最大电磁转矩，如图 4.2.5 中的 *a* 点。在最大的启动转矩作用下，沿着机械特性曲线转速逐渐上升而转矩下降。随着转速的升高依次闭合 KM1、KM2、KM3，最后将启动电阻全切除，电动机转速上升到稳定运行点，完成启动过程。

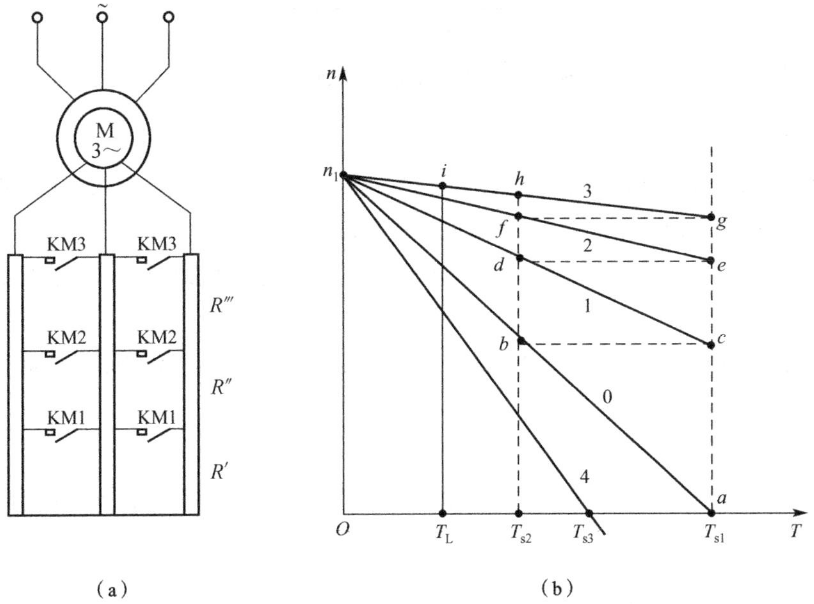

图 4.2.5　绕线式异步电动机转子串联电阻启动接线图和特性曲线

（a）接线图　（b）特性曲线

上述启动过程中，转子三相绕组所接电阻平衡，另外三级平衡切除，故称为三级启动。

3）优缺点

在整个启动过程中产生的转矩都是比较大的，适用于容量较大的设备和重载启动的情况，广泛用于桥式起重机、卷扬机、龙门吊车等重载设备；对于一些容量较小的设备，转子三相绕组所接电阻也可以不平衡，则在切除时也要进行非平衡切换。但其所需启动设备较多，启动时有一部分能量消耗在启动电阻上，启动级数也较少。还需要注意，转子三相绕组所接电阻并非越大越好，而是要适当。

2. 转子串频敏变阻器启动

1）结构特点

频敏变阻器是一个三相铁芯线圈，其铁芯不用硅钢片而用厚钢板叠加而成。铁芯中产生涡流损耗和一部分磁滞损耗，铁芯相当于一个等值电阻，其线圈又是一个电抗，其电阻和电抗都随频率变化而变化，故称频敏变阻器，它与绕线式转子异步电动机的转子绕组相接，如图 4.2.6 所示。

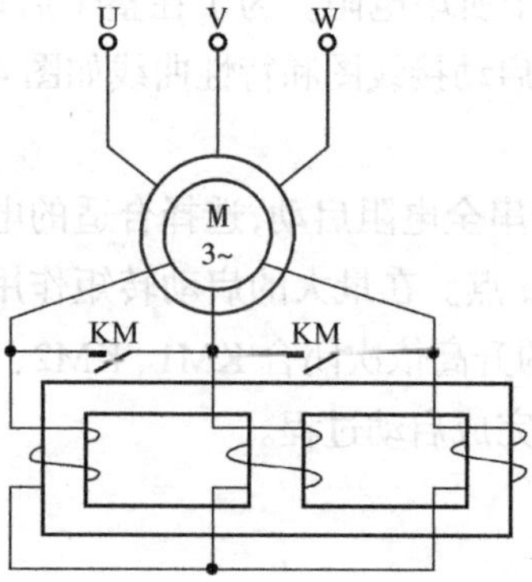

图 4.2.6　转子串频敏变阻器启动

2）启动过程

启动时，s=1，f_2=f_1=50 Hz，此时频敏变阻器的铁芯损耗大，等效电阻大，既限制了启动电流，增大了启动转矩，又提高了转子回路的功率因数。

随着转速 n 升高，s 下降，f_2 减小，铁芯损耗和等效电阻也随之减小，相当于逐渐切除转子电路所串的电阻。

启动结束时，n=n_N，f_2=s_N，f_1=1~3 Hz，此时频敏变阻器基本不起作用，可以通过闭合接触器触点 KM 予以切除。

3）优缺点

频敏变阻器启动结构简单、运行可靠，但与转子串电阻启动相比，在同样的启动电流下，其启动转矩要小些。

情境3　三相异步电动机的调速

职业能力：掌握三相异步电动机调速原理和方法。

近年来，随着电力电子技术的发展，异步电动机的调速性能大有改善，交流调速应用日益广泛，在许多领域有取代直流电动机调速系统的趋势。

从异步电动机的转速关系式 $n=n_0(1-s)=\dfrac{60f_1}{p}(1-s)$ 可以看出，异步电动机的调速可以分为以下三大类：

（1）改变定子绕组的磁极对数 p，称为变极调速；

（2）改变供电电源的频率 f_1，称为变频调速；

（3）改变电动机的转差率 s，称为变转差率调速，其方法有改变电压调速、绕线式电动机转子串电阻调速和串级调速。

子情境 1　三相异步电动机的变极调速

1. 变极调速原理

在电源频率不变的条件下，改变电动机的磁极对数，电动机的同步转速就会发生变化，从而改变电动机的转速。若磁极对数减少一半，同步转速就提高一倍，电动机转速也几乎提高一倍。

通常用改变定子绕组的接法来改变磁极对数，这种电动机称多速电动机。其转子均采用笼型转子，其转子感应的磁极对数能自动与定子相适应。这种电动机在制造时，从定子绕组中抽出一些线头，以便于使用时调换。下面以一相绕组来说明变极调速的原理，先将其两个半相绕组 a_1x_1 与 a_2x_2 采用顺向串联，产生两对磁极，如图 4.3.1 所示。若将 U 相绕组中的一个半相绕组 a_2x_2 反向，则产生一对磁极，如图 4.3.2 所示。

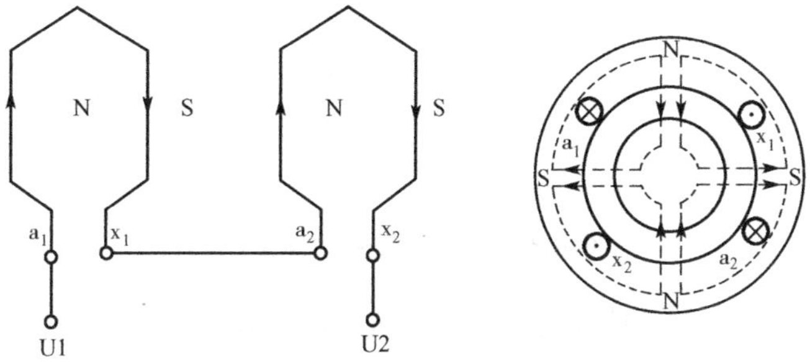

图 4.3.1　三相四极电动机定子 U 相绕组

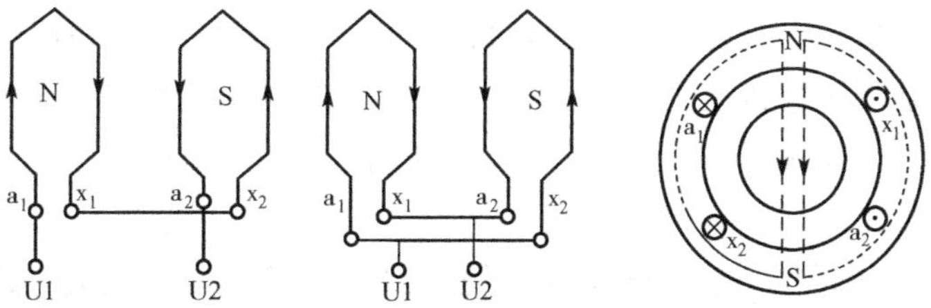

图 4.3.2　三相二极电动机定子 U 相绕组

2. 双速电动机

电动机获得两种转速的常用方法有两种：一种是接法从星形改成双星形，写作 Y/YY，如图 4.3.3 所示；另一种是接法从三角形改成双星形，写作 △/YY，如图 4.3.4 所示。这两种接法使绕组中一半线圈上的电流方向发生改变后，旋转磁场的磁极数由四极变为两极，同步转速由 1 500 r/min 变为 3 000 r/min，三相异步电动机的转速相应也发生变化。

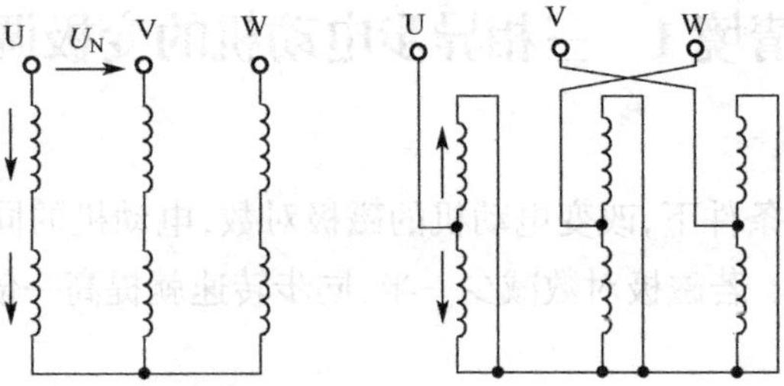

图 4.3.3 Y/YY 变极调速接线

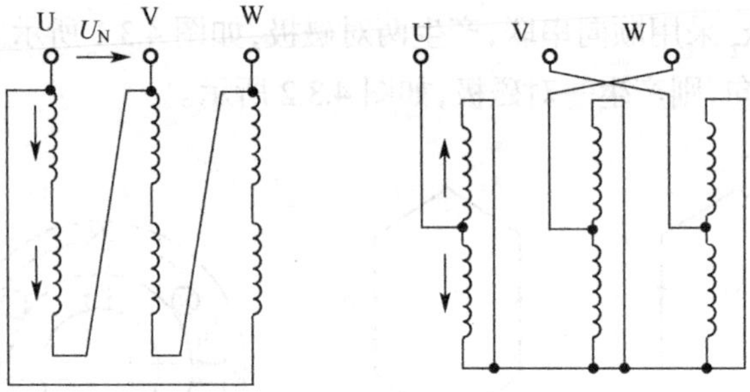

图 4.3.4 △/YY 变极调速接线

无论是 Y/YY 还是△/YY 接线的双速电动机,变极后电源相序会发生改变,为保证变极前后三相异步电动机的旋转方向不发生改变,必须把绕组的相序改接一下,改接的方法是任意调换两相电源,如将 V 相和 W 相定子绕组所接的电源线对换。

Y/YY 或△/YY 接法的双速电动机有着不同的机械特性,选择哪种接法,要根据生产机械来决定。双速电动机从 Y 变为 YY 连接时,输出功率将增加一倍,转速也增加一倍,但电磁转矩保持不变,适用于恒转矩负载的调速。双速电动机从△变为 YY 连接时,输出功率几乎不变,转速增加一倍,电磁转矩几乎减少一半,适用于恒功率负载的调速。

3. 多速电动机

若三相异步电动机在定子上装两套独立绕组,各自具有所需的磁极对数,两套独立绕组中每套又可以有不同的接法,这样就可以分别得到三速或四速运行状态,统称为多速电动机。

笼型三速异步电动机具有两套定子绕组,分两层安放在定子槽内,第一套绕组(双速)有七个出线端 U1、V1、W1、U3、U2、V2、W2,可作△或 YY 连接;第二套绕组(单速)有三个出线端 U4、V4、W4,只作 Y 形连接,如图 4.3.5(a)所示。当分别改变两套定子绕组的连接方式(即改变磁极对数)时,电动机就可以得到三种不同的转速,如图 4.3.5(b)至(d)所示。

图 4.3.5(b)是将电动机定子绕组的 U1、V1、W1、U3 四个接线端接三相交流电源,而将电动机定子绕组的 U2、V2、W2、U4、V4、W4 六个接线端悬空不接,构成△接法,电动机低速运行。

图 4.3.5(c)是将电动机定子绕组的 U4、V4、W4 三个接线端接三相交流电源,而将电动机定子绕组的 U1、V1、W1、U2、V2、W2、U3 七个接线端悬空不接,构成 Y 接法,电动机中速运行。

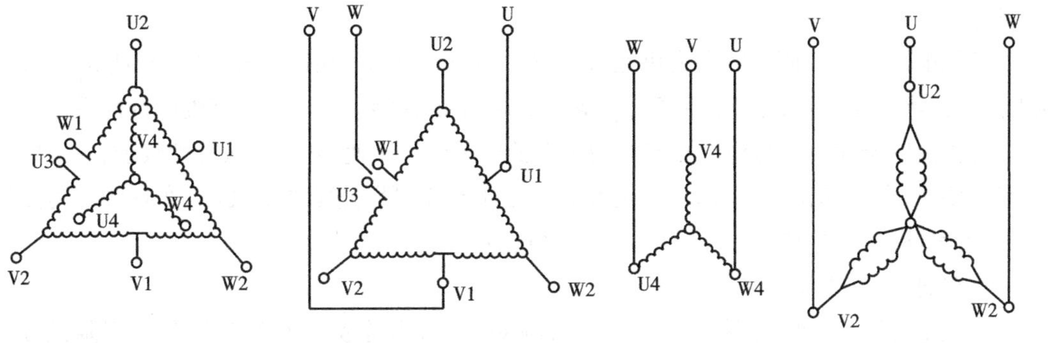

图 4.3.5　三速电动机调速接线

(a)两套定子绕组　(b)(c)(d)三种连接，三种转速

图 4.3.5(d)是将电动机定子绕组的 U1、V1、W1、U3 四个接线端并接在一起，U4、V4、W4 三个接线端悬空不接，U2、V2、W2 三个接线端接三相交流电源，构成 YY 接法，电动机高速运行。

图 4.3.5 中 W1 和 U3 出线端分开的目的是当电动机定子绕组接成 Y 形中速运行时，避免在△形接法的定子绕组中产生感应电流。

三速异步电动机内部连接已考虑到低、高速转换时旋转磁场方向改变的问题，故控制线路不需要改变电源相序。

4. 变极调速的优缺点

变极调速主要用于各种机床及其他设备上。它所需设备简单、体积小、质量轻，但电动机绕组引出头较多，调速级数少，级差大，不能实现无级调速。

子情境 2　三相异步电动机的变频调速

三相异步电动机的同步转速为 $n_0=\dfrac{60f_1}{p}\propto f_1$。因此，改变三相异步电动机的电源频率，可以改变旋转磁场的同步转速，达到调速的目的。

1. 变频调速的条件

三相异步电动机的每相电压为 $U_1\approx E_1=4.44f_1N_1\Phi_mK_{w1}$。若电源电压 U_1 不变，当降低电源频率 f_1 调速时，磁通 Φ_m 将增加，使铁芯饱和，从而导致励磁电流和铁损耗的大量增加以及电动机温升过高等，这是不允许的。因此在变频调速的同时，为保持磁通 Φ_m 不变，就必须降低电源电压，使 $\dfrac{U_1'}{U_1}=\dfrac{f_1'}{f_1}$ 为定值。

额定频率称为基频，变频调速时，可以从基频向上调，也可以从基频向下调。

2. 从基频向下调变频调速

降低电源频率时，必须同时降低电源电压。降低电源电压，有以下两种控制方法。

1)保持 E_1/f_1 为常数

降低电源频率 f_1 时，保持 E_1/f_1 为常数，则 Φ_m 为常数，这是恒磁通控制方式，也称恒转矩调速方式。

降低电源频率 f_1 调速的人为机械特性，如图 4.3.6 所示。由图可知，同步转速 n_0 与频率 f_1 成正比；最大转矩不变；转速降落 D_n= 常数，特性曲线斜率不变（与固有机械特性平行）。

这种变频调速方法与他励直流电动机降低电源电压调速相似，机械特性较硬，在一定转差率的要求下，调速范围宽，而且稳定性好。由于频率可以连续调节，因此变频调速为无级调速，平滑性好，而且转差功率 P_s 较小，效率较高。

2）保持 U_1/f_1 为常数

降低电源频率 f_1 时，保持 U_1/f_1 为常数，则 Φ_m 近似为常数。在这种情况下，当降低频率 f_1 时，D_n 不变；但最大转矩 T_m 会变小，特别是在低频低速时的机械特性会变坏，如图 4.3.7 所示。其中虚线是恒磁通调速时 I_m 为常数的机械特性曲线，以示比较。保持 U_1/f_1 为常数，则低频率调速近似为恒转矩调速方式。

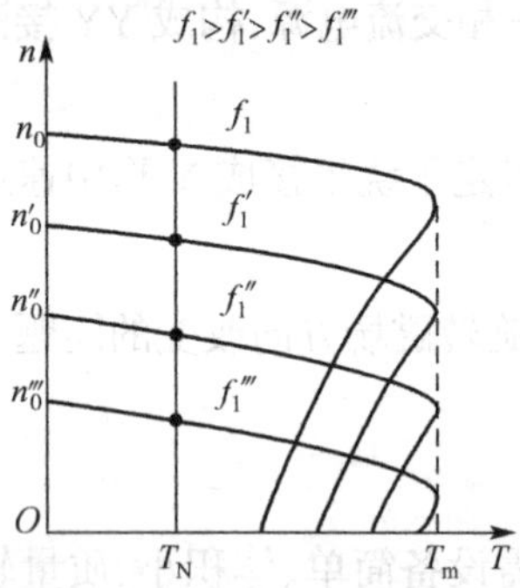

图 4.3.6　保持 E_1/f_1 为常数时变频调速的人为机械特性

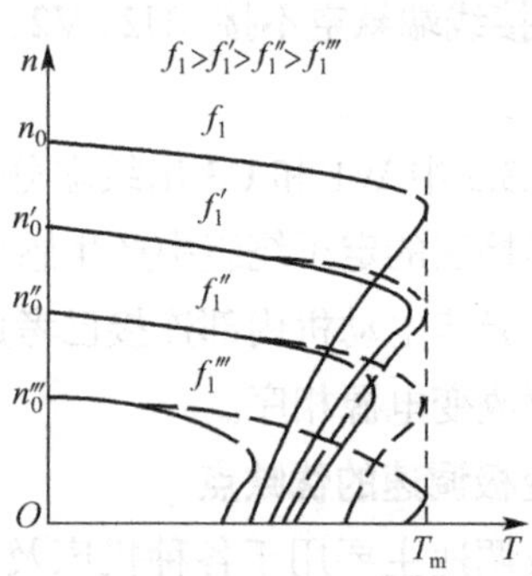

图 4.3.7　保持 U_1/f_1 为常数时变频调速的人为机械特性

3. 从基频向上调变频调速

由于提高电源电压（$U>U_N$）是不允许的，因此频率向上提高调速时，只能保持电压为 U_N 不变，频率越高，磁通 Φ_m 越低，这是一种降低磁通调速的方法，类似他励直流电动机弱磁调速情况，其机械特性如图 4.3.8 所示。保持 U_N 不变调速，近似为恒功率调速方式。随着 f_1 增大，T_2 减小，n 增大，而 P_2 近似为常数。

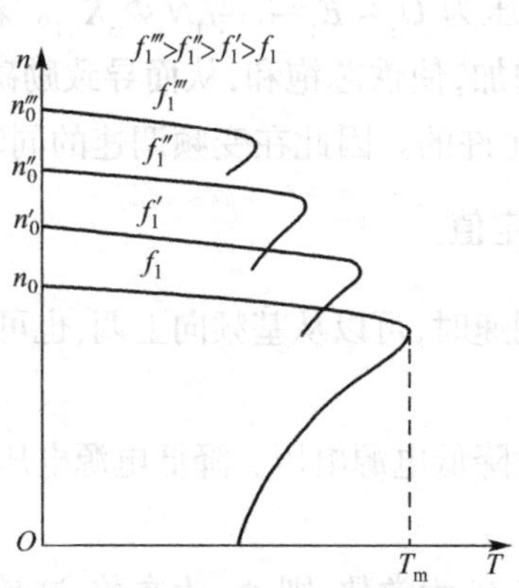

图 4.3.8　保持 U_N 不变的变频调速的人为机械特性

异步电动机变频调速具有良好的调速性能，可与直流电动机变频调速媲美。

4. 变频电源

异步电动机变频调速的电源是一种能调压的变频装置。取得经济、可靠的变频电源是实现异步电动机变频调速的关键，也是目前电力拖动系统的一个重要发展方向。目前，多采用由晶闸管或自关断功率晶体管器件组成的变频器。

变频器若按相数分类，可以分为单相和三相；若按性能分类，可以分为交—直—交变频器和交—交变频器。

变频器的作用是将直流电源（可由交流经整流获得）变成频率可调的交流电（称交—直—交变频器）或是将交流电源直接转换成频率可调的交流电（交—交变频器），以供给交流负载使用。交—交变频器将工频交流电直接变换成所需频率的交流电，不经中间环节，故也称为直接变频器。关于变频电源的具体内容，可参考变频技术相关书籍。

5. 变频技术的应用

变频调速由于调速性能优越，且调速范围广、效率高，不受直流电动机换向带来的转速与容量的限制，故已经在很多领域获得广泛应用，如轧钢机、工业水泵、鼓风机、起重机、纺织机、球磨机、化工设备及家用空调等方面。其主要缺点是系统较复杂、成本较高。

子情境 3　三相异步电动机的变转差率调速

改变定子电压调速、转子串电阻调速和串级调速都属于变转差率调速，前者适用于笼式异步电动机的调速，后两者仅适用于绕线式异步电动机的调速。变转差率调速是在不改变同步转速 n_0 条件下进行的调速。这些调速方法的共同特点是在调速过程中都产生大量的转差功率。前两种调速方法都是把转差功率消耗在转子电路里，很不经济；而串级调速则能将转差功率加以吸收或大部分反馈给电网，提高了经济性能。

1. 改变定子电压调速

对于转子电阻大、机械特性曲线较软的笼型异步电动机而言，如加在定子绕组上的电压发生改变，则负载 T_L 对应于不同的电源电压 U_1、U_2、U_3，可获得不同的工作点 a_1、a_2、a_3，显然电动机的调速范围很宽，如图 4.3.9 所示。其缺点是低压时机械特性太软，转速变化大，可采用带速度负反馈的闭环控制系统来解决该问题。

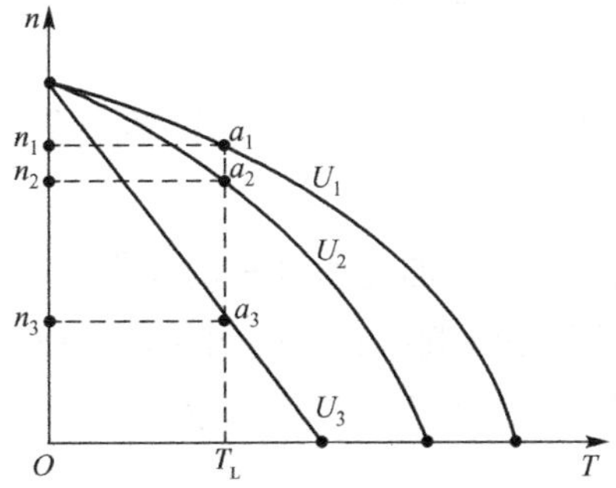

图 4.3.9　笼型异步电动机改变定子电压调速机械特性

改变电源电压调速主要用于笼型异步电动机，靠改变转差率进行调速。过去都采用定子绕组串电抗器来实现，目前已广泛采用晶闸管交流调压线路来实现。

2. 转子串电阻调速

绕线式转子异步电动机转子串电阻调速的机械特性如图 4.3.10 所示。转子串电阻时，最大转矩不变，临界转差率加大。所串电阻越大，运行段特性斜率越大。若带恒转矩负载，原来运行在固有特性曲线 1 的 a 点上，在转子串电阻 R_1 后，就运行的特性曲线 2 的 b 点上，转速由 n_a 变为 n_b，依此类推。

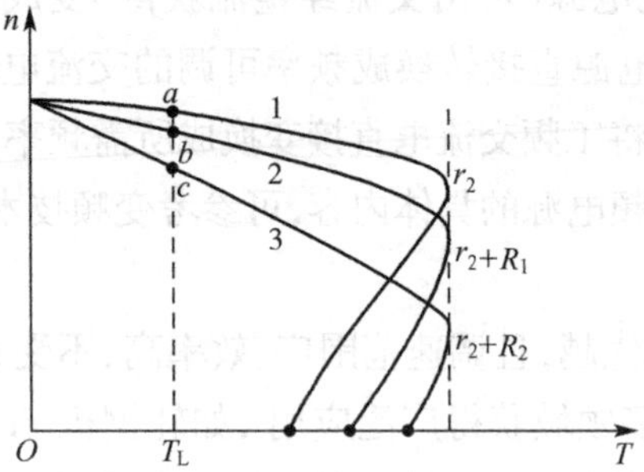

图 4.3.10　转子串电阻调速机械特性

转子串电阻调速的优点是方法简单，主要用于中、小容量的绕线式转子异步电动机，如桥式起重机等。

3. 串级调速

所谓串级调速，就是在异步电动机的转子回路中串入一个三相对称的附加电动势 $\dot{E}_f$，其频率与转子电动势相同，改变 $\dot{E}_f$ 的大小和相位，就可以调节电动机的转速。其适用于绕线式转子异步电动机，靠改变转差率进行调速。

1）低同步串级调速

若 $\dot{E}_f$ 与 $\dot{E}_{2s}$ 相位相反，则转子电流为 $\dot{I}_2=\dfrac{s\dot{E}_2-\dot{E}_f}{\sqrt{R_r^2+\left(sX_{s2}\right)^2}}$，电动机的电磁转矩为 $T=T_1+T_2$，其中 T_1 为转子电动势产生的转矩，而 T_2 为附加电动势产生的转矩。若拖动恒转矩负载，因 T_2 总是负值，可知串入 $\dot{E}_f$ 后，转速降低，串入附加电动势越大，转速下降得越多。引入 $\dot{E}_f$ 后，使电动机转速降低，故称为低同步串级调速。

2）超同步串级调速

若 $\dot{E}_f$ 与 $\dot{E}_{2s}$ 相位相同，则 T_2 总是正值。当拖动恒转矩负载时，引入 $\dot{E}_f$ 后，导致转速升高，则称为超同步串级调速。

串级调速性能比较好，过去由于附加电动势 $\dot{E}_f$ 的获得比较难，长期以来没能得到推广。近年来，随着晶闸管技术的发展，串级调速有了广阔的发展前景，现已广泛用于水泵和风机的节能调速以及不可逆轧钢机、压缩机等很多生产机械。

子情境4 三相异步电动机的电磁调速

三相异步电动机除了上述几种调速方法之外，还可以在异步电动机与生产机械之间加入电磁转差离合器，靠它来改变负载的转速，这种方法称为电磁调速。通过控制电磁转差离合器励磁绕组中的电流，就可调节离合器的输出转速。

1. 电磁转差离合器的结构

图4.3.11所示为电磁转差离合器调速系统的结构示意图。电磁转差离合器由电枢和磁极两个主要部分组成。电枢是用铸钢做成的圆筒形结构，通过联轴器和电动机做硬性连接，由电动机带着它转动，称为主动部分。磁极由铁芯和励磁绕组两部分组成，绕组可通过滑环和电刷接到一般直流电源或晶闸管整流电源上，通过联轴器和生产机械做硬性连接，称为从动部分。

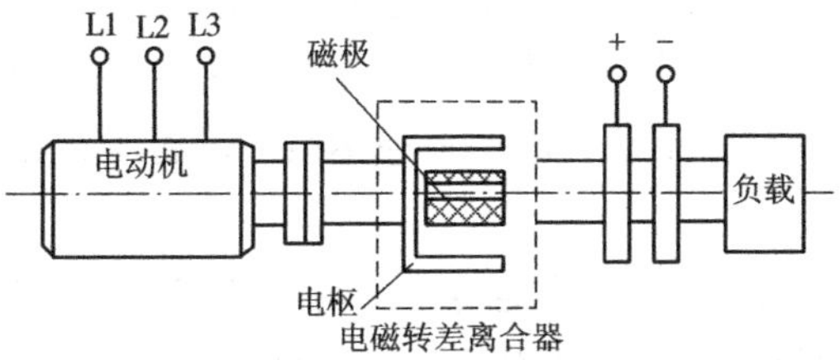

图4.3.11 电磁转差离合器调速系统的结构示意图

2. 电磁转差离合器的工作原理

当电动机带着电枢旋转时，因切割磁极的磁感应线，而在电枢内感应出涡流，涡流再与磁极相互作用产生转矩，推动磁极跟随电枢一起旋转，从而带着生产机械转动起来。显然，当励磁电流等于零时，磁极没有磁通，电枢不会产生涡流，就不能产生转矩，磁极和生产机械也就不会转动；一旦加上励磁电流，磁极即刻转动起来，生产机械也转动起来。此外，还可以看出，电磁转差离合器的工作原理与异步电动机类似，磁极和电枢的转速不能相同，如果相同，电枢也就不会切割磁感应线而产生涡流，也就不会产生带动生产机械旋转的转矩。这就好像异步电动机的转子导体和定子旋转磁场的作用，依靠这个“转差”才能工作。当负载一定时，如果减小励磁电流，将使磁场的磁通减小，因此磁极与电枢“转差”被迫增大，这样就能产生比较大的涡流，以便获得同样大的转矩，从而使负载在比较低的转速下稳定运行。所以，通过调节励磁绕组的电流，就可以调节生产机械的转速。

3. 电磁转差离合器调速系统的特点

（1）图4.3.12所示为电磁转差离合器的机械特性，它表示从动轴的转速 n 与转矩 T 的关系，它的理想空载转速 n_1 就是电动机的转速。改变励磁电流的大小，就改变了磁场的强弱，其实质上和异步电动机改变定子电压相似。当从动部分的转轴带有一定的负载转矩时，励磁电流的大小便决定了转速的高低。励磁电流愈大，转速愈高；反之，励磁电流愈小，转速愈低。

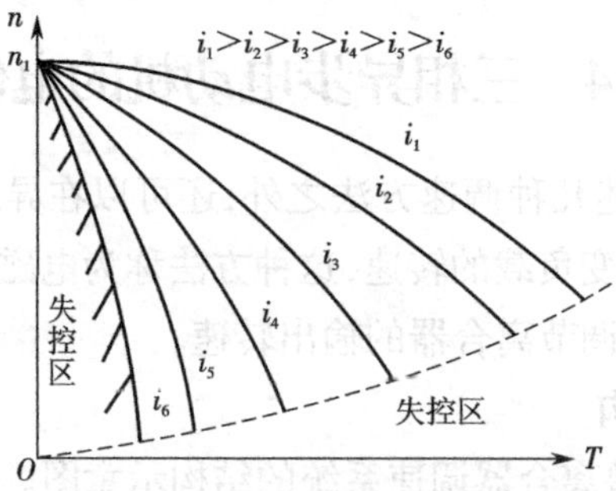

图 4.3.12　电磁转差离合器的机械特性

如果励磁电流太小，磁通太弱，产生的转矩太小，从动轴转动不起来，就会失控；在一定的磁场下，如果负载过大，从动轴转速太低，也会形成从动部分跟不上主动部分，从而失控。因此，应避免工作在失控区。

（2）转差离合器是依靠涡流工作的，而涡流也会使电枢发热，所以电磁调速异步电动机效率较低，特别是在恒转矩负载下，转速越低，发热越严重。对恒转矩负载，电磁调速异步电动机适用于长期高速运行状态，不能长时间低速运行。电磁调速异步电动机不适用于带恒功率负载。

（3）由于转差离合器的从动部分的旋转方向与主动部分的旋转方向相同，所以改变三相异步电动机的旋转方向就可改变从动部分输出轴的旋转方向。

（4）转差离合器调速范围广、结构简单、控制方便，适用于纺织、化工和食品等行业所用设备。

情境 4　三相异步电动机的反转与制动

职业能力：掌握三相异步电动机反转和制动的原理和方法。

子情境 1　三相异步电动机的反转

三相异步电动机的转向取决于旋转磁场的旋转方向。将三相异步电动机任意两相定子绕组与交流电源接线互相对调，就可以改变接入定子绕组的三相交流电源相序，也就可以改变旋转磁场的旋转方向。

图 4.4.1 所示电路借助接触器实现了三相交流电源相序的改变。接触器 KM1、KM2 分别工作时，三相交流电源相序相反，从而实现了电动机的可逆运行。

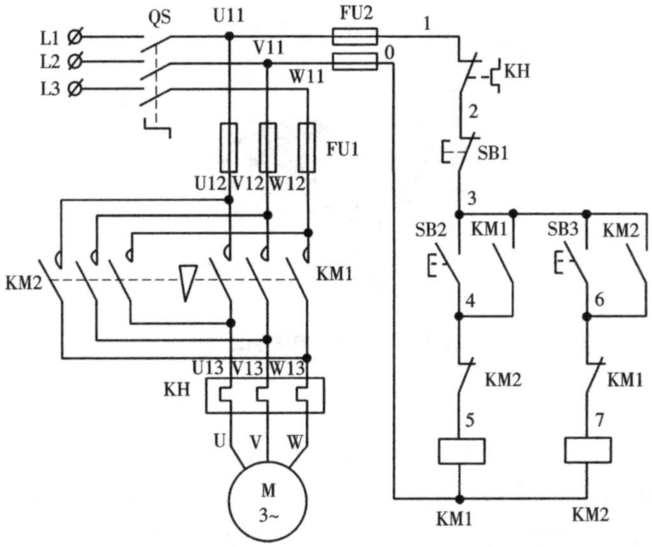

图 4.4.1　三相异步电动机正、反转控制线路

子情境 2　三相异步电动机的制动

三相异步电动机与电源断开之后，由于转子有惯性，要经过一段时间后才会停车。如果这时能产生一个与旋转方向相反的电磁转矩，在其作用下，电动机转速会迅速下降到零，从而实现迅速停车，这种运行状态为三相异步电动机的制动运行状态。某台三相异步电动机拖动一台起重机，当提升重物时，电动机处于运行状态，而当下放重物时，要使重物匀速降落，电动机产生的转矩必须与转动方向相反，即电动机必须运行在制动状态。

制动就是给电动机一个与转动方向相反的转矩，使它迅速停转（或限制其转速）。

三相异步电动机的制动方法有两类：机械制动和电气制动。机械制动是利用机械装置使电动机在电源切断后能迅速停转。它的结构有好几种形式，其中应用较普遍的是电磁抱闸，它主要用于起重机械上吊重物时，使重物迅速而又准确地停留在某一位置上。电气制动是使异步电动机所产生的电磁转矩和电动机的旋转方向相反。电气制动通常可分为能耗制动、反接制动和回馈制动（再生制动）等三类。

1. 三相异步电动机的机械制动

常用的机械制动形式有电磁转差离合器和电磁抱闸，本子情境详细介绍电磁抱闸。

1）电磁抱闸结构

电磁抱闸制动器由电磁铁（铁芯、线圈、衔铁）和闸瓦制动器（闸轮、闸瓦、杠杆、弹簧）组成，如图 4.4.2 所示。

2）电磁抱闸的工作原理

断电电磁抱闸制动原理：电磁抱闸的电磁线圈通电时，电磁力克服弹簧的作用，闸瓦与闸轮分开，无制动作用，电动机可以运转；当线圈失电时，闸瓦紧紧抱住闸轮，实现制动。

通电电磁抱闸制动原理：当线圈得电时，闸瓦紧紧抱住闸轮，实现制动；当线圈失电时，闸瓦与闸轮分开，无制动作用。

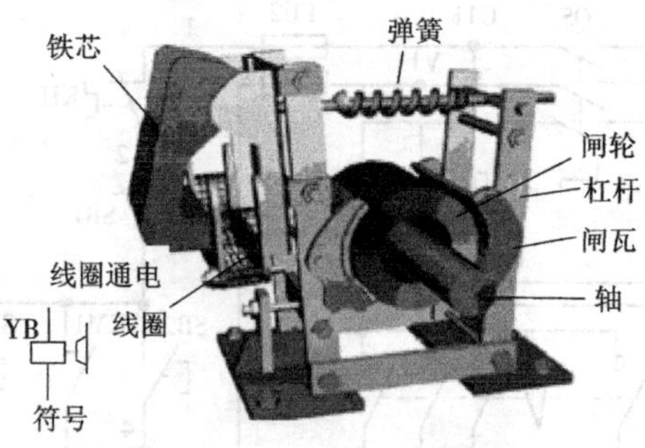

图 4.4.2 电磁抱闸制动器

3)机械制动的特点

电磁抱闸制动装置广泛应用于起重机械。上吊重物时,电动机和电磁铁同时通电,闸瓦与闸轮分开,电动机启动;停车或停电时,闸瓦立即抱住闸轮,电动机迅速制动,重物不仅不会因断电而下落,而且能准确地停留在某一位置上,杜绝了因突然停电而发生事故。对具有位能性质的负载,它是必不可少的安全装置。

不过机械制动虽然可靠,但容易磨损,应定期检查。

2. 三相异步电动机的电气制动

1)能耗制动

将运行着的异步电动机的定子绕组从三相交流电源上断开后,立即接到直流电源上,可用断开 QS,闭合 SA 来实现,如图 4.4.3 所示。

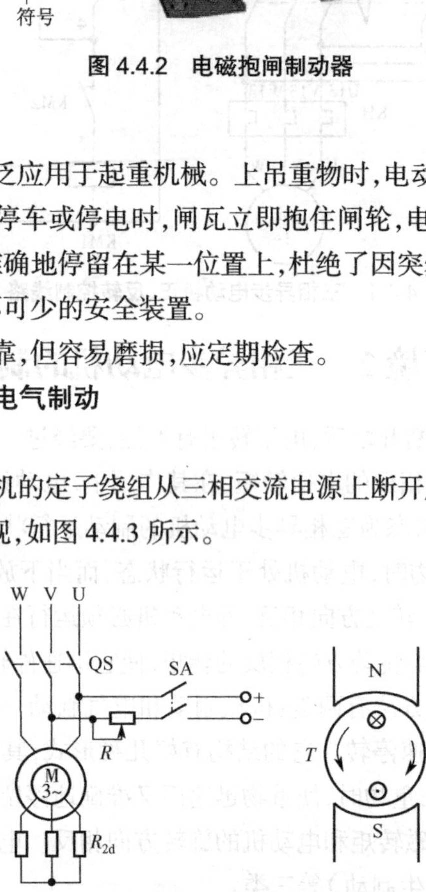

图 4.4.3 能耗制动原理图

当定子绕组通入直流电流时,在电动机中将产生一个恒定磁场。转子因机械惯性继续旋转时,转子导体切割恒定磁场,在转子绕组中产生感应电动势和电流,转子电流和恒定磁场作用产生电磁转矩,根据右手定则可以判定电磁转矩的方向与转子转动的方向相反,故为制动转矩。在制动转矩作用下,转子转速迅速下降,当 n=0 时, T=0,制动过程结束。这种方法是将转子的动能转变为电能,并消耗在转子回路的电阻上,所以称为能耗制动。如图 4.4.4 所示,电动机正向运行时工作在固有机械特性曲线 1 的 a 点上;定子绕组改接直流电源后,因电磁转矩与转子转速反向,因而能耗制动时机械特性位于第二象限,如曲线 2,电动机运行点也移至 b 点,并从 b 点顺曲线 2 减速到 O 点。

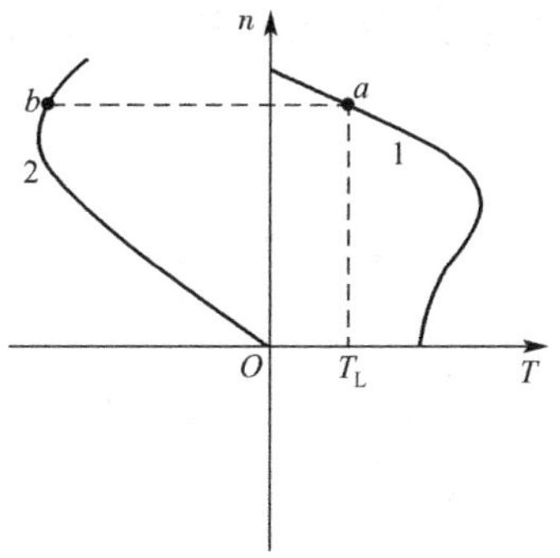

图 4.4.4　能耗制动机械特性

对于采用能耗制动的异步电动机，既要求有较大的制动转矩，又要求定子、转子回路中电流不能太大，以免使绕组过热。根据经验，能耗制动时，对于笼型异步电动机取直流励磁电流为（4~5）I_0，对于绕线型转子异步电动机取（2~3）I_0，制动所串电阻 $R=(0.2\sim0.4)\dfrac{E_{2N}}{\sqrt{3}I_{2N}}$。

能耗制动的优点是制动力强、制动较平稳；缺点是需要一套专门的直流电源。

2）反接制动

反接制动分为电源反接制动和倒拉反接制动两种。

Ⅰ. 电源反接制动

方法：改变电动机定子绕组与电源的连接相序，断开 QS1、接通 QS2 即可，如图 4.4.5 所示。

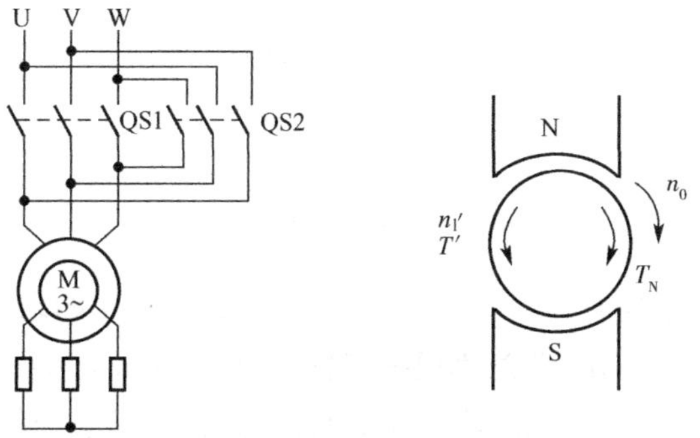

图 4.4.5　电源反接制动原理图

电源的相序改变，旋转磁场立即反转，并使转子绕组中的感应电动势、电流和电磁转矩都改变方向，因机械惯性，转子转向未变，电磁转矩与转子的转向相反，电动机进行制动，称为电源反接制动。

如图 4.4.6 所示，制动前，电动机工作在曲线 1 的 a 点，电源反接制动时，$n_0<0$，$n>0$，相应的转差率 $s=\dfrac{-n_0-n}{-n_0}=\dfrac{n_0+n}{n_0}>1$，且电磁转矩 $T<0$，机械特性如曲线 2 所示。因机械惯性，转速瞬时不变，工作点由 a 点移至 b 点，并逐渐减速，到达 c 点时 $n=0$，此时切断电源并停车，如果是位能性负载需使用抱闸，否则电动机会反向启动旋转。一般为了限制制动电流和增

大制动转矩，绕线式转子异步电动机可在转子回路串入制动电阻，其机械特性如曲线 3 所示，制动过程同上。

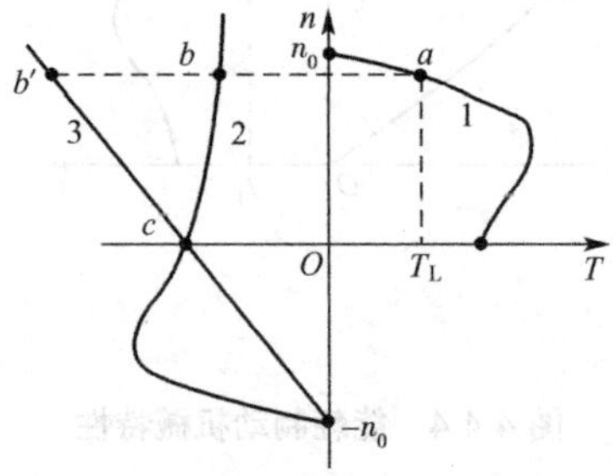

图 4.4.6　电源反接制动机械特性

Ⅱ. 倒拉反接制动

方法：当绕线式转子异步电动机拖动位能性负载时，在其转子回路串入很大的电阻，其机械特性如图 4.4.7 所示。

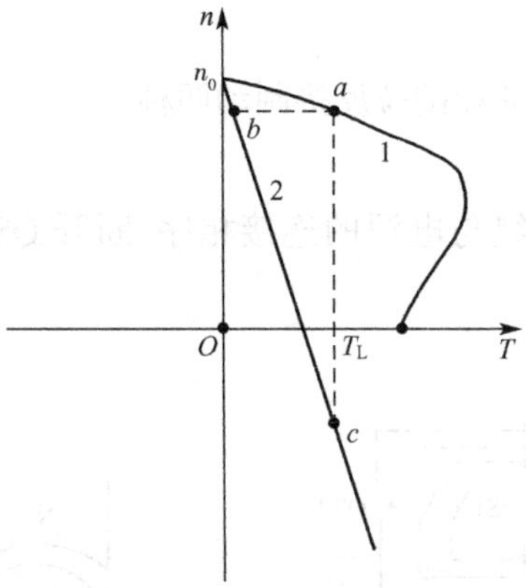

图 4.4.7　倒拉反接制动机械特性

当异步电动机提升重物时，其工作点在曲线 1 的 a 点上。如果转子回路串入很大的电阻，机械特性变为斜率很大的曲线 2，因机械惯性，工作点由 a 点移到 b 点，此时电磁转矩小于负载转矩，转速下降。当电动机减速至 n=0 时，电磁转矩仍小于负载转矩，在位能负载的作用下，使电动机反转，直至电磁转矩等于负载转矩，电动机才稳定运行于 c 点。因这是由重物倒拉引起的，所以称为倒拉反接制动（或称倒拉反接运行），其转差率 $s=\dfrac{n_0-(-n)}{n_0}=\dfrac{n_0+n}{n_0}>1$，与电源反接制动一样，$s$ 都大于 1。绕线式转子异步电动机倒拉反接制动状态，常用于起重机低速下放重物。

3）回馈制动

方法：电动机在外力（如起重机下放重物）作用下，其转速超过旋转磁场的同步转速，如图 4.4.8 所示。起重机下放重物，在下放开始时，$n<n_0$，电动机处于电动状态，如图 4.4.8（a）所示。在位能转矩作用下，电动机的转速大于同步转速，转子中感应电动势、电流和转矩的

方向都发生了变化，转矩方向与转子转向相反，成为制动转矩，如图 4.4.8（b）所示。此时，电动机将机械能转化为电能馈送给电网，所以称为回馈制动。

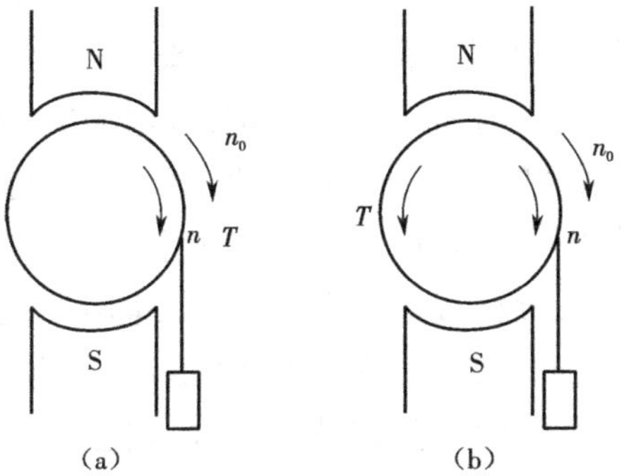

图 4.4.8　回馈制动原理图

（a）电动运行　（b）回馈制动

制动时，其工作点在图 4.4.9 中曲线 1 的 a 点上，转子回路所串电阻越大，电动机下放重物的速度越快，见曲线 2 上的 a' 点。为了限制下放速度，转子回路不应串入过大的电阻。

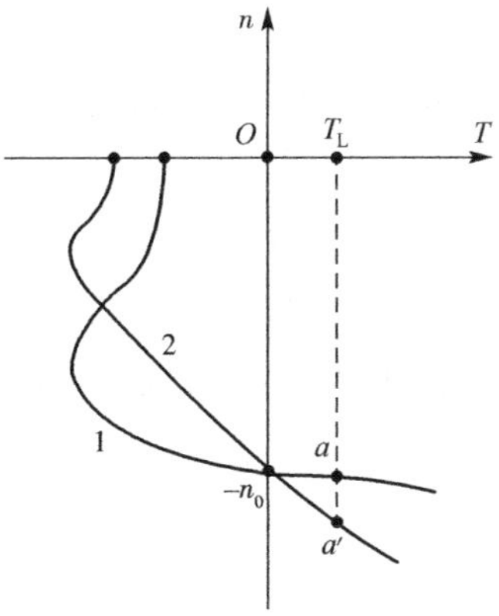

图 4.4.9　回馈制动机械特性

情境 5　三相异步电动机的使用、维护及故障处理

职业能力：了解三相异步电动机使用前的检查内容，掌握三相异步电动机启动中的注意事项，掌握三相异步电动机的维护内容，了解三相异步电动机常见的故障及处理方法。

子情境 1　三相异步电动机的正确使用与日常维护

1. 使用前的检查

对新安装或久未运行的电动机，在通电使用之前必须先进行如下检查工作，以验证电动机能否通电运行。

（1）查看电动机是否清洁，内部有无灰尘或污物等，一般可用不大于 0.2 MPa（2 个大气压)的干燥压缩空气吹净各部分的污物。如无压缩空气,也可利用手风箱或利用干抹布,不应用湿布或沾有汽油、煤油、机油的抹布。

(2)拆除电动机出线端子上的所有外部接线,用兆欧表测量电动机各相绕组之间及每相绕组与地之间的绝缘电阻,判断是否符合要求。按要求,电动机每千伏工作电压,绝缘电阻不得低于 1 MΩ;一般额定电压为 380 V 的三相异步电动机,绝缘电阻应大于 0.5 MΩ 才可使用。如绝缘电阻较低,则应先对电动机进行烘干处理(可将白炽灯悬挂在电动机中间进行烘干),然后再测量绝缘电阻,合格后才可通电使用。

(3)对绕线式异步电动机,除检查定子绕组的绝缘电阻外,还要进行下列检查:①检查转子绕组及滑环对地及滑环之间的绝缘电阻;②检查滑环与电刷的表面是否光滑,接触是否良好,且接触面积应不小于电刷面积的四分之三,电刷压力是否正常,且一般压力应为 14.7~24.5 kPa。

(4)对照电动机铭牌标明的数据,检查电动机定子绕组的接线是否正确(Y 接还是△接),电源电压、频率是否合适。

(5)检查电动机轴承的润滑脂是否正常,观察是否有泄漏的印痕;转动电动机转轴,查看转动是否灵活,有无摩擦声或其他异声。

(6)检查电动机接地装置是否良好。

(7)检查电动机的启动设备是否完好,操作是否正常,电动机所带的负载是否良好。

2. 启动中的注意事项

(1)电动机在通电试运行时,必须提醒在场人员注意,不应该站立在电动机及被拖动设备的两侧,以免旋转物切向飞出造成伤害事故。

(2)接通电源之前,应做好切断电源的准备,以防接通电源后电动机出现不正常的情况,如电动机不能启动、启动缓慢、出现异常声音等,应立即切断电源。

(3)鼠笼式电动机采用全压启动时,启动不宜过于频繁,尤其是当电动机功率较大时,要随时注意电动机的温升情况。

(4)绕线式电动机在接通电源前,应检查启动器的操作手柄是否在“零”位,若不在则应先置于“零”位。接通电源后,再逐渐转动操作手柄,随着电动机转速的提高而逐渐切除启动电阻。

3. 运行中的监视

电动机在运行时,要通过听、看、闻等及时监视电动机,当电动机出现不正常现象时,应能及时切断电源,排除故障,具体内容如下。

(1)听电动机在运行时发出的声音是否正常。电动机正常运行时,发出的声音应该是平稳、轻快、均匀、有节奏的。如果出现尖叫、沉闷、摩擦、撞击、振动等异常声音,应立即停机检查。

(2)通过多种渠道经常检查、监视电动机的温度,检查电动机的通风是否良好。

(3)注意电动机在运行中是否发出焦臭味,如有则说明电动机温度过高,应立即停机检查。

(4)要保持电动机的清洁,特别是接线端和绕组表面的清洁。不允许水滴、油污及杂物落到电动机上,更不能让杂物和水滴进入电动机内部。要定期检修电动机,清扫内部,更换润滑油等。

(5)要定期测量电动机的绝缘电阻,特别是电动机受潮时,如发现绝缘电阻过低,要及时进行干燥处理。

(6)对绕线式异步电动机,要经常注意电刷与滑环间火花是否过大,如火花过大,要及时做好清洁工作,并进行检修。

4. 日常维护

(1)日常保养:主要是检查电动机的润滑系统、外观、温度、噪声、振动等是否有异常情况;检查通风冷却系统、滑动摩擦状况和紧固情况,认真做好记录。

(2)月保养及定期巡回检查:检查开关、配线、接地装置等有无松动、破损现象;检查引线和配件有无损伤和老化;检查电刷、集电环的磨损情况,电刷在刷握内是否灵活等。如果有问题,则应及时修理或更换;如果有粉尘堆积,则应及时清扫。

(3)年保养及检查:检查和更换润滑剂,必要时要把电动机进行抽心检查,清扫或清洗污垢;检查绝缘电阻,进行干燥处理;检查零部件生锈和腐蚀情况;检查轴承磨损情况,判断是否需要更换。

子情境2 三相异步电动机的常见故障及处理

异步电动机的故障可分为机械故障和电气故障两类。机械故障,如轴承、铁芯、风叶、机座、转轴等的故障,一般比较容易察觉与发现。电气故障主要是定子绕组、转子绕组、电刷等导电部分出现故障。电动机不论出现机械故障还是电气故障都将影响电动机的正常运行,因此应通过电动机在运行中出现的各种不正常现象来查找电动机的故障部位与故障点,并及时进行故障处理。

1. 检查电动机故障的一般步骤

1)调查

首先了解电动机的型号、规格、使用条件及使用年限以及电动机在发生故障前的运行情况,如所带负荷的大小、温升高低、有无不正常的声音、操作使用情况等。

2)查看故障现象

根据调查了解的情况,可把电动机接上电源进行短时运转,直接观察故障情况后再进行分析。如果电动机不能接上电源,可通过仪表测量或观察来进行分析判断,可把电动机拆开,测量并仔细观察其内部情况,找出其故障所在。

2. 常见故障

1)故障现象1:接通电源后,电动机不能启动或有异常响声

可能原因及处理方法:

(1)熔丝熔断,更换熔丝;

(2)电源线或绕组断线,查出断路处;

(3)开关或启动设备接触不良,修复开关或启动设备;

(4)定子和转子相擦,找出相擦原因,校正转轴;

(5)轴承损坏或有其他异物卡住,清洗、检查或更换轴承;

(6)定子铁芯或其他零件松动,将定子铁芯或其他零件复位,重新焊牢或紧固;

(7)负载过重或负载机械卡死,减轻拖动负载,检查负载机械和传动装置;

(8)电源电压过低,调整电源电压;

(9)机壳破裂,修补机壳或更换电动机;

(10)绕组连线错误,检查首尾,正确接线;

(11)定子绕组断路或短路,检查绕组断路和接地处,重新接好。

2)故障现象2:电动机的转速低、转矩小

可能原因及处理方法:

(1)将△形错接成Y形,重新接线;

(2)笼型的转子端环、笼条断裂或脱焊,焊补、修接断处或重新更换绕组;

(3)定子绕组局部短路或断路,找出短路或断路处。

3)故障现象3:电动机过热或冒烟

可能原因及处理方法:

(1)电源电压过低或三相电压相差过大,查出电源电压不稳的原因;

(2)负载过重,减轻负载或更换功率较大的电动机;

(3)电动机断相运行,检查线路或绕组中断路或接触不良处,重新接好;

(4)定子铁芯硅钢片间绝缘损坏,使定子涡流增加,对铁芯进行绝缘处理或适当增加每槽的匝数;

(5)转子和定子发生摩擦,校正转子铁芯或轴,或更换轴承;

(6)绕组受潮,将绕组烘干;

(7)绕组短路或接地,修理或更换有故障的绕组。

4)故障现象4:电动机轴承过热

可能原因及处理方法:

(1)装配不当使轴承受外力,重新装配;

(2)轴承内有异物或缺油,清洗轴承,并注入新的润滑油;

(3)轴承弯曲,使轴承受外应力或轴承损坏,校正轴承或更换轴承;

(4)传动带过紧或联轴器装配不良,适当放松传动带,修理联轴器或更换轴承;

(5)轴承标准不合格,选配标准适用的新轴承。

3. 故障检查

检查电动机时,一般按先外后里、先机后电、先听后检的顺序进行。即先检查电动机的外部是否有故障,后检查电动机内部;先检查机械方面,再检查电气方面;先听使用者介绍使用情况和故障情况,再动手检查。

1)电动机的外部检查

在对电动机的外观、绝缘电阻、外部接线等项目进行详细检查之后,如未发现异常问题,可对电动机做进一步的通电试验;将三相低电压($30\%U_N$)通入电动机三相绕组并逐步升高电压,当发现声音不正常、有异味或转不动时,立即断电检查。如未发现问题,可测量三相电流是否平稳,电流大的一相可能是绕组短路,电流小的一相可能是多路并联绕组中的支路断路。若三相电流平衡,可使电动机继续运行1~2 h,随时用手检查铁芯部位及轴承端盖温度,若烫手,立即停车检查。如线圈过热,则是绕组短路;如铁芯过热,则是绕组匝数不够,或铁芯硅钢片间的绝缘损坏。

以上检查均应在电动机空载运行状态下进行。

2)电动机的内部检查

(1)检查绕组:查看绕组端部有无积尘和油垢,查看绕组绝缘、接线及引出线有无损坏或烧伤(若有烧伤,烧伤处的颜色会变暗黑或烧焦,有焦臭味);再查看导线是否烧断和绕组的焊接处有无脱焊、虚焊现象。

(2)检查铁芯:查看转子、定子表面有无擦伤的痕迹。若转子表面只有一处擦伤,这大都是由于转子弯曲或转子不平衡造成的;若转子表面一周全有擦伤的痕迹,定子表面只有一处伤痕,则是由于定子、转子不同心造成的,造成不同心的原因是机座或端盖止口变形或轴承严重磨损使转子下落;若定子、转子表面均有局部擦伤痕迹,则是由上述两种原因共同引起的。

(3)检查轴承:查看轴承的内、外套与轴承室配合是否合适,同时检查轴承的磨损情况。

(4)检查其他:查看风扇叶是否损坏或变形,转子端环有无裂痕或断裂,再用短路测试器检查导条有无断裂。

4. 判断电动机的故障点

判断电动机故障点的方法:修理人员在熟悉电动机各种故障的特征、积累一定修理经验和了解电动机运行基础的理论前提下,从电动机所表现出来的异常现象入手,先假定可能发生故障的原因,再结合必要的检测结果,逐步分析辨别,最终找出故障点。

经常会出现的电气方面的故障有:定子绕组发生短路、断路或接地以及笼式转子断条或端环断裂等。这些故障会表现出各种不同的特征,但也会有不少相似的现象。

定子绕组短路故障发生快、发热快,并会伴有火花、冒烟现象,还可闻到焦臭味。定子绕组断路故障若发生在定子绕组的某相绕组中,会造成缺相运行,如果这时电动机处于运行中,电动机带负载的能力会降低,假如电动机的负载很小,仍可维持运转,仅转速略有下降,并发出异常响声;假如电动机满载运行,电动机运行电流会增大,运行时间过长,将会使电动机定子绕组烧毁,停机后电动机将不能再启动;断路故障若为定子绕组两路并联电路中的一路,电动机可以启动,但三相电流将严重不平衡,电动机的电磁转矩将变小。发生定子绕组接地故障会使电动机机座带电,用验电笔很容易查出。若电动机笼型转子断条或端环断裂,由电动机理论可知,电动机的电磁转矩将会变小,带不动负载且三相电流不平衡,此时会产生噪声和振动。

经常会出现的机械方面的故障有:扫膛、轴承过热、机械振动和机械损坏等。由于电动机定子与转子之间气隙很小,如果端盖轴承室内孔磨损或端盖止口与机座止口磨损变形,使机座、端盖和转子三者不同心,容易导致定子、转子相碰,发生扫膛故障。在安装轴承时,如果装配不当,使轴承内圈与轴配合太紧或太松,或安装电动机端盖时不均匀地敲击导致端盖轴承室与轴承外圈配合过松而出现跑外圈现象;电动机长时间运行使轴承的润滑油脂干枯,或清洗轴承后所加的油脂不干净,都会引起轴承运行温度急剧上升而过热。电动机的机械振动可能是电动机本身引起的,例如电动机转子不平衡、滚动轴承磨损、转轴弯曲、电动机安装地基不平和紧固件松动等都能造成振动;也可能是电动机机组安装后,由于传动装置不对中,在运行时受到来自联轴器的作用力而引起振动。

5. 定子绕组故障的检查及修复

1)绕组接地的检查和修复

电动机定子与铁芯和机壳间因绝缘损坏而相碰,称为接地故障。造成这种故障的原因有受潮、雷击、过热、机械损坏、腐蚀、绝缘老化、铁芯松动或有尖刺以及绕组制造工艺不良等。

Ⅰ. 接地故障的检查方法

(1)兆欧表检查法。将兆欧表的两个出线端分别与电动机的绕组和机壳相连,以 120 r/min 的转速摇动兆欧表手柄,若所测得的绝缘电阻值在 0.5 MΩ 以上,说明电动机绝缘良好;若在 0.5 MΩ 以下或接近"0",说明电动机绕组已受潮或绕组绝缘很差;若为"0",同时有的接地点还发出放电声或有微弱的放电现象,说明绕组已接地;若有时指针摇摆不定,说明绝缘已被击穿。

(2)校验灯检查法。拆开各绕组间的连接线,用 36 V 灯泡与 36 V 电压串联,逐一检查各相绕组与机座的绝缘情况,若灯泡亮,说明该绕组接地;若灯泡不亮,说明绕组绝缘良好;若灯泡微亮,说明绕组已被击穿。

Ⅱ. 接地故障的处理

如果接地点在槽口或底接口处,可将绝缘材料垫入线圈的接地处,再检查故障是否已排除,如已排除可在该处涂上绝缘漆,再烘干处理;如果故障在槽内,则需更换绕组或用穿绕修补法进行修复。

2)绕组绝缘电阻很低的检修

可将故障绕组的表面擦拭及吹刷干净,然后放在烘箱内慢慢烘干,当烘到绝缘电阻值上升到 0.5 MΩ 以上时,再给绕组涂一层绝缘漆,并重新烘干,以防回潮。

3)绕组断路的检修

电动机定子绕组内部连接线、引出线等断开或接头处松脱所造成的故障称为绕组断路故障。

Ⅰ. 绕组断路的检查方法

(1)万用表检查法。对于△接法的电动机,先将接线盒中短路片全部拆开,用万用表接到各相绕组的首尾端,测量其电阻,若绕组电阻值在正常范围内,表明该相绕组未出现断路;

若万用表不通,则该相为断路相。对于Y接法的电动机,保留定子绕组接线方式不动,用万用表测量任意两相绕组间的电阻,如果万用表指针偏转,说明这两相绕组中无断路点;如果万用表指针不偏转,说明这两相绕组中有断路点,换另一个绕组再测量一次,确定是哪一相绕组内有断路点。

(2)校验灯检查法。将指示灯与干电池串联在一起,将试验灯一端接某相绕组的首端,另一端接该绕组的尾端。若灯不亮,则表示电路不通,有断路存在。对于△接法的电动机,应拆开一端口,才能测出各相的断路点;对于Y接法的电动机,可以直接测试。另外,需要注意两根以上并绕的绕组,如果只断开一根导线,用校验灯检查法不易检查断路,这时应采用电桥检查法测量每相绕组的直流电阻,如果有一相偏差大于5%,该相绕组的并联导线可能有断路。

(3)电桥检查法。如果电动机功率稍大,其定子绕组由多路并绕而成,其中一相发生故障时,用万用表和校验灯则难以判断,此时需要用电桥分别测量各相绕组的直流电阻,断路相绕组的直流电阻值明显大于其他相,再参照上述方法逐步缩小故障范围,最后找出故障点。

Ⅱ.绕组断路故障的修理

(1)局部修补。绕组断路点在端部、接头处,可将其重新接好或焊好,包好绝缘并刷漆即可。如果原导线不够长,可加一小段同线径导线铰接再焊。

(2)更换绕组或穿绕修补。定子绕组发现故障后,若经检查发现个别线圈损坏,需要更换。为了避免将其他的线圈从槽内翻起而损坏,可以用穿绕法修补。穿绕时先将绕组加热到80~100 ℃,使绕组的绝缘软化,然后把损坏线圈的槽楔敲出,并把损坏线圈的两端剪断,将导线从槽内逐根抽出来,原来的槽绝缘可以不动,另外用一层6520聚酯薄绝缘纸卷成圆筒,塞进槽内;然后用与原来的导线规格、型号相同的导线,一根一根地在槽内来回穿绕至尽量接近原来匝数为止;最后按原来的接线方式接好线并焊好,再进行干燥处理即可。

4)绕组短路的检修

绕组短路的原因主要有电源电压过高、电动机拖动的负载过重、电动机使用过久或受潮受污等造成定子绕组绝缘老化与损坏,从而产生绕组短路故障。定子绕组的短路故障按发生地点分为绕组对地短路、绕组匝间短路和绕组相间短路三种。

Ⅰ.绕组短路的检查

(1)直观检查。先使电动机空载运行一段时间,然后拆开电动机端盖,抽出转子,用手触摸定子绕组。如果有一个或几个线圈过热,则这部分线圈可能有匝间或相间短路故障。也可观察线圈外部绝缘有无变色和烧焦,或有无焦臭味,如果有,该线圈可能短路。

(2)兆欧表检查。拆开三相定子绕组接线盒中的连接片,分别测量任意两相绕组之间的绝缘电阻,若绝缘电阻阻值为零或极小,说明该两相绕组相间短路。

(3)钳形电流表检查。用钳形电流表测量三相绕组的空载电流,空载电流明显偏大的一相有匝间短路故障;用电桥分别测量各个绕组的直流电阻,电阻值较小的一相可能有匝间短路。

Ⅱ.绕组短路的修理

绕组匝间短路故障，一般事先不易发现，往往是在绕组烧损后才得知，因此需视故障情况全部或部分更换绕组。

绕组相间短路故障如发现早，未造成定子绕组烧损事故时，可以找出故障点，用竹楔插入两线圈的故障处(如插入有困难，可先将线圈加热)，把短路部分分开，再垫上绝缘材料，并涂绝缘漆使绝缘恢复。如已造成绕组烧损，则应更换部分或全部绕组。

6. 转子绕组故障的检查及修复

1)笼式转子故障的检查及修复

笼式转子的常见故障是断条，断条后的电动机一般能空载运行，但当加上负载后，电动机转速将降低，甚至停转。此时，若用钳形电流表测量三相定子绕组电流，电流表指针会往返摆动。

断条的检查方法通常有两种：用断条侦察器检查和导条通电检查。

导条断裂故障一般较难修理，通常是更换转子。

2)绕线式转子故障的检查及修复

(1)绕线式转子绕组断路、短路、接地等故障的检修与定子绕组检修相同。

(2)集电环的检修。铜环表面车光，铜环紧固，使接线杆与铜环接触良好。若铜环短路，可更换破损的套管或更换新的集电环。

(3)电刷的检修。调节电刷的压力，研磨电刷，使之与集电环接触良好或更换同型号的电刷。如电刷和短路装置引线断开，可采用锡焊、铆接或螺钉连接、铜粉塞填等方法接好。

(4)举刷和短路装置的检修。手柄未扳到位时，排除卡阻和更换新的触头；电刷举、落到位时，排除机械卡阻故障。

习　题

一、填空题(将正确答案填在横线上)

1. 电动机的启动是指电动机从__________开始转动，到__________为止的这一过程。

2. 三相异步电动机减少启动电流的方法是____________________。

3. 常用的降压启动方法有__________降压启动、__________降压启动和__________降压启动。

4. 异步电动机用Y-△降压启动时的电压为用△接法直接启动时的______，电流为直接启动时的______，启动转矩为直接启动时的______，故此方法适用于电动机______场合。

5. 绕线式异步电动机转子串电阻启动，可以减少________，增大________。

6. 绕线式异步电动机启动方法有转子回路串接________和串接________两种方法，前者用于__________启动，后者用于__________启动。

7. 三相异步电动机的调速方法有________、________、________。

8. 双速电动机通常有________和________两种接线，其旋转磁场的磁极对数由________极变为________极，同步转速由________r/min 变为________r/min。

9. 三相交流异步电动机的转向取决于________的方向，要改变电动机的转向，只要改变接入定子绕组的________，即把电动机的________互相对调。

10. 制动时，利用电磁抱闸机构使电动机迅速停转的制动方法称为________。

11. 三相异步电动机的电气制动有________、________和________三种。

12. 在电动机能耗制动中消耗的是________。

二、判断题（正确的打√，错误的打 ×）

1. 三相异步电动机启动电流越大，启动转矩也越大。（　　）

2. 三相异步电动机如带有重载，则不能用降压启动方法来启动。（　　）

3. 绕线式异步电动机转子回路串接频敏变阻器启动，频敏变阻器的特点是其阻抗随着转子转速的上升而自动减小，从而使电动机平衡启动。（　　）

4. 绕线式异步电动机转子绕组串接电阻启动，既可降低启动电流，又能提高电动机的启动转矩。（　　）

5. 三相变极多速异步电动机，不管采用什么接法，当 f=50 Hz 时，电动机最高转速只能低于 3 000 r/min。（　　）

6. 双速三相交流异步电动机定子绕组由原来的△接法改成 YY 接法，可使电动机的磁极对数减少一半，转速增加一倍，这种调速方法适用于拖动恒功率性质的负载。（　　）

7. 反接制动由于制动时产生的冲击力比较大，应串入适当的限流电阻，但即使这样，该制动方法也只适用于功率较小的电动机。（　　）

8. 电磁抱闸制动装置广泛应用于起重机械。（　　）

9. 能耗制动的特点是制动平稳，对电网及机械设备的冲击小，而且不需要直流电源。（　　）

10. 回馈制动广泛用于机床设备。（　　）

三、选择题（将正确答案的序号填入括号中）

1. Y-△降压启动适用于正常运行时为（　　）连接的电动机。

A. △　　B. Y　　C. Y 和△

2. 功率消耗较大的启动方法是（　　）。

A. Y-△降压启动　　B. 自耦变压器降压启动

C. 定子绕组串接电阻降压启动

3. 三相笼式异步电动机采用自耦变压器 70% 抽头启动时，电动机的启动转矩是全压启动的（　　）。

A. 30%　　B. 49%　　C. 51%　　D. 70%

4. 下列四台三相笼式异步电动机铭牌上关于电压的标记，如果接 380 V 电源电压，可采用 Y-△降压启动的电动机是(　　)。

A. 380 V、Y 接法　B. 380 V、△接法　C. 380 V/220 V、Y/△接法

5. 多速异步电动机的变速原理是(　　)调速。

A. 变电压　B. 变频率　C. 变磁极　D. 变转差率

6. 能实现无级调速的调速方法是(　　)。

A. 变频率　B. 变磁极　C. 变转差率

7. 双速异步电动机的定子绕组为△连接,转速为 1 450 r/min,若要使电动机变为高速 2 900 r/min 运行,定子绕组应为(　　)连接。

A. Y　B. YY　C. △　D. Y-△

8. 三速异步电动机低速 - 中速 - 高速的绕 - 组接法是(　　)。

A. △-Y-YY　B. Y-△-YY　C. YY-△-Y　D. YY-Y-△

9. 桥式起重机上采用的绕线式异步电动机为了满足起重机调速范围宽、调速平滑的要求,应采用(　　)调速。

A. 调电源电压的方法　B. 转子回路串接频敏变阻器的方法

C. 定子绕组串接电阻的方法　D. 转子回路串接调速电阻的方法

10. 绕线式异步电动机转子回路串接电阻调速属于(　　)。

A. 变频调速　B. 变极调速　C. 变转差率调速

11. 变电源电压调速只适用于(　　)负载 。

A. 风机型　B. 恒转矩　C. 起重机械

12. 下列方法中属于改变转差率调速的是(　　)调速。

A. 变电源电压　B. 变频　C. 变磁极对数

四、问答题

1. 三相笼式异步电动机启动时电流很大,但启动转矩并不大,这是什么原因?

2. 三相异步电动机 Y-△降压启动的特点是什么?适用于什么场合?

3. 三相异步电动机自耦变压器降压启动的特点是什么?适用于什么场合?

4. 简述绕线式异步电动机转子回路串接频敏变阻器启动的工作原理。

5. 三相笼式异步电动机有哪几种调速方法?简述其中一种调速方法的主要特点。

6. 简述绕线式异步电动机转子回路串接电阻调速的特点。

7. 简述转差离合器调速的特点。

8. 如何使三相异步电动机反转?

9. 简要说明三相异步电动机能耗制动原理。

10. 简要说明三相异步电动机回馈制动原理。

11. 比较三相异步电动机各种电气制动方法的特点。

五、计算题

一台 20 kW 电动机,其启动电流与额定电流之比为 6∶5,变压器容量为 5 690 kV·A,试判断其能否全压启动?另有一台 75 kW 电动机,其启动电流与额定电流之比为 7∶1,试判断其能否全压启动?为什么?

项目 5　直流电机的基本理论

项目	情境	职业能力	子情境	学习方式	学习地点	学时数
直流电机的基本理论	直流电机的工作原理、构造、分类和铭牌	了解直流电机的结构、工作原理和基本类型	直流电机的工作原理 直流电机的构造 直流电机的分类 直流电机的铭牌	实物讲解、多媒体动画	多媒体教室	2
	直流电机的电枢反应	了解磁场分布情况，理解电枢反应的实质	直流电机的空载磁场 直流电机的负载磁场 直流电机的电枢反应	多媒体动画	多媒体教室	3
	直流电机的电枢电动势和电磁转矩	掌握电枢电动势和电磁转矩公式，理解公式的物理意义	直流电机的电枢电动势 直流电机的电磁转矩	多媒体动画	多媒体教室	1
	直流电机的换向	了解换向的含义，了解换向不良的后果，掌握改善换向的方法	换向的过程 影响换向的因素 改善换向的方法	多媒体动画	多媒体教室	2
	直流发电机	了解直流发电机的励磁方式及电枢电动势、电压平衡方程式、电磁转矩方程式，掌握他励发电机的运行特性和并励发电机的外特性	直流发电机的励磁方式 直流发电机的基本方程式 他励发电机的运行特性 并励发电机的外特性	多媒体动画	多媒体教室	2
	直流电动机	了解直流电机的可逆性原理，了解电动机的基本方程，掌握电动机转速特性、转矩特性	直流电机的可逆性 直流电动机的工作特性	多媒体动画	多媒体教室	2

直流电机是指能将直流电能转换成机械能（直流电动机）或将机械能转换成直流电能（直流发电机）的旋转电机。它是能实现直流电能和机械能互相转换的电机。当它作电动机运行时是直流电动机，将电能转换为机械能；当它作发电机运行时是直流发电机，将机械能转换为电能。

情境 1　直流电机的工作原理、构造、分类和铭牌

职业能力：了解直流电机的结构、工作原理和基本类型。

子情境 1　直流电机的工作原理

图 5.1.1 是一台直流电动机工作原理的最简单模型。其中，N 和 S 是一对固定的磁极，

可以是电磁铁,也可以是永久磁铁;磁极之间有一个可以转动的铁质圆柱体,称为电枢铁芯;铁芯表面固定一个用绝缘导体构成的电枢线圈 abcd,线圈的两端分别接到相互绝缘的两个半圆形铜片(换向片)上,它们组合在一起称为换向器,在每个半圆形铜片上又分别放置一个固定不动且与之滑动接触的电刷 A 和 B,线圈 abcd 通过换向器和电刷接通外电路。

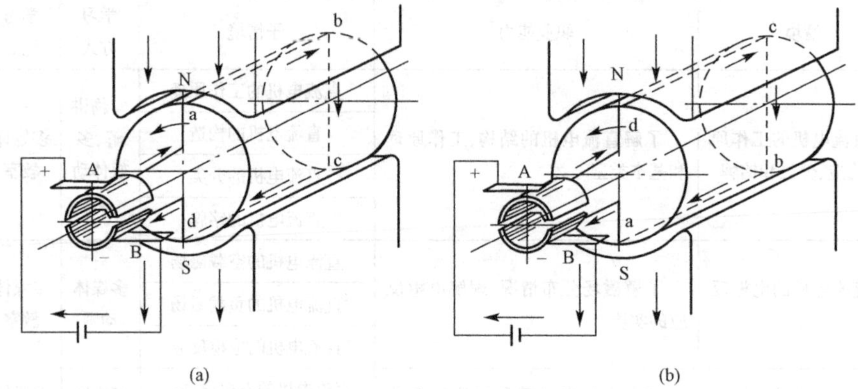

图 5.1.1 直流电动机工作原理示意图

(a)ab 在上,cd 在下 (b)ab 在下,cd 在上

1. 直流电动机工作原理

将外部直流电源加于电刷 A(正极)和 B(负极)上,则线圈 abcd 中流过电流,在导体 ab 中,电流由 a 指向 b,在导体 cd 中,电流由 c 指向 d。导体 ab 和 cd 分别处于 N、S 极磁场中,受到电磁力的作用。用左手定则判别可知,导体 ab 和 cd 均受到电磁力的作用,且形成的转矩方向一致,这个转矩称为电磁转矩,其方向为逆时针方向。这样,电枢就按逆时针方向旋转,如图 5.1.1(a)所示。当电枢旋转 180° 时,导体 cd 转到 N 极下,导体 ab 转到 S 极下,如图 5.1.1(b)所示,由于电流仍从电刷 A 流入,使 cd 中的电流变为由 d 流向 c,而 ab 中的电流变为由 b 流向 a,从电刷 B 流出,用左手定则判别可知,电磁转矩的方向仍是逆时针方向。

由此可见,加于直流电动机的直流电源,借助于换向器和电刷的作用,使直流电动机电枢线圈中流过的电流的方向是交变的,从而使电枢产生的电磁转矩的方向恒定不变,确保直流电动机朝确定的方向连续旋转。这就是直流电动机的基本工作原理。

实际的直流电动机,电枢圆周上均匀地嵌放许多线圈,相应地换向器由许多换向片组成,使电枢线圈所产生的总的电磁转矩足够大并且比较均匀,电动机的转速也就比较均匀。

2. 直流发电机工作原理

直流发电机的模型与直流电动机的模型相同,不同的是它用原动机(如汽轮机等)拖动电枢朝某一方向(例如逆时针方向)旋转,如图 5.1.2(a)所示。这时导体 ab 和 cd 分别切割 N 极和 S 极下的磁力线,产生感应电动势,感应电动势的方向用右手定则确定。可知导体 ab 中电动势的方向由 b 指向 a,导体 cd 中电动势的方向由 d 指向 c,在一个串联回路中相互叠加,形成电刷 A 为电源正极、电刷 B 为电源负极。电枢转过 180° 后,导体 cd 与导体 ab 交换位置,但电刷的正负极性不变,如图 5.1.2(b)所示。可见,与直流电动机一样,直流发电机电枢线圈中的感应电动势的方向也是交变的,而通过换向器和电刷的整流作用,在电刷

A、B 上输出的电动势是极性不变的直流电动势。在电刷 A、B 之间接上负载，发电机就能向负载供给直流电能。这就是直流发电机的基本工作原理。

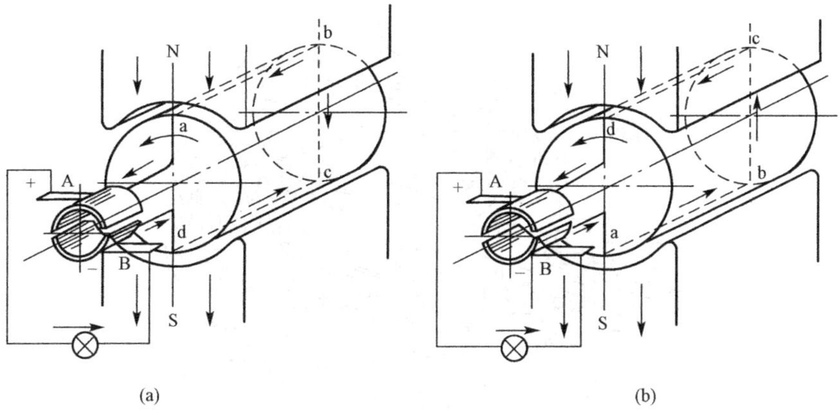

图 5.1.2　直流发电机工作原理示意图

(a)ab 在上，cd 在下　(b)ab 在下，cd 在上

从以上分析可以看出，一台直流电机原则上可以作为电动机运行，也可以作为发电机运行，这取决于外界的条件。将直流电源加于电刷，输入电能，电机能将电能转换为机械能，拖动生产机械旋转，作为电动机运行；如用原动机拖动直流电机的电枢旋转，输入机械能，电机能将机械能转换为直流电能，从电刷上引出直流电动势，作为发电机运行。同一台电机，既能作为电动机运行，又能作为发电机运行的原理，称为电机的可逆原理。

子情境 2　直流电机的构造

由直流电动机和发电机工作原理示意图可以看到，直流电机的结构应由定子和转子两大部分组成。直流电机运行时静止不动的部分称为定子，其主要作用是产生磁场，由机座、主磁极、换向极、端盖、轴承和电刷装置等组成。直流电机运行时转动的部分称为转子，其主要作用是产生电磁转矩和感应电动势，它是直流电机进行能量转换的枢纽，所以通常又称为电枢，由转轴、电枢铁芯、电枢绕组、换向器和风扇等组成。直流电机装配结构图如图 5.1.3 所示。直流电机的纵向剖视图如图 5.1.4 所示。

1. 定子

1）主磁极

主磁极的作用是产生气隙磁场。主磁极由主磁极铁芯和励磁绕组两部分组成。主磁极铁芯一般用 0.5~1.5 mm 厚的硅钢板冲片叠压铆紧而成，分为极身和极靴两部分，上面套励磁绕组的部分称为极身，下面扩宽的部分称为极靴，极靴宽于极身，既可以调整气隙中磁场的分布，又便于固定励磁绕组。励磁绕组用绝缘铜线绕制而成，套在主磁极铁芯上。整个主磁极用螺钉固定在机座上，如图 5.1.5 所示。

2）换向极

换向极的作用是改善换向，减小电机运行时电刷与换向器之间可能产生的换向火花，一般装在两个相邻主磁极之间,由换向极铁芯和换向极绕组组成,如图 5.1.6 所示。换向极绕组用绝缘导线绕制而成,套在换向极铁芯上,换向极的数目与主磁极相等。

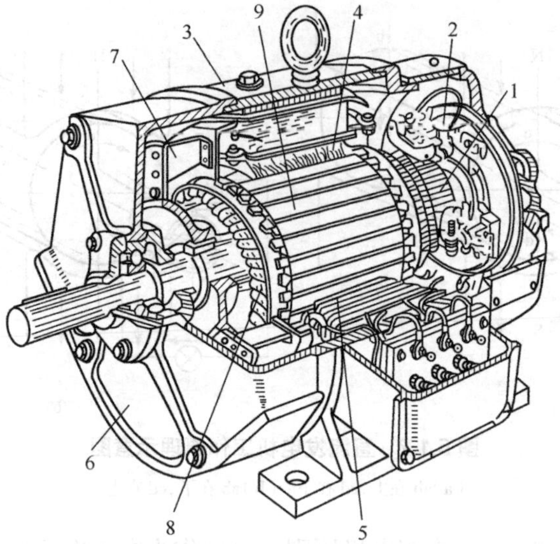

图 5.1.3　直流电机装配结构图

1—换向器;2—电刷装置;3—机座;4—主磁极;5—换向极;6—端盖;7—风扇;8—电枢绕组;9—电枢铁芯

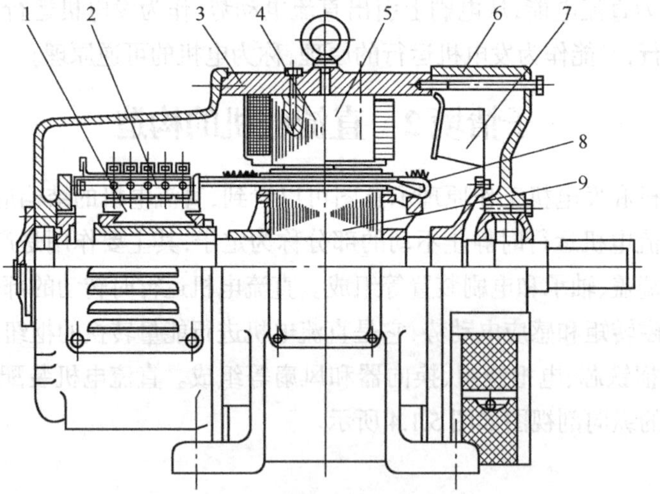

图 5.1.4　直流电机纵向剖视图

1—换向器;2—电刷装置;3—机座;4—主磁极;5—换向极;6—端盖;7—风扇;8—电枢绕组;9—电枢铁芯

3)机座

电机定子的外壳称为机座,如图 5.1.4 中的 3。机座的作用有两个:①用来固定主磁极、换向极和端盖,并起支撑和固定整个电机的作用;②机座本身也是磁路的一部分,借以构成磁极之间磁的通路,磁通通过的部分称为磁轭。为保证机座具有足够的机械强度和良好的导磁性能,其一般为铸钢件或由钢板焊接而成。

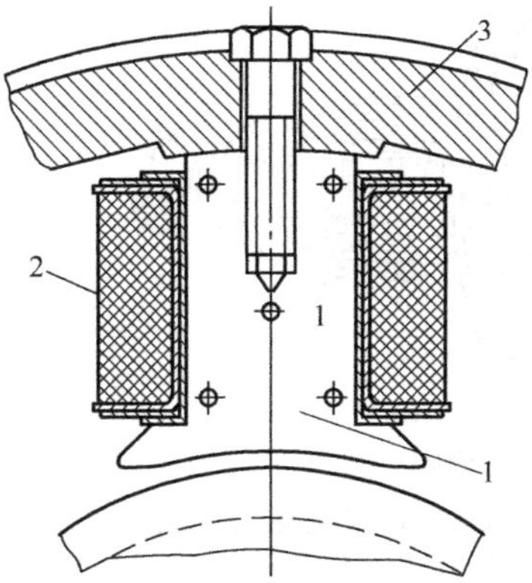

图 5.1.5　主磁极的结构

1—主磁极;2—励磁绕组;3—机座

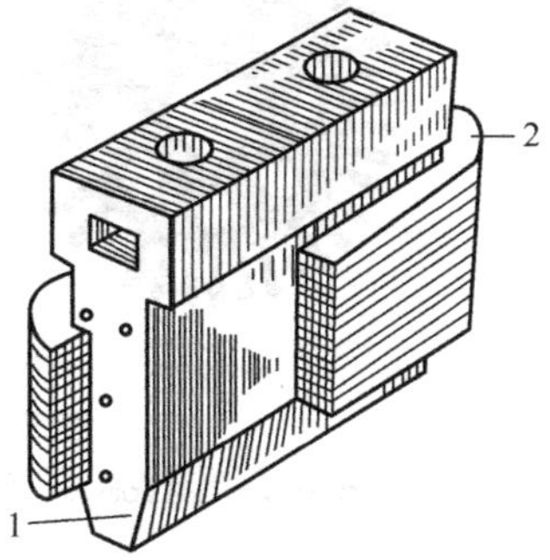

图 5.1.6　换向极

1—换向极铁芯;2—换向极绕组

4)电刷装置

电刷装置的作用是引入或引出直流电压和直流电流,如图 5.1.7 所示。电刷装置由电刷、刷握、刷杆和刷杆座等组成。电刷放在刷握内,用弹簧压紧,使电刷与换向器之间有良好的滑动接触,刷握固定在刷杆上,刷杆装在圆环形的刷杆座上,相互之间必须绝缘。刷杆座装在端盖或轴承内盖上,圆周位置可以调整,调好以后加以固定。

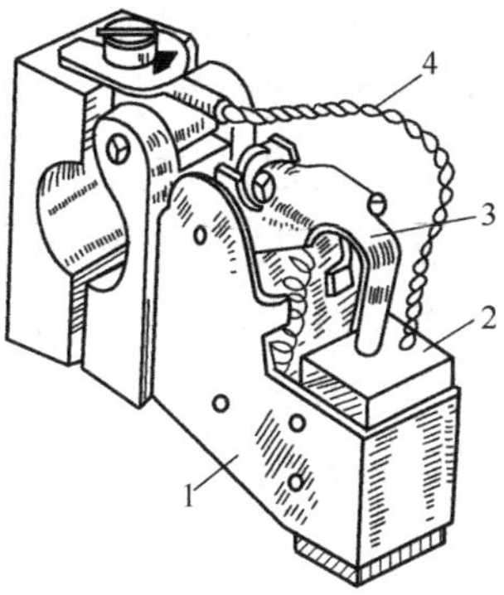

图 5.1.7　电刷装置

1—刷握;2—电刷;3—压紧弹簧;4—刷辫

2. 转子(电枢)

1)电枢铁芯

电枢铁芯是主磁路的主要部分,同时用以嵌放电枢绕组。一般电枢铁芯采用 0.5 mm 厚的硅钢片冲制而成的冲片叠压而成(冲片的形状如图 5.1.8(a)所示),以降低电机运行时电枢铁芯中产生的涡流损耗和磁滞损耗,叠压而成的铁芯固定在转轴或转子支架上。电枢铁芯的外圆开有电枢槽,槽内嵌放电枢绕组。

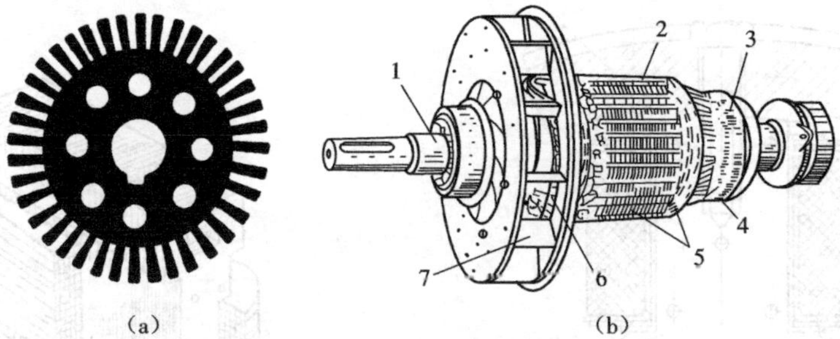

图 5.1.8　冲片形状和转子结构图

1—转轴;2—电枢铁芯;3—换向器;4—电枢绕组;5—镀锌钢丝;6—电枢绕组;7—风扇

(a)冲片形状　(b)转子结构

2)电枢绕组

电枢绕组的作用是产生电磁转矩和感应电动势,它是直流电机进行能量变换的关键部件,所以叫电枢绕组。电枢绕组是由许多线圈(以下称元件)按一定规律连接而成,线圈采用高强度漆包线或玻璃丝包扁铜线绕成,不同线圈的线圈边分上、下两层嵌放在电枢槽中,线圈与铁芯之间以及上、下两层线圈边之间都必须妥善绝缘。为防止离心力将线圈边甩出槽外,槽口用槽楔固定,如图 5.1.9 所示。线圈伸出槽外的端接部分用热固性无纬玻璃带进行绑扎。

绕组元件是由一匝或多匝高强度聚酯漆包线绕制而成的。绕组元件通常分两层放入槽中,元件在槽内切割磁力线而产生感应电动势的部分称为有效边,在槽外用以连接有效边的部分称为端接部分,如图 5.1.10 所示。因为嵌线工艺,每个绕组元件一条有效边放在某一个电枢铁芯槽中作上层边,另一条有效边放在另一个槽中作下层边,在端接的中间弯曲,这样就构成双层绕组。绕组元件的首端和尾端(即引出端)分别按一定的规律焊接到换向器不同的换向片上,使整个电枢绕组通过换向片连接成一个闭合电路。按线圈间的连接方法,电枢绕组可分为单叠绕组、单波绕组、复叠绕组、复波绕组和蛙绕组,其中单叠绕组和单波绕组是基本的电枢绕组。

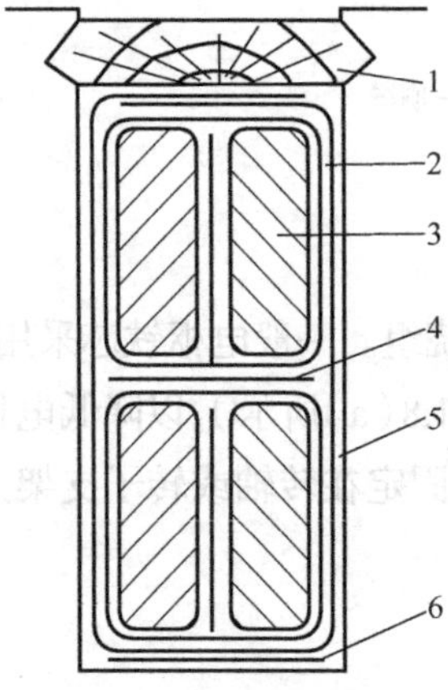

图 5.1.9　电枢槽的结构

1—槽楔;2—线圈绝缘;3—电枢导体;

4—层间绝缘;5—槽绝缘;6—槽底绝缘

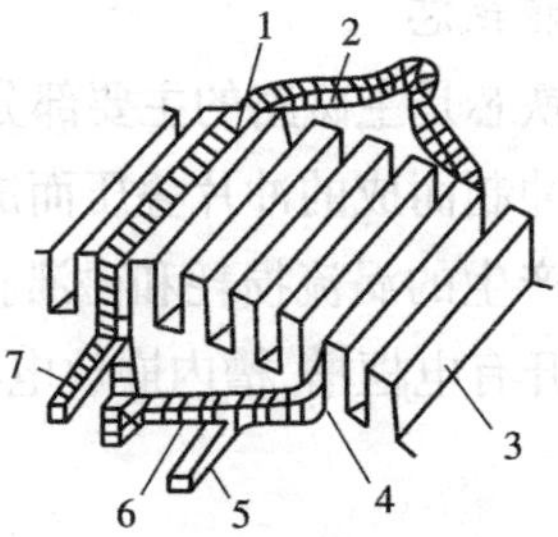

图 5.1.10　电枢线圈在槽内安放示意图

1—上层有效边;2—端接部分;3—电枢铁芯;

4—下层有效边;5—尾端;6—端接部分;7—首端

Ⅰ. 单叠绕组

图 5.1.11 所示为元件数、槽数和换向片数均为 16 的单叠绕组连接示意图。

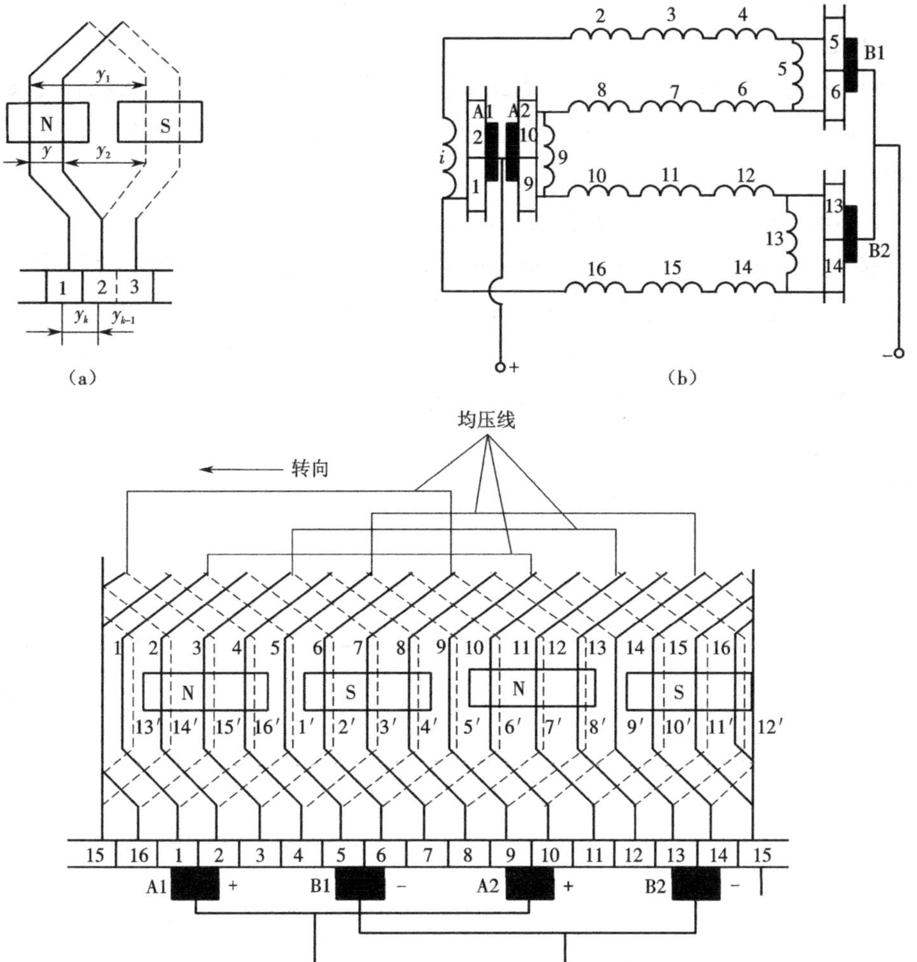

图 5.1.11　单叠绕组示意图

(a)绕组元件图　(b)并联支路　(c)单叠绕组的展开图

由图 5.1.11(a)可以看到,单叠绕组的基本特点是每个绕组元件的首端(上层边的引出端)和尾端(下层边的引出端)分别接在相邻的两个换向片上,每一个元件的尾端与下一个元件的首端接在同一个换向片上,使相邻的元件依次串联,最后形成一个闭合回路。

对照图 5.1.11(b)和(c),可以清楚看到,每个主磁极下的上层边对应元件串联组成一条支路。图示直流电机有四个主磁极,所以并联支路也是四条,即单叠绕组的并联支路数 $2a$ 等于电动机的主磁极数 $2p$。

如果流过每条支路的电流为 I,则流过电刷的电枢电流 I_a 为各支路电流之和。

由于直流电机材料制造的不均匀性会造成磁路的磁阻不同,或安装的误差及运行时轴承的磨损造成空气隙不完全相等，因此各个磁极下的磁通不完全相等，导致各支路电动势不相等，从而在并联支路之间产生环流。为了抑制这种环流，可将绕组理论上的等位点用导线连接起来。这种连接线称为均压线，如图 5.1.11（c）所示。

综上所述，单叠绕组具有以下特点：

（1）同一主磁极下的元件串联在一起组成一个支路，这样有几个主磁极就有几条支路；

（2）电刷数量等于主磁极数，电刷位置应使支路感应电动势最大，电刷间电动势等于并联支路电动势；

（3）电枢电流等于各并联支路电流之和。

应当指出，单叠绕组为保证两电刷间感应电动势最大，被电刷所短接的元件感应电动势最小，电刷应放置在换向器表面主磁极的中心位置上，虽然对准主磁极的中心线，但被电刷所短接的元件仍然位于几何中心线处。为了简单，今后称电刷放在几何中心线上，就是指被电刷所短接的元件，它的元件边位于几何中心线处。

Ⅱ. 单波绕组

图 5.1.12 所示为元件数、槽数和换向片数均为 15 的单波绕组连接示意图。

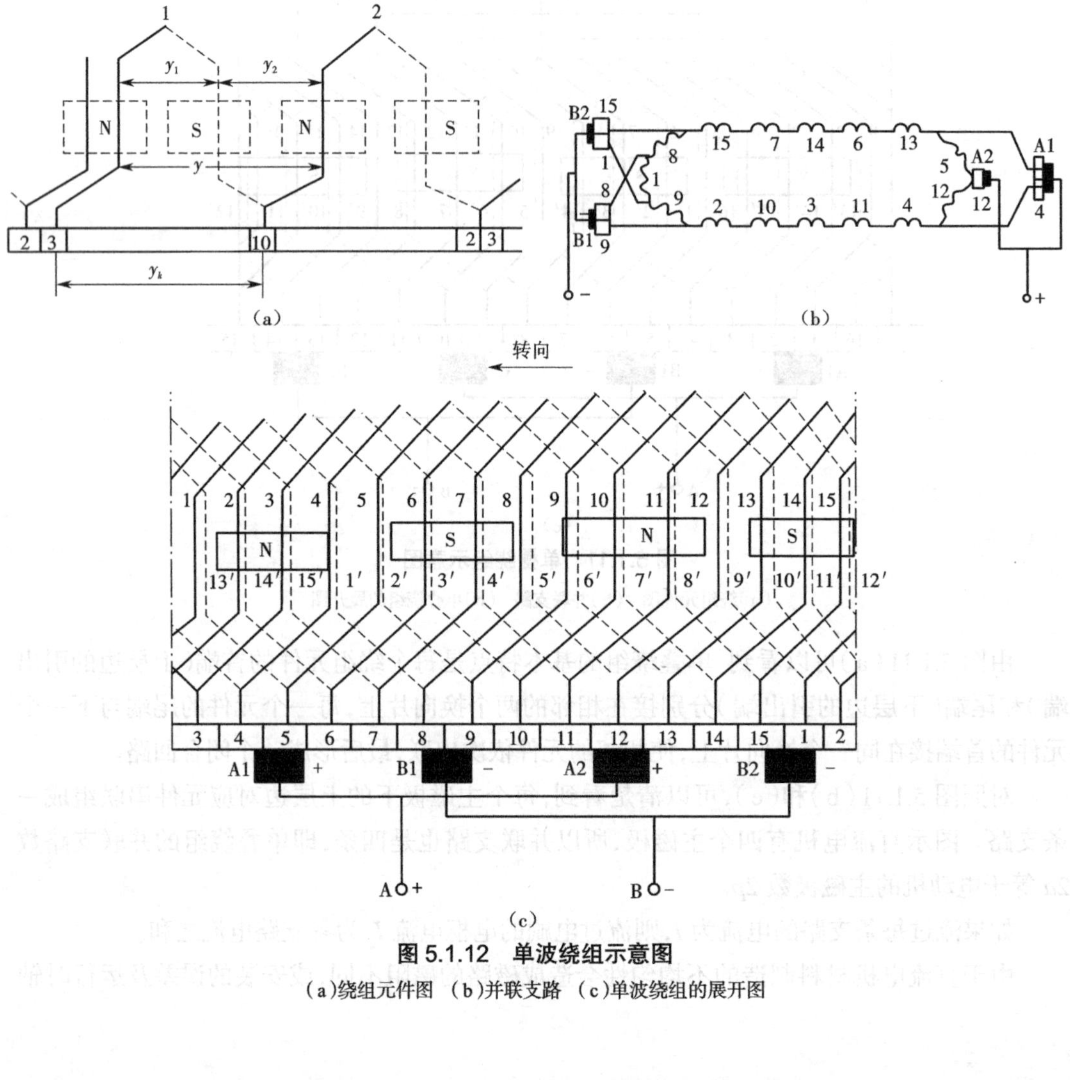

图 5.1.12　单波绕组示意图

（a）绕组元件图　（b）并联支路　（c）单波绕组的展开图

由图 5.1.12（a）可以看到，单波绕组的基本特点是每个绕组元件的首端和尾端都接在相隔较远的两个换向片上，互相连接的两个元件也相隔较远。把相隔约为一对磁极距离的同极性磁极下对应位置的元件串联起来，直到沿电枢和换向器绕过一周后，恰好回到起始换向片的相邻一片上，然后从此换向片出发继续绕连，直到把全部元件连接完毕，最后回到起始的换向片上，构成一个闭合电路。

对照图 5.1.12（b）和（c），可以清楚看到，单波绕组的每条支路均是由同一极性下的所有元件串联组成，即 N 极下的 2、3、4、10 和 11 号元件串联成一条支路，S 极下的 6、7、13、14 和 15 号元件串联成另一条支路，所以单波绕组只有两条并联支路，即 $2a=2$。如果流过每条支路的电流为 I，则电枢电流 $I_a=2I$。

综上所述，单波绕组具有以下特点：

（1）同极性下各元件串联起来组成一条支路，支路对数 $a=1$，与磁极对数无关；

（2）当元件的几何形状对称时，电刷在换向器表面上的位置对准主磁极中心线，支路电动势最大（即正、负电刷间电动势最大）；

（3）电刷杆数等于磁极数（采用全额电刷）；

（4）电枢电动势等于支路感应电动势。

单叠绕组一般适用于较大电流的直流电动机，单波绕组一般适用于较高电压的直流电动机。在大型电动机中，有时采用由叠绕组和波绕组混合而成的混合绕组，由于其绕组的外形很像青蛙，故又称为蛙绕组，其主要特点是波绕组和叠绕组之间互相起到均压线的作用，无须另接均压线，从而节省铜线的用量。

3）换向器

在直流电动机中，换向器配以电刷，能将外加直流电源转换为电枢线圈中的交变电流，使电磁转矩的方向恒定不变；在直流发电机中，换向器配以电刷，能将电枢线圈中感应产生的交变电动势转换为正、负电刷上引出的直流电动势。换向器是由许多换向片组成的圆柱体，换向片之间用云母片绝缘，换向片的紧固通常如图 5.1.13 所示，换向片的下部做成鸽尾形，两端用钢制 V 形套筒和 V 形云母环固定，再用螺母锁紧。

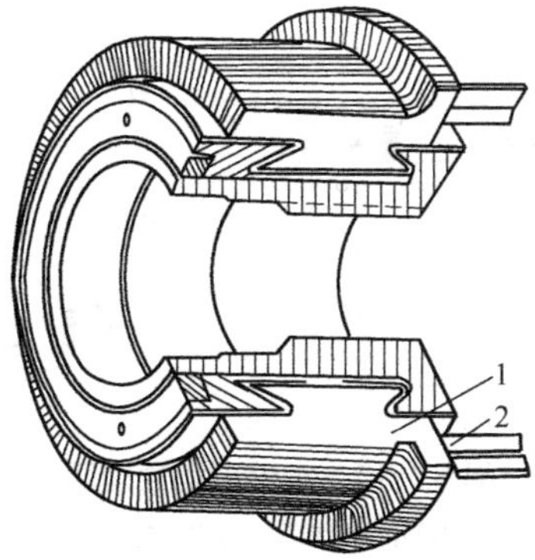

图 5.1.13　换向器结构

1—换向片；2—连接部分

4)转轴

转轴对转子旋转具有支撑作用,需有一定的机械强度和刚度,一般用圆钢加工而成。

子情境3 直流电机的分类

直流电机的种类较多、性能各异,分类方法也有多种。

1. 按用途分类

按用途分类,直流电机可分为直流电动机(用M表示)和直流发电机(用G表示)。

直流电动机按用途分类,又可分为一般工业用直流电动机(基本系列,一般工业应用)、广调速直流电动机(用于恒功率调速系统)、起重冶金直流电动机(用于冶金辅助传动机械)、直流牵引电动机(用于电力传动机车、工矿电动机车和蓄电池车)、船用直流电动机(用于船舶上各种辅助机械)、精密机床用直流电动机(用于磨床、坐标镗床等精密机床)、汽车启动机用直流电动机(用于汽车、拖拉机、内燃机等)、挖掘机用直流电动机(用于冶金矿山挖掘机)、龙门刨直流电动机(用于龙门刨床)、无槽直流电动机(用于快速动作伺服系统)、防爆增安型直流电动机(用于矿井和有易燃气体场所)、力矩直流电动机(用于作为速度和位置伺服系统的执行元件)、直流测功机(用于测定原动机效率和输出功率)。

2. 按类型分类

按类型分类,直流电机可分为直流有刷电机和直流无刷电机。

3. 按励磁方式分类

按励磁方式分类,直流电机可分为他励和自励,自励电机又分为并励、串励和复励,复励直流电机又有积复励和差复励两种。

1)他励直流电机

他励直流电机励磁绕组与电枢绕组无连接关系,而由其他直流电源对励磁绕组供电。其接线如图5.1.14(a)所示。

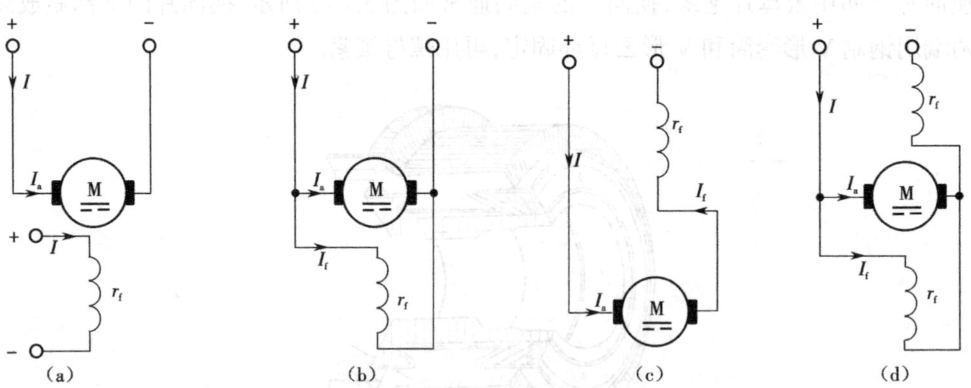

图5.1.14 直流电机原理图

(a)他励电机 (b)并励电机 (c)串励电机 (d)复励电机

2)并励直流电机

并励直流电机的励磁绕组与电枢绕组并联,其接线如图5.1.14(b)所示。其作为并励发电机来说，是电机本身的端电压为励磁绕组供电；作为并励电动机来说，励磁绕组与电枢绕组共用一个电源，从性能上讲与他励直流电动机相同。

3）串励直流电机

串励直流电机的励磁绕组与电枢绕组串联，其接线如图 5.1.14（c）所示。这种直流电机的励磁电流就是电枢电流。

4）复励直流电机

复励直流电机有并励和串励两个励磁绕组，其接线如图 5.1.14（d）所示。若串励绕组产生的磁通势与并励绕组产生的磁通势方向相同，则称为积复励；若两个磁通势方向相反，则称为差复励。

4. 按电枢直径分类

直流电机电枢直径为 1 000 mm 以上的称为大型直流机；直流电机电枢直径在 425~1 000 mm 的称为中型直流机；直流电机电枢直径小于 425 mm 的称为小型直流机。

5. 按防护方式分类

按防护方式分类，直流电机可分为开启式、防护式、防滴式、全封闭式和封闭防水式等。

子情境 4　直流电机的铭牌

直流电机的外壳上都有一块铭牌，如图 5.1.15 所示。它提供了电机在正常运行时的额定数据，如额定功率、额定电压、额定电流、额定转速、励磁方式、励磁电压等，以便用户能正确使用直流电动机。

图 5.1.15　直流电机铭牌

1. 型号

直流电机型号包括电机的系列、机座号、铁芯长度、设计次数、极数等，一般用字母和数字一起表示，例如 Z2 系列的 Z2-41，Z4 系列的 Z4-200-21，其型号意义如下：

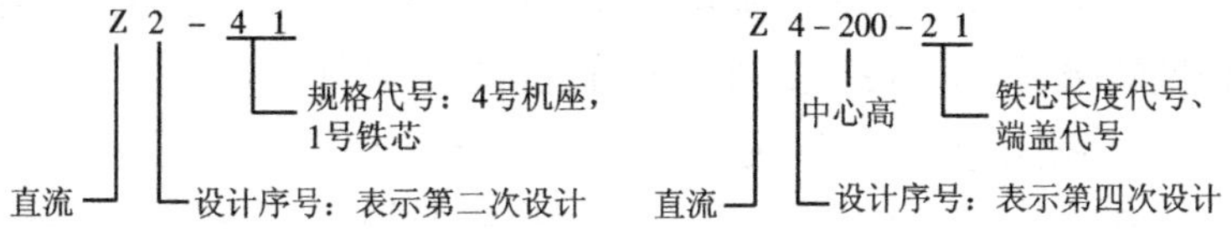

2. 额定功率(容量)

对于直流电动机而言,额定功率是指在长期使用时,轴上允许输出的机械功率,单位为kW。

3. 额定电压

对于直流电动机而言,额定电压是指在额定条件下运行时从电刷两端施加给电动机的输入电压,单位为V。

4. 额定电流

对于直流电动机而言,额定电流是指在额定电压下输出额定功率时,长期运转允许输入的工作电流,单位为A。

5. 额定转速

当电机在额定工况下(额定功率、额定电压、额定电流)运转时,转子的转速为额定转速,单位为r/min。直流电机铭牌上往往有低、高两种转速,低转速是基本转速,高转速是指最高转速。

6. 励磁方式

励磁方式是指励磁绕组的供电方式,通常有自励、他励和复励三种。

7. 励磁电压

励磁电压是指励磁绕组供电的电压值,一般有110 V、220 V等。

8. 励磁电流

励磁电流是指在额定励磁电压下,励磁绕组中所流过的电流,单位为A。

9. 定额(工作制)

定额(工作制)也就是电动机的工作方式,是指电动机正常运行的持续时间,一般分为连续制(S1)、断续制(S2~S10)。

10. 绝缘等级

绝缘等级是指直流电机制造时所用绝缘材料的耐热等级,一般有B级、F级、H级和C级。

11. 额定温升

额定温升是指电机在额定工况下运行时,电机所允许的工作温度减去绕组环境温度的数值,单位为K。

情境2　直流电机的电枢反应

职业能力:了解磁场分布情况,理解电枢反应的实质。

由直流电机基本工作原理可知,直流电机无论作为发电机运行还是作为电动机运行,都必须具有一定强度的磁场,所以磁场是直流电机进行能量转换的媒介。因此,在分析直流电机的运行原理以前,必须对直流电机中磁场的大小及分布规律等有所了解。

直流电机在工作过程中有主磁通产生的主磁极磁通势,也有电枢电流产生的电枢磁通势，电枢磁通势的存在必然影响主磁极磁通势产生的磁场分布，这种影响称为电枢反应。

为了研究电枢反应对直流电机特性的影响，必须研究直流电机的磁场。

子情境 1　直流电机的空载磁场

直流电机不带负载（即不输出功率）时的运行状态称为空载运行。空载运行时，电枢电流为零或近似等于零，所以空载磁场是指主磁极励磁磁通势单独产生的励磁磁场，亦称为主磁场。一台四极直流电机空载磁场的分布示意图如图 5.2.1 所示，为方便起见，只画出一半。

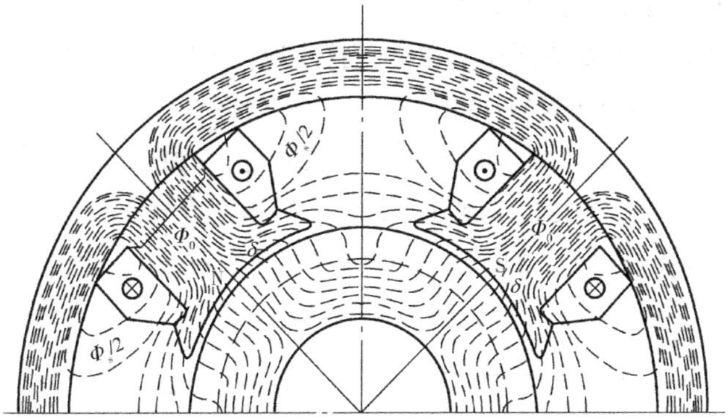

图 5.2.1　直流电机空载磁场分布示意图

1. 主磁通和漏磁通

图 5.2.1 表明，当励磁绕组通以励磁电流时，产生的磁通大部分由 N 极出来，经气隙进入电枢齿，通过电枢铁芯的磁轭（电枢磁轭），到达 S 极下的电枢齿，又通过气隙回到定子的 S 极，再经机座（定子磁轭）形成闭合回路。这部分与励磁绕组和电枢绕组都交链的磁通称为主磁通，用 Φ_0 表示。主磁通经过的路径称为主磁路。显然，主磁路由主磁极、气隙、电枢齿、电枢磁轭和定子磁轭等五部分组成。另有一部分磁通不通过气隙，直接经过相邻磁极或定子磁轭形成闭合回路，这部分仅与励磁绕组交链的磁通称为漏磁通，用 Φ_s 表示。漏磁通路径主要为空气，磁阻很大，所以漏磁通只有主磁通的 20% 左右。

2. 直流电机的空载磁化特性

直流电机运行时，要求气隙磁场每个磁极下有一定数量的主磁通，称为每极磁通 Φ，当励磁绕组的匝数 W_f 一定时，每极磁通 Φ 的大小主要决定于励磁电流 I_f。空载时，每极磁通 Φ_0 与空载励磁电流 I_{f0} 或空载励磁磁动势 F_{f0} 的关系 $\Phi_0=f(I_{f0})$ 或 $\Phi_0=f(F_{f0})$ 称为电机的空载磁化特性。由于构成主磁路的五部分当中有四部分是铁磁性材料，铁磁性材料磁化时的 B-H 曲线有饱和现象，磁阻是非线性的，所以空载磁化特性在 I_{f0} 较大时也出现饱和，如图 5.2.2 所示。为充分利用铁磁性材料，又不致使磁阻太大，电机的工作点一般选在磁化特性曲线开始转弯亦即磁路开始饱和的部分（图 5.2.2 中 A 点附近）。

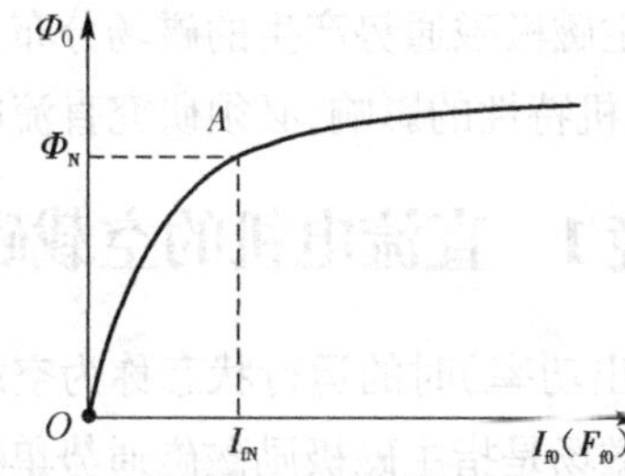

图 5.2.2 直流电机空载磁化特性曲线

3. 空载磁场气隙磁通密度分布曲线

主磁极的励磁磁动势主要消耗在气隙上，当近似地忽略主磁路中铁磁性材料的磁阻时，主磁极下气隙磁通密度的分布就取决于气隙 δ 的分布情况。一般情况下，磁极极靴宽度约为极距的 75%，如图 5.2.3（a）所示。磁极中心及其附近，气隙较小且均匀不变，磁通密度较大且基本为常数；靠近两边极尖处，气隙逐渐变大，磁通密度减小；超出极尖以外，气隙明显增大，磁通密度显著减小，在磁极之间的几何中性线处，气隙磁通密度为零，因此空载气隙磁通密度分布呈一个平顶波，如图 5.2.3（b）所示。

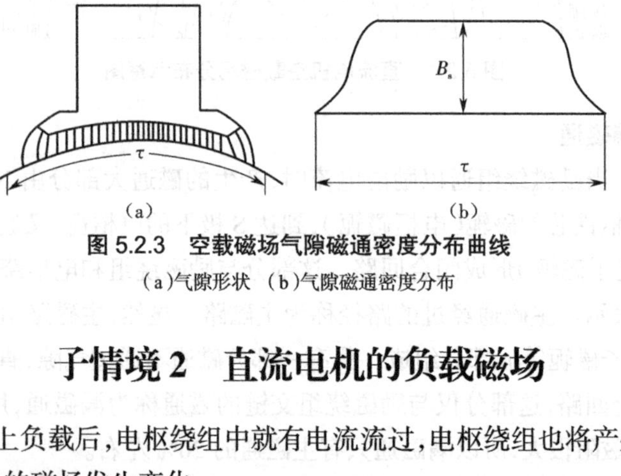

图 5.2.3 空载磁场气隙磁通密度分布曲线

（a）气隙形状 （b）气隙磁通密度分布

子情境 2 直流电机的负载磁场

当直流电机带上负载后，电枢绕组中就有电流流过，电枢绕组也将产生磁通势，称为电枢磁通势，使磁路里的磁场发生变化。

1. 电枢磁通势的分布情况

为了分析方便，把电机的气隙圆周展开成直线。把直角坐标系统放在电枢的表面上，横坐标表示沿气隙圆周方向的空间距离，用 x 表示，坐标原点放在电刷所在位置，纵坐标表示气隙消耗的磁通势的大小，用 F 表示，并规定磁通势出电枢、进定子的方向作为磁通势的正方向，进电枢、出定子的方向作为磁通势的反方向。

有了坐标，并规定了磁通势的正方向，就能画出气隙的磁通势波形。图 5.2.4（a）为一个单匝元件 1-1′ 通入直流电流 I_a 产生磁感线的情况。当元件中流过的电流为 I_a，元件匝数为 N_y 时，元件产生的磁通势为 N_yI_a。若忽略电枢铁芯磁阻，则全部磁通势均消耗在气隙里，每段气隙消耗的磁通势为 $N_yI_a/2$。根据磁通势正方向的规定可绘制出一个元件产生的气隙磁通势分布，如图 5.2.4（b）所示。

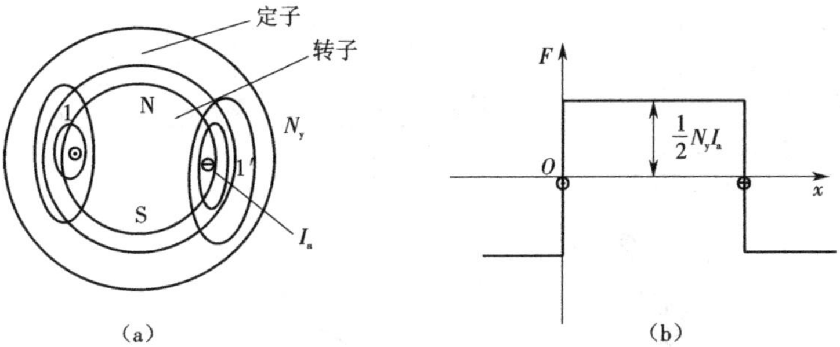

图 5.2.4　单匝电枢元件产生的磁通势分布图形

(a)磁感线分布　(b)磁通势分布

如果在电枢上放了多个整距元件，它们依次排列在电枢的表面上（图 5.2.5(a)），每个整距元件的串联匝数均为 N，每个元件中都流过同一电流 I_a，则每一个元件产生的磁通势与图 5.2.4(b)所示的磁通势波形完全相同，只是位置要错开一段距离，把这些整距元件的矩形波磁通势逐点相加，就得到图 5.2.5(b)所示的阶梯波形。从图中可以看出，合成总磁通势的幅值所在的位置，正好处于元件中电流改变方向的地方。

如果在电枢表面上有无穷多个整距元件，元件中电流均是 I_a，则产生的合成总磁通势是三角波形，如图 5.2.5(c)所示。三角波磁通势的最大值所在的位置也是元件中电流改变方向的地方。

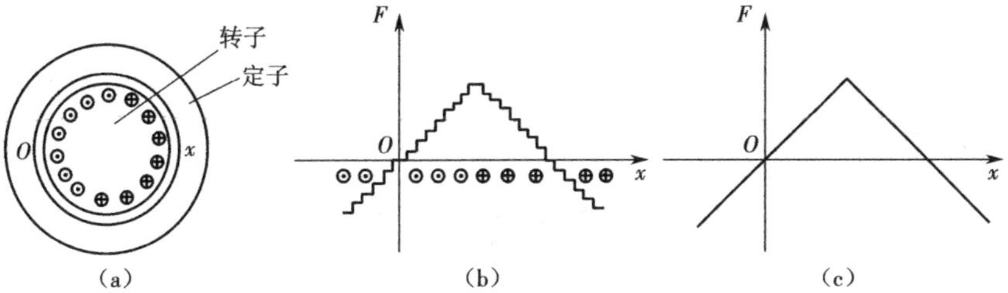

图 5.2.5　电枢元件产生的磁通势示意图

(a)多个整距元件　(b)多个元件产生的磁通势　(c)无限个元件产生的磁通势

我们知道，在直流电机中，同一个支路里的电流大小相等、方向相同。另外，从单叠绕组并联支路图可以看出，支路与支路之间是经过电刷分界的。尽管绕组展开图中电刷放在主磁极中心线上，从原理上看，相当于把电刷放在电枢电流改变方向的地方。以后为了清楚起见，都认为电刷是这样放置的，并说成是电刷放在电机几何中心线处。

2. 电枢磁通势单独产生的气隙磁通密度分布

图 5.2.6(a)是一台电刷放在几何中心线位置的两极直流电机。已知励磁绕组中没有励磁电流，只在电枢绕组中通入电枢电流。根据前面的分析，认为直流电机电枢上分布有无穷多个整距元件，电枢电流产生的磁通势在气隙圆周方向空间呈三角波形分布，如图 5.2.6(b)曲线 F_{ax} 所示。这个呈三角形分布的电枢磁通势作用在磁路上，就会产生气隙磁通密度。

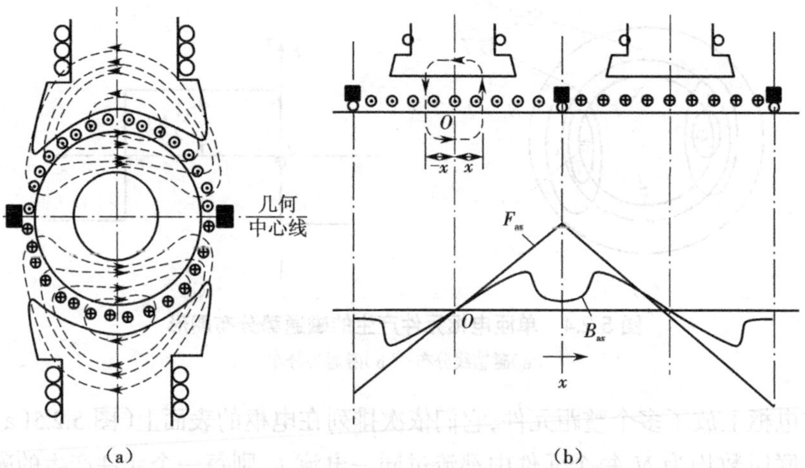

图 5.2.6　电刷在几何中心线上的电枢磁通势和磁场

(a)电枢磁场　(b)电枢磁通势和磁场的分布

为了简单起见,可忽略铁芯材料的磁阻,磁通密度与磁通势的关系为

$$B_{ax}=\mu_0\frac{F_{ax}}{\delta_x} \tag{5.2.1}$$

式中:B_{ax} 为在 x 处的气隙磁通密度;F_{ax} 为在 x 处的电枢磁通势;δ_x 为在 x 处的气隙长度。

由于在主磁极下气隙长度 δ_x 基本不变,电枢磁通势产生的气隙磁通密度只随磁通势大小而成正比变化。在两个主磁极之间,虽然磁通势增加快,但气隙长度增加得更快,致使气隙磁阻迅速增加,而气隙密度在两主磁极间减小。综合上述分析可知,气隙中由电枢产生的磁通密度为对称的马鞍形,如图 5.2.6(b)曲线 B_{ax} 所示。

子情境 3　直流电机的电枢反应

当励磁绕组中有励磁电流,电机带负载后,气隙中的磁场是励磁磁场和电枢磁场共同作用的结果。电枢磁通势对气隙磁密分布的影响称为电枢反应。

从对电枢磁场的分析可知,电枢磁通势的幅值位于电枢表面导体中的电流方向改变处,即电刷所在的位置,如图 5.2.6(b)所示。显然,电枢反应与电刷的位置有关,下面以直流发电机为例,分别讨论电刷位置不同时的电枢反应。

1. 电刷在几何中心线上的电枢反应

为了分析电枢磁通势对主磁场的影响,在图 5.2.6 的基础上标明主磁极极性,因为是直流发电机,导体电动势与电流方向相同,用右手定则判定电枢转向为逆时针方向,这样就得到了图 5.2.7,图中 B_{0x} 为主磁场的磁通密度分布曲线, B_{ax} 为电枢的磁通密度分布曲线,将 B_{0x} 与 B_{ax} 沿电枢表面逐点相加,便得到负载时气隙磁场 $B_{\delta x}$ 的分布曲线。

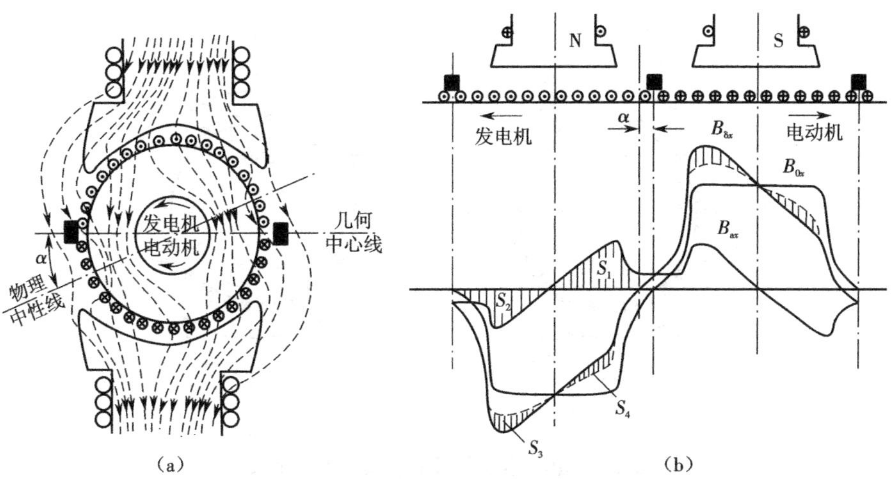

图 5.2.7　电刷在几何中心线上的电枢反应

(a)磁场分布　(b)磁通密度波形分布

综上所述,电刷位于几何中心线上时,电枢反应具有如下特点。

(1)使气隙磁场发生畸变。电机中 N 极与 S 极的分界线称为物理中性线。在物理中性线处,磁场为零。半个极下磁场削弱,半个极下磁场加强。对发电机而言,前极端(电枢进入端)的磁场削弱,后极端(电枢离开端)的磁场加强;对电动机而言,则与发电机相反。气隙磁场的畸变使物理中性线偏离几何中性线。对发电机而言是顺旋转方向偏离,对电动机而言,是逆旋转方向偏离。

(2)对主磁场有去磁作用。在磁路不饱和时,主磁极磁场被削弱的数量恰好等于被加强的数量(图 5.2.7(b)中的面积 S_1 和 S_2),因此负载时每极下的合成磁通与空载时相同。但是如前所述,电机一般运行于磁化曲线的转折部分,不可能处于磁化曲线的直线部分,因此主磁极的增磁部分因磁通密度增加而使饱和程度提高,铁芯磁阻增大,从而使实际的合成磁场曲线比不饱和时要低,增加的磁通要少些;主磁极的去磁部分因磁通密度减小而使饱和程度降低,铁芯磁阻减小,与不饱和时相比,减小的磁通要小些。由于磁阻变化的非线性,磁阻的增加比磁阻的减小要大些,增加的磁通就会小于减小的磁通,因此负载时每极磁通比空载时每极磁通略有减少,这种去磁作用完全是由于磁路饱和引起的,称为附加的去磁作用。

因为电刷位于几何中心线时,电枢磁通势是一个交轴磁通势,因此上述两点也就是交轴电枢反应的性质。

2. 电刷不在几何中心线上的电枢反应

假设电刷从几何中心线顺电枢转向移动 β 角,相当于在电枢表面移过 b_β 的距离,如图 5.2.8(a)所示。因为电刷是电枢表面导体电流方向的分界线,故电刷移动后,电枢磁通势轴线也随之移动 β 角,这时电枢磁通势可分解为两个相互垂直的分量。其中,由 $\tau-2b_\beta$ 范围内的导体中电流所产生的磁通势,其轴线与主磁极轴线相垂直,称为交轴电枢磁通势 F_{aq};由 $2b_\beta$ 范围内的导体中电流所产生的磁通势,其轴线与主磁极轴线相重合,称为直轴电枢磁通势 F_{ad}。

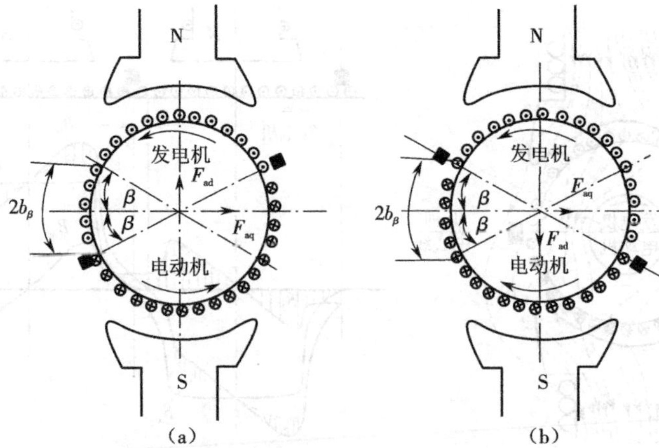

图 5.2.8　电刷不在几何中心线上的电枢反应

(a)电刷顺电枢转向移动 β 角　(b)电刷逆电枢转向移动 β 角

这样当电刷不在几何中心线时,电枢反应将分为交轴电枢反应和直轴电枢反应两部分。交轴电枢反应的性质已在前面作了分析。直轴电枢反应的磁通势和主磁极轴线重合,因此若 F_{ad} 和主磁极磁场方向相同,则起增磁作用;若 F_{ad} 和主磁极磁场方向相反,则起去磁作用。显然,对于发电机而言,当电刷顺电枢转向移动时, F_{ad} 起去磁作用;而当电刷逆电枢转向移动时, F_{ad} 起增磁作用。而对于电动机而言,若保持主磁场的极性和电枢电流的方向不变,则可看出电动机的转向将与作发电机运行时的转向相反。因此,对直流电动机而言,当电刷顺电枢转向移动时,F_{ad} 起增磁作用;当电刷逆电枢转向移动时,F_{ad} 起去磁作用。

情境 3　直流电机的电枢电动势和电磁转矩

职业能力:掌握电枢电动势和电磁转矩公式,理解公式的物理意义。

子情境 1　直流电机的电枢电动势

电枢绕组的感应电动势是指直流电机正、负电刷之间的感应电动势,也就是电枢绕组一条并联支路的电动势。电枢旋转时,电枢绕组元件边内的导体切割磁力线产生感应电动势,由于气隙合成磁密在一个极下的分布不均匀,所以导体中感应电动势的大小是变化的。为分析推导方便起见,可把磁通密度看成是均匀分布的,并取每个极下气隙磁通密度的平均值 B_{av},从而可得一根导体在一个极距范围内切割气隙磁通密度产生的感应电动势的平均值 e_{av},其表达式为

$$e_{av}=B_{av}lv$$

式中: B_{av} 为一个极下气隙磁通密度的平均值,称为平均磁通密度, $B_{av}=\dfrac{\Phi}{\tau l}$; l 为电枢导体的有效长度(槽内部分);v 为电枢表面的线速度,$v=\dfrac{n}{60}2p\tau$。

设电枢绕组总的导体数为 N,支路数为 a,则每一条并联支路总的串联导体数为 $N/$

（$2a$），因而电枢绕组的感应电动势为

$$E_a = \frac{N}{2a} e_{av} = \frac{N}{2a} \cdot \frac{2p}{60} \Phi n = \frac{pN}{60a} \Phi n = C_e \Phi n \tag{5.3.1}$$

式中：$C_e = \frac{pN}{60a}$，对已经制造好的电机，其是一个常数，称为直流电机的电动势常数。

当每极磁通 Φ 的单位为 Wb，转速 n 的单位为 r/min 时，感应电动势 E_a 的单位为 V。

式（5.3.1）表明：对已制成的电机，电枢电动势 E_a 与每极磁通 Φ 和转速 n 成正比。如果电枢绕组是短距绕组（$y_1<\tau$），电枢电动势将稍有减小，因为一般短距不大，影响很小，可以不予考虑。式（5.3.1）中的 Φ 一般是指负载时气隙合成磁场的每极磁通。

子情境 2　直流电机的电磁转矩

电枢绕组中流过电枢电流 I_a 时，元件的导体中流过支路电流 I，成为载流导体，在磁场中受到电磁力的作用。电磁力 f 的方向按左手定则确定，一根导体所受电磁力的大小为

$$f=BlI$$

如果仍把气隙合成磁场看成是均匀分布的，气隙磁密用平均值 B_{av} 表示，则每根导体所受电磁力的平均值为

$$f_{av}=B_{av}lI$$

一根导体所受电磁力形成的电磁转矩的大小为

$$T = f_{av} \frac{D}{2}$$

式中：D 为电枢外径。

不同极性磁极下的电枢导体中电流的方向不同，所以电枢所有导体产生的电磁转矩方向不是一致的，因而电枢绕组的电磁转矩等于一根导体电磁转矩的平均值 T_{em} 乘以电枢绕组总的导体数 N，即

$$T_{em} = \frac{pN}{2\pi a} I_a \Phi = C_T I_a \Phi \tag{5.3.2}$$

式中：$C_T = \frac{pN}{2\pi a}$，对已制成的电机，其是一个常数，称为直流电机的转矩常数。

当磁通的单位为 Wb，电流的单位为 A 时，电磁转矩 T_{em} 的单位为 N·m。

式（5.3.2）表明：对已制成的电机，电磁转矩与每极磁通和电枢电流成正比。

电枢电动势 $E_a=C_e n\Phi$ 和电磁转矩 $T_{em}=C_T I_a \Phi$ 是直流电机两个重要的公式。对于同一台直流电机，电动势常数 C_e 和转矩常数 C_T 之间具有确定的关系：

$$C_T = \frac{pN}{2\pi a} = \frac{60}{2\pi} C_e = 9.55 C_e$$

或者

$$C_e = \frac{pN}{60a} = \frac{2\pi}{60} C_T = 0.105 C_T$$

情境 4　直流电机的换向

职业能力：了解换向的含义，了解换向不良的后果，掌握改善换向的方法。

换向是直流电机中一个非常重要的问题，直流电机的换向不良，将会造成电刷与换向器之间产生电火花，严重的还会使电机烧毁。所以，需要讨论影响换向的因素以及产生电火花的原因，进而采取有效的方法改善换向，保障电机的正常运行。

子情境 1　换向的过程

直流电机运行时，电枢绕组的元件旋转，从一条支路经过固定不动的电刷短路后进入另一条支路，元件中的电流方向将改变，这一过程称为换向，如图 5.4.1 所示。

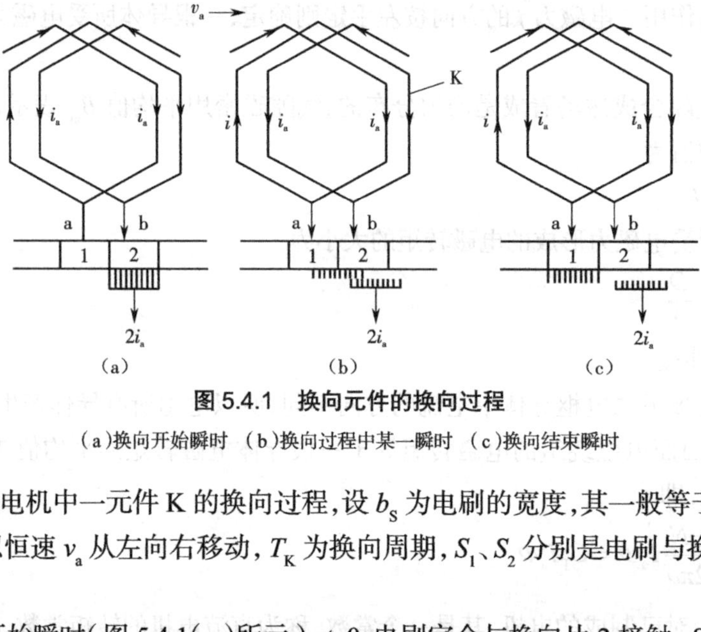

图 5.4.1　换向元件的换向过程

(a)换向开始瞬时　(b)换向过程中某一瞬时　(c)换向结束瞬时

图 5.4.1 是电机中一元件 K 的换向过程，设 b_S 为电刷的宽度，其一般等于一个换向片的宽度 b_K，电枢以恒速 v_a 从左向右移动，T_K 为换向周期，S_1、S_2 分别是电刷与换向片 1、2 的接触面积。

(1)换向开始瞬时(图 5.4.1(a)所示)，t=0，电刷完全与换向片 2 接触，S_1=0，S_2 为最大，换向元件 K 位于电刷的左边，属于左侧支路元件之一，元件 K 中流过的电流 $i=+i_a$，由相邻两条支路而来的电流为 $2i_a$，经换向片 2 流入电刷。

(2)在换向过程中(图 5.4.1(b)所示)，$t=T_K/2$，电枢转到电刷与换向片 1、2 各接触一部分，换向元件 K 被电刷短路，按设计希望此时换向元件 K 中的电流 i=0，由相邻两条支路而来的电流为 $2i_a$，经换向片 1、2 流入电刷。

(3)换向结束瞬时(图 5.4.1(c)所示)，$t=T_K$，电枢转到电刷完全与换向片 1 接触，S_1 为最大，S_2=0，换向元件 K 位于电刷右边，属于右侧支路元件之一，元件 K 中流过的电流 $i=-i_a$，由相邻两条支路而来的电流为 $2i_a$，经换向片 1 流入电刷。

随着电机的运行，每个元件轮流经历换向过程，周而复始，连续进行。

子情境 2　影响换向的因素

换向问题很复杂，换向不良会在电刷与换向片之间产生火花，当火花大到一定程度时，有可能损坏电刷和换向器表面，从而使电机不能正常工作。但也不能说直流电机运行时，一点火花也不许出现，详细情况参阅我国有关国家技术标准的规定。

产生火花的原因是多方面的，除电磁原因外，还有机械原因，换向过程中还伴随有电化学和电热学现象，所以相当复杂。

影响换向的因素是多方面的，有机械因素、化学因素，但最主要的是电磁因素。其中，机械方面可通过改善加工工艺解决，化学方面可通过改善环境解决，电磁方面主要是换向元件 K 中附加电流 i_K 的出现造成的，下面分析产生 i_K 的原因。

1. 理想换向（直线换向）

换向过程所经过的时间（即换向周期 T_K）极短，只有几毫秒，如果换向过程中换向元件 K 中没有附加其他的电动势，则换向元件 K 的电流 i 均匀地从 $+i_a$ 变化到 $-i_a$（$+i_a \to 0 \to -i_a$），如图 5.4.2 中曲线 1 所示，这种换向称为理想换向，也称为直线换向。

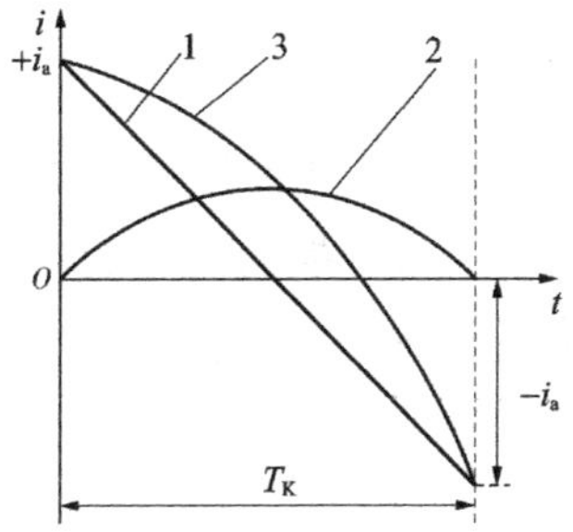

图 5.4.2　直线换向与延迟换向

2. 延迟换向

电机换向希望是理想换向，但由于影响换向的主要因素——电磁因素的存在，使得换向不能达到理想状态，而出现了延迟换向，并引起了火花。电磁因素的影响有电抗电动势以及电枢反应电动势两种情况。

1）电抗电动势 e_X

电抗电动势又可分为自感电动势 e_L 与互感电动势 e_M。由于换向过程中，换向元件 K 内的电流变化，按照楞次定律将在元件 K 内产生自感电动势 $e_L=-L\mathrm{d}i_a/\mathrm{d}t$；另外，其他元件的换向将在元件 K 内产生互感电动势 $e_M=-M\mathrm{d}i_a/\mathrm{d}t$，则

$$e_X=e_L+e_M$$

电抗电动势 e_X 总是阻碍换向元件内电流 i 的变化，即 e_X 与换向前电流 $+i_a$ 方向相同，即阻碍换向电流减少的变化。

2）电枢反应电动势（旋转电动势）e_V

电机负载时，电枢反应使气隙磁场发生畸变，几何中性线处磁场不再为零，这时处在几何中性线上的换向元件 K 将切割该磁场，而产生电枢反应电动势 e_V；为电动机时，物理中性

线逆着旋转方向偏离一角度，按右手定则，可确定 e_V 的方向，即 e_V 与换向前电流 $+i_a$ 方向相同，如图 5.4.3 所示。

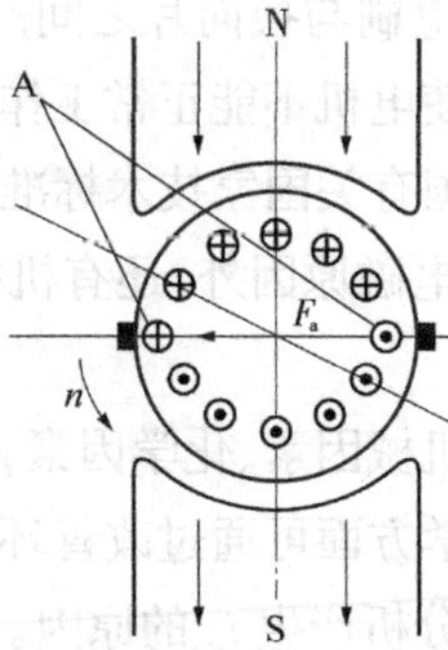

图 5.4.3 换向元件 K 中产生的电枢反应电动势

3）附加电流 i_K

元件换向过程中将被电刷短接，除了换向电流 i 外，由于 e_X 与 e_V 的存在，还产生了附加电流 i_K，即

$$i_K=(e_X+e_V)/(R_1+R_2)$$

式中：R_1、R_2 分别为电刷与换向片 1、2 的接触电阻。

i_K 与 e_X+e_V 方向一致，并且都阻碍换向电流的变化，即与换向前电流 $+i_a$ 方向相同。i_K 的变化规律如图 5.4.2 中曲线 2 所示。这时换向元件的电流是曲线 1 与 2 的叠加，即如图 5.4.2 中曲线 3 所示。可见，使换向元件中的电流从 $+i_a$ 变化到零所需的时间比直线换向存在延迟，所以称为延迟换向。

4）附加电流对换向的影响

由于 i_K 的出现破坏了直线换向时电刷下电流密度的均匀性，从而使后刷端电流密度增大而导致过热，前刷端电流密度减小，如图 5.4.4 所示。在换向结束，即换向元件 K 的换向片脱离电刷的瞬间，i_K 不为零，换向元件 K 中储存的一部分磁场能量（$L_K i_K^2/2$）就以火花的形式在后刷端放出，这种火花称为电磁性火花。当火花强烈时，将灼伤换向器材和烧坏电刷，最终导致电机不能正常运行。

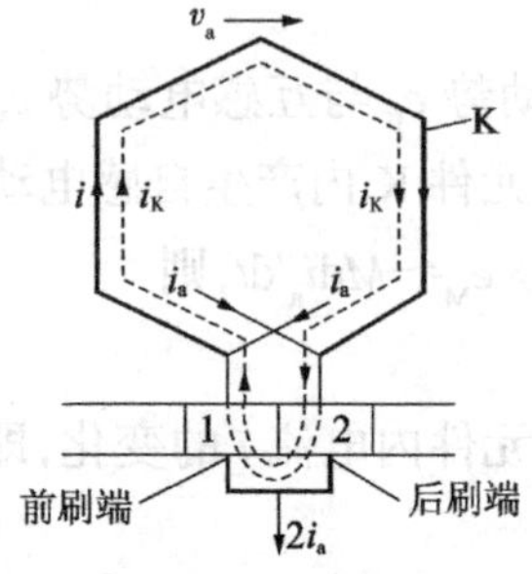

图 5.4.4 延迟换向时附加电流的影响

子情境 3　改善换向的方法

产生火花的电磁原因是换向元件中出现了附加电流 i_K，因此要改善换向，就得从减小甚至消除附加电流 i_K 着手。

1. 选择合适的电刷

从 $i_K=(e_X+e_V)/(R_1+R_2)$ 可见，当 e_X+e_V 一定时，可以选择接触电阻（R_1，R_2）较大的电刷，从而通过减小附加电流来改善换向。但它又会引起损耗增加，电阻压降增大，发热加剧，电刷允许流过的电流密度减小，这就要求应同时增大电刷面积和换向器的尺寸。因此，选用电刷必须根据实际情况全面考虑，在维修或更换电刷时，要注意选用原牌号电刷。若无相同牌号的电刷，应选择性能接近的电刷，并全部更换。

2. 移动电刷位置

如将直流电机的电刷从几何中性线 $n—n$ 移动到超过物理中性线 $m—m$ 的适当位置，如图 5.4.5（a）中 $v—v$ 所示，换向元件位于与电枢磁场极性相反的主磁极下，则换向元件中产生的旋转电动势为一负值，使（e_X+e_V）≈ 0，i_K ≈ 0，电机便处于理想换向状态。所以，对直流电动机应逆着旋转方向移动电刷，如图 5.4.5（a）所示。但是，电动机负载一旦发生变化，电枢反应强弱也就随之发生变化，物理中性线偏离几何中性线的位置也就随之发生变化，这就要求电刷的位置应作相应的重新调整，这在实际中很难做到。因此，这种方法只有在小容量电机中才采用。

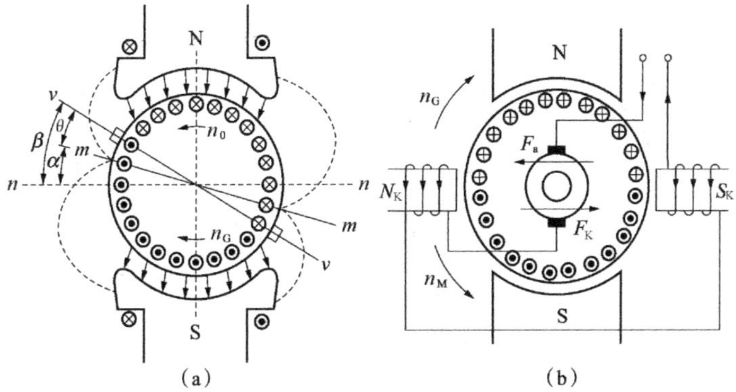

图 5.4.5　改善换向的方法

（a）移动电刷位置　（b）安装换向极

3. 安装换向极

直流电机容量在 1 kW 以上时，一般均装有换向极，这是改善换向最有效的方法，换向极安装在相邻两主磁极之间的几何中性线上，如图 5.4.5（b）所示。改善换向的作用是在换向区域（几何中性线附近）建立一个与电枢磁动势 F_a 相反的换向极磁动势 F_K，它除了抵消换向区域的电枢磁动势 F_a（使 $e_V=0$）之外，还要建立一个换向极磁场，使换向元件切割换向极磁场产生一个与电抗电动势 e_X 大小相等、方向相反的电动势 e'_V，使得 $e'_V+e_X=0$，则 $i_K=0$，成为理想换向。

为了使换向极磁动势产生的电动势随时抵消 e_X 和 e_V，换向极绕组应与电枢绕组串联，这时流过换向极绕组的电流 i_a 产生的磁动势与 i_a 成正比，且与电枢磁动势方向相反，便可随时抵消。

换向极极性应首先根据电枢电流方向，用右手螺旋定则确定电枢磁动势轴线方向，然后应保证换向极产生的磁动势与电枢磁动势方向相反，从而互相抵消，即电动机换向极极性应与顺着电枢旋转方向的下一个主磁极极性相反，如图 5.4.5(b)所示。

4. 补偿绕组

对大容量和工作繁重的直流电机，会在主磁极极靴上专门冲出一些均匀分布的槽，槽内嵌放一种所谓的补偿绕组，如图 5.4.6(a)所示。补偿绕组与电枢绕组串联，因此补偿绕组的磁动势与电枢电流成正比，并且补偿绕组的连接使其磁动势方向与电枢磁动势相反，以保证在任何负载情况下都能抵消电枢磁动势，从而减少由电枢反应引起气隙磁场的畸变。电枢反应不仅给换向带来困难，而且在极弧下增磁区域内可使磁通密度达到很大数值。当元件切割该处磁通密度时，会感应出较大的电动势，致使处于该处换向片间的电位差较大。当这种换向片间电位差的数值超过一定限度时，就会使换向片间的空气游离而击穿，在换向片间产生电位差火花。在换向不利的条件下，若电刷与换向片间发生的火花延伸到换向片间电压较大处，与电位差火花连成一片，将导致正、负电刷之间有很长的电弧连通，造成换向器整个圆周上发生环火以致烧坏换向器，如图 5.4.6(b)所示。所以，直流电机中安装补偿绕组也是保证电机安全运行的措施，但由于其结构复杂、成本较高，一般在直流电机中不采用。

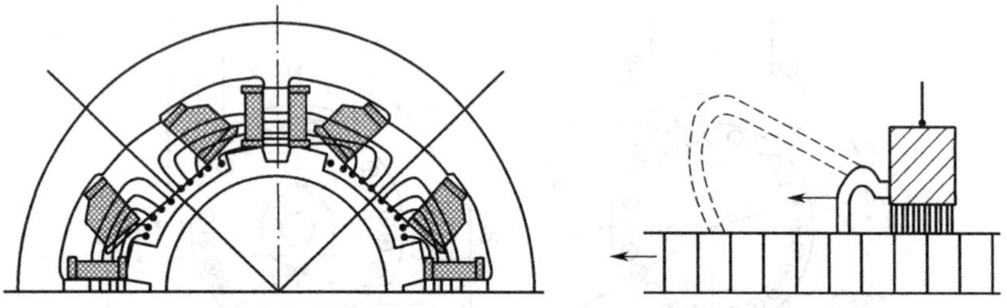

(a)　　　　　　　　　　(b)

图 5.4.6　补偿绕组和环火

(a)补偿绕组　(b)环火

情境 5　直流发电机

职业能力：了解直流发电机的励磁方式及电枢电动势、电压平衡方程式、电磁转矩方程式，掌握他励发电机的运行特性和并励发电机的外特性。

由前面介绍的直流电机原理可知，当用原动机拖动直流电机运行并满足一定的发电条件时，直流电机即可发出直流电，并供给直流负载，此时的电机作为发电机运行，称其为直流发电机。

子情境 1　直流发电机的励磁方式

直流电机在发电状态下运行，除需要原动机拖动处，还需要供给励磁绕组电流。供给励磁绕组电流的方式称为励磁方式，直流发电机的励磁方式分为他励和自励两大类，如图 5.5.1 所示。发电机的励磁电流由其他直流电源单独供给的称为他励发电机。发电机的励磁电流由发电机自身供给的称为自励发电机。自励发电机根据励磁绕组与电枢绕组的连接方式又可分为并励发电机、串励发电机和复励发电机三种。并励发电机的励磁绕组与电枢绕组并联，串励发电机的励磁绕组与电枢绕组串联，复励发电机是并励和串励两种励磁方式的结合。复励发电机又分为积复励发电机和差复励发电机，积复励发电机又分为平复励、过复励和欠复励三种。

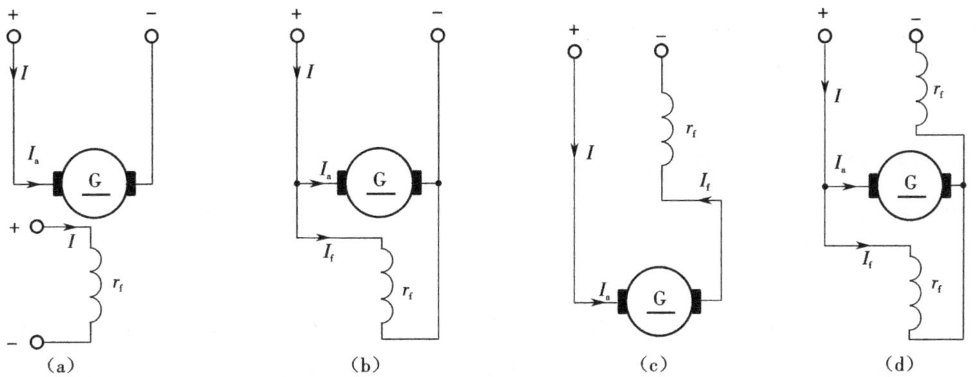

图 5.5.1　直流发电机的励磁方式

(a)他励发电机　(b)并励发电机　(c)串励发电机　(d)复励发电机

子情境 2　直流发电机的基本方程式

直流发电机的基本方程式包括电枢电动势公式、电动势平衡方程式、电磁转矩公式、电磁转矩平衡方程式、励磁特性公式和功率平衡方程式。在列写直流发电机的基本方程式之前，各有关物理量如电压、感应电动势、电流、转矩等都应事先规定好正方向。直流发电机的各物理量的正方向规定是任意的，但一旦规定好后就不应再改变，所有的方程式均按正方向的规定进行列写。图 5.5.2 所规定的正方向称为发电机惯例。规定好正方向后，如果物理量的瞬时值方向与所标定的正方向相同则取正号，否则取负号。

1. 电动势平衡方程式

根据图 5.5.2 中所标定的发电机惯例，电枢电动势为

$$E_a=C_e n\Phi \tag{5.5.1}$$

应用基尔霍夫电压定律，可得电动势平衡方程式为

$$E_a=U+2\Delta U_b+R_\Sigma I_a \tag{5.5.2}$$

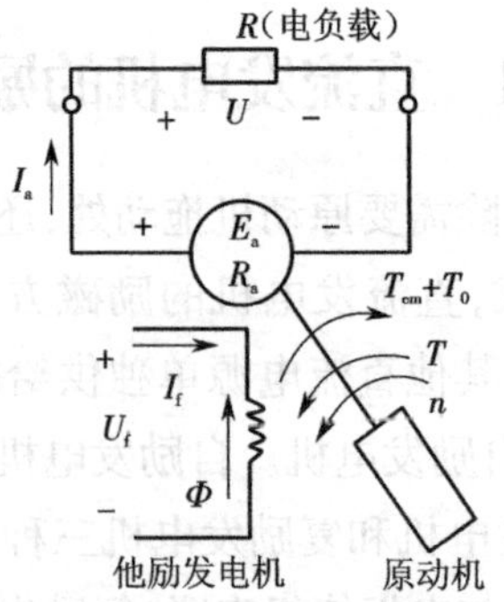

图 5.5.2　发电机惯例

式中：$R_\Sigma I_a$ 为电枢电流在电枢回路串联的各绕组（包括电枢绕组、换向极绕组和补偿绕组等）总电阻上的压降；$2\Delta U_b$ 为正、负电刷与换向器表面的接触压降，在稳态运行时对不同材料的电刷有不同的数值，一般石墨电刷 $2\Delta U_b$=2 V。

在实际应用中，不单独考虑 $2\Delta U_b$ 的作用，而是把它归入电枢回路总电阻中，则有

$$E_a=U+R_aI_a \tag{5.5.3}$$

2. 电磁转矩和转矩平衡方程式

电磁转矩为

$$T_{em}=\frac{pN}{2\pi a}I_a\varPhi=C_TI_a\varPhi \tag{5.5.4}$$

作用在直流发电机轴上的转矩有三个，即原动机输入给发电机的拖动转矩 T、电磁转矩 T_{em}、电机的机械摩擦以及铁损耗引起的空载转矩 T_0。电磁转矩与空载转矩均是制动性转矩，即与转速 n 的方向相反。根据图 5.5.2 所示，稳态运行时转矩平衡方程式为

$$T=T_{em}+T_0 \tag{5.5.5}$$

3. 励磁特性公式

直流发电机的励磁电流为

$$I_f=U_f/R_f \tag{5.5.6}$$

式中：R_f 和 U_f 分别为励磁绕组的总电阻和励磁绕组的励磁电压。

4. 功率平衡方程式

根据电压平衡方程式（5.5.3）有

$$E_aI_a=UI_a+R_aI_a^2$$

即达到电气上的平衡：

$$P_{em}=P_2+P_{Cua} \tag{5.5.7}$$

式中：P_{em} 为电磁功率；P_2 为直流发电机输出给负载的电功率；P_{Cua} 为电枢电阻损耗，称为铜损耗。

根据转矩平衡方程式（5.5.5）有

$$T\Omega=T_{em}\Omega+T_0\Omega$$

即达到机械上的平衡：

$$P_1=P_{em}+P_0 \tag{5.5.8}$$

式中：P_{em} 为电磁功率；P_1 为原动机输入机械功率；P_0 为发电机空载机械损耗。

电磁功率：

$$P_{em}=T_{em}\Omega=C_T\Phi I_a\Omega=\frac{pN}{2\pi a}\Phi I_a\cdot\frac{2\pi n}{60}$$
$$=\frac{pN}{60a}\Phi nI_a=C_e\Phi nI_a=E_aI_a$$

由式（5.5.7）和式（5.5.8）得理论上的功率平衡方程式为

$$P_1=P_{em}+P_0=P_2+P_{Cua}+P_0 \qquad (5.5.9)$$

实际的功率平衡方程式为

$$P_1=P_{em}+P_0=P_2+P_{Cua}+P_0+P_{Cub}+P_{Cuf}+P_{Fe}+P_S$$

令 $\sum P=P_{Cua}+P_0+P_{Cub}+P_{Cuf}+P_{Fe}+P_S$，并称为全损耗，其中 $P_0+P_{Cuf}+P_{Fe}+P_S$ 称为不变损耗，$P_{Cua}+P_{Cub}$ 称为可变损耗。发电机功率关系如图 5.5.3 所示。

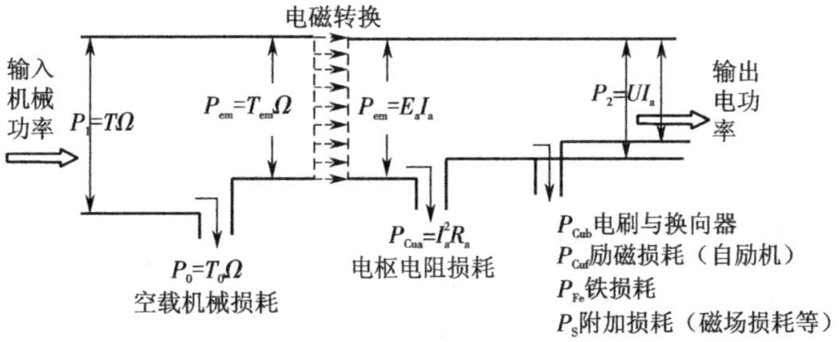

图 5.5.3　发电机功率关系图

发电机的效率用 η 表示，其定义为

$$\eta=\frac{P_2}{P_1}\times100\%=\frac{P_2}{P_2+\sum P}\times100\%$$

小容量发电机，η=75%~85%；大容量发电机，η=85%~93%。发电机的效率一般标在发电机的铭牌上。

子情境 3　他励发电机的运行特性

从直流发电机的基本方程式看出，有四个主要的物理量，它们的大小决定发电机的特性，这四个物理量是电机的端电压 U、励磁电流 I_f、负载电流 I、电机转速 n。当固定两个物理量，只研究其他两个物理量之间的变化关系时，称为电机的特性。一般比较关心直流发电机以下三种特性。

（1）负载特性：当转速 n、负载电流 I 为常数时，发电机输出端电压 U 与励磁电流 I_f 间的关系，称为负载特性。当负载电流 I=0 时，称为空载特性。

（2）外特性：当转速 n、励磁电流 I_f 为常数时，发电机输出端电压 U 与负载电流 I 间的关系，称为外特性。

（3）调节特性：当转速 n 一定时，保持输出端电压 U 不变，励磁电流 I_f 与负载电流 I 之间的关系，称为调节特性。

1. 他励直流发电机的空载特性

他励直流发电机的空载特性可用下式表示：

$$U=f(I_f)|_{I=0} \tag{5.5.10}$$

当发电机由原动机以恒定的转速拖动，负载电流为零时，改变励磁电流 I_f 的大小，测量发电机输出端的输出电压即可得到输出电压与励磁电流之间的关系，将所得到的数值量绘制在 I_f-U 坐标系中可得到空载特性曲线，如图 5.5.4 所示。

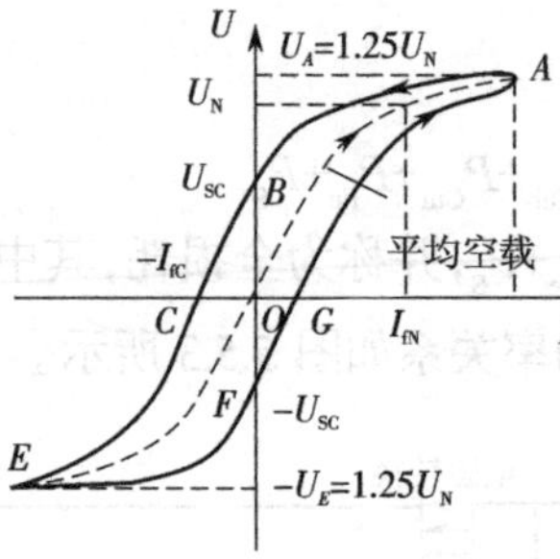

图 5.5.4　他励发电机的空载特性曲线

当负载电流为零时，输出端电压 U 与电枢绕组的空载感应电动势 E_0 相等，即 $U=E_0$。由于 $E_0=C_e\Phi_0 n$，因此空载特性实际上也就是 $E_0=f(I_f)$。由于 E_0 正比于 Φ_0，因此空载特性曲线的形状与空载磁化特性曲线相同。

由图 5.5.4 可以看出，直流发电机的空载特性是非线性的，而且上升与下降过程是不相等的。在实际中，通常选用平均特性曲线作空载特性曲线。另外，图 5.5.4 中给出的是励磁电流能够反向时的空载特性曲线，若励磁电流不能反向，则特性曲线只取上半部分。

2. 他励发电机的外特性

他励发电机的外特性可用下式表示：

$$U=f(I)|_{I_f=\text{常数}} \tag{5.5.11}$$

保持励磁电流为额定励磁电流，电机转速为额定转速，改变发电机负载的大小即改变负载电流，测量此时的电流与电压的对应数值，并绘制成曲线，即为他励发电机的外特性曲线，如图 5.5.5 所示。

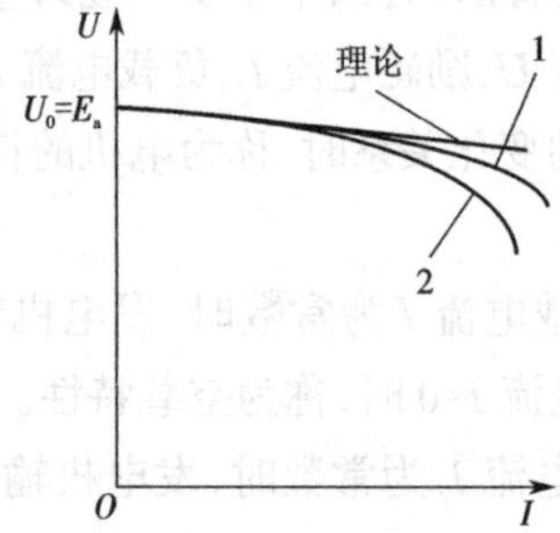

图 5.5.5　他励发电机的外特性曲线

从图 5.5.5 中可以看出，当电流增大时，输出端电压 U 会有所下降，根据发电机输出电

压公式 $U=C_e\Phi n-R_aI$ 可知,使电压下降的原因有两个:一个是在励磁电流不变的情况下,当负载电流增大时,电枢反应的去磁作用使每极磁通量减小,从而使电枢电动势减小;另一个是电枢回路电阻上的压降 R_aI 随着负载电流 I 的增加而增加,从而使输出端电压减小。图 5.5.5 中的 $U_0=C_e\Phi_N n_N$ 为理想空载电压,曲线 1 为他励发电机的外特性,曲线 2 为并励发电机的外特性。并励发电机的外特性曲线比他励发电机的外特性曲线要软,随负载电流增大下降得更快,这是因为并励发电机负载电流增加时,电枢反应使输出端电压下降,输出端电压的下降使励磁电流减小,每极磁通量进一步下降,使输出端电压进一步降低。

3. 他励发电机的调节特性

当转速 n 一定,负载电流变化时,通过调节励磁电流保持输出端电压不变,即 $I_f=f(I)|_{U=常数}$,称为发电机的调节特性,调节特性曲线如图 5.5.6 所示。

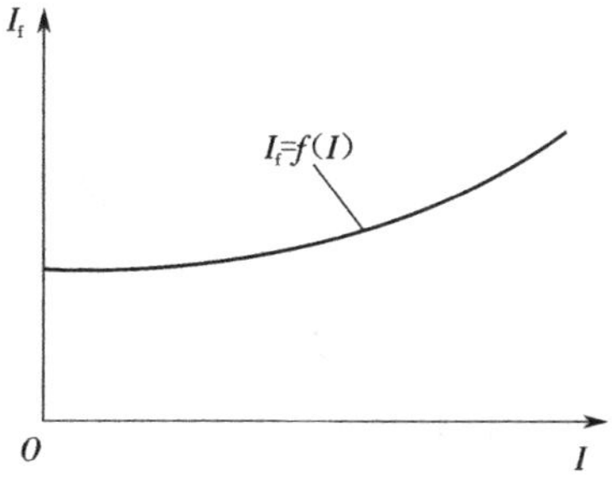

图 5.5.6　他励发电机的调节特性曲线

从图 5.5.6 中可以看出,要想在负载变化时,保持输出端电压不变,则必须改变励磁电流以补偿电枢反应及电阻压降对输出端电压的影响。

子情境 4　并励发电机的外特性

并励发电机的励磁电流由发电机自身的端电压提供,而端电压是在励磁电流的作用下建立的,这一点与他励发电机不同。并励发电机建立电压的过程称为自励过程。并励发电机不是在任何条件下都能建立电压的,并励发电机建立电压的条件称为自励条件。

1. 并励直流发电机的自励条件

如图 5.5.7 所示,当原动机带动发电机以额定转速旋转时,如果主磁极有剩磁,则电枢绕组切割此剩磁所产生的电动势为 E_r, E_r 在励磁回路产生励磁电流 I_a。如果电枢绕组与励磁绕组的相互连接正确, I_a 会在磁路里产生与剩磁方向相同的磁通,使主磁路里的磁通增加,于是在增强的磁通作用下电枢电动势会增加,电枢电动势的增加又会使励磁电流增加。如此不断增长,互相促进,直到到达稳定的平衡工作点 A。由 U_0 产生的励磁电流为 I_f,而 I_f 也是产生 U_0 的励磁电流,所以 A 点是一个稳定工作点。

如果励磁绕组的接法不合适,使励磁绕组中励磁电流产生的磁通与剩磁磁通的方向相反,则感应电动势将比剩磁电动势还要小,发电机将不能自励。另外,如果励磁回路中的电阻过大,自励也不能建立。

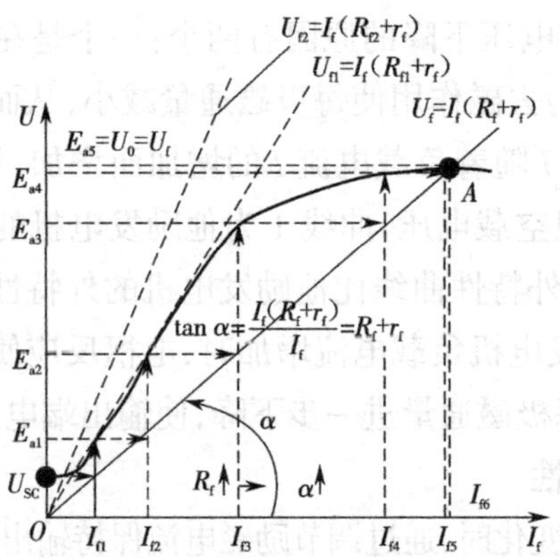

图 5.5.7 并励发电机的建压过程

在图 5.5.7 中，励磁曲线的斜率为

$$\tan\alpha = \frac{U_0}{I_f} = R_f + r_f \qquad (5.5.13)$$

式中：R_f 是励磁绕组的电阻，是固定不变的；r_f 是励磁回路外串的电阻，是可调的。

当增大 r_f 时，励磁曲线的斜率会增大；当 r_f 增大到一定值以后，再继续增大发 r_f，电机将不能自励，此时对应的 r_f 值称为临界电阻，用 R_{CT} 表示。

可见，并励直流发电机的自励条件有三个：

（1）电机的主磁路要有剩磁，如果电机没有剩磁，可用其他直流电源先给主磁极充磁；

（2）并联在电枢绕组两端的励磁绕组极性要正确，使励磁电流产生的磁通与剩磁磁通的方向相同；

（3）励磁回路的总电阻必须小于该转速下的临界电阻。

2. 并励直流发电机的空载特性

并励直流发电机的空载特性曲线，一般指用他励方法试验得出的空载特性曲线，由于并励发电机的励磁电压不能反向，所以它的空载特性曲线只作第一象限的即可。

3. 并励直流发电机的外特性曲线

并励直流发电机的外特性曲线见图 5.5.5 中的曲线 2。比较曲线 1 和 2 可以看出，并励时的电压变化率要比他励时大得多。这是因为在并励时，除了像他励时存在电枢反应去磁效应和电枢回路电阻的压降外，当端电压降低时还会引起励磁电流的减小，进一步使端电压降低。

4. 并励直流发电机的调节特性

并励发电机的电枢电流比他励发电机仅多了一个励磁电流，所以其调节特性与他励发电机相差不大。

情境 6 直流电动机

职业能力：了解直流电机的可逆性原理，了解电动机的基本方程，掌握电动机转速特性、转矩特性。

子情境 1　直流电机的可逆运行

直流电机在一定的条件下，可作为发电机运行，把机械能转变为电能供给直流负载；而在另外的条件下，又可把电能转换为机械能拖动机械负载，这就是直流电机的可逆原理。

1. 直流电机的可逆原理

现以他励直流电机为例，说明直流电机的可逆原理。把一台他励直流发电机并联在直流电网上运行，电网电压保持不变，电机中各物理量的正方向如图 5.5.2 所示。

直流电机作为发电机运行时，电机的功率关系和转矩关系分别为 $P_1=P_{em}+P_0$ 和 $T=T_{em}+T_0$，把输入的机械功率 P_1 转变为电功率输送给电网，电磁转矩 T_{em} 与原动机拖动转矩 T 的方向相反，故为制动转矩。

保持这台发电机的励磁电流不变，减小它的输入机械功率 P_1，此时发电机的转速下降。由于电网电压不变，当转速 n 减小到一定值时，使得电枢电动势 E_a 与电网电压 U 相等，即 $E_a=U$，此时电枢电流为零，发电机输出的电功率也为零，原动机输入的机械功率仅用来补偿电机的空载损耗。继续降低原动机的转速，电枢电动势将小于电网电压，电枢电流将反向，这时电网向电机输入电功率，电机进入电动状态作为直流电动机运行。

同理，上述的物理过程也可以反过来，即电机从电动状态转变到发电状态。一台电机即可作为发电机运行，又可作为电动机运行，这就是直流电机的可逆原理。

可见，直流电机的运行状态取决于所连接的机械设备及电源等外部条件，当电机作为电动机运行时，电磁功率转换为机械功率拖动机械负载；当电机作为发电机运行时，机械功率转换为电磁功率供给直流负载。当电机作为电动机运行时，电磁转矩为拖动性转矩；当电机作为发电机运行时，电磁转矩为制动性转矩。

2. 直流电动机的基本方程式

根据电动机惯例，电动机的基本方程式如下：

$$E_a=C_e\Phi n \tag{5.6.1}$$

$$U=E_a+R_aI_a \tag{5.6.2}$$

$$T_{em}=C_T\Phi I_a \tag{5.6.3}$$

$$T_{em}=T_2+T_0 \tag{5.6.4}$$

把式（5.6.2）两边同时乘以 I_a，可得功率平衡方程式：

$$P_1=P_{em}+P_{Cua} \tag{5.6.5}$$

式中：$P_1=UI_a$ 为直流电源输入给电机的电功率；$P_{em}=E_aI_a$ 为电磁功率；$P_{Cua}=R_aI_a^2$ 为电枢回路铜损耗。

把式（5.6.4）两边同时乘以 Ω，可得

$$\Omega T_{em}=\Omega T_2+\Omega T_0$$

即

$$P_{em}=P_2+P_0 \tag{5.6.6}$$

式中：$P_{em}=\Omega T_{em}$ 为电磁功率；$P_2=\Omega T_2$ 为电机输出的机械功率；$P_0=\Omega T_0$ 为空载机械损耗。

综合上述各式可得

$$P_1=P_{em}+P_{Cua}=P_2+P_{Cua}+P_{me}+P_{Fe}+P_{ad}=P_2+\sum P \tag{5.6.7}$$

式中：P_{ad} 为附加损耗。

直流电动机的功率关系图如图 5.6.1 所示。

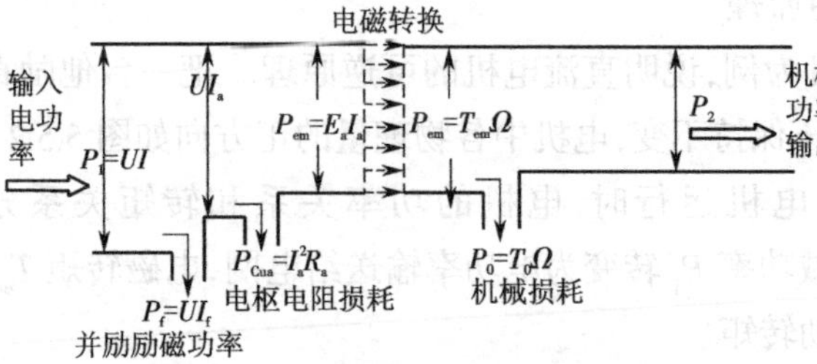

图 5.6.1　直流电动机功率关系图

直流电动机的效率用 η 表示，其定义为

$$\eta=\frac{P_2}{P_1}\times100\%=1-\frac{\sum P}{P_2+\sum P}\times100\% \tag{5.6.8}$$

中容量电动机，η=75%~85%；大容量电动机，η=85%~95%。电动机的效率一般标在铭牌上。

子情境 2　直流电动机的工作特性

直流电动机的工作特性是指供给电机额定电压 U_N、额定励磁电流 I_{0N} 时，转速与负载电流之间的关系、转矩与负载电流之间的关系及效率与负载电流之间的关系，分别称为电动机的转速特性、转矩特性和效率特性。

1. 他励（并励）直流电动机的工作特性

1）转速特性

他励直流电动机的转速特性可表示为 $n=f(I_a)$，把式（5.6.1）代入式（5.6.2）并整理可得

$$n=\frac{U_N}{C_e\Phi}-\frac{R_a}{C_e\Phi}I_a=n_0-\Delta n \tag{5.6.9}$$

如果忽略电枢反应的去磁效应，则转速与负载电流按线性关系变化，当负载电流增加时，转速有所下降。转速特性曲线如图 5.6.2 所示。

2）转矩特性

当 $U=U_N$，$I_f=I_{f0}$ 时，$T_{em}=f(I_a)$的关系称为转矩特性。电动机转矩特性可表示如下：

$$T_{em}=\frac{pN}{2\pi a}I_a\Phi=C_TI_a\Phi \tag{5.6.10}$$

式（5.6.10）中，在忽略电枢反应的情况下，电磁转矩与电枢电流成正比，若考虑电枢反应使主磁通略有下降，电磁转矩上升的速度比电流上升的速度要慢一些，曲线的斜率略有下降。转矩特性曲线如图 5.6.2 所示。

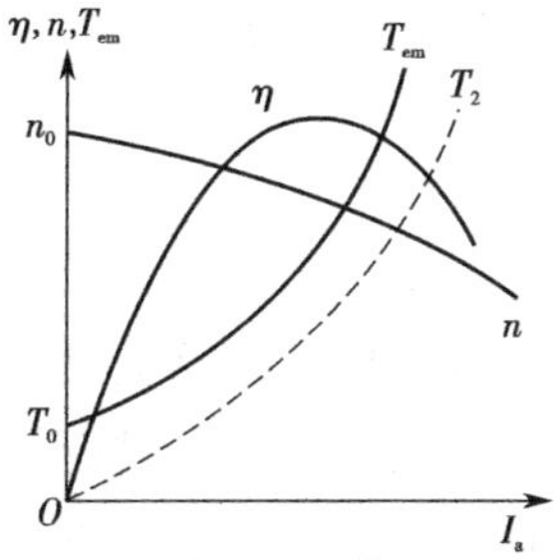

图 5.6.2　他励电动机的工作特性

3）效率特性

当 $U=U_N, I_f=I_{fN}$ 时，$\eta=f(I_a)$的关系称为效率特性，可表示为

$$\eta=\frac{P_1-\sum P}{P_1}=1-\frac{P_0+R_aI_a^2}{U_NI_a} \tag{5.6.11}$$

空载损耗 P_0 是不随负载电流变化而变化的，当负载电流较小时，效率较低，输入的功率大部分消耗在空载损耗上；当负载电流增大时，效率也增大，输入的功率大部分消耗在机械负载上；但当负载电流大到一定程度时，铜损耗快速增大，此时效率又开始变小。效率特性曲线如图 5.6.2 所示。

2. 串励直流电动机的工作特性

串励直流电动机的励磁绕组与电枢绕组相串联，电枢电流即为励磁电流。串励电动机的工作特性与并励电动机有很大的区别。当负载电流较小时，磁路不饱和，主磁通与励磁电流（负载电流）按线性关系变化；而当负载电流较大时，磁路趋于饱和，主磁通基本不随电枢电流变化。因此，必须分段讨论串励电动机的转速特性、转矩特性和机械特性，如图 5.6.3 所示。

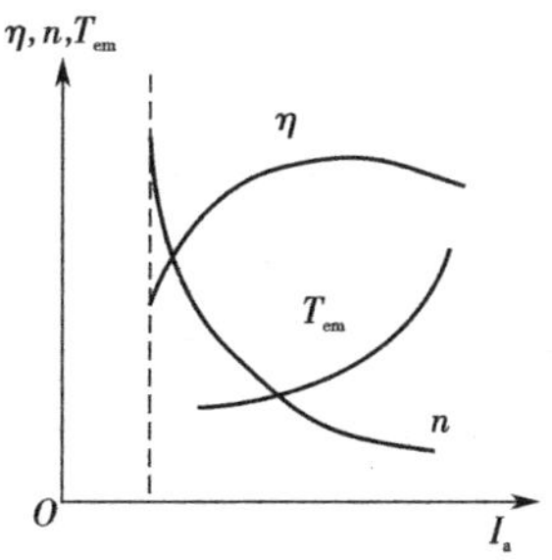

图 5.6.3　串励电动机的工作特性

当负载电流较小时，磁路没有饱和，每极气隙磁通 Φ 与励磁电流 $I_f(=I_a)$呈线性变化关系，即

$$\Phi=k_fI_f=k_fI_a \tag{5.6.12}$$

式中：k_f 是比例系数。

根据式（5.6.12），串励电动机的转速特性可写为

$$n=\frac{U}{C_e\Phi}-\frac{RI_a}{C_e\Phi}=\frac{U}{k_fC_eI_a}-\frac{R}{k_fC_e} \tag{5.6.13}$$

式中：R 为串励直流电动机电枢回路总电阻，$R=R_a+R_f$。

串励电动机的转矩特性可写为

$$T_{em}=\frac{pN}{2\pi a}I_a\Phi=C_TI_a\Phi=k_fC_TI_a^2 \tag{5.6.14}$$

由上述可见，当负载电流较小时，转速较大，负载电流增加，转速快速下降；当负载电流趋于零时，电动机转速趋于无穷大。因此，串励电动机不可以空载或在轻载下运行，电磁转矩与负载电流的平方成正比。当负载电流较大时，磁路已经饱和，磁通 Φ 基本不随负载电流变化，串励电动机的工作特性与并励电动机相同。

习　题

一、填空题（将正确答案填在横线上）

1. 并励直流发电机自励建立的条件是________、________、________。

2. 可用下列关系来判断直流电机的运行状态：当________时为电动机状态，当________时为发电机状态。

3. 直流发电机的绕组常用的有________和________两种形式，若要产生大电流，常采用________绕组。

4. 直流发电机电磁转矩的方向和电枢旋转方向________，直流电动机电磁转矩的方向和电枢旋转方向________。

5. 单叠和单波绕组，磁极对数均为 p 时，并联支路数分别为________和________。

6. 直流电机的电磁转矩是由________和________共同作用产生的。

7. 直流电机电枢反应的定义是________，当电刷在几何中心线时，电动机产生________性质的电枢反应，其结果使________和________，物理中心线朝________方向偏移。

8. 并励直流发电机的外特性是指________，外特性下降的原因有________和________。

9. 产生换向火花的原因有________，________和________。

10. 改善换向的有效方法是设置________，防止环火的有效方法是设置________。

11. 直流电机的 $U>E_a$ 时运行于________状态，$U<E_a$ 时运行于________状态。

12. 直流电机运行时电磁转矩的大小与________和________成正比。

13. 直流电动机的电压为额定值，电流小于额定值时的运行状态称为________运行，电流超过额定值时的运行状态称为________运行。

14. 直流电动机的额定功率是指________。

15. 直流电机换向极的作用是________，其极性必须保持换向极磁势与电枢磁势的方向相____________。

16. 直流电机电刷放在几何中心线上，磁路处于饱和状态时，电枢反应的影响为____________________________，_____________________________________。

二、判断题（正确的打√，错误的打 ×）

1. 一台并励直流发电机，正转能自励，若反转也能自励。（　）

2. 一台直流发电机，若把电枢固定，电刷与磁极同时旋转，则在电刷两端仍能得到直流电压。（　）

3. 一台并励直流电动机，若改变电源极性，则电动机转向也改变。（　）

4. 直流电动机的电磁转矩是驱动性质的，因此稳定运行时大的电磁转矩对应的转速就高。（　）

三、选择题（将正确答案的序号填入括号中）

1. 直流发电机主磁极磁通产生的感应电动势存在于（　）中。

A. 电枢绕组　B. 励磁绕组　C. 电枢绕组和励磁绕组

2. 直流发电机电刷在几何中心线上，如果磁路不饱和，电枢反应是（　）。

A. 去磁　B. 助磁　C. 不去磁也不助磁

3. 如果并励直流发电机的转速上升 20%，则空载时发电机的端电压 U_0 升高（　）。

A. 20%　B. 大于 20%　C. 小于 20%

4. 直流电动机的额定功率是指（　）。

A. 额定运行时电机输入的电功率　B. 额定运行时电动机轴上输出的机械功率

C. 额定运行时的电磁功率

5. 一台直流发电机在额定参数下运行，当其转速下降为原来的 50%，而励磁电流 I_f 和电枢电流 I_a 不变时，则（　）。

A. E_a 下降 50%　B. T 下降 50%

C. E_a 和 T 都下降 50%　D. 端电压 U 下降 50%

6. 公式 $E=C_e\Phi n$ 和 $T=C_T\Phi I_a$ 中的磁通 Φ 是指（　）。

A. 空载时的每极磁通　B. 负载时的每极磁通

C. 负载时各极磁通之和

7. 并励直流电动机的额定电流 I_N、额定电枢电流 I_{aN} 和额定励磁电流 I_{fN} 三者的关系为（　）。

A. $I_N=I_{aN}+I_{fN}$　B. $I_N=I_{aN}=I_{fN}$　C. $I_N=I_{aN}-I_{fN}$　D. $I_{fN}=I_{aN}+I_N$

8. 直流发电机电枢导体中的电流是（　）。

A. 直流电　B. 交流电　C. 脉动电流

9. 一台并励直流发电机，如欲改变其电枢两端的正负极性，应采用的方法是（　）。

A. 改变原动机的转向　B. 改变励磁绕组的接法

C. 既改变原动机的转向又改变励磁绕组的接法

10. 直流发电机的电磁转矩与转速的方向（　）。

A. 相同　　B. 相反　　C. 无关

11. 并励直流电动机的输出功率等于(　　)。

A. U_NI_N　　B. $U_NI_N\eta$　　C. $U_N(I_N-I_f)$

12. 要改变直流电动机的转向,可以(　　)。

A. 增大励磁　　B. 改变电源极性　　C. 改接励磁绕组

四、问答题

1. 直流发电机的励磁方式有哪几种？试画图说明。

2. 如何确定换向极的极性？换向极绕组为什么要与电枢绕组相串联？

3. 试比较他励和并励直流发电机的外特性有何不同,并说明影响曲线形状的因素。

4. 一台并励直流发电机并联于电网上,若原动机停止供给机械能,发电机将过渡到电动机状态工作,电磁转矩方向是否改变,旋转方向是否改变？

五、计算题

1. 一台并励直流电动机,铭牌数据如下：P_N=3.5 kW,U_N=220 V,I_N=20 A,n_N=1 000 r/min,电枢电阻 R_a=1 Ω,ΔU_b=1 V,励磁回路电阻 R_f=440 Ω。进行空载试验,当 U=220 V,n_N=1 000 r/min 时,I_0=2 A,试计算当电枢电流 I_a=10 A 时,电机的效率(不计杂散损耗)。

2. 一台并励直流电动机,铭牌数据如下：P_N=6 kW,U_N=230 V,n_N=1 450 r/min,电枢电阻 R_a=0.5 Ω(包括电刷接触电阻),励磁回路电阻 R_f=177 Ω,额定负载时的电枢铁损耗 P_{Fe}=234 W,机械损耗 P_{me}=61 W。试求：(1)额定负载时的电磁功率和电磁转矩;(2)额定负载时的效率。

3. 一台并励直流电动机,铭牌数据如下：P_N=23 kW,U_N=230 V,n_N=1 500 r/min,电枢电阻 R_a=0.1 Ω,不计电枢反应。现将这台电机改为并励直流电动机运行,把电枢两端和励磁绕组两端都接到 220 V 的直流电源上,运行时维持电枢电流为原额定值,试求电动机的下列数据：(1)转速 n;(2)电磁转矩;(3)电磁功率。

项目 6 直流电动机的拖动

项目	情境	职业能力	子情境	学习方式	学习地点	学时数
直流电动机的拖动	直流电动机的机械特性	了解生产机械的负载特性，掌握直流电动机的固有机械特性和人为机械特性	生产机械的负载转矩特性	实物讲解、多媒体动画	多媒体教室	2
			直流电动机的机械特性			
	他励直流电动机的电力拖动	了解衡量直流电动机的启动性能的主要指标，掌握直流电动机的直接启动和降压启动方法，掌握直流电动机的三种调速方法，掌握直流电动机的三种制动方法	他励直流电动机的启动	实物讲解、多媒体动画	多媒体教室	2
			他励直流电动机的调速			
			他励直流电动机的制动			2
			他励直流电动机在四象限中的运行状态			
			他励直流电动机的反转			
	串励和复励直流电动机的电力拖动	了解串励直流电动机的机械特性，掌握串励直流电动机的制动方法，了解复励直流电动机的特点	串励电动机的机械特性和人为特性	实物讲解、多媒体动画	多媒体教室	2
			串励电动机的启动、调速与制动			
			复励直流电动机的特点			
	直流电动机的使用、维护及故障处理	了解直流电动机正确使用方法，掌握直流电动机正常维护的内容，掌握直流电动机常见故障及处理方法	直流电动机的正确使用	实物讲解、多媒体动画	多媒体教室	2
			直流电动机的定期维护			
			直流电动机的常见故障及处理			

直流电动机虽然结构比交流电动机复杂，但由于其具有良好的启动性能以及在大范围内具有平滑而经济的调速性能，而获得了较广泛的采用。它主要用于电力拖动系统中的轧钢机、造纸机、金属切削机床、龙门刨床、挖掘机、卷扬机、电传动机车、地铁电动车组、城市电车、电瓶车等。在电力拖动系统中，使用最多的是并励直流电动机，其次是串励直流电动机。

情境 1 直流电动机的机械特性

职业能力：了解生产机械的负载特性，掌握直流电动机的固有机械特性和人为机械特性。

子情境 1 生产机械的负载转矩特性

生产机械运行时常用负载转矩标志其负载的大小。不同生产机械的转矩随转速变化的规律不同，用负载转矩特性来表征，即生产机械的转速 n 与负载转矩 T_L 之间的关系 $n=f(T_L)$。各种生产机械特性大致可归纳为以下三种类型。

1. 恒转矩负载

所谓恒转矩负载，是指生产机械的负载转矩 T_L 的大小不随转速 n 而改变的负载。按负载转矩 T_L 与转速 n 之间的关系又分为反抗性负载和位能性负载两种。

1）反抗性恒转矩负载

反抗性恒转矩负载的特点是负载转矩 T_L 的大小不变，但方向始终与生产机械运动的方向相反，总是阻碍电动机的运转。当电动机的旋转方向改变时，负载转矩的方向也随之改变，其特性在第一和第三象限，如图 6.1.1 所示。如摩擦转矩等就属于这类特性转矩。

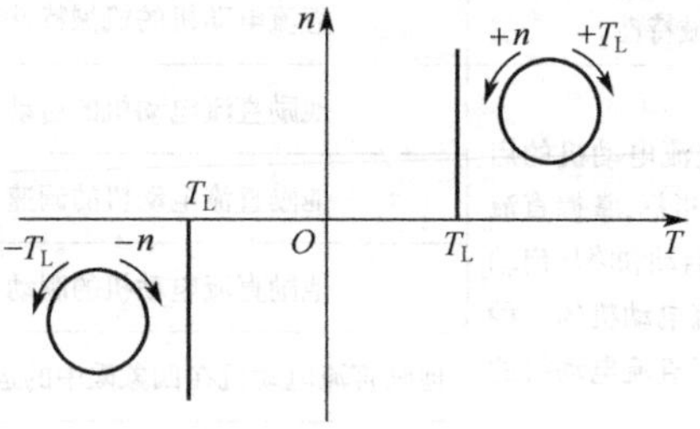

图 6.1.1　反抗性恒转矩负载特性曲线

2）位能性恒转矩负载

位能性恒转矩负载的特点是不论生产机械运动的方向变化与否，负载转矩的大小和方向始终不变。例如，起重设备提升或下放重物时，由于重力所产生的负载转矩的大小和方向均不改变。其特性在第一和第四象限，如图 6.1.2 所示。

2. 恒功率负载

恒功率负载的特点是当转速变化时，负载从电动机吸收的功率为恒定值，即负载转矩 T_L 与转速 n 成反比。例如，一些机床的切削加工，车床粗加工时，切削量大（T_L 大），阻力大，转速低；精加工时，切削量小（T_L 小），转速高。恒功率负载特性曲线如图 6.1.3 所示。

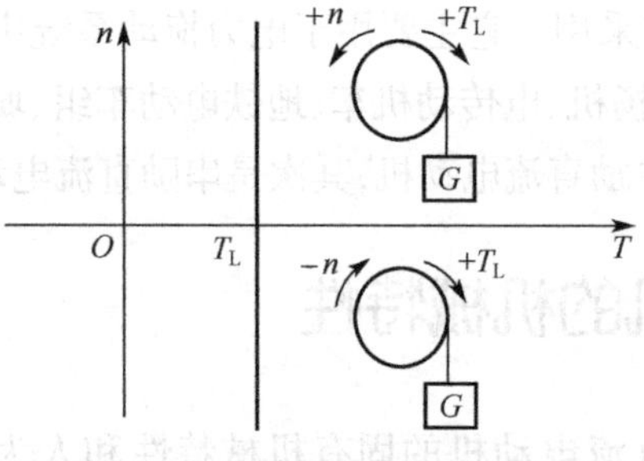

图 6.1.2　位能性恒转矩负载特性曲线

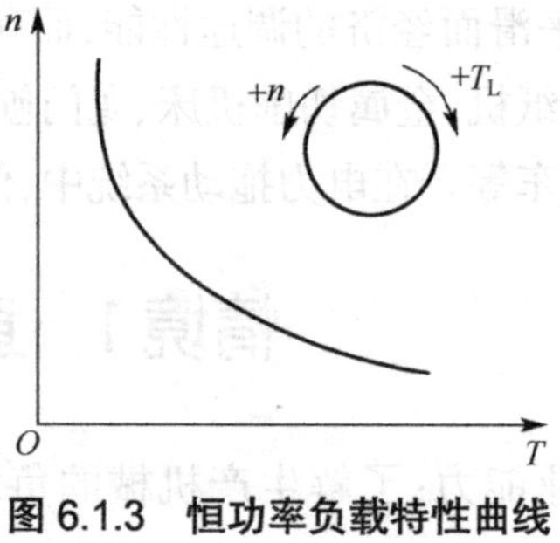

图 6.1.3　恒功率负载特性曲线

3. 通风机类负载

通风机类负载的特点是负载转矩的大小与转速 n 的平方成正比，即

$$T_L=kn^2$$

式中：k 为比例常数。

常见的通风机类负载有风机、水泵、油泵等。其负载特性曲线如图 6.1.4 所示。

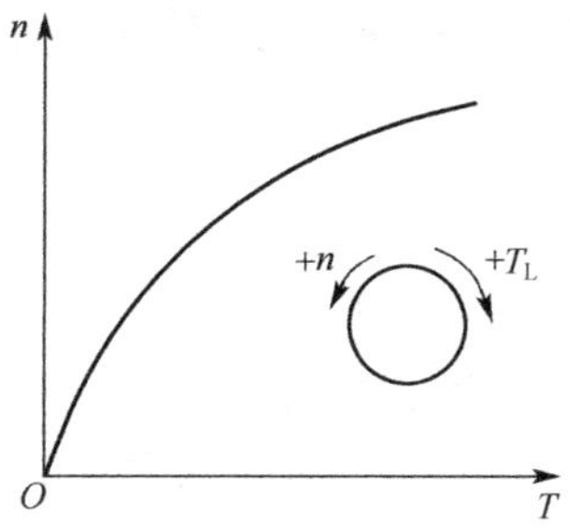

图 6.1.4　通风机类负载特性曲线

应当指出，以上三类是典型的负载特性，实际生产机械的负载特性常为这三种类型负载特性的综合或与之接近。例如，起重机提升重物时，电动机所受到的转矩除位能性负载转矩外，还有克服系统机械摩擦所造成的反抗性负载转矩，所以电动机轴的负载转矩应是上述两个转矩之和。

子情境 2　直流电动机的机械特性

利用电动机拖动生产机械时，必须使电动机的工作特性满足生产机械提出的要求。在电动机的各类工作特性中处于首要位置的便是机械特性。电动机的机械特性是指电动机的转速 n 与转矩（电磁转矩）T_{em} 之间的关系，即 $n=f(T_{em})$。机械特性是电动机性能的主要表现，它与运动方程相联系，在很大程度上决定了拖动系统稳定运行和过渡过程的性质及特点。

必须指出，机械特性中的转矩是电磁转矩，它与电动机轴上的输出转矩 T_2 是不同的，其间相差一个空载转矩 T_0。只是由于在一般情况下，空载转矩 T_0 与电磁转矩或负载转矩 T_L 相比较小，在一般工程计算中可以略去 T_0，而粗略地认为电磁转矩 T_{em} 与电动机轴上的输出转矩 T_2 相等。

1. 机械特性方程式

直流电动机的机械特性方程式，可根据直流电动机的基本方程式导出，即利用电流 I_a 表示的机械特性方程为

$$n=\frac{U_N}{C_e\Phi}-\frac{I_aR_a}{C_e\Phi} \tag{6.1.1}$$

利用电磁转矩 T_{em} 表示的机械特性方程为

$$n=\frac{U_N}{C_e\Phi}-\frac{I_aR_a}{C_eC_T\Phi^2}T_{em} \tag{6.1.2}$$

2. 固有机械特性

他励直流电动机端电压 $U=U_N$，励磁电流 $I_f=I_{fN}$，电枢回路不串附加电阻时的机械特性称为固有机械特性。

固有机械特性的特性曲线如图 6.1.5 中曲线 1 所示，其特点如下：

（1）对于任何一台直流电动机，其固有机械特性只有一条；

（2）由于 R_a 较小，特性曲线的斜率 β 较小，转速落差 Δn 较小，特性较平坦，属于硬特性。

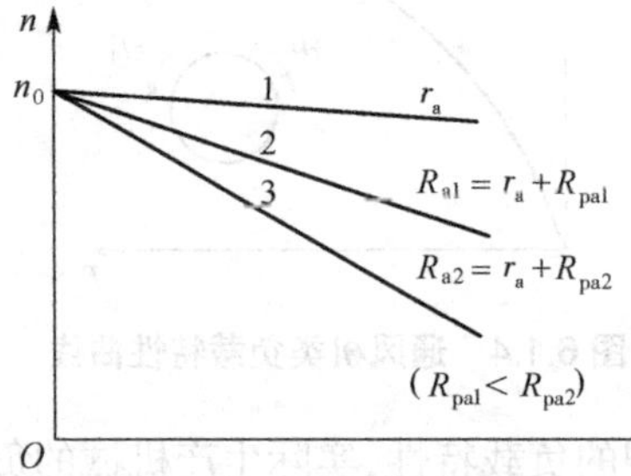

图 6.1.5　直流他励电动机的固有机械特性及电枢串接电阻时的人为机械特性

1—固有机械特性；2、3—电枢串接电阻时的人为机械特性

3. 人为机械特性

在有些情况下，要根据需要将机械特性中 R_a、U、Φ 三个参数中的两个参数保持不变，人为地改变另一个参数，从而得到不同的机械特性，使机械特性满足不同的工作要求。这样获得的机械特性称为人为机械特性。他励直流电动机的人为机械特性有以下三种。

1）电枢串接电阻时的人为机械特性

如电枢回路串接电阻，而保持电源电压和励磁磁通不变，其机械特性曲线如图 6.1.5 中曲线 2、3 所示。与固有机械特性相比，电枢串接电阻时的人为机械特性具有如下一些特点：

（1）理想空载转速与固有机械特性时相同，且不随串接电阻 R_{pa} 的变化而变化；

（2）随着串接电阻 R_{pa} 的加大，特性曲线的斜率 β 加大，转速降落 Δn 加大，特性变软，稳定性变差；

（3）机械特性由与纵坐标轴交于一点（$n=n_0$），但具有不同斜率的射线族所组成；

（4）串入的附加电阻 R_{pa} 越大，电枢电流流过 R_{pa} 所产生的损耗就越大。

2）改变电源电压时的人为机械特性

改变电源电压，电枢回路附加电阻 $R_{pa}=0$，磁通保持不变。改变电源电压，一般由额定电压向下改变实现。

由机械特性方程，可得出此时的人为机械特性曲线如图 6.1.6 所示。

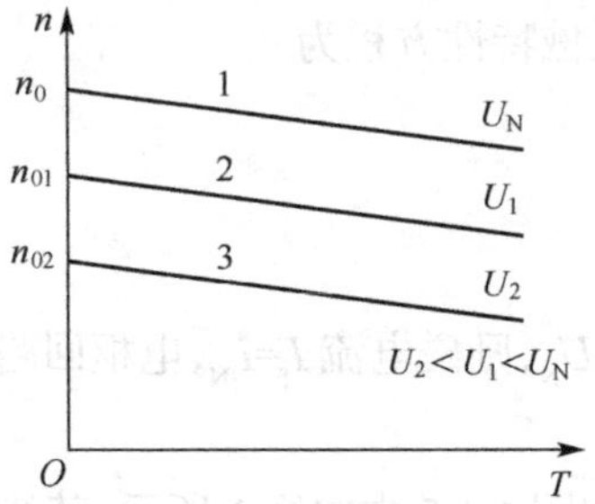

图 6.1.6　他励直流电动机改变电源电压时的人为机械特性

与固有机械特性相比，电源电压降低时的人为机械特性的特点如下：

（1）特性斜率 β 不变，转速降落 Δn 不变，但理想空载转速 n_0 降低；

（2）机械特性由一组平行线所组成；

（3）由于 R_{pa}=0，因此其特性较电枢串接电阻时硬；

（4）当 T= 常数时，降低电压可使电动机转速 n 降低。

3）改变电动机主磁通时的人为机械特性

在励磁回路内串联电阻 R_{pf}，并改变其大小，即能改变励磁电流，从而使磁通改变。一般电动机在额定磁通下工作，磁路已接近饱和，所以改变电动机主磁通只能是减弱磁通。减弱磁通时，使附加电阻 R_{pf}=0，电源电压 $U=U_N$。

根据机械特性方程，可得出此时的人为机械特性曲线如图 6.1.7 所示。其机械特性的特点如下：

（1）理想空载转速 n_0 与磁通 Φ 成反比，即当 Φ 下降时，n_0 上升；

（2）磁通 Φ 下降，特性的斜率 β 上升，且 β 与 Φ 成反比，曲线变软；

（3）一般 Φ 下降，n 上升，但由于受机械强度的限制，磁通 Φ 不能下降太多。

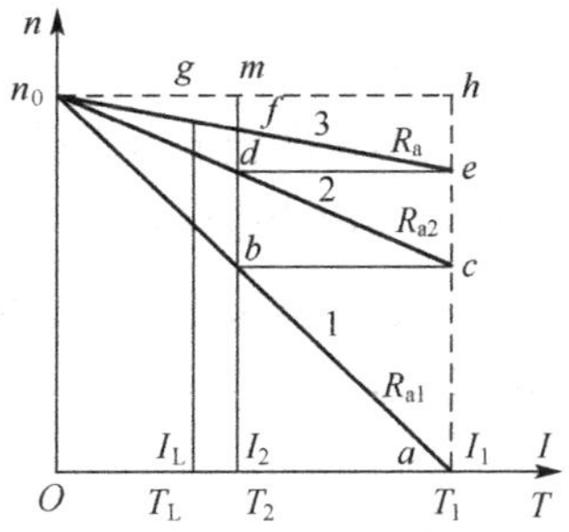

图 6.1.7　改变电动机主磁通时的人为机械特性

一般情况下，电动机额定负载转矩小，故减弱磁通时通常会使电动机转速升高。但也不是在所有的情况下减弱磁通都可以提高转速，当负载特别重或磁通 Φ 特别小时，如果再减弱磁通 Φ，反而会发生转速下降的现象。

这种现象可以利用机械特性方程式来解释。当减弱磁通时，一方面由于等式右边第一项的因素提高了转速，另一方面由于等式右面第二项的因素要降低转速，而且后者与磁通的平方成反比，因此在负载转矩大到一定程度时，减弱磁通所能提高的转速完全被因负载增大所引起的转速降落所抵消。如图 6.1.7 中的 c 点，当再加大负载转矩时，会出现“反调速”现象，如图 6.1.7 中的 a、b 点所示。即减弱磁通不但不能提高转速，反而降低了转速。在实际电动机运行中，由于负载有限，不会工作在这个区段。

情境 2　他励直流电动机的电力拖动

职业能力：了解衡量直流电动机的启动性能的主要指标，掌握直流电动机的直接启动和降压启动方法；掌握直流电动机的三种调速方法，掌握直流电动机的三种制动方法。

子情境 1　他励直流电动机的启动

直流电动机由静止状态达到正常运转的过程称为启动过程，直流电动机在启动时不但转速发生变化，而且转矩、电流等也发生变化。对电动机启动的要求是应有足够大的启动转矩，以缩短启动时间、提高生产率，同时电动机的启动电流又不能过大。

直流电动机在启动开始瞬间，虽然给电动机加上电源电压 U，但由于转子的惯性，一开始转速 $n=0$，故反电动势 $E_a=C_e\Phi n=0$，由式 $U-E_a=I_aR_a$ 可知，此时电枢电流 I_a 为

$$I_a=\frac{U-E_a}{R_a}=\frac{U}{R_a}=I_q \tag{6.2.1}$$

式中：I_q 称为启动电流。

由于电枢绕组 R_a 一般很小，故启动电流很大，中、小型直流电动机的启动电流约为额定电流的 10 倍，较大容量的电动机甚至可高达 20 倍。这样大的启动电流将带来以下不良影响：

（1）使电动机的电刷与换向器之间产生强烈的火花，而导致电刷与换向器表面烧损；

（2）产生很大的转矩，使传动机构和生产机械受到强烈的冲击而损坏；

（3）使电网电压波动，影响供电的稳定性。

因此，除小容量的电动机以外，一般不允许全电压直接启动。通常采用的启动方法有两种，即降低电源电压启动和在电枢回路中串电阻启动。

对直流电动机的启动，一般有如下要求：①要有足够大的启动转矩；②启动电流要限制在一定的范围内；③启动设备要简单、可靠。

1. 降低电源电压启动

利用晶闸管构成的可控整流电路作为直流电动机的可调电压电源。有关该电路的工作原理及调压过程将在电子技术课程中介绍，其简单原理是利用晶体二极管及晶闸管的单向导电性能将按正弦规律变化的交流电变成方向不变的脉动直流电，并通过控制晶闸管和导通角来改变输出的脉动直流电的波形，从而改变输出电压的大小，再利用滤波电路将脉动直流电转变成平滑的直流电给电动机供电。

具体启动过程：启动时，以较低的电源电压启动电动机，启动电流便随电压的降低而正比减小；随着电动机转速的上升，反电动势逐渐增大，再逐渐提高电源电压，使启动电流和启动转矩保持在一定的数值上，从而保证电动机按需要的加速度升速。

例 6.2.1　有一台直流电动机，电枢绕组电阻 $R_a=0.4\ \Omega$，额定电压 $U_N=110\ \text{V}$，假定磁通恒定不变，转速 $n=0$，反电动势 $E_a=0$；当 $n=0.5n_N$ 时，$E_a=50\ \text{V}$；当 $n=n_N$ 时，$E_a=100\ \text{V}$，此时电动机输出额定功率，试求：

（1）对应上述三个转速时的电枢电流 I_a；

（2）如欲使 $n=0$ 及 $n=0.5n_N$ 时的电枢电流为 $2I_N$（I_N 为额定电流），此时加在电动机上的电压 U。

解　（1）求电枢电流 I_a：

当 $n=0, E_a=0$ 时　$I_a=U_N/R_a=110/0.4=275$ A

当 $n=0.5n_N, E_a=50$ V 时　$I_a=(U_N-E_a)/R_a=(110-50)/0.4=150$ A

当 $n=n_N, E_a=100$ V 时　$I_a=(U_N-E_a)/R_a=(110-100)/0.4=25$ A

（2）求电压 U：

当 $n=0$ 时　$U=I_aR_a=2I_NR_a=2\times25\times0.4=20$ V

当 $n=0.5n_N$ 时　$U=E_a+I_aR_a=E_a+2I_NR_a=50+2\times25\times0.4=70$ V

2. 电枢回路串电阻启动

1）启动过程

电动机启动前，应使励磁回路调节电阻 $R_d=0$，这样励磁电流 I_f 最大，使磁通 Φ 最大。电枢回路串接启动电阻 R_{st}，在额定电压下的启动电流为

$$I_{st}=\frac{U_N}{R_a+R_{st}} \tag{6.2.2}$$

式中：R_{st} 值应使 I_{st} 不大于允许值。对于普通直流电动机，一般要求 $I_{st}\leqslant(1.5\sim2)I_N$，一般而言 150 kW 以下的直流电动机启动电流取上限，150 kW 以上的则取下限。

电动机启动时，励磁电路的调节电阻 $R_d=0$，使励磁电流 I_f 达到最大。电枢电路串接附加电阻 R_{st}，电动机加上额定电压，R_{st} 的数值应使 I_{st} 不大于允许值。为了缩短启动时间，保证电动机在启动过程中的加速度不变，就要求在启动过程中电枢电流维持不变，因此随着电动机转速的升高，就应将启动电阻平滑地切除，最后调节电动机的转速达到运行值。在生产实际中，如果能够做到适当选用各级启动电阻，那么串电阻启动由于启动设备简单、经济和可靠，同时可以做到平滑快速启动，而得到广泛应用。但对于不同类型和规格的直流电动机，对启动电阻的级数要求也不尽相同。

图 6.2.1 是采用三级电阻启动时电动机的原理图及其机械特性。

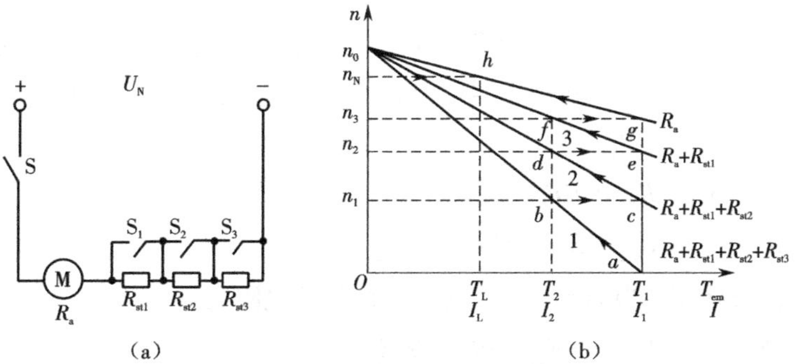

图 6.2.1　他励电动机三级电阻启动

（a）启动电路　（b）机械特性

启动开始时，接触器的触点 S 闭合，而 S_1、S_2、S_3 断开，额定电压加在电枢回路总电阻 R_3（$R_3=R_a+R_{st1}+R_{st2}+R_{st3}$）上，启动电流为 $I_1=U_N/R_3$，此时启动电流 I_1 和启动转矩 T_1 均达到最大值（通常取额定值的 2 倍左右）。接入全部启动电阻时的人为机械特性如图 6.2.1（b）中曲线 1 所示。启动瞬间对应于 a 点，因为启动转矩 T_1 大于负载转矩 T_L，所以电动机开始加速，

电动势 E_a 逐渐增大，电枢电流和电磁转矩逐渐减小，工作点沿曲线 1 箭头方向移动。当转速上升到 n_1，电流降至 I_2（切换电流，一般取（1.1~1.2）I_N），转矩减至 T_2（图中 b 点，一般取（1.1~1.2）T_N）时，触点 S_3 闭合，切除电阻 R_{st3}，电枢回路总电阻减小为 R_2（$R_2=R_a+R_{st1}+R_{st2}$），与之对应的人为机械特性如图 6.2.1（b）中曲线 2 所示。在切除电阻 R_{st3} 瞬间，由于机械惯性，转速不能突变，所以电动机的工作点由 b 点沿水平方向跃变到曲线 2 上的 c 点。选择适当的各级启动电阻，可使 c 点的电流仍为 I_1，这样电动机又处在最大转矩 T_1 下进行加速，工作点沿曲线 2 箭头方向移动。当到达 d 点时，转速升至 n_2，电流又降至 I_2，转矩也降到 T_2，此时触点 S_2 闭合，切除电路 R_{st2}，电枢回路总电阻减小为 R_1（$R_1=R_a+R_{st1}$），工作点由 d 点沿水平方向跃变到曲线 3 上的 e 点。e 点的电流和转矩仍为最大值，电动机又处在最大转矩 T_1 下进行加速，工作点沿曲线 3 箭头方向移动。当转速升至 n_3 时，即在 f 点切除最后一级电阻 R_{st1} 后，电动机将过渡到固有机械特性曲线上，并加速到 h 点处于稳定运行，启动过程结束。

2）分级启动电阻的计算

图 6.2.1 所示电路，设图中对应于 b、d、f 点的转速分别为 n_1、n_2、n_3，对应的电枢电动势分别为 E_{a1}、E_{a2}、E_{a3}，图中各点的电压平衡方程式如下：

b 点 $R_3I_2=U_N-E_{a1}$

c 点 $R_2I_1=U_N-E_{a1}$

d 点 $R_2I_2=U_N-E_{a2}$

e 点 $R_1I_1=U_N-E_{a2}$

f 点 $R_1I_2=U_N-E_{a3}$

g 点 $R_aI_1=U_N-E_{a3}$

比较以上六式可得

$$\frac{R_3}{R_2}=\frac{R_2}{R_1}=\frac{R_1}{R_a}=\frac{I_1}{I_2}=\beta \qquad (6.2.3)$$

将启动过程中的最大电流 I_1 与切换电流 I_2 之比定义为启动电流比（也称启动转矩比）β，则在已知 β 和电枢电阻 R_a 的前提下，各级启动总电阻值可按以下各式计算：

$$\begin{cases} R_1=R_a+R_{st1}=\beta R_a \\ R_2=R_a+R_{st1}+R_{st2}=\beta R_1=\beta^2 R_a \\ R_3=R_a+R_{st1}+R_{st2}+R_{st3}=\beta R_2=\beta^3 R_a \end{cases} \qquad (6.2.4)$$

由上式可以推导得出，当启动电阻为 m 级时，其总电阻为

$$R_m=R_a+R_{st1}+R_{st2}+R_{st3}+\cdots+R_{stm}=\beta R_{m-1}=\beta^m R_a \qquad (6.2.5)$$

根据式（6.2.4）和式（6.2.5）可得各级串联电阻的计算公式为

$$\begin{cases} R_{st1}=(\beta-1)R_a \\ R_{st2}=(\beta-1)\beta R_a=\beta R_{st1} \\ R_{st3}=(\beta-1)\beta^2 R_a=\beta R_{st2} \\ \vdots \\ R_{stm}=(\beta-1)\beta^{m-1}R_a=\beta R_{st,m-1} \end{cases} \qquad (6.2.6)$$

对于 m 级电阻启动，电枢回路电阻的计算公式（6.2.5）可用电压 U_N 和最大启动电流 I_1 表示为

$$\beta^m R_a = \frac{U_N}{I_1} \tag{6.2.7}$$

于是启动电流比 β 可写成

$$\beta = \sqrt[m]{\frac{U_N}{I_1 R_a}} \tag{6.2.8}$$

利用式（6.2.8），可以在已知 m、U_N、R_a、I_1 的条件下求出启动电流比 β，再根据式（6.2.6）求出各级启动电阻值。

也可以在已知启动电流比 β 的条件下，利用式（6.2.8）求出启动级数 m，必要时应修改 β 使 m 为整数。

综上所述，计算各级启动电阻的步骤如下：

（1）估算或查出电枢电阻 R_a；

（2）根据过载倍数选取最大转矩 T_1 对应的最大电流 I_1；

（3）选取启动级数 m；

（4）按式（6.2.8）计算启动电流比 β；

（5）计算转矩 $T_2=T_1/\beta$，检验 $T_2 \geqslant (1.1\sim1.3)T_L$，如果不满足，应另选 T_1 或 m 值，并重新计算，直至满足该条件为止；

（6）按式（6.2.6）计算各级启动电阻值。

例 6.2.2　他励直流电动机的铭牌数据如下：P_N=10 kW，U_N=220 V，I_N=52.6 A，n_N=1 500 r/min。设负载转矩 $T_L=0.8T_N$，启动级数 $m=3$，过载倍数 $\lambda=2$，试求各级启动电阻值（参见图 6.2.1）。

解　（1）估算或查出电枢电阻 R_a：

$$R_a = \frac{1}{2}\left(\frac{U_N I_N - P_N}{I_N^2}\right) = \frac{1}{2}\left(\frac{220 \times 52.6 - 10\,000}{52.6^2}\right) = 0.284\ \Omega$$

（2）根据过载倍数选取最大转矩 T_1 对应的最大电流 I_1：

$$I_1=\lambda I_N=2 \times 52.6=105.2\ \text{A}$$

（3）计算启动电流比 β：

$$\beta = \sqrt[m]{\frac{U_N}{I_1 R_a}} = \sqrt[3]{\frac{220}{105.2 \times 0.284}} = 1.945$$

（4）求各级启动电阻值：

$$R_{st1}=(\beta-1)R_a=(1.945-1) \times 0.284=0.268\ \Omega$$

$$R_{st2}=(\beta-1)\beta R_a=\beta R_{st1}=1.945 \times 0.268=0.521\ \Omega$$

$$R_{st3}=(\beta-1)\beta^2 R_a=\beta R_{st2}=1.945 \times 0.521=1.013\ \Omega$$

子情境 2　他励直流电动机的调速

为了使生产机械以最合理的高速进行工作，从而提高生产率和保证产品具有较高的质量，大量的生产机械（如各种机床、轧钢机、造纸机、纺织机械等）要求在不同的情况下以不同的速度工作。这就要求采用一定的方法来改变生产机械的工作速度，以满足生产的需要，这种方法通常称为调速。

调速是速度调节的简称，是指在某一不变的负载条件下，人为地改变电路的参数，从而得到不同的速度。调速与因负载变化而引起的转速变化是不同的。调速是主动的，它需要人为地改变电气参数，因而转换机械特性。负载变化时的转速变化则不是主动进行的，而是被动的，且这时电气参数未变。

调速可采用机械方法、电气方法或机械电气配合的方法。在用机械方法调速的设备上，速度的调节是用改变传动机构的速度比来实现的，但机械变速机构较复杂。在用电气方法调速的设备上，电动机在一定负载情况下可获得多种转速，电动机可与工作机构同轴，或其间只用一套变速机构，机械上较简单，但电气上可能较复杂。在机械电气配合的调速设备上，用电动机获得几种转速，配合用几套（一般用 3 套左右）机械变速机构来调速。究竟采用何种方案以及机械电气如何配合，要全面考虑，有时要进行各种方案的技术经济比较才能决定。

1. 调速指标

在选择和评价某种调速系统时，应考虑下列指标：调速范围、调速的相对稳定性及静差度、调速的平滑性、调速的负载能力、经济性等。

1）技术指标

Ⅰ. 调速范围

调速范围是指在一定的负载转矩下，电动机可能运行的最大转速 n_{max} 与最小转速 n_{min} 之比，即

$$D=\frac{n_{max}}{n_{min}} \tag{6.2.9}$$

近代机械设备制造的趋势是力图简化机械结构，减少齿轮变速机构，从而要求拖动系统能具有较大的调速范围。不同生产机械要求的调速范围不同，例如车床 D=20~120，龙门刨床 D=10~40，机床的进给机构 D=5~200，轧钢机 D=3~120，造纸机 D=3~20 等。

电力拖动系统的调速范围，一般是机械调速和电气调速配合实现的。那么，系统的调速范围就应该是机械调速范围与电气调速范围的乘积。在这里，主要研究电气调速范围。在决定调速范围时，需要使用计算负载转矩下的最高和最低转速，但一般计算负载转矩大致等于额定转矩，所以可将额定转矩下的最高和最低转速的比值作为调速范围。

由式（6.2.9）可见，要扩大调速范围，必须设法尽可能地提高 n_{max} 并降低 n_{min}。但电动机受其机械强度、换向等方面的限制，一般在额定转速以上，转速提高的范围不大；而降低 n_{min} 受低速运行时的相对稳定性的限制。

Ⅱ. 调速的相对稳定性和静差度

所谓相对稳定性，是指负载转矩在给定的范围内变化时所引起的速度的变化，它决定于机械特性的斜率。斜率大的机械特性在发生负载波动时，转速变化较大，这要影响到加工质量及生产率。生产机械对机械特性的相对稳定性的程度是有要求的。如果低速时机械特性较软，相对稳定性较差，低速就不稳定，负载变化，电动机转速可能变得接近于零，甚至可能使生产机械停下来。因此，必须设法得到低速硬特性，以扩大调速范围。

静差度（又称静差率）是指当电动机在一条机械特性上运行时，由理想空载到满载时的转速降落与理想空载转速 n_0 的比值，用百分数表示，即 $\delta=\dfrac{\Delta n}{n_0}\times100\%$。在一般情况下，取额定转矩下的速度落差 Δn_{N}，有

$$\delta=\frac{\Delta n_{\mathrm{N}}}{n_0}\times100\% \tag{6.2.10}$$

静差度的概念和机械特性的硬度很相似，但又有不同之处。两条互相平行的机械特性，硬度相同，但静差度不同。例如高转速时机械特性的静差度与低转速时机械特性的静差度相比较，在硬度相等的条件下，前者较小。同样硬度的机械特性，转速愈低，静差度愈大，愈难满足生产机械对静差度的要求。

由式（6.2.10）可以看出，在 n_0 相同时，斜率愈大，静差度愈大，调速的相对稳定性愈差；在斜率相同的条件下，n_0 愈低，静差度愈大，调速的相对稳定性愈差。显然，电动机的机械特性愈硬，则静差度愈小，相对稳定性就愈高。

Ⅲ. 调速的平滑性

调速的平滑性是指在一定的调速范围内，相邻两级速度变化的程度，用平滑系数 ξ 表示，即

$$\xi=\frac{n_i}{n_{i-1}} \tag{6.2.11}$$

式中：n_i 和 n_{i-1} 为相邻两级，即 i 级与 $i-1$ 级的速度。

这个比值愈接近于 1，调速的平滑性愈好。在一定的调速范围内，可能得到的调节转速的级数愈多，则调速的平滑性愈好，最理想的是连续平滑调节的“无级”调速，其调速级数趋于无穷大。

Ⅳ. 调速时的容许输出

调速时的容许输出是指电动机在得到充分利用的情况下，在调速过程中轴能够输出的功率和转矩。对于不同类型的电动机采用不同的调速方法时，容许输出的功率与转矩随转速变化的规律是不同的。另外，电动机稳定运行时的实际输出功率与转矩是由负载的需要来决定的。在不同转速下，不同的负载需要的功率 P_2 与转矩 T_2 也是不同的，应该使调速方法适应负载的要求。

2）经济指标

在设计选择调速系统时，不仅要考虑技术指标，而且要考虑经济指标。调速的经济指标决定于调速系统的设备投资及运行费用，而运行费用又决定于调速过程的损耗，它可用设备

的效率 η 来说明。各种调速方法的经济指标极为不同，例如他励直流电动机电枢串电阻的调速方法经济指标较低，因电枢电流较大，串接电阻的体积大，所需投资多，运行时产生大量损耗，效率低；而弱磁调速方法则经济得多，其励磁电流较小，励磁电路的功率仅为电枢电路功率的 1%~5%。总之，在满足一定的技术指标下，确定调速方案时，应力求设备投资少、电能损耗小，而且维修方便。

2. 他励直流电动机的调速方法及其调速性能

1）电枢回路串接电阻调速

电枢回路串接电阻，不能改变理想空载转速 n_0，只能改变机械特性的硬度。所串接的附加电阻愈大，机械特性愈软，在一定负载转矩 T_L 下，转速也就愈低。

这种调速方法，其调节区间只能是电动机的额定转速向下调节，其机械特性的硬度随外串电阻的增加而减小；当负载较小时，低速时的机械特性很软，负载的微小变化将引起转速的较大波动；在额定负载时，其调速范围一般是 2∶1 左右；然而当为轻负载时，调速范围很小，在极端情况下，即理想空载时，则失去调速性能。这种调速方法属于恒转矩调速，因为在调速范围内，其长时间输出额定转矩不变。

电枢回路串接电阻调速的优点是方法较简单。但由于其调速是有级的，调速的平滑性很差。虽然理论上可以细分为很多级数，甚至做到“无级”，但由于电枢电路电流较大，实际上能够引出的抽头要受到接触器和继电器数量的限制，不能过多。如果过多，装置复杂，不仅初投资过大，维护也不方便，一般只用少数的调速级数。再加上其电能损耗较大，所以这种调速方法近年来在较大容量的电动机上很少采用，只是在调速平滑性要求不高，低速工作时间不长，电动机容量不大，采用其他调速方法又不值得的地方才采用。

2）改变电源电压调速

由他励直流电动机的机械特性方程式可以看出，升高电源电压 U 可以提高电动机的转速，降低电源电压 U 可以减少电动机的转速。由于电动机正常工作时已工作在额定状态下，所以改变电源电压通常都是向下调，即降低加在电动机电枢两端的电源电压，进行降压调速。由人为机械特性可知，当降低电枢电压时，理想空载转速降低，但其机械特性斜率不变。其调速方向是从基速（额定转速）向下调的。这种调速方法属于恒转矩调速，适用于恒转矩负载的生产机械。不过公用电源电压通常总是固定不变的，为了能通过改变电压来调速，必须使用独立可调的直流电源，目前用得最多的可调直流电源是晶闸管整流装置，如图 6.2.2 所示，调节触发器的控制电压，以改变触发器所发出的触发脉冲的相位，即改变了整流器的整流电压，从而改变了电动机的电枢电压，进而达到调速的目的。

采用降低电枢电压调速方法的特点是调节的平滑性较高，因为改变整流器的整流电压是依靠改变触发器脉冲的相移实现的，故能连续变化，也就是端电压可以连续平滑调节，因此可以得到任何所需要的转速。另一个特点是它的理想空载转速随外加电压的平滑调节而改变。由于转速降落不随速度变化而改变，故机械特性的硬度大，调速的范围也相对大得多。

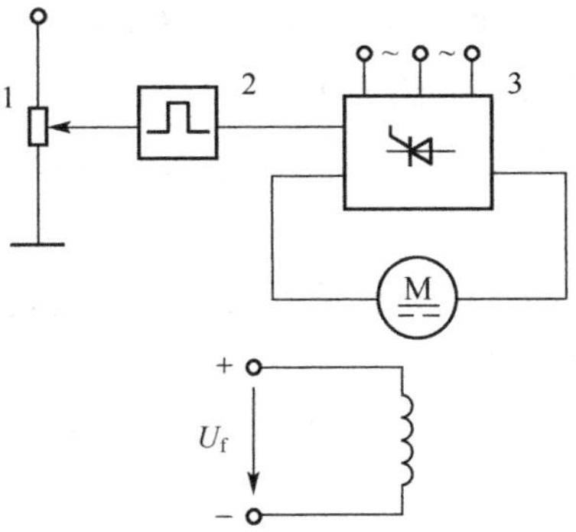

图 6.2.2　晶闸管整流装置供电的直流调速系统

这种调速方法还有一个特点，就是可以靠调节电枢两端电压来启动电动机，而不用另外添加启动设备，这就是前节所说的靠改变电枢电压的启动方法。例如电枢静止，反电动势为零，当开始启动时，加给电动机的电压应以不产生超过电动机最大允许电流为限。待电动机转动以后，随着转速升高，其反电动势也升高，再让外加电压也随之升高。这样如果能够控制得好，可以保持启动过程电枢电流为最大允许值，并几乎不变和变化极小，从而获得恒加速启动过程。

这种调速方法的主要缺点是由于需要独立可调的直流电源，因而使用设备较只有直流电动机的调速方法来说要复杂，初投资也相对大些。但由于这种调速方法具有调速平滑、机械特性硬度大、调速范围宽等特点，就使其具备良好的应用基础，在冶金、机床、矿井提升以及造纸机等方面得到广泛应用。

3）改变电动机主磁通调速

改变主磁通的调速方法，一般是指向额定磁通以下改变。因为电动机正常工作时，磁路已经接近饱和，即使励磁电流增加很大，主磁通也不能显著地再增加很多。所以，一般所说的改变主磁通的调速方法，都是指向额定磁通以下改变。而通常改变磁通的方法都是增加励磁电路电阻，减小励磁电流，从而减小电动机的主磁通。

由人为机械特性的讨论可知，在电枢电压为额定电压 U_N 及电枢回路不串接附加电阻的条件下，当减弱磁通时，其理想空载转速升高，而且斜率加大，在一般情况下，即负载转矩不过大的时候，减弱磁通会使转速升高。它的调速方向是由基速（额定转速）向上调。

普通的非调磁他励直流电动机，所能允许的通过减弱磁通提高转速的范围是有限的。专门作为调磁使用的电动机，调速范围可达 3~4。限制电动机弱磁升速范围的原因有机械方面的，也有电气方面的，例如机械强度的限制、整流条件的恶化、电枢反应等。普通非调磁电动机额定转速较高（1 500 r/min 左右），再通过弱磁升速就要受到机械强度的限制。同时，在减弱磁通后，电枢反应增加，影响电动机的工作稳定性。

可调磁电动机的设计是在允许最高转速的情况下，降低额定转速以增加调速范围。所以，在同一功率和相同最高转速的条件下，调速范围愈大，额定转速愈低，额定转矩愈大，相应的电动机尺寸就愈大，价格也就愈高。

采用弱磁调速方法，当减弱励磁磁通时，虽然电动机的理想空载转速升高、机械特性的硬度相对差些，但其调速的平滑性好。因为励磁电路功率小，调节方便，容易实现多级平滑调节。普通直流电动机的调速范围大约为 1∶1.5。如果要求调速范围增大，则应用特殊结构的调磁通电动机，它的机械强度和换向条件都有改进，适用于高转速工作，一般调速范围可达 1∶2、1∶3 或 1∶4。

因为电动机发热所允许的电枢电流不变，所以电动机的转矩随磁通的减小而减小，故这种调速方法是恒功率调速，适用于恒功率性质的负载。这种调速方法是改变励磁电流，所以损耗功率极小，经济效果较高。又由于其控制比较容易，可以平滑调速，因而在生产中得到广泛应用。

子情境 3　他励直流电动机的制动

电动机的制动分机械制动和电气制动两种，这里只讨论电气制动。所谓电气制动，就是指使电动机产生一个与转速方向相反的电磁转矩，以起到阻碍电动机运动的作用。

电动机的制动有两方面的意义：一是使拖动系统迅速减速停车，这时的制动是指电动机从某一转速迅速减速到零的过程（包括只降低一段转速的过程），在制动过程中电动机的电磁转矩起着制动的作用，从而缩短停车时间，以提高生产率；二是限制位能性负载的下降速度，这时的制动是指电动机处于某一稳定的制动运行状态，此时电动机的电磁转矩起到与负载转矩相平衡的作用。

1. 能耗制动

图 6.2.3 所示为能耗制动原理图。制动前接触器 KM 的常开触头闭合、常闭触头断开，电动机有励磁，并处于正向电动稳定运行状态，即电动机电磁转矩 T_{em} 与转速 n 的方向相同（均为顺时针方向），T_{em} 为拖动性转矩。在电动运行中保持励磁，断开常开触头 KM 使电枢电源断开，闭合常闭触头 KM，并用电阻 R_H 将电枢回路闭合，则进入能耗制动。

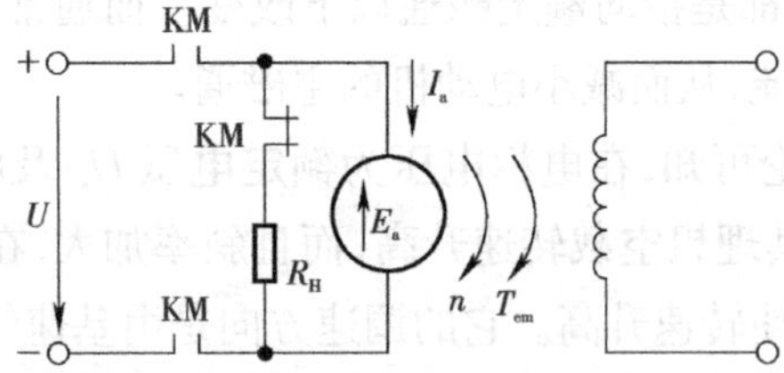

图 6.2.3　能耗制动原理图

能耗制动时，电动机励磁不变，电枢电源电压 U=0，由于机械惯性，制动初始瞬间转速 n 不能突变，仍保持原来的方向和大小，电枢感应电动势也保持原来的大小和方向，而电枢电流变为负，说明其方向与原来电动运行时相反，因此电磁转矩 T_{em} 也变负，表明此时电磁转矩的方向与转速的方向相反，T_{em} 起制动作用，称为制动性转矩。在制动转矩的作用下，拖动系统减速，直到 n=0。如果电动机拖动的是反抗性恒转矩负载，系统就在 $-T_{em}+T_L=0$ 时停车。从能耗制动开始到拖动系统迅速减速及停车的过渡过程就称为能耗制动过程。

在能耗制动过程中，电动机靠惯性旋转，电枢通过切割磁场将机械能转变成电能，再消

耗在电枢回路电阻 R_H 上，因而称为能耗制动。

由机械特性方程可作出能耗制动的机械特性是一条通过坐标原点并与电枢回路串接电阻 R_H 的人为机械特性平行的直线，如图 6.2.4 所示。

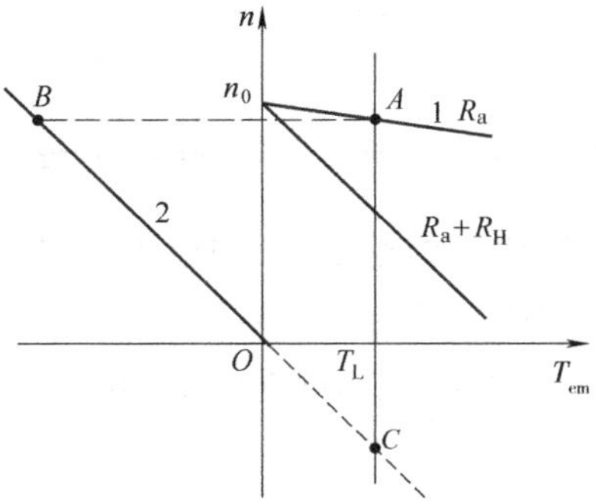

图 6.2.4　能耗制动机械特性

例 6.2.3　一台他励直流电动机的铭牌数据如下：P_N=10 kW，U_N=220 V，I_N=53 A，n_N=1 000 r/min，R_a=0.3 Ω，电枢电流最大允许值为 $2I_N$。（1）电动机在额定状态下进行能耗制动，求电枢回路应串接的制动电阻值。（2）用此电动机拖动起重机，在能耗制动状态下以 300 r/min 的转速下放重物，电枢电流为额定值，求电枢回路应串接的制动电阻值。

解　（1）制动前电枢电动势为

$$E_a=U_N-R_aI_N=220-0.3\times 53=204.1\ \text{V}$$

应串入的制动电阻值为

$$R_H=\frac{E_a}{2I_N}-R_a=\frac{204.1}{2\times 53}-0.3=1.625\ \Omega$$

（2）因为励磁保持不变，则

$$C_e\Phi_N=\frac{E_a}{n_N}=\frac{204.1}{1\,000}=0.2041$$

下放重物时，转速为 n_N=300 r/min，由能耗制动的机械特性

$$n=\frac{R_a+R_H}{C_e\Phi_N}I_a$$

得
$$300=\frac{0.3+R_H}{0.204\ 1}\times 53$$

所以　R_H=0.855 Ω

2. 反接制动

反接制动分为电枢电压反向反接制动和倒拉反转反接制动。

1）电枢电压反向反接制动

图 6.2.5 所示为电枢电压反向反接制动原理图，制动前，接触器的常开触头 KM_1 闭合，另一个接触器的常开触头 KM_2 断开，假设此时电动机处于正向电动运行状态，电磁转矩 T_{em} 与转速 n 的方向相同，即电动机的 T_{em}、T_L 均为正值。在电动运行中，断开 KM_1，闭合 KM_2，

使电枢电压反向，并串入电阻 R_F，则进入反接制动。

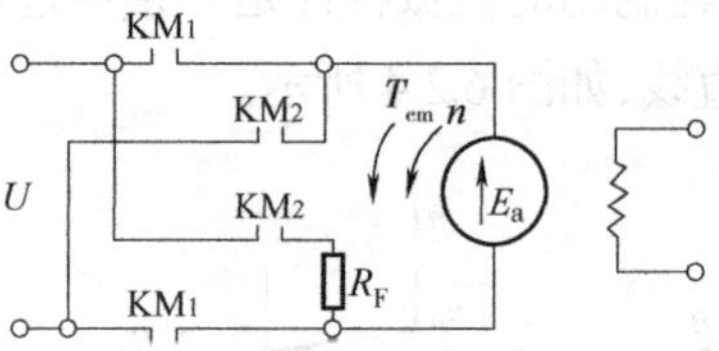

图 6.2.5　电枢电压反向反接制动原理图

反接制动时，加到电枢两端的电源电压为反向电压，同时接入反接制动电阻 R_F。反接制动初始瞬间，由于机械惯性，转速不能突变，仍保持原来的方向和大小，电枢感应电动势也保持原来的大小和方向，而电枢电流变负，电磁转矩 T_{em} 也随之变负，说明反接制动时 T_{em} 与 n 的方向相反，T_{em} 为制动性转矩。

由机械特性方程式可以得出电枢电压反向反接制动机械特性是一条过（0，$-n_0$）点，并与电枢回路串入电阻 R_F 的人为机械特性平行的直线，如图 6.2.6 所示。

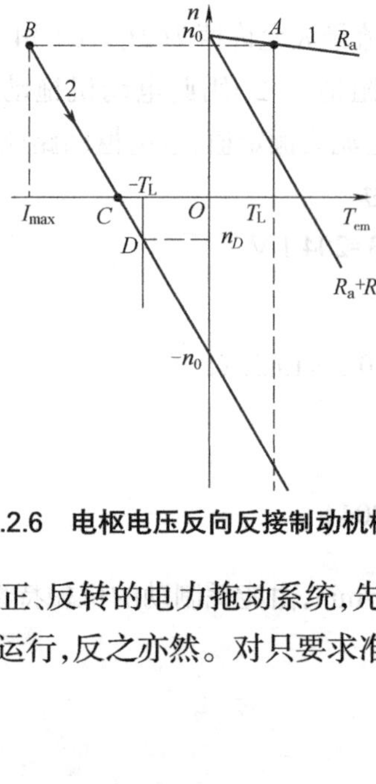

图 6.2.6　电枢电压反向反接制动机械特性

反接制动适用于要求频繁正、反转的电力拖动系统，先用反接制动达到迅速停车，然后接着反向启动并进入反向稳态运行，反之亦然。对只要求准确停车的系统，反接制动不如能耗制动方便。

2）倒拉反转反接制动

倒拉反转反接制动只适用于位能性恒转矩负载。

如图 6.2.7（a）所示，电动机提升重物时，将接触器 KM 常开触头断开，串入较大电阻 R_F，使提升的电磁转矩小于下降的位能转矩，拖动系统将进入倒拉反转反接制动。进入倒拉反转反接制动时，转速 n 反向为负值，使反电动势也反向为负值，电枢电流 I_a 为正值，所以电磁转矩也应为正值（保持原方向），与转速 n 方向相反，电动机运行在制动状态。此运行状态是由于位能负载转矩拖动电动机反转而形成的，所以称为倒拉反转反接制动。

在倒拉反转反接制动运行状态下，U_N、I_a 为正，电源输入功率 $P_N=U_NI_a>0$，而电磁功率 $P_{em}=E_aI_a<0$，表明从电源输入的电功率和机械转换的电功率都消耗在电枢回路电阻 R_F+R_a

上，其功率关系与电枢电压反向反接制动时相似。

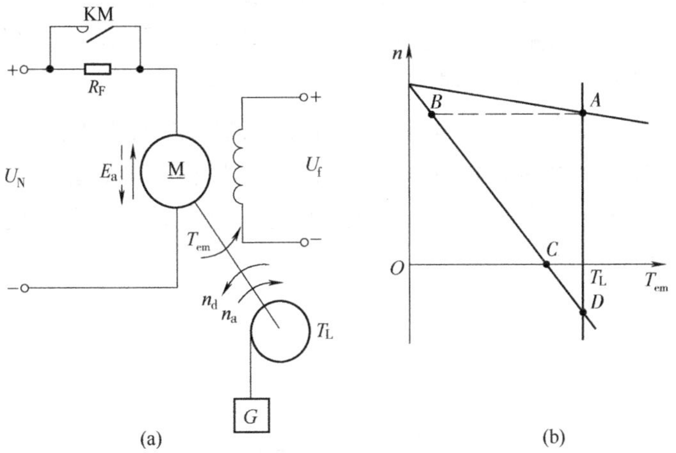

图 6.2.7　倒拉反转反接制动原理图和机械特性

（a）原理图　（b）机械特性

倒拉反转反接制动的机械特性就是电枢回路串接电阻的人为机械特性，如图 6.2.7（b）所示。

电动机进入倒拉反转反接制动状态必须有位能负载反拖电动机，同时电枢回路要串入较大的电阻。在此状态中，位能负载转矩是拖动转矩，而电动机的电磁转矩是制动转矩，它抑制重物下放的速度，将其限制在安全范围之内，这种制动方式不能用于停车，只可以用于下放重物。

例 6.2.4　一台直流他励电动机的铭牌数据如下：P_N=10 kW，U_N=220 V，I_N=53 A，n_N=1 000 r/min，R_a=0.3 Ω，电枢电流最大允许值为 $2I_N$。该电动机运行在倒拉反转反接制动状态，仍以 300 r/min 的转速下放重物，电枢电流为额定值，试求电枢回路应串接的制动电阻值，从电网输入的功率 P_1，从轴上输入的功率 P_2 及电枢回路中电阻上消耗的功率 P_{cM}。

解　将已知数据代入 $n=\dfrac{U_N}{C_e\Phi_N}-\dfrac{R_a+R_F}{C_e\Phi_N}I_a$，由例 6.2.3 知 $C_e\Phi_N$=0.204 1，得

$$-300=\frac{220}{0.2041}-\frac{0.3+R_F}{0.2041}\times 53$$

解得　R_F=5 Ω

从电网输入的功率：

$$P_1=U_NI_N=220\times 53=11.66\text{ kW}$$

从轴上输入的功率：

$$P_2\approx P_{em}=E_aI_a=C_e\Phi_N\, nI_a=0.204\,1\times 300\times 53=3.245\text{ kW}$$

电枢回路中电阻上消耗的功率：

$$P_{cM}=(R_a+R_F)I_N^2=(0.3+5)\times 53^2=14.89\text{ kW}$$

3. 回馈制动

电动机在电动运行状态下，由于某种条件的变化（如带位能性负载下降、降压调速等），

使电枢转速 n 超过理想空载转速 n_0,则进入回馈制动。回馈制动时,转速方向并未改变,而 $n>n_0$,使 $E_a>U$,电枢电流 $I_a<0$ 反向,电磁转矩 $T_{em}<0$ 也反向,为制动转矩。制动时,n 未改变方向,而 I_a 已反向为负,电源输入功率为负;而电磁功率亦小于零,表明电机处于发电状态,将电枢转动的机械能转变为电能并回馈到电网,故称回馈制动。

如图 6.2.8 所示为带位能负载下降时的回馈制动机械特性,电动机电动运行带动位能性负载下降,在电磁转矩和负载转矩的共同驱动下,转速沿特性曲线 1 逐渐升高,进入回馈制动后将稳定运行在 A 点上。需要指出,此时电枢回路不允许串入电阻,否则将会稳定运行在很高转速的 B 点上。

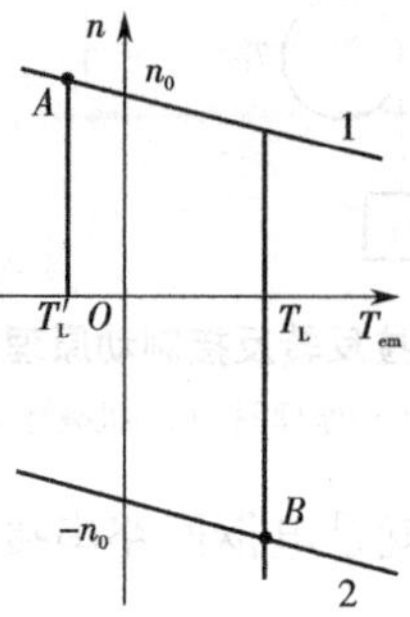

图 6.2.8　回馈制动机械特性

回馈制动时的机械特性方程式与电动状态时相同,只是运行在特性曲线上的不同区段而已。正向回馈制动时的机械特性位于第二象限,反向回馈制动时位于第四象限,如图 6.2.8 中的 n_0A 段和 $-n_0B$ 段。

电力拖动系统在回馈制动状态下的稳定运行有以下两种情况。

(1)如图 6.2.6 所示,电枢电压反向反接制动时,若电机拖动位能性负载,则电机经过制动减速、反向电动加速以及最后在重物的重力作用下,工作点将通过 $-n_0$ 点进入第四象限,出现运行转速超过理想空载转速的反向回馈制动状态,当到达 E 点时,制动的电磁转矩与重物的重力作用平衡,电力拖动系统便在回馈制动状态下稳定运行,即重物匀速下降。若使重物下降的速度低一些,通常可在回馈制动后,将电枢回路串联的电阻全部切除,如图 6.2.8 中的 B 点所示。

(2)当电车下坡时,运行转速也可能超过理想空载转速,而进入第二象限运行,如图 6.2.8 中的 A 点,这时电机在正向回馈制动状态下稳定运行。

除以上两种回馈制动稳定运行外,还有一种发生在瞬态过程中的回馈制动过程,如降低电枢电压的调速过程和弱磁状态下的增磁调速过程都将出现回馈制动过程。下面对这两种情况进行说明。

图 6.2.9 中,A 点是电动状态运行工作点,对应电压为 U_1,转速为 n_A。当进行降压(U_1 降为 U_2)调速时,因转速不突变,工作点由 A 点平移到 B 点,此后工作点在降压人为机械特性的 Bn_{02} 段上的变化过程即为回馈制动过程,它起到了加快电机减速的作用,当转速降到 n_{02} 时,制动过程结束。转速从 n_{02} 降到 C 点的 n_C 的过程为电动状态减速过程。

图 6.2.10 中,磁通由 Φ_1 增大到 Φ_2 时,工作点的变化情况与图 6.2.9 相同,其工作点在

Bn_{02} 段上的变化过程也为回馈制动过程。

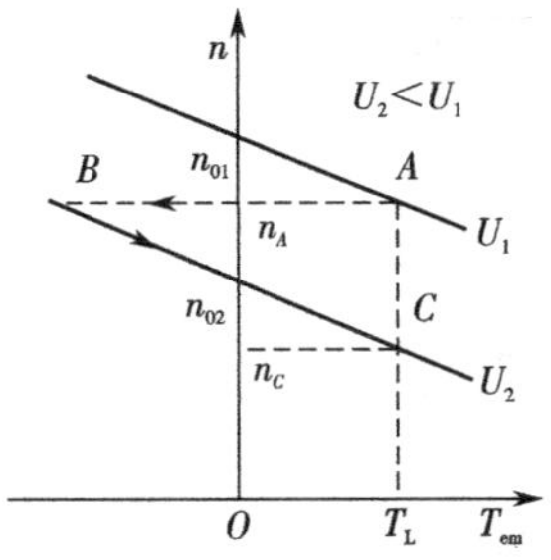

图 6.2.9　降压调速时产生的回馈制动

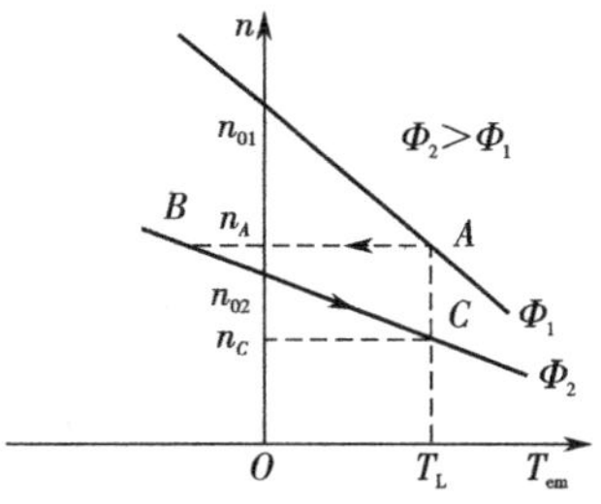

图 6.2.10　增磁调速时产生的回馈制动

回馈制动时,由于有功率回馈到电网,因此与能耗制动和反接制动相比,回馈制动是比较经济的。

子情境 4　他励直流电动机在四象限中的运行状态

从上面分析可知,电动机有电动和制动两种运行状态。这两种运行状态的机械特性分布在 T_{em}-n 坐标平面上的四个象限中,这就是所谓电动机的四象限运行,如图 6.2.11 所示。

在第一、三象限内,T_{em} 与 n 同方向,为电动状态。其中,在第一象限内,$n>0$,$T_{em}>0$,为正向电动状态;在第三象限内,$n<0$,$T_{em}<0$,为反向电动状态,如图 6.2.11 中 A、B 两点。

在第二、四象限内,T_{em} 与 n 反方向,为制动状态。其中,在第二象限内,$n>0$,$T_{em}<0$,对于能耗制动和反接制动,是正向运行的电动机处于制动减速过程;对于回馈制动,是正向运行的电动机处于减速过程或是处于稳定的回馈制动运行。在第四象限内,$n<0$,$T_{em}>0$,在下放位能性负载时出现这一情况。在图 6.2.11 中第四象限内的工作点 C、D、E 等均是稳定制动运行工作点,此时位能性负载是匀速下降的。

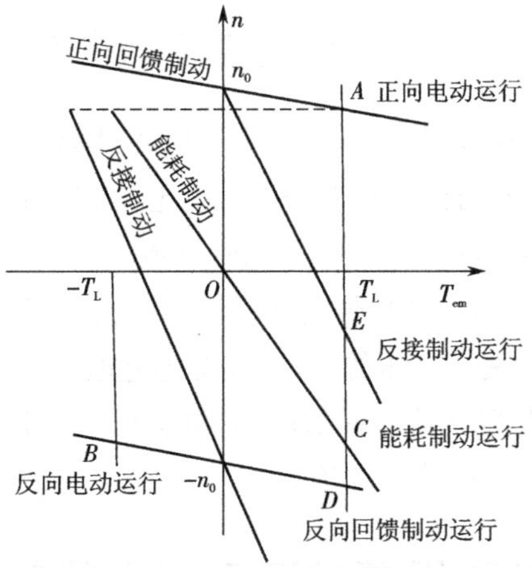

图 6.2.11　他励直流电动机的各种运行状态

为了比较电动状态及三种制动状态的能量传递关系,图 6.2.12 给出了它们的功率流程,图中各功率传递方向为实际方向。

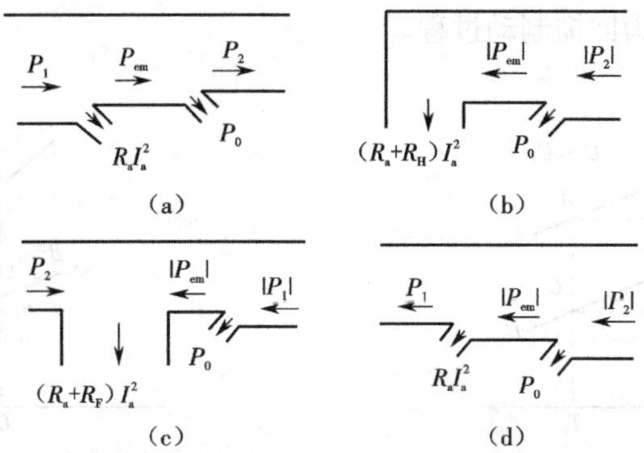

图 6.2.12　他励直流电动机的各种运行状态的功率流程图

(a)电动运行 (b)能耗制动 (c)反接制动 (d)回馈制动

例 6.2.5　一台他励直流电动机的铭牌数据如下：U_N=440 V，I_N=80 A，n_N=1 000 r/min，R_a=0.5 Ω，在额定负载下，工作在回馈制动状态，下放重物，且电枢回路不串电阻，试求电动机的转速。

解　设提升重物时运行于正向电动状态，则下放重物时运行于反向回馈制动状态，工作点对应于图 6.2.11 中的 D 点。根据磁通不变，可求得

$$C_e\Phi_N = \frac{U_N - I_N R_a}{n_N} = \frac{440 - 80 \times 0.5}{1\ 000} = 0.4$$

则下放重物时电动机的转速为

$$n = \frac{-U_N}{C_e\Phi_N} - \frac{R_a}{C_e\Phi_N} I_a$$

$$= \frac{-440}{0.4} - \frac{0.5}{0.4} \times 80 = -1\ 200 \text{ r/min}$$

转速为负值，表示是下放重物。

子情境 5　他励直流电动机的反转

许多生产机械要求电动机做正反运行，如起重机的升降、轧钢机对工件的往返碾压、龙门刨床的前进与后退。直流电动机的转向是由电枢电流方向和主磁场方向确定的，要改变其转向，一是改变电枢电流的方向，二是改变励磁电流的方向(即改变主磁场的方向)。如果同时改变电枢电流和主磁场的方向，则电动机转向不会改变。通常采用改变电枢电流方向的方法，具体就是改变电枢两端电压的极性，或者把电枢绕组两端对调。很少采用改变励磁电流方向的方法，其原因是励磁绕组匝数较多、电感较大，切换励磁绕组电流方向时会产生较大的自感电压，从而危及励磁绕组的绝缘。

情境 3　串励和复励直流电动机的电力拖动

职业能力：了解串励直流电动机的机械特性，掌握串励直流电动机的制动方法，了解复励直流电动机的特点。

子情境 1　串励直流电动机的机械特性和人为特性

1. 串励直流电动机的固有机械特性

图 6.3.1 所示为串励直流电动机的接线图，其特点是励磁绕组与电枢绕组相串联，励磁电流 I_f 等于电枢电流 I_a，主磁通 Φ 是电枢电流 I_a 的函数。

当 I_a 较小时，磁路未饱和，Φ 与 I_a 成正比，即

$$\Phi=kI_a \tag{6.3.1}$$

式中：k 为常数。

此时，电磁转矩 T_{em} 与 I_a 的平方成正比，即

$$T_{em}=C_T\Phi I_a=C_TkI_a^2 \tag{6.3.2}$$

由式（6.3.2）可得

$$I_a=\sqrt{\frac{T_{em}}{C_Tk}} \tag{6.3.3}$$

直流电动机机械特性的一般表达式为

$$n=\frac{U}{C_e\Phi}-\frac{R}{C_eC_T\Phi^2}T_{em} \tag{6.3.4}$$

将式（6.3.1）和式（6.3.3）代入式（6.3.4）中，得到磁路不饱和时串励直流电动机的机械特性为

$$n=\frac{\sqrt{C_Tk}}{C_ek}\frac{U}{\sqrt{T_{em}}}-\frac{R}{C_ek} \tag{6.3.5}$$

式中：$R=R_a+R_f+R_s$ 为电枢回路总电阻，如图 6.3.1 所示。

式（6.3.5）说明，当磁路不饱和时，串励直流电动机的转速 n 与 $\sqrt{T_{em}}$ 成反比，其机械特性为非线性软特性，如图 6.3.2 中曲线 AB 段所示。

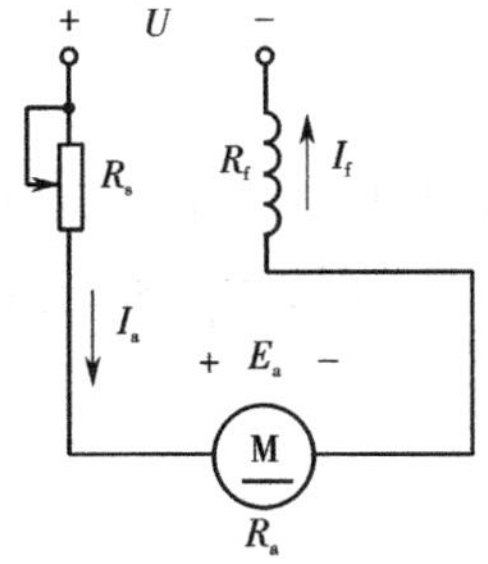

图 6.3.1　串励直流电动机的接线图

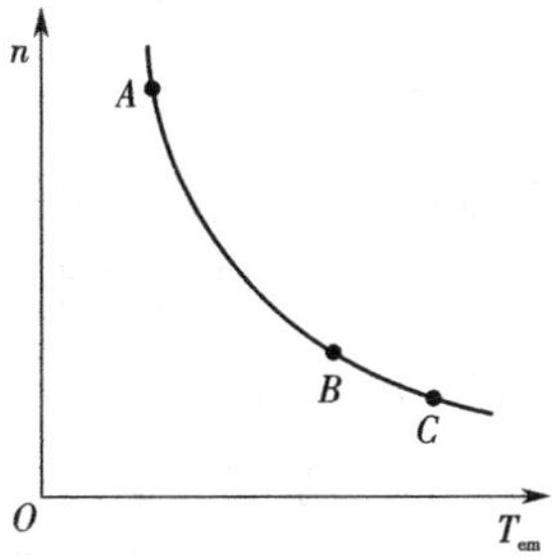

图 6.3.2　串励直流电动机的固有机械特性

当 I_a 较大，磁路饱和时，Φ 基本保持不变，这时串励直流电动机的机械特性与他励直流电动机的机械特性相似，变为较硬的直线特性，如图 6.3.2 中曲线 BC 段所示。

串励直流电动机的固有机械特性是在 $U=U_N$，$R_s=0$ 时的特性（图 6.3.2），具有以下特点：

（1）它是一条非线性的软特性，负载时的转速降落很大；

（2）空载时，$T_{em}=0$，$I_a=0$，$\Phi=0$，$n_0=\infty$，即理想空载转速为无穷大，但实际上，即使 $I_a=0$，由于存在剩磁通，空载转速 n_0 为一有限值，但其值很高，一般可达（5~6）n_N，这就是所谓的“飞

车”现象，因此串励直流电动机是不允许空载或轻载运行的；

(3)由于 T_{em} 正比于 I_a 的平方，启动和过载时 I_a 较大，故串励直流电动机的启动转矩大，过载能力强。

2. 串励直流电动机的人为机械特性

串励直流电动机同样可以采用电枢串接电阻、改变电源电压和改变磁通等方法来获得各种人为机械特性。

1)电枢串接电阻时的人为机械特性

由式(6.3.4)或式(6.3.5)可知，电枢串入电阻后，转速降落增大，所以电枢串接电阻的人为机械特性位于固有机械特性的下方，且特性变得更软，如图 6.3.3 所示。从电路上分析，在 $T_{em}(I_a)$ 相同时，电枢串入电阻后，电阻压降增大，因为电源电压不变，所以电枢反电动势减小，转速必然减小。

2)降低电压时的人为机械特性

由式(6.3.4)可知，降低电压时，理想空载转速降低，其人为机械特性向下平移。从电路上分析，电压下降后，电枢反电动势随之减小，转速也必然减小，所以降低电压的人为机械特性位于固有机械特性的下方，如图 6.3.4 所示。

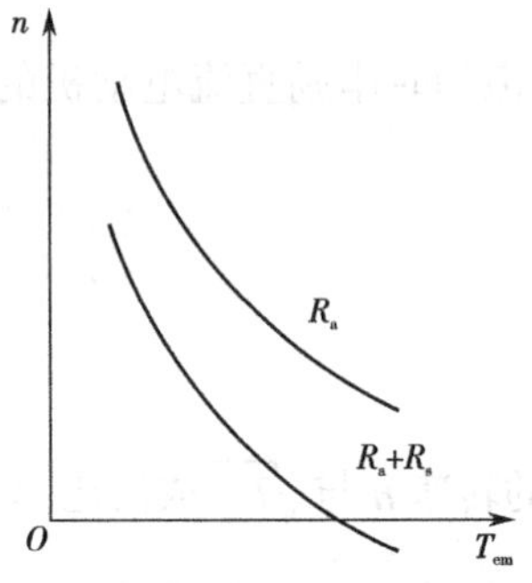

图 6.3.3 电枢串接电阻时的人为机械特性

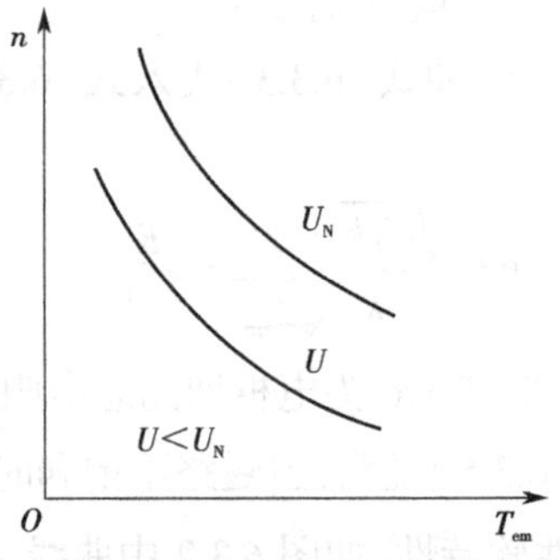

图 6.3.4 降低电压时的人为机械特性

3)改变磁通时的人为机械特性

串励直流电动机改变磁通的方法之一是在励磁绕组上并联一个分流电阻 R_{pf}，如图 6.3.5(a)所示。与固有机械特性相比，在 I_a 相同的情况下，此时因 $I_f<I_a$，故磁通减小，因此人为机械特性位于固有机械特性的上方，如图 6.3.5(b)所示。

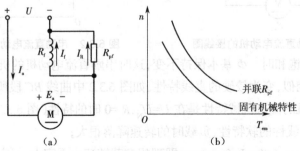

图 6.3.5 减弱磁通时的接线图和人为机械特性

(a)接线图 (b)人为机械特性

子情境 2　串励直流电动机的启动、调速与制动

1. 串励直流电动机的启动与调速

为了限制启动电流，串励直流电动机的启动方法与他励直流电动机一样，也是采用电枢串电阻启动和降低电源电压启动。但由于 T_{em} 与 I_a^2 成正比，所以串励直流电动机的启动转矩较大，适用于重载启动的生产机械，如起重、运输设备等。

串励直流电动机的调速也是采用电枢串电阻、降压和弱磁三种调速方法。其中，电枢串电阻调速比较常用，弱磁调速用得较少。

2. 串励直流电动机的制动

对于串励直流电动机，若不考虑剩磁，只有 n 趋于无穷大时，才能出现 $E_a=U$，要使 $E_a>U$，显然无法实现。虽然电动机中存在少量的剩磁，但要使 $E_a>U$，转速将高达不能允许的数值，故串励电动机不存在回馈制动状态。

串励直流电动机只有能耗制动和反接制动两种制动方法。

1）能耗制动

串励直流电动机的能耗制动分为他励式和自励式两种。

他励式能耗制动是把励磁绕组由串励形式改接成他励形式，即把励磁绕组单独接到电源上，电枢绕组外接制动电阻 R_B 后形成闭路，如图 6.3.6（a）所示。由于串励直流电动机的励磁绕组电阻 R_f 很小，如果采用原来的电源，由于其电压较高，则必须在励磁回路中串入一个较大的限流电阻 R_{sf}。此外，还必须保持励磁电流 I_f 的方向与电动状态相同，否则不能产生制动转矩（因 I_a 已反向）。他励式能耗制动时的机械特性为一条直线，如图 6.3.6（b）中直线 BC 所示，其制动过程与他励直流电动机的能耗制动完全相同，但他励式能耗制动的效果好，应用较广泛。

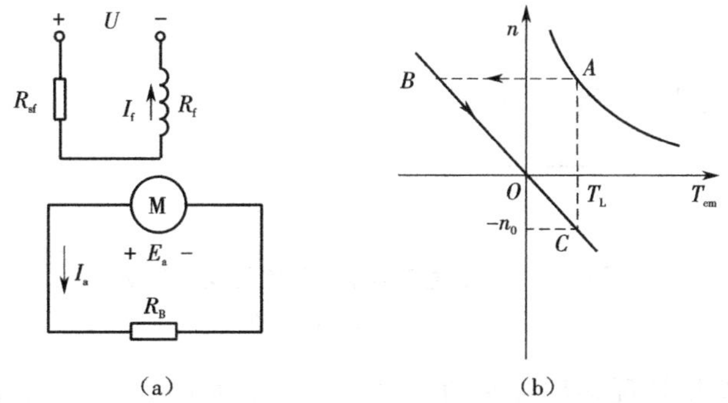

图 6.3.6　串励直流电动机的他励式能耗制动

（a）接线图　（b）机械特性

自励式能耗制动是在电枢回路脱离电源后，通过制动电阻形成闭路，但为了实现制动，必须同时改接串励绕组，以保证励磁电流的方向不变，如图 6.3.7（a）所示。自励式能耗制动时的机械特性如图 6.3.7（b）中曲线 BO 所示。由图可见，自励式能耗制动开始时制动转矩较大，随着转速下降，电枢电动势和电流下降，同时磁通减小，从公式 $T_{em}=C_T\Phi I_a$ 可见，制动

转矩下降很快，制动效果变弱，所以制动时间较长且制动不平稳。由于这种制动方式不需要电源，因此主要用于事故停车。

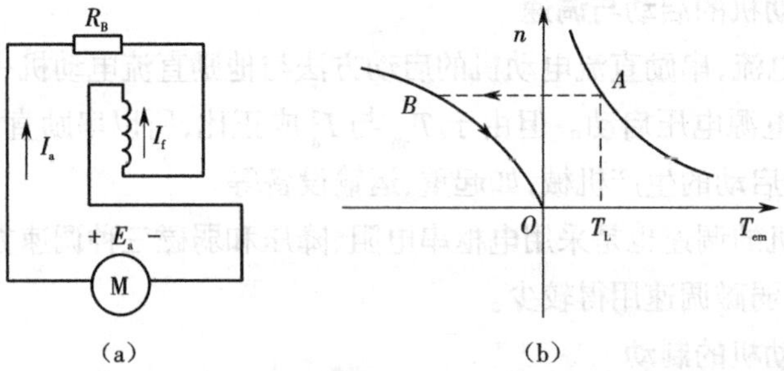

图 6.3.7 串励直流电动机的自励式能耗制动

(a)接线图 (b)机械特性

2)反接制动

串励直流电动机的反接制动有电压反接制动和倒拉反转反接制动两种。

串励直流电动机进行电压反接制动时，并不是将电源电压反接，因为这样会使 I_a 和 I_f 同时改变方向，电磁转矩方向不变，起不到制动作用。因此，只能将电枢两端反接，而励磁绕组的接法不变，如图 6.3.8(a)所示。为了限制过大的制动电流，还应串入制动电阻 R_B。其机械特性如图 6.3.8(b)中曲线 BC 所示。图中 A 点是正向电动工作点，B 点是制动起始点，减速时，工作点由 B 点沿特性曲线向 C 点移动，到达 C 点时，转速为零，若要停车，应断开电源，否则电动机将反向启动并加速到 D 点，在 D 点处于反向运行。

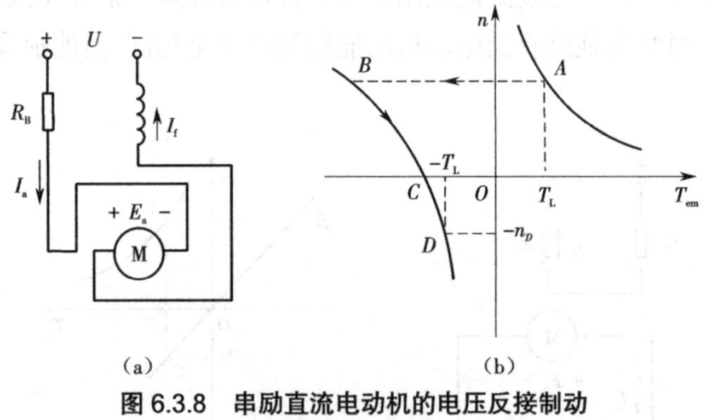

图 6.3.8 串励直流电动机的电压反接制动

(a)接线图 (b)机械特性

串励直流电动机倒拉反转反接制动只适用于位能性负载。其方法是保持电压极性不变，电枢回路串入一个较大的电阻 R_S，使电动机倒拉反转，其接线图和机械特性如图 6.3.9 所示。在图 6.3.9(b)中，A 点是电动运行工作点，当电枢回路串入 R_S 后，工作点移至 B 点，并进入制动减速运行，当工作点到达 C 点时，转速减至零，但由于电磁转矩小于负载转矩，于是在位能性负载倒拉下，电动机反转并加速，直到 D 点进入反接制动状态稳定运行，匀速下放重物。

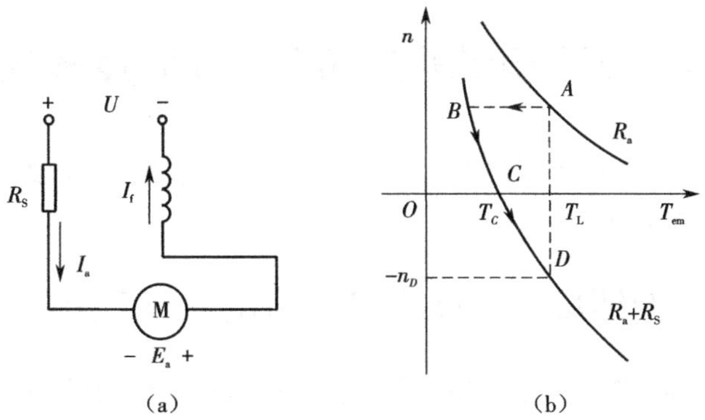

图 6.3.9　串励直流电动机的倒拉反转反接制动

(a)接线图　(b)机械特性

串励直流电动机在各种运行状态下的能量关系与他励直流电动机相同,这里不再重复。

子情境 3　复励直流电动机的特点

复励直流电动机有两个励磁绕组,分别为串励绕组和并励绕组,如图 6.3.10 所示。通常这两个绕组的磁通势方向是相同的,因此称为积复励直流电动机。

积复励直流电动机的机械特性介于他励与串励直流电动机之间,如图 6.3.11 所示。当并励绕组磁通势较大而起主要作用时,机械特性接近于他励直流电动机特性;当串励绕组磁通势较大而起主要作用时,机械特性便接近于串励直流电动机特性。

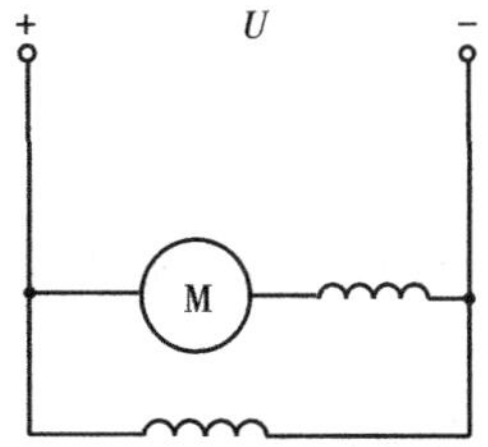

图 6.3.10　复励直流电动机连线图

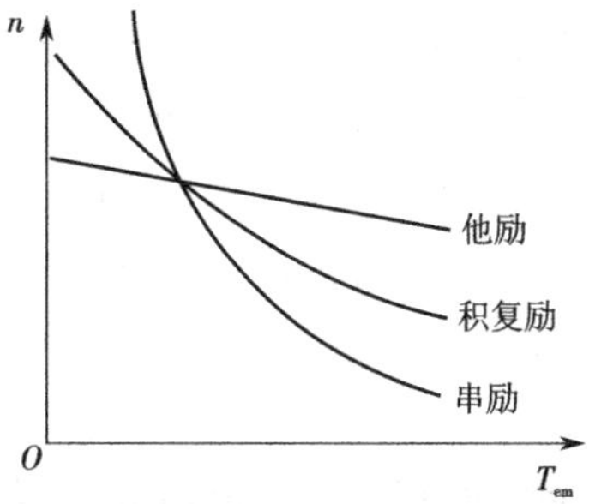

图 6.3.11　复励直流电动机的机械特性

复励直流电动机既具有串励直流电动机的启动转矩大、过载能力强等优点,又因为有并励绕组使得理想空载转速不至于太高,因而避免了"飞车"的危险。

复励直流电动机的启动和调速方法与他励直流电动机相同。复励直流电动机也可进行能耗制动、反接制动和回馈制动。其反接制动时的接线与串励直流电动机类似;而回馈制动和能耗制动时,由于电枢电流反向,串励磁通势也反向,它对并励磁通势起去磁作用,这将影响制动效果,故往往将串励绕组短接起来。

情境 4　直流电动机的使用、维护及故障处理

职业能力:了解直流电动机正确使用方法,掌握直流电动机正常维护的内容,掌握直流电动机常见故障及处理方法。

子情境 1　直流电动机的正确使用

电动机的使用寿命是有一定限制的,电动机在运行过程中,其绝缘材料会逐步老化、失效,电动机轴承会逐渐磨损,电刷在使用一定时期后因磨损必须进行更换,换向器表面有时也会发黑或灼伤等。但一般来说,电动机结构是相当牢固的,在正常情况下使用,电动机寿命是比较长的。电动机在使用过程中由于受到周围环境的影响,如油污、灰尘、潮气、腐蚀气体的侵蚀等,会使电动机的寿命缩短。电动机如使用不当,如转轴受到不应有的扭力等将使轴承加速磨损,甚至使轴扭断;或者由于电动机过载,将会使电动机过热而造成绝缘老化甚至烧损。这些损伤都是由外部因素造成的,为避免这些情况的发生,正确使用电动机,并及时发现电动机运行中的故障和隐患是十分重要的。

正确使用电动机应从以下方面着手。

(1)根据负载大小正确选择电动机的功率,一般电动机的额定功率要比负载所需的功率稍大一些,以免电动机过载;但也不能太大,以免造成浪费。

(2)根据负载转速正确选择电动机的转速,其原则是使电动机和被拖动的生产机械都在额定转速下运行。

(3)根据负载特点正确选择电动机的结构形式,一般要求转速恒定的机械采用并励直流电动机,起重及运输机械选用串励直流电动机,并需考虑电动机的抗震性能及防止风沙雨水等的侵袭,在矿井内使用的电动机还需要具有防爆性能。

(4)对新安装使用的电动机或搁置较长时间未使用的电动机在通电前必须作如下检查:

①检查电动机铭牌、电路接线、启动设备等是否完全符合规定;

②清扫电动机,检查电动机绝缘电阻;

③用手拨动电动机旋转部分,检查是否灵活;

④通电进行空载试验运转,观察电动机转速、转向是否正常以及是否有异声等。

以上检查合格后,可带动负载启动。

(5)对运行中的电动机进行监视的目的是为了清除一切不利于电动机正常运行的因素,及早发现故障和隐患,并及时进行处理,以免故障扩大,造成重大损失。

①监视电动机的温度,以粗估电动机运行中是否有过热现象。对于一般常用的小型直流电动机,可用手接触电动机外壳,判断是否有明显的烫手感觉,如有,则属电动机过热;也可在外壳上滴几点水,如水滴急剧汽化,并伴有“滋滋”声,说明电动机过热。大、中型电动机往往装有热电偶等测温装置来监视电动机温度。如在电动机运行时,闻到绝缘材料的焦

臭味，也属于电动机过热，必须立即停机检查。

②监视电动机的负载电流，一般不允许超过额定电流，容量较大的电动机一般都装有电流表以利于随时观测。负载电流与电动机的温度两者是紧密相关的。

③监视电源电压的变化，电源电压过高或过低都会引起电动机的过载，给电动机运行带来不良后果，一般电压的变动量应限制在额定电压的 ±5%~±10% 范围内。通常可在电动机的电源上装电压表进行监视。

④监视电动机的换向火花，一般直流电动机在运行中电刷与换向器表面基本上看不到火花，或只有微弱的点状火花，即火花等级不大于 1.25 级，运行条件较差的电动机可允许在电刷边缘大部分或全部有轻微的火花，即火花等级不大于 1.5 级。

⑤监视电动机轴承的温度，不容许超过允许的数值，轴承外盖边缘处不允许有漏油现象。

⑥监视电动机运行时的声音及振动情况等。电动机在正常运行时，不应有杂声，较大的电动机也只能听到均匀的"哼哼"声和风扇的呼啸声。如运行中出现不正常的嘈杂声、尖锐的啸叫声等应立即停车检查。电动机在正常运行时不应有强烈的振动或冲击声，如出现也应停车检查。总之，只要电动机在运行中出现与平时正常使用时不同的声音或振动，必须立即停车检查，以免造成事故。

子情境 2　直流电动机的定期维护

为了保证电动机正常工作，除按操作规程正确使用电动机，运行过程中注意正常监视外，还应对电动机进行定期检查和维护。

（1）清擦电动机外部，及时除去机座外部的灰尘、油泥，检查、清擦电动机接线端子，观察接线螺丝是否松动、烧伤等。

（2）检查传动装置，包括皮带轮或联轴器等有无破裂、损坏，安装是否牢固等。

（3）定期检查、清洗电动机轴承，更换润滑油或润滑脂。

（4）检查电动机绝缘性能。电动机绝缘性能的好坏不仅影响电动机本身的正常工作，而且还会危及人身安全。电动机在使用中，应经常检查绝缘电阻，特别是电动机搁置一段时间不用后及在雨季电动机受潮后，还要注意查看电动机机壳接地是否可靠。

（5）清扫电刷与换向器表面，检查电刷与换向器接触是否良好，电刷压力是否适当。

子情境 3　直流电动机的常见故障及处理

1. 故障现象 1：无法启动

可能原因及处理方法如下。

（1）电源电路不通。检查电动机出线端接线是否正确，电刷与换向器表面接触是否良好，保险丝是否完好，启动设备是否完好。

（2）启动时过载。减小电动机所带的负载。

（3）励磁回路断开。检查磁场变阻器及励磁绕组是否断路。

（4）启动电流太小。检查电源电压是否太低，启动变阻器是否合适，电阻是否太大。

2. 故障现象 2：电动机转速不正常

可能原因及处理方法如下。

（1）并励绕组接线不良或断开。励磁电流减小为零，使电动机转速大增，应找出故障点予以排除。

（2）串励直流电动机轻载或空载运行。增加电动机的负载。

（3）电刷位置不对。调整电刷位置，需正反转的电动机电刷位置应位于几何中性线处。

（4）主磁极与电枢之间的空气隙不相等。检查各磁极的空气隙并加以调整，使各磁极的空气隙相等。

（5）个别电枢绕组短路。检修电枢绕组。

3. 故障现象 3：电动机换向异常

可能原因及处理方法如下。

（1）电刷与换向器接触不良。研磨电刷与换向器接触面，并在轻载下运转约 1 h。

（2）刷握松动或安装位置不正确。紧固或重新调整刷握位置。

（3）电刷磨损过短。更换同型号的新电刷。

（4）电刷压力大小不当或不均匀。用弹簧秤校正电刷压力为 14.7~24.5 kPa。

（5）换向器表面不光洁、有污垢，换向器上云母片突出。清洁或修理换向器。

（6）电动机过载。减小负载。

（7）换向极绕组部分短路。检修绝缘损坏处。

（8）换向极绕组接反。用指南针检查极性后改正接法。

（9）电枢绕组有断路或短路故障。修理电枢绕组。

（10）电枢绕组与换向片之间脱焊。查出故障点，重新焊接。

4. 故障现象 4：电动机温升过高

可能原因及处理方法如下。

（1）长期过载。降低电动机所带负载。

（2）未按规定运行。必须按铭牌上的“定额”运行，“短时”“断续”运行的电动机不能长期运行。

（3）通风不良。检查电动机本身所带的风扇是否正常、完好，检查通风道。

5. 故障现象 5：电枢过热

可能原因及处理方法如下。

（1）长期过载或负载短路。恢复正常负载。

（2）电枢绕组或换向器有短路现象。用毫伏表检查电枢绕组是否有短路，观察并检测是否有金属屑或电刷炭粉使换向片短路。

（3）电动机磁极与电枢铁芯间的气隙相差过大，造成各并联支路电流不均衡。检查并调整空气隙。

（4）定子、转子相擦。检查定子铁芯是否松动，轴承是否磨损。

(5)端电压过低。恢复端电压至额定值。

6. 故障现象 6:磁极绕组过热

可能原因及处理方法如下。

(1)并励绕组部分短路。用电桥测量每个磁极绕组,找出电阻较低的绕组,也可用其他仪器或手摸、观察等发现有故障的磁极。

(2)电动机端电压过高。降低端电压至额定值。

(3)串励绕组因负载电流长期过载。降低电动机所带负载。

7. 故障现象 7:电动机振动

可能原因及处理方法如下。

(1)电枢平衡未较好。重新校平衡。

(2)检修时风叶装错位置或平衡块移动。调整风叶位置,重新校平衡。

(3)转轴变形。修理或更换转轴甚至整个电枢。

(4)联轴器未校正。重新校正,使两轴线成一直线。

(5)地基不平或地脚螺丝不紧。调整至合乎要求。

8. 故障现象 8:机壳带电

可能原因及处理方法如下。

(1)电动机受潮后绝缘电阻下降。进行烘干处理或重新浸漆处理。

(2)电动机绝缘老化。拆除,重新进行绝缘处理。

(3)引出线碰壳。进行绝缘包扎处理,消除碰壳处。

(4)电刷灰或其他灰尘的累积。定期进行清理。

习　题

一、填空题(将正确的答案填在横线上)

1. 他励直流电动机的固有机械特性是指在______________________________的条件下,____________________和____________________的关系。

2. 直流电动机的启动方法有____。

3. 如果不串联制动电阻,反接制动瞬间的电枢电流大约是电动状态运行时电枢电流的______倍。

4. 当电动机的转速超过_________________________时,出现回馈制动。

二、判断题(正确的打√,错误的打 ×)

1. 直流电动机的人为机械特性都比固有机械特性软。　(　　)

2. 直流电动机串多级电阻启动,在启动过程中,每切除一级启动电阻,电枢电流都将突变。　(　　)

3. 提升位能性负载时的工作点在第一象限内,而下放位能性负载时的工作点在第四象限内。　(　　)

4. 他励直流电动机的降压调速属于恒转矩调速方式，因此只能拖动恒转矩负载运行。（　　）

5. 他励直流电动机降压或串电阻调速时，最大静差度数值越大，调速范围也越大。（　　）

三、选择题（将正确答案的序号填入括号中）

1. 电力拖动系统运行方程式中的 GD^2 反映了（　　）。

A. 旋转体的重量与旋转体直径平方的乘积，它没有任何物理意义

B. 系统机械惯性的大小，它是一个整体物理量

C. 系统储能的大小，但它不是一个整体物理量

2. 他励直流电动机的人为机械特性与固有机械特性相比，其理想空载转速和斜率均发生了变化，那么该人为机械特性一定是（　　）。

A. 串电阻的人为机械特性　　B. 降压的人为机械特性

C. 弱磁的人为机械特性

3. 直流电动机采用降低电源电压的方法启动，其目的是（　　）。

A. 为了使启动过程平稳　　B. 为了减小启动电流

C. 为了减小启动转矩

4. 当电动机的电枢回路铜损耗比电磁功率或轴机械功率都大时，电动机处于（　　）。

A. 能耗制动状态　B. 反接制动状态　C. 回馈制动状态

5. 他励直流电动机拖动恒转矩负载进行串电阻调速，设调速前后的电枢电流分别为 I_1 和 I_2，那么（　　）。

A. $I_1<I_2$　B. $I_1=I_2$　C. $I_1>I_2$

四、问答题

1. 电力拖动系统稳定运行的条件是什么？

2. 传动机构和工作机构的物理量向电动机轴上折算时，应遵守哪些原则？

3. 起重机提升某一重物时，若传动效率小于 0.5，那么下放重物时传动效率为负值，此时的意义是什么？

4. 生产机械的负载转矩特性常见的有哪几类？何谓反抗性负载？何谓位能性负载？

5. 电动机的理想空载转速与实际转速有何区别？

6. 什么叫固有机械特性？什么叫人为机械特性？他励直流电动机的固有机械特性和各种人为机械特性各有何特点？

7. 什么叫机械特性上的额定工作点？什么叫额定转速降？

8. 直流电动机为什么不能直接启动？如果直接启动会引起什么后果？

9. 怎样实现他励直流电动机的能耗制动？试说明在反抗性恒转矩负载下，能耗制动过程中的 n、E_a、I_a、T_{em} 的变化情况。

10. 直流电动机有哪几种调速方法？各有何特点？

11. 什么叫静差度？它与哪些因素有关？为什么低速时的静差度较大？

12. 电动机在不同转速下的容许输出转矩和功率是由什么决定的？

13. 串励直流电动机为什么不能实现回馈制动？怎样实现能耗制动和反接制动？

14. 怎样改变他励、并励、串励及复励直流电动机的转向？

15. 串励直流电动机为何不能空载运行？

16. 积复励直流电动机与他励、串励直流电动机比较有何特点？

五、计算题

1. 一台他励直流电动机的铭牌数据如下：P_N=7.5 kW，U_N=110 V，I_N=79.84 A，n_N=1 500 r/min，R_a=0.101 4 Ω，试求：（1）在 $U=U_N$，$\Phi=\Phi_N$ 条件下，电枢电流 I_a=60 A 时的转速；（2）在 $U=U_N$ 条件下，主磁通减少 15%，负载转矩为 T_N 不变时，电动机的电枢电流与转速；（3）在 $U=U_N$，$\Phi=\Phi_N$ 条件下，负载转矩为 $0.8T_N$，转速为 −800 r/min，电枢回路应串入的电阻值。

2. 一台他励直流电动机的铭牌数据如下：P_N=10 kW，U_N=220 V，I_N=53.4 A，n_N=1 500 r/min，R_a=0.411 Ω，试求：（1）额定运行时的电磁转矩、输出转矩及空载转矩；（2）理想空载转速和实际空载转速；（3）半载时的转速；（4）n_N=1 600 r/min 时的电枢电流。

3. 一台他励直流电动机的铭牌数据如下：P_N=10 kW，U_N=220 V，I_N=53.4 A，n_N=1 500 r/min，R_a=0.411 Ω，试求出下列几种情况下的机械特性方程式，并在同一坐标系上画出机械特性曲线：（1）固有机械特性；（2）电枢回路串入 1.6 Ω 电阻的人为机械特性；（3）电源电压降到原来一半的人为机械特性；（4）磁通减小 30% 的人为机械特性。

4. 他励直流电动机的 U_N=220 V，I_N=207.5 A，R_a=0.067 Ω，试问：（1）直接启动时的启动电流是额定电流的多少倍；（2）如限制启动电流为 1.5 I_N，电枢回路应串入多大的电阻。

5. 一台他励直流电动机的铭牌数据如下：P_N=7.5 kW，U_N=110 V，I_N=85.2 A，n_N=750 r/min，R_a=0.13 Ω，如采用三级启动，最大启动电流限制为 2 I_N，试求各段启动电阻。

6. 一台他励直流电动机的铭牌数据如下：P_N=2.5 kW，U_N=220 V，I_N=12.5 A，n_N=1 500 r/min，R_a=0.8 Ω，试求：（1）当电动机以 1 200 r/min 的转速运行时，采用能耗制动停车，若限制最大制动电流为 $2I_N$，则电枢回路应串入多大的制动电阻；（2）若负载为位能性恒转矩负载，负载转矩为 $T_L=0.9T_N$，采用能耗制动使负载以 120 r/min 转速稳速下降，电枢回路应串入多大电阻。

7. 一台他励直流电动机的铭牌数据如下：P_N=10 kW，U_N=110 V，I_N=112 A，n_N=750 r/min，R_a=0.1 Ω，设电动机带反抗性恒转矩负载处于额定运行。试求：（1）采用电压反接制动，使最大制动电流为 $2.2I_N$，电枢回路应串入多大电阻；（2）在制动到 n=0 时不切断电源，电动机能否反转，若能反转，试求稳态转速，并说明电动机工作在什么状态。

8. 一台他励直流电动机的铭牌数据如下：P_N=4 kW，U_N=220 V，I_N=22.3 A，n_N=1 000 r/min，R_a=0.91 Ω，运行于额定状态，为使电动机停车，采用电压反接制动，串入电枢回路的电阻为 9 Ω，试求：（1）制动开始瞬间电动机的电磁转矩；（2）n=0 时电动机的电磁转矩；（3）如果负载为反抗性负载，在制动到 n=0 时不切断电源，电动机能否反转，为什么？

项目7　电力拖动系统中电动机的选择

项目	情境	职业能力	学习方式	学习地点	学时数
电力拖动系统中电动机的选择	电动机的发热与冷却	了解电动机发热和冷却的过程，了解绝缘材料及等级	实物讲解、多媒体动画	多媒体教室	1
	电动机工作制的分类	了解电动机三大类工作制的特点	实物讲解、多媒体动画	多媒体教室	1
	电动机容量的选择	掌握三种工作制下电动机容量选择的方法	实物讲解、多媒体动画	多媒体教室	0.5
	电动机种类、形式、电压、转速的选择	掌握电动机种类、形式、电压、转速选择的方法	例题分析、练习	多媒体教室	1.5

在设计电力拖动系统时，电动机的选择是一项重要的内容。电动机的选择主要是指电动机的额定功率、额定电压、额定转速、种类及形式等项目的选择。

选择电动机的原则：满足生产机械负载的要求，经济实惠。额定功率选得过大，电动机的容量得不到充分利用，电动机长期处于轻载运行，效率过低，运行费用过高；反之，功率选得过小，电动机将过载运行，若长期过载运行，电动机的寿命将缩短。所以，电动机功率选得过大或过小都是不经济的。

额定功率的选择，要根据电动机的发热、过载能力和启动能力三方面来综合考虑，其中以发热问题最为重要。

情境1　电动机的发热与冷却

职业能力：了解电动机发热和冷却的过程，了解绝缘材料及等级。

1. 电动机的发热

电动机负载运行时，因产生损耗而发热。由于电动机内部热量的不断产生，电动机本身的温度逐渐升高，最终将超过周围环境的温度，电动机温度比环境温度高出的数值，称为电动机的温升。一旦有了温升，电动机就要向周围散热，温升越高，散热越快，当电动机在单位时间内产生的热量等于散发出去的热量时，电动机的温度将不再增加，从而保持一个稳定不变的温升值，称为稳定温升，此时电动机处于发热与散热的热平衡状态。

电动机从开始发热到达到热平衡状态的过程称为发热的过渡过程，在此过程中，电动机的温升 T 随时间 t 的变化规律为

$$T = T_0 e^{-\frac{t}{\tau}} + T_s\left(1 - e^{-\frac{t}{\tau}}\right) \quad (7.1.1)$$

式中：T_0、T_s 分别为电动机发热过程的起始温升和稳定温升；τ 为电动机的发热时间常数。

若发热过程开始时，电动机的温度与周围介质的温度相等，使 T_0=0，这时的温升表达式为

$$T = T_s\left(1 - e^{-\frac{t}{\tau}}\right) \tag{7.1.2}$$

式（7.1.1）和式（7.1.2）对应的曲线如图 7.1.1 所示。

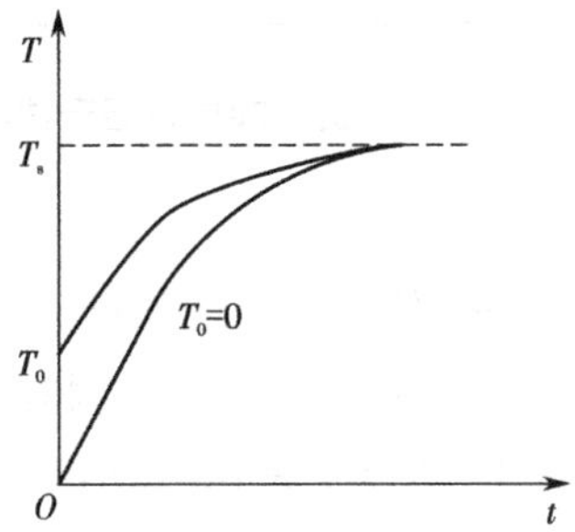

图 7.1.1 电动机发热过程温升曲线

由图 7.1.1 可见，电动机的温升是按指数规律变化的，温升变化的快慢与时间常数 τ 有关系。理论上，$t\to\infty$ 时才能达到稳定温升 T_s；实际上，当 t=（3~4）τ 时已接近稳定温升 T_s。对于小容量电动机，τ=20~30 min；对于大容量电动机，τ=2~3 h。

发热的过渡过程实质：发热开始时，由于温升小，散发出去的热量较少，大部分热量被电动机吸收，因而温升增长得较快；其后，随着温升的增高，散耗的热量不断增多，而电动机产生的热量因负载不变而不变，则电动机吸收的热量不断减小，温升曲线趋于平缓；最后，当发热量与散热量相等时，电动机的温升不再升高，从而达到了稳定值。

2. 电动机的冷却

当电动机的负载减小或电动机断电停止工作时，电动机的温度便开始下降，冷却过程开始。

冷却过程的温升变化曲线与发热过程在形式上是相同的，可以表示为

$$T = T_0' e^{-\frac{t}{\tau'}} + T_s'\left(1 - e^{-\frac{t}{\tau'}}\right) \tag{7.1.3}$$

式中：T_0'、T_s' 分别为电动机冷却开始时的温升和冷却后的稳定温升；τ' 为电动机的冷却时间常数，一般情况下 $\tau' > \tau$。

当电动机断电时，电动机不再发热，于是 T_s' =0，式（7.1.3）可变为

$$T = T_0' e^{-\frac{t}{\tau'}} \tag{7.1.4}$$

式（7.1.3）和式（7.1.4）对应的曲线如图 7.1.2 所示。显然，冷却过程的温升曲线也是按指数规律变化的。

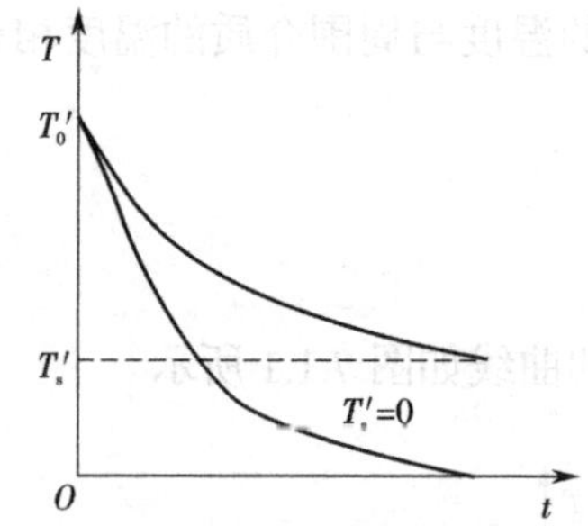

图 7.1.2　电动机冷却过程温升曲线

3. 绝缘材料及等级

电动机运行时，由于损耗产生热量，使电动机的温度升高。电动机容许达到的最高温度是由电动机所使用绝缘材料的耐热程度决定的，绝缘材料的耐热程度称为绝缘等级。不同的绝缘材料，其容许温度是不同的，电动机中常用的绝缘材料分为五个等级，如表 7.1.1 所示，其中最高允许温升值是按环境温度为 40 ℃计算出来的。

目前，我国生产的电动机多采用 E 级和 B 级绝缘，其发展趋势是采用 F 级和 H 级绝缘，这样可以在一定的输出功率下，减轻电动机的质量，缩小电动机的体积。

表 7.1.1　绝缘材料分类

等级	绝缘材料	最高允许温度/℃	最低允许温升/℃
A	经过浸漆处理的棉纱、丝、纸板、木材等以及普通绝缘漆	105	65
E	环氧树脂、聚酯薄膜、青壳纸、三醋酸纤维薄膜、高强度绝缘漆	120	80
B	用提高了耐热性能的有机漆作黏合剂的云母、石棉和玻璃纤维组合物	130	90
F	用耐热优良的环氧树脂黏合或浸漆的云母、石棉和玻璃纤维组合物	155	115
H	用硅有机树脂黏合或浸漆的云母、石棉和玻璃纤维组合物以及硅有机橡胶	180	140

电动机的使用寿命是由它的绝缘材料决定的，当电动机的工作温度不超过其绝缘材料的最高允许温度时，绝缘材料的使用寿命可达 20 年左右，若超过最高允许温度，绝缘材料的使用寿命将大大缩短，一般是每超过 8 ℃，寿命减小一半。

由此可见，绝缘材料的最高允许温度是一台电动机带负载能力的限度，而电动机的额定功率正是这个限度的具体体现。事实上，电动机的额定功率是指在环境温度为 40 ℃、电动机长期连续工作，其温度不超过绝缘材料最高允许温度时的最大输出功率。

上述环境温度 40 ℃是我国标准规定的标准环境温度。如果实际环境温度低于 40 ℃，则电动机可以在稍大于额定功率下运行；反之，电动机必须在小于额定功率下运行。总之，要保证电动机的工作温度不超过其绝缘材料的极限温度。

情境 2　电动机工作制的分类

职业能力：了解电动机三大类工作制的特点。

电动机工作时，其温升的高低不仅与负载的大小有关，而且还与负载的持续时间有关。同一台电动机，如果工作时间的长短不同，则它的温升也不同，或者说它能够承担负载功率的大小也不同。为了适应不同负载的需要，按负载持续时间的不同，国家标准把电动机分成了三种工作方式或三种工作制，并细分为八类，分别用 S1、S2、…、S8 来表示。

1. 连续工作制 S1

连续工作制的电动机，其工作时间 $t_w>(3\sim4)\tau$，可达几小时或几十小时，其温升可以达到稳定温升值，所以也称为长期工作制。它的功率负载图 $P=f(t)$ 及温升曲线 $T=f(t)$ 如图 7.2.1 所示。属于此类工作制的生产机械有水泵、通风机、造纸机和纺织机等。

2. 短时工作制 S2

短时工作制的电动机，其工作时间很短，一般 $t_w<(3\sim4)\tau$，在工作时间内，温升达不到稳定温升值，但它的停机时间 t_0 却很长，一般 $t_0>(3\sim4)\tau'$，停机时电动机的温度足以降到周围环境的温度，即温升降至零。它的功率负载图 $P=f(t)$ 及温升曲线 $T=f(t)$ 如图 7.2.2 所示。属于此类工作制的生产机械有水闸闸门、吊车、车床的夹紧装置等。我国短时工作制电动机的标准工作时间有 15、30、60、90 min 四种。

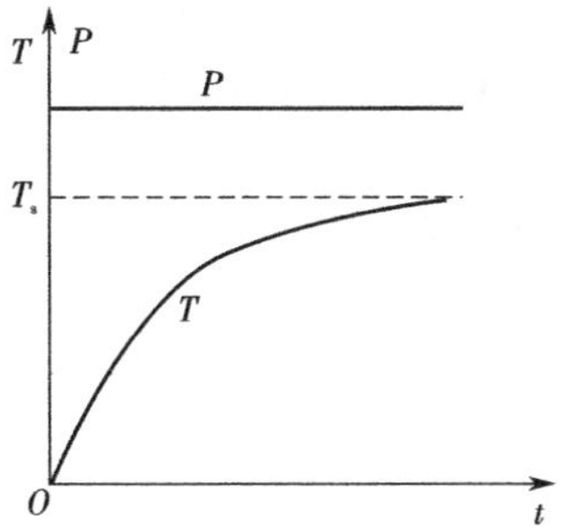

图 7.2.1　连续工作制的功率负载图及温升曲线

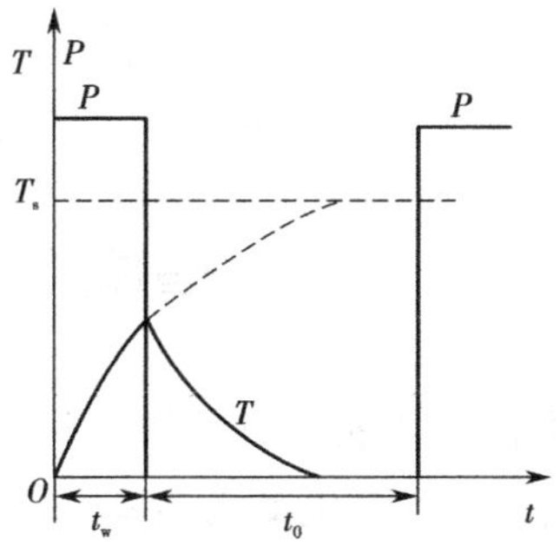

图 7.2.2　短时工作制的功率负载图及温升曲线

3. 周期工作制 S3~S8

电动机按一系列相同的工作周期运行，在一个周期内，工作时间 $t_w<(3\sim4)\tau$，停歇时间 $t_0<(3\sim4)\tau'$。因而，工作时温升达不到稳定值，停歇时温升也降不到零。按国家标准规定，每个工作周期 $t_c=t_w+t_0\leqslant10$ min，所以这种工作制也称为重复短时工作制。

根据一个周期内电动机运行状态的不同，断续周期工作制可分为六类（国家标准 GB 755—2008）：

（1）断续周期工作制 S3；

（2）包括启动的断续周期工作制 S4；

（3）包括电制动的断续周期工作制 S5；

（4）连续周期工作制 S6；

（5）包括电制动的连续周期工作制 S7；

（6）包括负载与转速相应变化的连续周期工作制 S8。

断续周期工作制的电动机，其温升经过若干个周期后，将在某一范围内上下波动。图

7.2.3 所示为断续周期工作制 S3 的功率负载图及温升曲线。属于此类工作制的生产机械有起重机、电梯和某些自动机床的工作机构等。

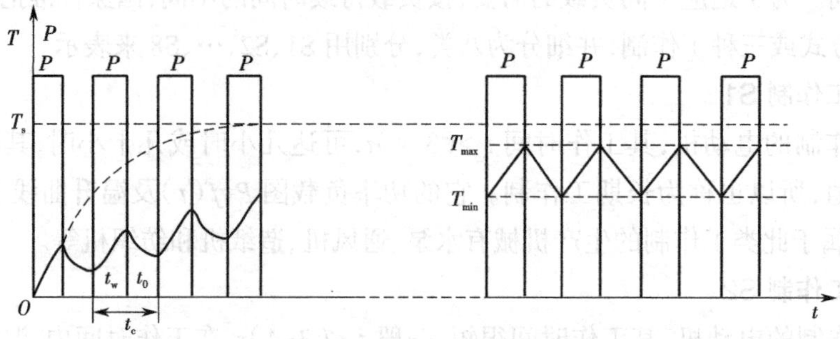

图 7.2.3 断续周期工作制的功率负载图及温升曲线

在断续周期工作制中，工作时间与周期之比称为负载持续率，也称暂载率，用 $F_c\%$ 表示，即

$$F_c\% = \frac{t_w}{t_w + t_0} \times 100\% \tag{7.2.1}$$

我国规定的标准负载持续率有 15%、25%、40%、60% 等四种。断续周期工作制电动机因启动频繁，要求过载能力强、飞轮惯量小、机械强度大，所以需要专门设计。

情境 3　电动机容量的选择

职业能力：掌握三种工作制下电动机容量选择的方法。

1. 连续工作制电动机容量的选择

连续工作制的负载，按其大小是否变化可分为常值负载和变化负载两类。

1）常值负载下电动机容量的选择

常值负载下电动机容量的选择非常简单，只要选择一台额定容量等于或略大于负载容量、转速又合适的电动机即可，不需要进行发热校验。

2）变化负载下电动机容量的选择

图 7.3.1 所示为变化负载的功率图，其中画出了生产过程的一个周期波形。自动车床在加工工序时，主轴电动机的负载就属这一类型的负载。当电动机拖动这类生产机械工作时，因为负载周期性变化，所以电动机的温升也必然是周期性波动。温升波动的最大值将低于最大负载（图 7.3.1 中的 P_1）时的稳定温升，而高于最小负载（图 7.3.1 中的 P_2）时的稳定温升。这样，如按最大负载功率选择电动机的容量，则电动机就不能得到充分利用；而按最小负载功率选择电动机的容量，则电动机必将过载，其温升将超过允许值。因此，电动机的容量应选在最大负载与最小负载之间。如果选择得合适，既可使电动机得到充分利用，又可使电动机的温升不超过允许值，通常可采用以下方法进行选择。

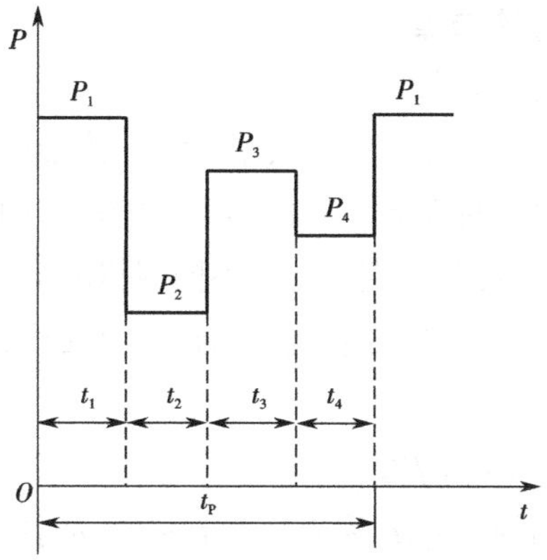

图 7.3.1　变化负载的功率图

Ⅰ. 等效电流法

等效电流法的基本思想是用一个不变的电流 I_{eq} 来等效实际上变化的负载电流，要求在同一个周期内，等效电流 I_{eq} 与实际变化的负载电流所产生的损耗相等。假定电动机的铁损耗与绕组电阻不变，则损耗只与电流的平方成正比，由此可得等效电流为

$$I_{eq}=\sqrt{\frac{I_1^2t_1+I_2^2t_2+\cdots+I_n^2t_n}{t_1+t_2+\cdots+t_n}} \tag{7.3.1}$$

式中：t_n 为对应负载电流 I_n 时的工作时间。

求出 I_{eq} 后，则选用电动机的额定电流 I_N 应大于或等于 I_{eq}。采用等效电流法时，必须先求出用电流表示的负载图。

Ⅱ. 等效转矩法

如果电动机在运行时，其转矩与电流成正比（如他励直流电动机励磁保持不变，异步电动机的功率因数和气隙磁通保持不变），则式（7.3.1）可改写成等效转矩公式，即

$$T_{eq}=\sqrt{\frac{T_1^2t_1+T_2^2t_2+\cdots+T_n^2t_n}{t_1+t_2+\cdots+t_n}} \tag{7.3.2}$$

此时，选用电动机的额定转矩 T_N 应大于或等于 T_{eq}，当然这时应先求出用转矩表示的负载图。

Ⅲ. 等效功率法

如果电动机运行时，其转速保持不变，则功率与转矩成正比，则式（7.3.2）可改写成等效功率公式，即

$$P_{eq}=\sqrt{\frac{P_1^2t_1+P_2^2t_2+\cdots+P_n^2t_n}{t_1+t_2+\cdots+t_n}} \tag{7.3.3}$$

此时，选用电动机的额定功率 P_N 应大于或等于 P_{eq}。

必须注意，用等效法选择电动机的容量时，要根据最大负载来校验电动机的过载能力是否符合要求，如果过载能力不能满足要求，应当按过载能力来选择较大容量的电动机。

2. 短时工作制电动机容量的选择

1）直接选用短时工作制的电动机

我国电机制造行业专门设计制造了一种专供短时工作制使用的电动机，其工作时间分为15、30、60、90 min四种，每一种又有不同的功率和转速。因此，可以按生产机械的功率、工作时间及转速的要求，从产品目录中直接选用不同规格的电动机。

如果短时负载是变动的，也可采用等效电流法选择电动机，此时等效电流为

$$I_{eq}=\sqrt{\frac{I_1^2t_1+I_2^2t_2+\cdots+I_n^2t_n}{\alpha t_1+\alpha t_2+\cdots+\alpha t_n+\beta t_0}} \tag{7.3.4}$$

式中：I_1、t_1为启动电流和启动时间；I_n、t_n为制动电流和制动时间；t_0为停转时间；α、β为考虑自扇冷电动机在启动、制动和停转期间因散热条件变坏而采用的系数，对于直流电动机，α=0.75、β=0.5，对于异步电动机，α=0.5、β=0.25。

采用等效电流法时，也必须注意对选用的电动机进行过载能力的校核。

2）选用断续周期工作制的电动机

在没有合适的短时工作制电动机时，也可采用断续周期工作制的电动机来代替。短时工作制电动机的工作时间t_w与断续周期工作制电动机的负载持续率F_c%之间的对应关系如表7.3.1所示。

表7.3.1 t_w与F_c%的对应关系

t_w/min	30	60	90
F_c%	15%	25%	40%

3. 断续周期工作制电动机容量的选择

可以根据生产机械的负载持续率、功率及转速，从产品目录中直接选择合适的断续周期工作制的电动机。但是，国家标准规定该种电动机的负载持续率F_c%只有四种，因此常常会出现生产机械的负载持续率F_{cx}%与标准负载持续率F_c%相差较大的情况，在这种情况下，应当把实际负载功率P_x按下式换算成相邻的标准负载持续率F_c%下的功率：

$$P=P_x\sqrt{\frac{F_{cx}\%}{F_c\%}} \tag{7.3.5}$$

根据式（7.3.5）中的标准负载持续率F_c%和功率P即可选择合适的电动机：

（1）当F_{cx}%<10%时，可按短时工作制选择电动机；

（2）当F_{cx}%>70%时，可按连续工作制选择电动机。

4. 统计法和类比法

前面介绍了选择电动机功率的基本原理和方法，它对各种生产机械普遍适用。但是这种方法在实用中会碰到一些困难：一是它的计算比较繁杂；二是电动机和生产机械的负载图难以精确地绘制。为此，人们在工程实践中总结出了一些常见生产机械选择电动机容量的实用法，即统计法和类比法。

1)统计法

统计法就是对各种生产机械的拖动电动机进行统计分析,找出电动机容量与生产机械主要参数之间的关系,将经验公式作为选择电动机容量的主要依据。以机床为例,主拖动电动机容量与机床主要参数之间的关系如下。

(1)卧式车床:

$$P=36.5D^{1.54}(\text{kW}) \tag{7.3.6}$$

式中:D 为加工工件的最大直径(m)。

(2)立式车床:

$$P=20D^{0.88}(\text{kW}) \tag{7.3.7}$$

式中:D 为加工工件的最大直径(m)。

(3)摇臂钻床:

$$P=0.064\,6D^{1.19}(\text{kW}) \tag{7.3.8}$$

式中:D 为最大钻孔直径(mm)。

(4)外圆磨床:

$$P=0.1KB(\text{kW}) \tag{7.3.9}$$

式中:B 为砂轮宽度(mm);K 为考虑砂轮主轴采用不同轴承时的系数,对于滚动轴承 K=0.8~1.1,对于滑动轴承 K=1.0~1.3。

(5)卧式镗床:

$$P=0.004D^{1.7}(\text{kW}) \tag{7.3.10}$$

式中:D 为镗杆直径(mm)。

(6)龙门刨床:

$$P=\frac{B^{1.15}}{166}(\text{kW}) \tag{7.3.11}$$

式中:B 为工作台宽度(mm)。

可根据以上各式计算出的功率选取电动机的容量。

2)类比法

通过对长期运行的同类生产机械所采用的电动机容量进行调查,然后对生产机械的主要参数和工作条件进行类比,从而可确定新的生产机械拖动电动机的容量,这就是所谓的类比法。

情境 4　电动机种类、形式、电压、转速的选择

职业能力:掌握电动机种类、形式、电压、转速选择的方法。

选择电动机时,除了正确地选择功率外,还要根据生产机械的要求及工作环境等,正确选择电动机的种类、形式、电压、转速。

1. 电动机种类的选择

电动机的种类分为直流电动机和交流电动机两大类。直流电动机又分为他励、并励、串

励电动机等。交流电动机又分为笼型、绕线转子异步电动机以及同步电动机等。电动机种类的选择主要从生产机械对调速性能的要求来考虑,例如从对于调速范围、调速精度、调速的平滑性、低速运转状态等性能的要求来考虑。

凡是不需要调速的拖动系统,总是考虑采用交流拖动,特别是采用笼型异步电动机拖动。长期工作、不需要调速且容量相当大的生产机械,如空气压缩机、球磨机等,往往采用同步电动机拖动,因为它能改善电网的功率因数。

如果拖动系统的调速范围不广、调速级数小,且不需在低速下长期工作,可以考虑采用交流绕线转子异步电动机或变级调速电动机。因为目前应用的交流调速拖动,大部分由于低速运行时能量损耗大(如串级调速、电磁调速电动机),故一般均不宜在低速下作长期运行。

对于调速范围宽、调速平滑性要求较高的场合,通常采用直流电动机拖动,或者采用近年来发展起来的交流变频调速电动机拖动。

2. 电动机形式的选择

各种生产机械的工作环境差异很大,电动机与工作机械也有各种不同的连接方式,所以应当根据具体的生产机械类型、工作环境等特点,确定电动机的结构形式,如直立式、卧式、开启式、封闭式、防滴式、防爆式等各种形式。

3. 电动机额定电压的选择

电动机额定电压的选择,一般是由工厂或车间的供电条件所决定的。我国一般标准是交流电压为三相 380 V,直流电压为 220 V。大容量的交流电动机通常设计成高压供电,如 3 kV、6 kV 电网供电,此时电动机应选用额定电压为 3 kV、6 kV 或 10 kV 的高压电动机。采用大容量直流电动机时,为了减少电枢电流,可以考虑用额定电压为 440 V 的电动机。

4. 电动机额定转速的选择

电动机额定转速的选择关系到电力拖动系统的经济性和生产机械的效率。其选择的原则通常是根据初投资和维护费用的多少来决定的。在频繁启动、制动或反向的拖动系统中,还应根据电动机瞬态过程时间最短、能量损耗最小来选择适当的额定转速。

习　题

问答题

1. 电动机的温升、温度以及环境温度三者之间有什么关系?电动机铭牌上的温升值的含义是什么?

2. 电动机在使用中,电流、功率和温升能否超过额定值?为什么?

3. 电动机发热和冷却各按什么规律变化?

4. 电动机的允许温升取决于什么?若两台电动机的通风冷却条件不同,而其他条件完全相同,它们的允许温升是否相等?

5. 电动机的工作方式有哪几种?试查阅国家标准《旋转电机定额和性能》(GB 755—2008)说明工作制 S3、S4、S5、S6、S7、S8 的定义,并绘制负载图。

6. 电动机的三种工作制是如何划分的?负载持续率 F_c% 表示什么?

项目 8　特种电机

项目	情境	职业能力	子情境	学习方式	学习地点	学时数
特种电机	伺服电动机	掌握伺服电动机的结构、性能和工作原理	直流伺服电动机 交流伺服电动机	实物讲解、多媒体动画	多媒体教室	1
	测速发电机	掌握测速发电机的结构、性能和工作原理	直流测速发电机 交流测速发电机	实物讲解、多媒体动画	多媒体教室	1
	步进电动机	掌握步进电动机的结构、性能和工作原理	步进电动机	实物讲解、多媒体动画	多媒体教室	1
	直线电动机	掌握直线电动机的结构、性能和工作原理	直线感应电动机 直线直流电动机	实物讲解、多媒体动画	多媒体教室	1
	微型同步电动机	掌握微型同步电动机的结构、性能和工作原理	微型同步电动机	实物讲解、多媒体动画	多媒体教室	1

特种电机通常指的是结构、性能、用途或工作原理等与常规电机不同，且体积和输出功率较小的微型电机或特种精密电机，一般其外径不大于 130 mm。

特种电机可以分为驱动用特种电机和控制用特种电机两大类，前者主要用来驱动各种机构、仪表以及家用电器等；后者是在自动控制系统中传递、变换和执行控制信号的小功率电机的总称，用作执行元件或信号元件。控制用特种电机分为测量元件和执行元件。测量元件包括旋转变压器、交直流测速发电机等；执行元件主要有交直流伺服电动机、步进电动机等。

情境 1　伺服电动机

职业能力：掌握伺服电动机的结构、性能和工作原理。

伺服电动机在自动控制系统中作为执行元件，即电动机在控制电压的作用下驱动工作机械工作。它通常作为随动系统、遥测和遥控系统及各种增量运动控制系统的主传动元件。

数控机床伺服系统是以机床移动部件的机械位移为直接控制目标的自动控制系统，也称为位置随动系统，它接收来自插补器的步进脉冲，经过变换放大后转化为机床工作台的位移。高性能的数控机床伺服系统还由检测元件反馈实际的输出位置状态，并由位置调节器构成位置闭环控制。

伺服电动机在自动控制系统中用作执行元件，用于将输入的控制电压转换成电动机转轴的角位移或角速度输出，伺服电动机的转速和转向随着控制电压的大小和极性的改变而改变。

在自动控制系统中，对伺服电动机的性能有如下要求：

(1)调速范围宽;

(2)机械特性和调节特性为线性;

(3)无“自转”现象;

(4)快速响应。

伺服电动机有直流和交流两大类。直流伺服电动机的输出功率较大,交流伺服电动机的输出功率较小。

子情境1 直流伺服电动机

1. 结构

直流伺服电动机的结构和原理与普通直流电动机的结构和原理没有根本区别。

2. 分类

按照励磁方式的不同,直流伺服电动机分为永磁式直流伺服电动机和电磁式直流伺服电动机。永磁式直流伺服电动机的磁极由永久磁铁制成,不需要励磁绕组和励磁电源。电磁式直流伺服电动机一般采用他励结构,磁极由励磁绕组构成,通过单独的励磁电源供电。

按照转子结构的不同,直流伺服电动机分为空心杯转子直流伺服电动机和无槽电枢直流伺服电动机。空心杯转子直流伺服电动机,由于力能指标较低,现在已很少采用。无槽电枢直流伺服电动机的转子是直径较小的细长形圆柱铁芯,通过耐热树脂将电枢绕组固定在铁芯上,具有散热性好、力能指标高、快速性好的特点。

3. 控制方式

直流电动机的控制方式有两种:一种称为电枢控制,在电动机的励磁绕组上加上恒压励磁,将控制电压作用于电枢绕组来进行控制;另一种称为磁场控制,在电动机的电枢绕组上施加恒压,将控制电压作用于励磁绕组来进行控制。

由于电枢控制的特性好,且回路电感小、响应快,故在自动控制系统中多采用电枢控制。

4. 电枢控制方式下的工作原理与特性

在电枢控制方式下,作用于电枢的控制电压为 U_K,励磁电压 U_L 保持不变,如图 8.1.1 所示。

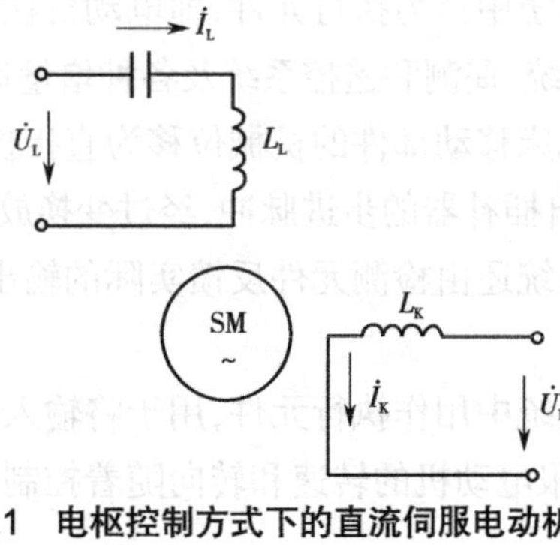

图 8.1.1 电枢控制方式下的直流伺服电动机原理图

直流伺服电动机的机械特性表达式为

$$n=\frac{U_c}{C_e\Phi}-\frac{R_a}{C_eC_T\Phi^2}T=n_0-\beta T \tag{8.1.1}$$

式中：C_e 为电势常数；C_T 为转矩常数；R_a 为电枢回路电阻。

由于直流伺服电动机的磁路一般不饱和，我们可以不考虑电枢反应，认为主磁通 Φ 大小不变。

伺服电动机的机械特性是指控制电压一定时转速随转矩变化的关系。当作用于电枢回路的控制电压 U_c 不变时，转矩 T 增大时，转速 n 降低，转矩的增加与电动机的转速降成正比，转矩 T 与转速 n 之间呈线性关系，不同控制电压作用下的机械特性如图 8.1.2（a）所示。

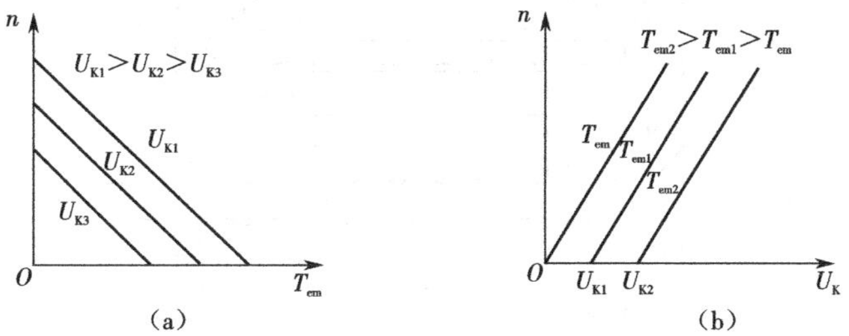

图 8.1.2　直流伺服电动机的特性

（a）机械特性　（b）调节特性

伺服电动机的调节特性是指在一定的负载转矩下，电动机稳态转速随控制电压变化的关系。当电动机的转矩 T 不变时，控制电压的增加与转速的增加成正比，转速 n 与控制电压 U_c 也呈线性关系。不同转矩时的调节特性如图 8.1.2（b）所示。由图可知，当转速 $n=0$ 时，不同转矩 T 所需要的控制电压 U_c 也是不同的，只有当电枢电压大于这个电压值，电动机才会转动，调节特性与横轴的交点所对应的电压值称为始动电压。负载转矩 T_L 不同时，始动电压也不同，T_L 越大，始动电压越高，死区越大。负载越大，死区越大，伺服电动机不灵敏，所以不可带太大负载。

5. 优缺点

直流伺服电动机的机械特性和调节特性的线性度好，调整范围大，启动转矩大，效率高；缺点是电枢电流较大，电刷和换向器维护工作量大，接触电阻不稳定，电刷与换向器之间的火花有可能对控制系统产生干扰。

子情境 2　交流伺服电动机

1. 结构

交流伺服电动机在结构上类似于单相异步电动机，它的定子铁芯中安放着空间相差 90° 电角度的两相绕组，一相称为励磁绕组，另一相称为控制绕组。电动机工作时，励磁绕组接单相交流电压，控制绕组接控制信号电压，要求两相电压同频率。

交流伺服电动机的转子有两种结构形式。一种是笼型转子，其与普通三相异步电动机笼型转子相似，只不过在外形上更细长，从而减小了转子的转动惯量，降低了电动机的机电时间常数。笼型转子交流伺服电动机体积较大、气隙小，所需的励磁电流小，功率因数较高，电动机的机械强度大，但快速响应性能稍差，低速运行也不够平稳。另一种是非磁性空心杯转子，其转子做成了杯型结构，为了减小气隙，在杯型转子内还有一个内定子，内定子上不设绕组，只起导磁作用，转子用铝或铝合金制成，杯壁厚 0.2~0.8 mm，转动惯量小且具有较大的电阻。空心杯转子交流伺服电动机结构示意图如图 8.1.3 所示。空心杯转子交流伺服电动机具有响应快、运行平稳的优点，但其结构复杂、气隙大、空载电流大、功率因数较低。

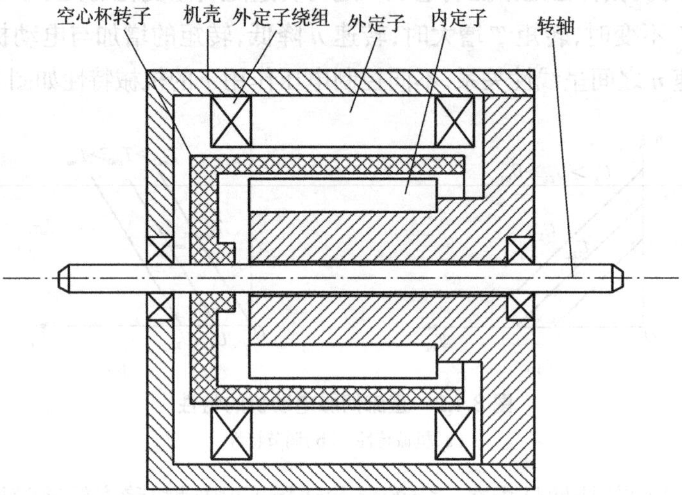

图 8.1.3　空心杯转子交流伺服电动机结构示意图

2. 工作原理

交流伺服电动机的工作原理示意图如图 8.1.4 所示。

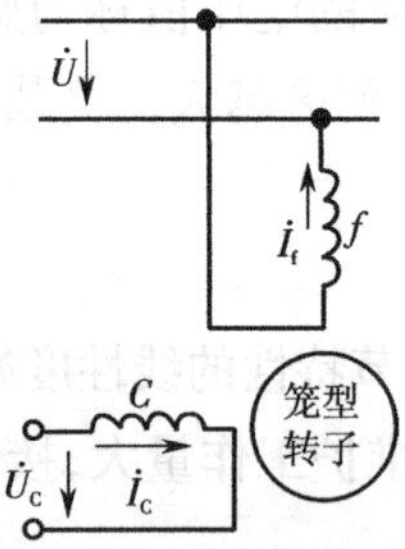

图 8.1.4　交流伺服电动机工作原理示意图

交流伺服电动机励磁绕组和控制绕组在空间位置上相差 90° 电角度，工作时，励磁绕组通入恒定交流电压，控制绕组由伺服放大器供电通入控制电压，两个电压的频率相同，并且在相位上也相差 90° 电角度。这样，两个绕组共同作用在电动机内部产生一个旋转磁场，在旋转磁场的作用下会在转子中产生感应电动势和电流，转子电流与旋转磁场相互作用产生电磁转矩，带动转子转动。

由前面内容可知，在单相异步电动机中，在转子转动起来以后，断开启动绕组，电动机仍然能够转动。如果在交流伺服电动机中，控制绕组断开后，电动机仍然转动，那么伺服电动机就处于“自转”状态，这是伺服电动机所不能允许的。

如何消除伺服电动机的“自转”现象呢？只需要增加伺服电动机的转子电阻即可。当控制绕组断开后，只有励磁绕组起到励磁作用，单相交流绕组产生的是一个脉振磁场，脉振磁场可以分解为两个方向相反、大小相同的旋转磁场。当转子电阻较小（临界转差率 $s_m<1$）时，伺服电动机的机械特性如图 8.1.5（a）所示，曲线 T_+ 为正向旋转磁场作用下的机械特性，曲线 T_- 为反向旋转磁场作用下的机械特性，曲线 T 为合成机械特性曲线，可以看出电磁转矩的方向与转速的方向相同，电动机仍然能够转动。当转子电阻较大（$s_m \geqslant 1$）时，伺服电动机的机械特性如图 8.1.5（b）所示，可以看出电磁转矩与转速的方向相反，在电磁转矩的作用下，电动机能够迅速停止转动，从而消除了交流伺服电动机的“自转”。

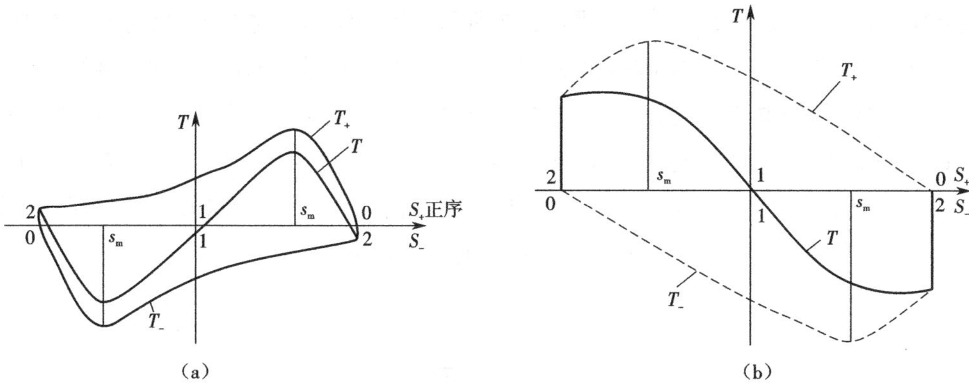

图 8.1.5　交流伺服电动机单相励磁时的机械特性

（a）$s_m<1$ 时的机械特性　（b）$s_m \geqslant 1$ 时的机械特性

3. 控制方法

在交流伺服电动机中，除了要求电动机不能“自转”外，还要求改变加在控制绕组上的电压的大小和相位，能够改变电动机转速的大小和方向。

根据旋转磁动势理论，励磁绕组和控制绕组共同作用产生的是一个旋转磁场，旋转磁场的旋转方向是由相位超前的那一相绕组转向相位滞后的那一相绕组。改变控制绕组中控制电压的相位，可以改变两相绕组的超前滞后关系，从而改变旋转磁场的旋转方向，交流伺服电动机的转速方向也会发生变化。改变控制电压的大小和相位，可以改变旋转磁场的磁通，从而改变电动机的电磁转矩，交流伺服电动机的转速也会发生变化。

交流伺服电动机的转速控制方法有幅值控制、相位控制和幅相控制三种。

1）幅值控制

幅值控制是通过改变控制电压 $\dot{U}_c$ 的幅值来控制电动机的转速，而 $\dot{U}_c$ 的相位始终保持不变，使控制电流 $\dot{I}_c$ 与励磁电流 $\dot{I}_f$ 保持 90° 电角度的相位关系。如 $\dot{U}_c=0$，则转速为 0，电动机停转。幅值控制的接线如图 8.1.6 所示。

2）相位控制

相位控制是通过改变控制电压 $\dot{U}_c$ 的相位，从而改变控制电流 $\dot{I}_c$ 与励磁电流 $\dot{I}_f$ 之间的相位角来控制电动机的转速，在这种情况下，控制电压 $\dot{U}_c$ 的大小保持不变。当两相电流 $\dot{I}_c$ 与 $\dot{I}_f$ 之间的相位角为 0° 时，则转速为 0，电动机停转。

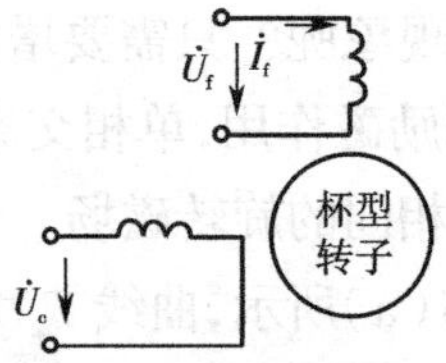

图 8.1.6　幅值控制和相位控制方式接线图

3)幅相控制

幅相控制是通过同时改变控制电压 $\dot{U}_c$ 的幅值及 $\dot{I}_c$ 与 $\dot{I}_f$ 之间的相位角来控制电动机的转速。具体方法是在励磁绕组回路中串入一个移相电容 C 以后,再接到稳压电源 $\dot{U}_1$ 上,这时励磁绕组上的电压 $\dot{U}_f=\dot{U}_1-\dot{U}_{cf}$,如图 8.1.7 所示。控制绕组上加与 $\dot{U}_1$ 相同的控制电压 $\dot{U}_c$,那么当改变控制电压 $\dot{U}_c$ 的幅值来控制电动机转速时,由于转子绕组与励磁绕组之间的耦合作用,励磁绕组的电流 $\dot{I}_f$ 也随着转速的变化而发生变化,而使励磁绕组两端的电压 $\dot{U}_f$ 及电容 C 上的电压 $\dot{U}_{cf}$ 也随之变化。这样改变 $\dot{U}_c$ 的幅值,会使 $\dot{U}_c$ 和 $\dot{U}_f$ 的幅值、它们之间的相位角以及相应电流 $\dot{I}_c$ 和 $\dot{I}_f$ 之间的相位角也都发生变化,所以其属于幅值和相位复合控制方式。当控制电压 $\dot{U}_c=0$ 时,电动机的转速为 0,电动机停转。

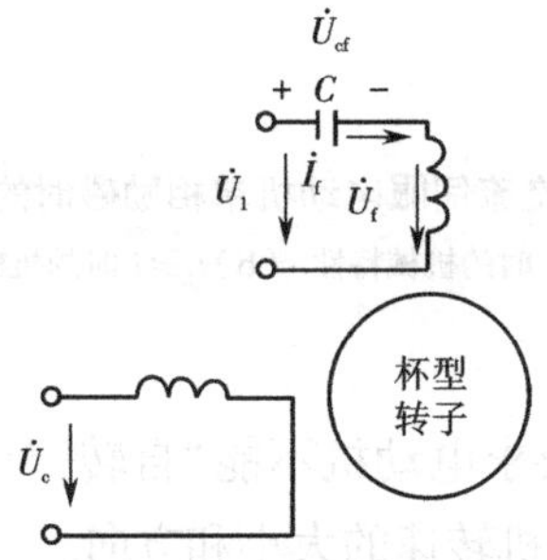

图 8.1.7　幅相控制的接线图

在这种控制方式中,励磁回路中所接的电容在选择时要尽量使电动机启动时两相绕组产生的磁动势大小相等、相位差为 90°,以保证电动机有良好的启动性能。

在以上三种控制方法中,虽然幅相控制的机械特性和调节特性最差,但由于这种方法所采用的控制设备简单,且不用移相装置,所以应用最为广泛。

情境 2　测速发电机

职业能力:掌握测速发电机的结构,性能和工作原理。

测速发电机在自动控制系统和计算机装置中可以作为测速元件、校正元件和角加速度信号元件等。下面举例说明其测速作用。

测速发电机耦合在电动机轴上作为转速负反馈元件,其输出电压作为转速反馈信号送回到放大器的输入端。调节转速给定电压,系统可达到所要求的转速。当电动机的转速由于某种原因减小(或增大)时,测速发电机的输出电压减小(或增大),转速给定电压和测速反馈电压的差值增大（或减小），差值电压信号经放大器放大后，使电动机的电压增大（或减小），电动机开始加速（或减速），测速发电机输出的反馈电压增加（或减小），差值电压信号减小（或增大），直到近似达到所要求的转速为止。也就是说，只要系统转速给定信号不变，无论由于何种原因企图改变电动机的转速，由于测速发电机输出电压的反馈作用，都能使系统自动调节到所要求的转速。

测速发电机可以将机械转速转换为相应的电压信号，在自动控制系统中常用作测量转速的信号元件。

自动控制系统对测速发电机的主要要求如下：

（1）输出电压与速度保持严格的线性关系，且不随外界条件的改变而变化；

（2）剩余电压（转速为零时的电压）小；

（3）输出电压对转速的变化反应灵敏，测速发电机输出特性的斜率要大；

（4）惯性小、反应快、使用可靠。

按照测速发电机输出信号的不同，可将其分为直流测速发电机和交流测速发电机两大类。

子情境 1　直流测速发电机

1. 结构

直流测速发电机的结构与小型普通直流发电机的结构相同，按励磁方式的不同，直流测速发电机可分为他励电磁式和永磁式两种。

他励电磁式直流测速发电机的磁极由励磁绕组构成，由于工作时励磁绕组发热会引起励磁绕组电阻的变化，从而引起励磁电流的变化，会造成一定的测量误差。

永磁式直流测速发电机的磁极由永久磁铁构成，结构简单，受温度变化引起的误差小，应用广泛。

2. 工作原理

直流测速发电机的工作原理图如图 8.2.1 所示。若发电机 TG 内部磁场恒定，当被测机械拖动发电机以转速 n 旋转时，电刷两端产生的空载感应电动势为 $E_0=C_e\Phi n$。

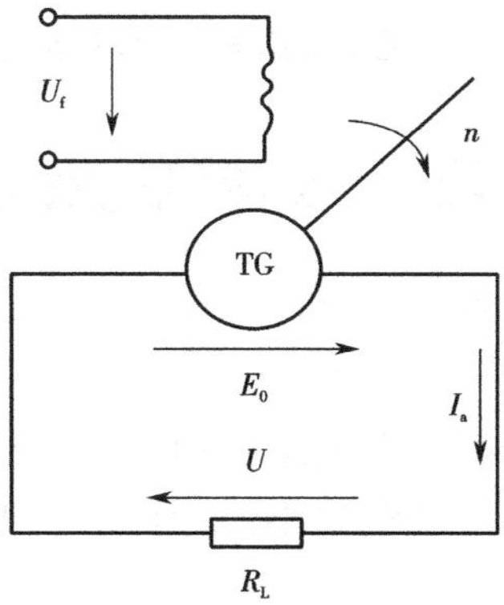

图 8.2.1　直流测速发电机的工作原理图

当直流测速发电机空载运行时，空载感应电动势与转速成正比，电动势的极性与转速的方向有关。由于空载时的输出电压就是空载感应电动势，所以输出电压与转速成正比。

如果接入负载电阻 R_L，则负载电流会引起电枢电阻压降和电刷与换向器之间的接触压降。如不考虑电枢反应对磁场的影响，则输出电压为

$$U = E_0 - I_a R_a - \Delta U = C_e \Phi n - \frac{U}{R_L} R_a - \Delta U \tag{8.2.1}$$

式中：R_a 为电枢电阻；ΔU 为电刷与换向器之间的接触压降。

由式(8.2.1)可以得到：

$$U = \frac{C_e \Phi n - \Delta U}{1 + \frac{R_a}{R_L}} = Cn - \Delta U' \tag{8.2.2}$$

式中：$C = \frac{C_e \Phi}{1 + \frac{R_a}{R_L}}$，$\Delta U' = \frac{\Delta U}{1 + \frac{R_a}{R_L}}$。

可以看出，当 R_a、R_L、Φ、ΔU 均为常值时，输出电压仍与转速 n 呈线性关系。

图 8.2.2 给出了直流测速发电机的输出特性，其中曲线 1 是没有接触压降时的输出特性，曲线 2 是有接触压降时的输出特性，曲线 3 为实际情况下的输出特性。从图中可以看出，当考虑发电机的接触压降时，发电机的转速小于某一个值（Δn）时，发电机的输出电压为 0，将发电机的输出电压为 0 的这一段区间称为失灵区或无信号区。

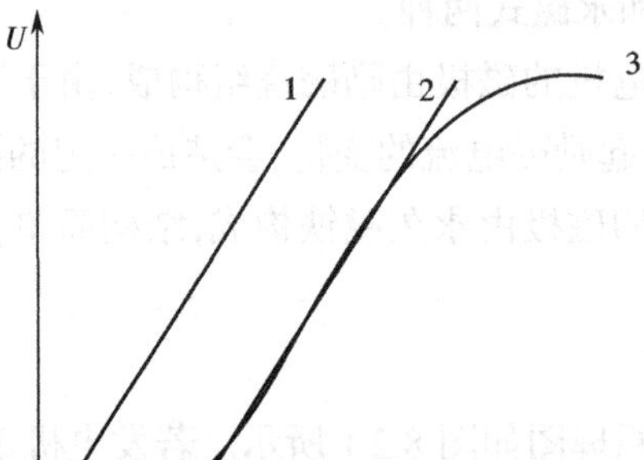

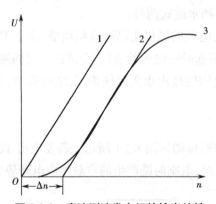

图 8.2.2　直流测速发电机的输出特性

子情境 2　交流测速发电机

交流测速发电机有异步式和同步式两种。

1. 结构

交流异步测速发电机的结构与交流伺服电动机的结构相似，也有笼型转子和杯型转子两种。为了提高系统的快速性和灵敏度，减小转动惯量，杯型转子异步测速发电机的应用最为广泛。

杯型转子是一个薄壁非磁性杯，为了使测速发电机输出特性的线性度好、性能稳定，要

求它的转子电阻比伺服电动机的转子电阻更大一些，通常采用电阻率大、湿度系数小的硅锰青铜或锡锌青铜制成，杯壁厚为 0.2~0.3 mm。

交流异步测速发电机的定子由内定子和外定子两部分构成，在定子上嵌放有空间位置上相差 90° 电角度的两相绕组，一相绕组作为励磁绕组，另一相绕组作为输出绕组。在机座号较小的测速发电机中，两相绕组均嵌放在内定子上；而在机座号 36 号（外径 36 mm）以上的测速发电机中，励磁绕组嵌放在外定子上，输出绕组嵌放在内定子上，以便调整两相绕组的相对位置，使剩余电压最小。

2. 工作原理

交流测速发电机的工作原理图如图 8.2.3 所示。其中，励磁绕组 N_1 接频率为 f_1 的恒定单相交流励磁电压 $\dot{U}_1$，输出绕组 N_2 则输出与转速大小成正比的电压信号 $\dot{U}_2$。由于励磁绕组中有单相交流电流通过，所以会在发电机内部产生一个直轴（d 轴）脉振磁场。

当转子不动时，励磁绕组产生的脉振磁场只能在转子中感应出变压器电动势，d 轴的左、右两边变压器电动势的方向相反，由于转子是短路的，变压器电动势会在转子中产生电流，电流的方向与电动势的方向相同。由楞次定律知，转子电流产生的磁通 $\dot{\Phi}_{rd}$ 与励磁绕组产生的磁通方向相反，所以合成磁通 $\dot{\Phi}_d$ 的方向仍沿 d 轴方向，如图 8.2.3（a）所示。由于输出绕组的轴线与 d 轴垂直，没有电磁耦合关系，输出绕组中的电压为 0。

当转子转动时，转子中除了感应出变压器电动势外，还会由于转子切割直轴磁通 $\dot{\Phi}_d$ 产生一个旋转电动势 $\dot{E}_{rq}$，其方向根据给定的转子转向，并采用右手定则判断，其有效值为

$$E_{rq}=C_q\Phi_d n \tag{8.2.3}$$

式中：C_q 为比例常数。

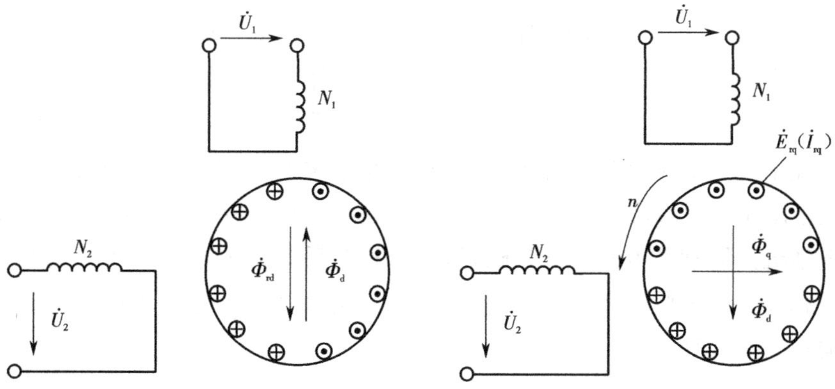

（a） （b）

图 8.2.3 交流测速发电机的工作原理图

（a）转子不动时 （b）转子转动时

在旋转电动势 $\dot{E}_{rq}$ 的作用下，转子绕组中将产生交流电流 $\dot{I}_{rq}$，由于杯型转子电阻很大，远大于转子电抗，可以认为 $\dot{E}_{rq}$ 和 $\dot{I}_{rq}$ 基本同相。$\dot{I}_{rq}$ 会在发电机内部产生一个交变的交轴（q 轴）磁通 $\dot{\Phi}_q$，$\dot{\Phi}_q$ 的大小与 $\dot{I}_{rq}$ 和 $\dot{E}_{rq}$ 的大小成正比，即有

$$\Phi_q = KI_{rq}E_{rq} \tag{8.2.4}$$

式中:K 为比例常数。

交轴磁通 $\dot{\Phi}_q$ 的方向与输出绕组的轴线重合,会在输出绕组中感应出变压器电动势 $\dot{E}_2$,其频率仍为 f_1,有效值为

$$E_2=4.44f_1N_2K_{N2}\Phi_q \tag{8.2.5}$$

式中:N_2K_{N2} 为输出绕组的有效匝数。

可以得到

$$E_2=C_1n \tag{8.2.6}$$

式中:C_1 为比例常数。

情境 3　步进电动机

职业能力:掌握步进电动机的结构、性能和工作原理。

步进电动机的应用十分广泛,如机械加工、绘图机、机器人、计算机的外部设备、自动记录仪表等。它主要用于工作难度大、要求速度快和精度高等场合。尤其是电力电子技术和微电子技术的发展为步进电动机的应用开辟了广阔的前景。下面列举数控机床实例简单说明步进电动机的应用。

数控机床是数字程序控制机床的简称,它具有通用性强、灵活性好及高度自动化的特点,主要适用于加工零件精度要求高、形状比较复杂的生产。它的工作过程:首先应按照零件加工的要求和加工的工序,编制加工程序,并将该程序送入计算机,计算机根据程序中的数据和指令进行计算和控制;然后根据所得的结果向各个方向的步进电动机发出相应的控制脉冲信号,使步进电动机带动工作机构按加工的要求依次完成各种动作,如转速变化、正反转、起停等,这样就能自动地加工出程序所要求的零件。

步进电动机是一种将电脉冲信号转换成相应角位移的电动机,当每一个电脉冲加到步进电动机的控制绕组上时,它的轴就转动一定的角度,角位移量与电脉冲数成正比,转速与脉冲频率成正比,故又称为脉冲电动机。在数字控制系统中,步进电动机常用作执行元件。

步进电动机按照励磁方式可分为磁阻式(又称为反应式)、永磁式和混磁式三种;按相数可分为单相、两相、三相和多相等形式。下面以三相磁阻式步进电动机为例,介绍步进电动机的结构和工作原理。

1. 模型结构示意图

三相磁阻式步进电动机模型的结构示意图如图 8.3.1 所示。它的定子、转子铁芯都由硅钢片叠压而成。定子上有六个磁极,每两个相对的磁极上有同一相控制绕组,同一相控制绕组可以并联或串联;转子铁芯上没有绕组,只有四个齿,齿宽等于极靴宽。

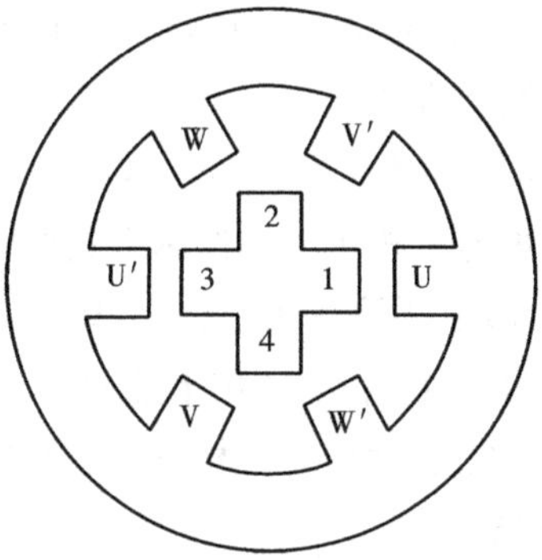

图 8.3.1　三相磁阻式步进电动机模型的结构示意图

2. 工作原理

三相磁阻式步进电动机的工作原理图如图 8.3.2 所示。当 U 相控制绕组通电，V、W 两相控制绕组不通电时，由于磁力线总是通过磁阻最小的路径闭合，转子将受到磁阻转矩的作用，使转子齿 1 和 3 与定子 U 相磁极轴线对齐，如图 8.3.2(a)所示。此时磁力线所通过的磁路磁阻最小，磁导最大，转子只受径向力而无切向力作用，转子停止转动。当 V 相控制绕组通电，U、W 两相控制绕组不通电时，与 V 相磁极最近的转子齿 2 和 4 会旋转到与 V 相磁极轴线对齐，转子顺时针转过 30°，如图 8.3.2(b)所示。当 W 相控制绕组通电，U、V 两相控制绕组不通电时，与 W 相磁极最近的转子齿 1 和 3 会旋转到与 W 相磁极轴线对齐，转子再次顺时针转过 30°，如图 8.3.2(c)所示。这样按 U—V—W—U 的顺序轮流给各相控制绕组通电，转子就会在磁阻转矩的作用下按顺时针方向一步一步的转动。步进电动机的转速取决于绕组变换通电状态的频率，即输入脉冲的频率，旋转方向取决于控制绕组轮流通电的顺序，若通电顺序为 U—W—V—U，则步进电动机反向旋转。

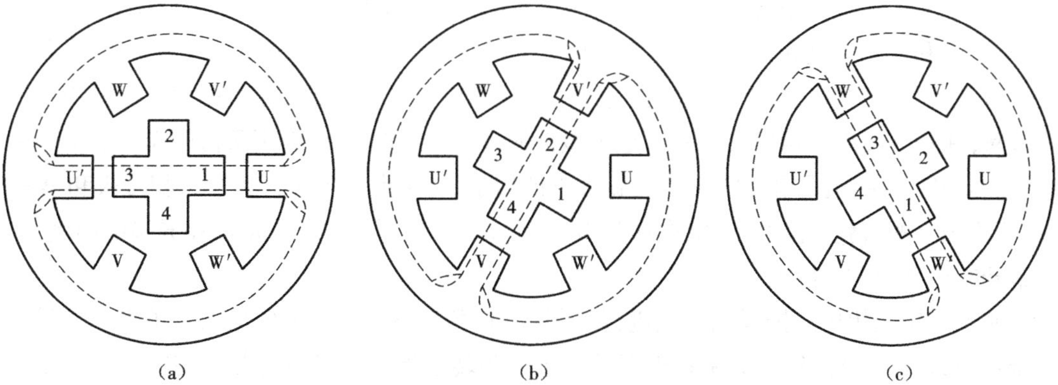

图 8.3.2　三相磁阻式步进电动机模型单三拍控制时的工作原理

(a)转子齿 1 和 3 水平　(b)顺时针转 30°　(c)顺时针再转 30°

控制绕组从一种通电状态变换到另一种通电状态称为“一拍”，每一拍转子转过的角度称为步距角 θ_b。

上面的通电方式的特点是每次只有一相控制绕组通电，切换三次为一个循环，称为三相单三拍控制方式。三相单三拍控制方式由于每次只有一相通电，转子在平衡位置附近来回摆动，运行不稳定，故很少采用。三相步进电动机除了三相单三拍控制方式外，还有三相双三拍控制方式和三相单、双六拍控制方式。

三相双三拍控制方式的通电顺序为 UV—VW—WU—UV，每次有两相绕组同时通电，每一循环也需要切换三次，步距角与三相单三拍控制方式相同，也为 30°。

三相单、双六拍控制方式的通电顺序为 U—UV—V—VW—W—WU—U，首先 U 相通电，然后 U、V 两相同时通电，再断开 U 相使 V 相单独通电，再使 V、W 两相同时通电，依此顺序不断轮流通电，完成一次循环需要六拍。三相单、双六拍控制方式的步距角只有三相单三拍和三相双三拍的一半，即为 15°。

三相双三拍控制方式和三相单、双六拍控制方式在切换过程中始终保证有一相持续通电，力图使转子保持原有位置，工作比较平稳。三相单三拍通电方式没有这种作用，在切换瞬间，转子失去自锁能力，容易失步（即转子转动步数与拍数不相等），在平衡位置也容易产生振荡。

设转子齿数为 Z_r，转子转过一个齿距需要的拍数为 N，则步距角为

$$\theta_b = \frac{360°}{Z_r N} \tag{8.3.1}$$

每输入一个脉冲，转子转过 $1/(Z_r N)$ 转，若脉冲电源的频率为 f，则步进电动机转速为

$$n = \frac{60f}{NZ_r} \tag{8.3.2}$$

可见，磁阻式步进电动机的转速取决于脉冲频率、转子齿数和拍数，与电压和负载等因素无关。在转子齿数一定时，转速与输入脉冲频率成正比，与拍数成反比。

三相磁阻式步进电动机模型的步距角太大，难于满足生产中小位移量的要求，为了减小步距角，实际中将转子和定子磁极都加工成多齿结构。

图 8.3.3 所示是三相磁阻式步进电动机的结构图，转子齿数 Z_r=40 个，齿沿转子圆周均匀分布，齿和槽的宽度相等，齿间夹角为 9°；定子上有六个磁极，每极的极靴上均匀分布有五个齿，齿宽和槽宽相等，齿间夹角也是 9°。磁极上装有控制绕组，相对的两个极的绕组串联起来，并且连接成三相星形。每个定子磁极的极距为 60°，每个极距所占的齿距数不是整数，当 U—U′ 相绕组通电，U—U′ 相磁极下的定子、转子齿对齐时，V—V′ 相磁极和 W—W′ 相磁极下的齿就无法对齐，依次错开 1/3 齿距角（即错开 3°）。一般 m 相异步电动机，依次错开的距离为 $1/m$ 齿距。

如果采用三相单三拍通电方式进行控制，当 U 相通电时，U 相磁极的定子齿和转子齿完全对齐，而 V 相磁极和 W 相磁极下的定子齿和转子齿无法对齐，依次错开 1/3 和 2/3 齿距（即 3° 和 6°）；当 U 相断电，V 相通电时，V 相磁极下的定子齿和转子齿就会完全对齐，转子转过 1/3 齿距；同样的，当 V 相断电，W 相通电时，转子会再次转过 1/3 齿距。不难看出，通电方式循环改变一轮后，转子就转过一个齿距。

图 8.3.3 所示的步进电动机的齿距角为 9°，采用三相单三拍通电时，通电方式循环改变一轮需要三拍，则步距角为 3°，我们也可由步距角计算公式计算得出步距角为

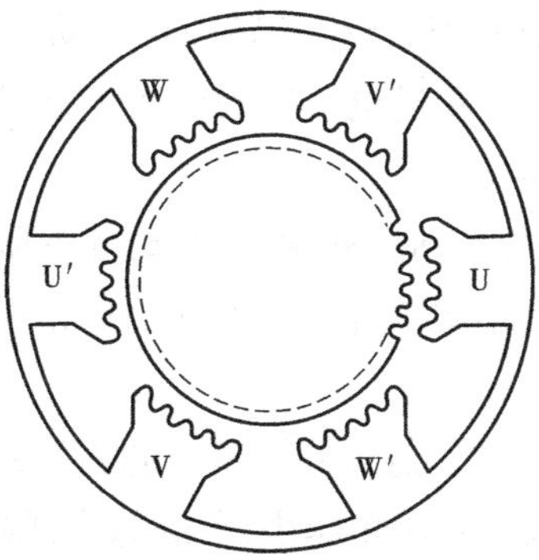

图 8.3.3 小步距角的三相磁阻式步进电动机结构示意图

$$\theta_b = \frac{360°}{Z_r N} = \frac{360°}{40 \times 3} = 3°$$

设控制脉冲的频率为 f,则转子转速为

$$n = \frac{60f}{NZ_r} = \frac{60f}{40 \times 3} = \frac{f}{2}$$

如果采用三相六拍通电,步距角为

$$\theta_b = \frac{360°}{Z_r N} = \frac{360°}{40 \times 6} = 1.5°$$

设控制脉冲的频率为 f,则转子转速为

$$n = \frac{60f}{NZ_r} = \frac{60f}{40 \times 6} = \frac{f}{4}$$

转子转过一个齿距所需的运行拍数取决于电动机的相数和通电方式,增加相数也可以减小步距角。但相数越多,所需驱动电路就越复杂。常用的步进电动机除了三相以外,还有四相、五相和六相的步进电动机。

3. 主要技术指标和运行特性

1)步距角和静态步距误差

步距角也称为步距,是指步进电动机改变一次通电方式转子转过的角度。步距角与定子绕组的相数、转子的齿数和通电方式有关。目前,我国步进电动机的步距角为 0.36°~90°,常用的有 7.5°/15°、3°/6°、1.5°/3°、0.9°/1.8°、0.75°/1.5°、0.6°/1.2°、0.36°/0.72° 等几种。

2)最大静转矩

步进电动机的静特性是指步进电动机在稳定状态(即步进电动机处于通电状态不变,转子保持不动的定位状态)时的特性,包括静转矩、矩角特性及静态稳定区。静转矩是指步进电动机处于稳定状态下的电磁转矩。在稳定状态下,如果在转子轴上加上负载转矩使转子转过一定角度 θ,并能稳定下来,这时转子受到的电磁转矩与负载转矩相等,该电磁转矩即为静转矩,而角度 θ 即为失调角。对应于某个失调角时的静转矩最大,称其为最大静转矩。

3)矩频特性

当步进电动机的控制绕组的电脉冲时间间隔大于电动机机电过渡过程所需的时间,步进电动机进入连续运行状态时,电动机产生的转矩称为动态转矩。步进电动机的动态转矩和脉冲频率的关系称为矩频特性。步进电动机的动态转矩随着脉冲频率的升高而降低。

4)*启动频率和连续运行频率*

步进电动机的工作频率,一般包括启动频率、制动频率和连续运行频率。对同样的负载转矩来说,正、反向的启动频率和制动频率是一样的,所以一般技术数据中只给出启动频率和连续运行频率。

步进电动机启动频率f_{st}是指在一定负载转矩下能够不失步启动的最高脉冲频率。f_{st}的大小与驱动电路和负载大小有关。步距角越小,负载越小,则启动频率越高。

步进电动机连续运行频率f是指步进电动机启动后,当控制脉冲连续上升时,能不失步运行的最高频率,负载越小,连续运行频率越高。在带动相同负载时,步进电动机的连续运行频率比启动频率高得多。

情境 4　直线电动机

职业能力:掌握直线电动机的结构、性能和工作原理。

直线电动机能直接产生直线运动,它不但省去了旋转电动机与直线工作机构之间的机械传动装置,而且可因地制宜地将直线电动机安放在适当的位置直接作为机械运动的一部分,使整个装置紧凑合理,并降低成本和提高效率。尤其在一些特殊的场合,其作用是旋转电动机所不能替代的。因此,它在很多的技术领域中得到了广泛的应用。

利用直线电动机驱动的高速列车——磁悬浮列车就是其中的典型案例,它的时速可达400 km/h以上。所谓磁悬浮列车,就是采用磁力悬浮车体,应用直线电动机驱动技术,使列车在轨道上浮起滑行。

直线电动机由于不需要任何中间转换机构就能产生直线运动,并驱动直线运动的生产机械,使整个装置或系统结构简单、运行可靠、精度高、效率高等,因此成为近年来国内外积极研究开发的电动机之一。

直线电动机的类型很多,从原理上讲,每一种旋转电动机都有与之相对应的直线电动机。直线电动机按其工作原理可分为直线感应电动机和直线直流电动机等。

子情境 1　直线感应电动机

1. 主要类型和基本结构

直线感应电动机主要有扁平型、圆筒型和圆盘型三种形式,其中扁平型应用最为广泛。

1)*扁平型*

直线电动机可以看作是由旋转电动机演变而来的。设想把旋转的感应电动机沿着径向剖开,并将圆周展开成直线,即可得到扁平型直线感应电动机,如图8.4.1所示。由定子演变而来的一侧称为一次侧,由转子演变而来的一侧称为二次侧。

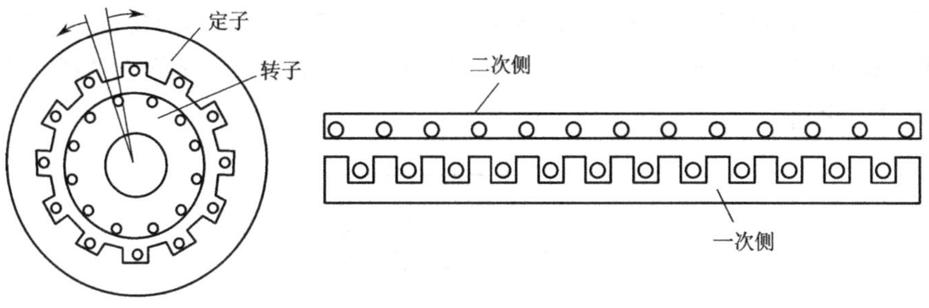

（a）　　　　　　　　（b）

图 8.4.1　直线感应电动机的演变过程

（a）旋转式感应电动机　（b）直线感应电动机

图 8.4.1 所示演变而来的直线感应电动机，其一次侧和二次侧长度是相等的。由于在运行时一次侧与二次侧之间要做相对运动，假定在运动开始时，一次侧和二次侧正好对齐，那么在运动过程中，一次侧和二次侧之间相互电磁耦合的部分就越来越少，影响正常的运行。为了保证在所需的行程范围内，一次侧和二次侧之间的电磁耦合始终不变，实际应用时，必须把一次侧和二次侧制造成不同长度。当然既可以是一次侧短、二次侧长，也可以是一次侧长、二次侧短。前者称为短一次侧，后者称为长一次侧，如图 8.4.2 所示。由于短一次侧结构比较简单，制造成本和运行费用均较低，故一般均采用短一次侧。

图 8.4.2 所示的扁平型直线感应电动机，仅在二次侧的一边具有一次侧，这种结构形式称为单边型。它的最大特点是在一次侧和二次侧之间存在着较大的法向吸力，这在大多数场合下是不希望的。若在二次侧的两边都有一次侧，那么这个法向吸力就可以互相抵消，这种结构形式称为双边型，如图 8.4.3 所示。

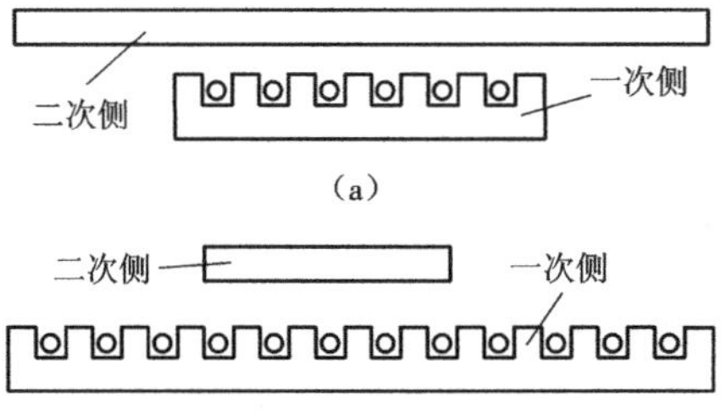

图 8.4.2　扁平型直线感应电动机

（a）短一次侧　（b）长一次侧

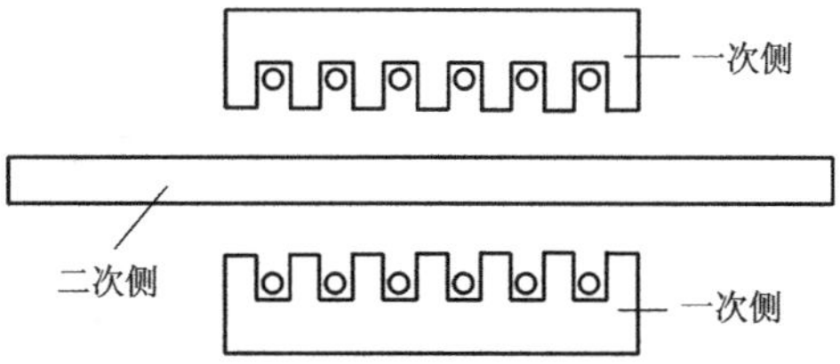

图 8.4.3　双边型直线感应电动机

扁平型直线感应电动机的一次侧铁芯由硅钢片叠成，与二次侧相对的一面开有槽，槽中放置绕组。一次侧绕组可以是单相、两相、三相或者多相的。二次侧有两种结构类型：一种是栅型结构，犹如旋转电动机的笼型结构，二次侧铁芯上开槽，槽中放置导条，并在两端用端部导体连接所有槽中导条；另一种是实心结构，即采用整块均匀的金属材料，它又分成非磁性二次侧和钢二次侧，非磁性二次侧的导电性能好，一般为铜或铝。

2）圆筒型（管型）

图 8.4.4（a）所示为扁平型直线感应电动机，将它沿着和直线运动相垂直的方向卷成筒

形，就形成圆筒型直线感应电动机，如图 8.4.4（b）所示。在某些特殊的场合，这种电动机还可以做成既有旋转运动又有直线运动的旋转直线电动机，旋转直线的运动体既可以是一次侧，也可以是二次侧。

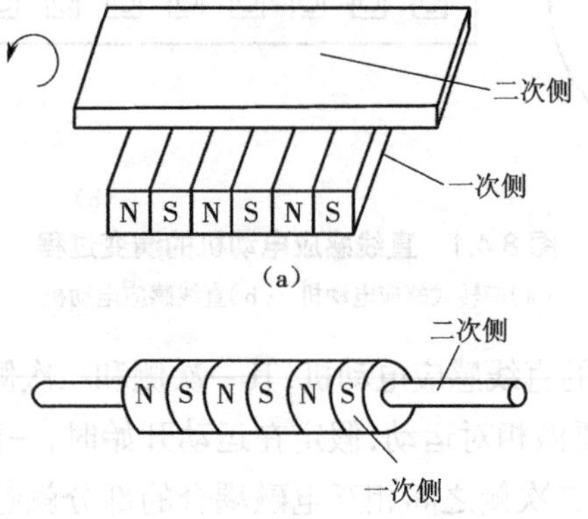

图 8.4.4　圆筒型直线感应电动机

（a）扁平型　（b）圆筒型

3）圆盘型

圆盘型直线感应电动机如图 8.4.5 所示。它的二次侧做成扁平的圆盘形状，并能够绕经过圆心的轴自由转动，将一次侧放在二次侧圆盘靠近外缘的平面上，使圆盘受切向力做旋转运动。一次侧可以是单面的，也可以是双面的。虽然它也做旋转运动，但运行原理和设计方法与扁平型直线感应电动机相同，故仍属于直线电动机的范畴。与普通旋转电动机相比，其具有以下一些优点：

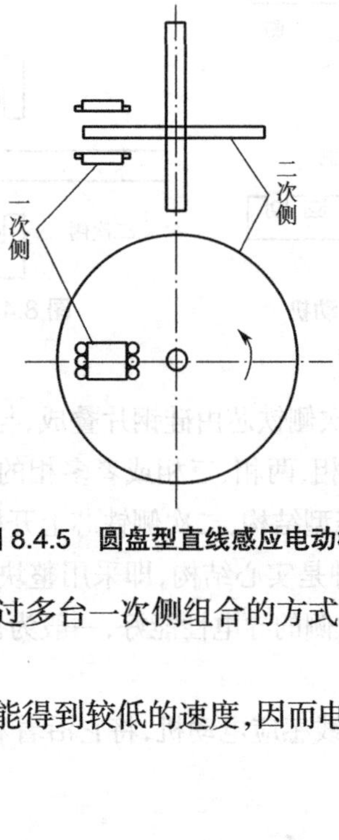

图 8.4.5　圆盘型直线感应电动机

（1）力矩与旋转速度可以通过多台一次侧组合的方式或通过一次侧在圆盘上的径向位置来调节；

（2）无须通过齿轮减速箱就能得到较低的速度，因而电动机的振动和噪声很小。

2. 基本工作原理

直线感应电动机是由旋转电动机演变而来的，当一次侧的三相（或多相）绕组通入对称正弦交流电时，会产生气隙磁场。当不考虑由于铁芯两端断开而引起的纵向边缘效应时，这个气隙磁场的分布情况与旋转电动机相似，即沿着直线方向按正弦规律分布，但它不是旋转的而是沿着直线平移，因此称为行波磁场，如图 8.4.6 中曲线所示。显然，行波磁场的移动速度与旋转磁场在定子内圆表面上的线速度是一样的。行波磁场移动的速度称为同步速度，即

$$v_s = \frac{D}{2}\frac{2\pi n_0}{60} = \frac{D}{2}\frac{2\pi}{60}\frac{60 f_1}{p} = 2 f_1 \tau \tag{8.4.1}$$

式中：D 为旋转电动机定子内圆周的直径；τ 为极距，$\tau=\pi D/(2p)$；p 为极对数；f_1 为电源频率。

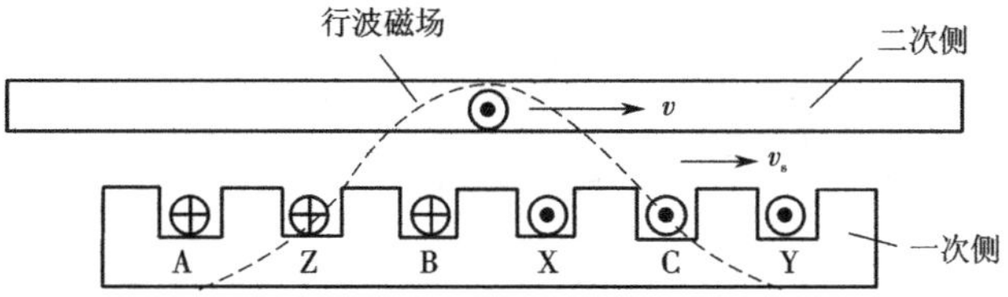

图 8.4.6　直线感应电动机的工作原理

行波磁场切割二次侧导条，将在导条中产生感应电动势和电流，所有导条的电流（图中只画出其中一根导条）和气隙磁场相互作用，产生切向电磁力。如果一次侧是固定不动的，那么二次侧便在这个电磁力的作用下，顺着行波磁场的移动方向做直线运动。若二次侧移动的速度用 v 表示，转差率用 s 表示，则有

$$s = \frac{v_s - v}{v_s} \tag{8.4.2}$$

在电动机运行状态时，$s=0\sim1$。

二次侧的移动速度为

$$v=(1-s)v_s=2\tau f_1(1-s) \tag{8.4.3}$$

由式（8.4.3）可知，改变极距或电源频率，均可改变二次侧移动的速度。改变一次侧绕组中的通电相序，可改变二次侧移动的方向。

此外，由于直线电动机的二次侧大多数用整块金属板或复合金属板制成，不存在明显的导条，在分析原理时可以将其看成是无限多导条的并联。这与分析空心杯转子旋转电动机是完全一样的。

子情境 2　直线直流电动机

直线直流电动机通常做成圆筒型，它的优点是结构简单可靠，运行效率高，控制比较方便、灵活，尤其和闭环控制系统结合在一起，可精密地控制位移，其速度和加速度控制范围广，调速的平滑性好；缺点是存在着带绕组的电枢和电刷。

直线直流电动机按励磁方式可分为永磁式和电磁式两大类。前者多用于驱动功率较小

的场合,后者则用于驱动功率较大的场合。

1. 永磁式直线直流电动机

永磁式直线直流电动机的磁极由永久磁铁做成。按照它的结构特征可分为动圈型和动铁型两种,动圈型在实际中用得较多。如图 8.4.7 所示,在软铁架两端装有极性同向的两块永久磁铁,当移动绕组中通入直流电流时,便产生电磁力,只要电磁力大于滑轨上的静摩擦阻力,绕组就沿着滑轨做直线运动,其运动的方向可由左手定则确定。改变绕组中直流电流的大小和方向,即可改变电磁力的大小和方向。电磁力的大小为

$$F=B_{\sigma}lNI_{a} \tag{8.4.4}$$

式中:B_{σ} 为绕组所在空间的磁通密度;l 为绕组导体每匝处在磁场中的平均有效长度;N 为绕组匝数;I_{a} 为绕组中的电流。

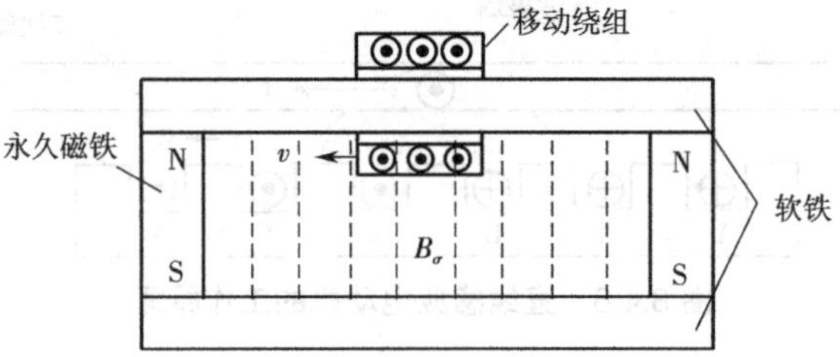

图 8.4.7　永磁式动圈型直线直流电动机结构示意图

2. 电磁式直线直流电动机

任何一种永磁式直线直流电动机,只要把永久磁铁改成电磁铁,就成为电磁式直线直流电动机,其同样也有动圈型和动铁型两种。图 8.4.8 所示为电磁式动圈型直线直流电动机的结构示意图,当励磁绕组通电后产生磁通,并与移动绕组的通电导体相互作用产生电磁力,克服滑轨上的静摩擦力,移动绕组便作直线运动。

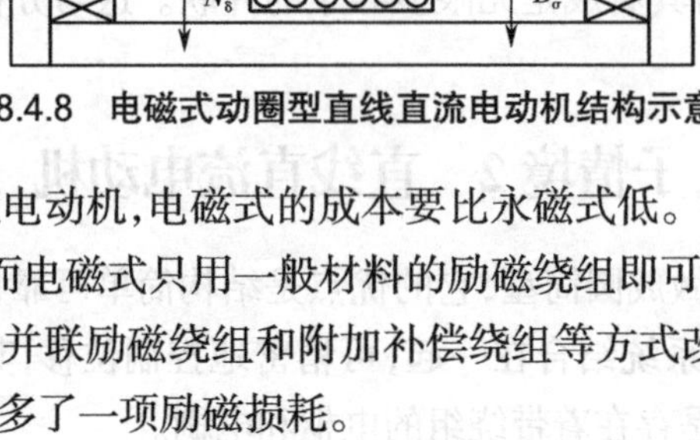

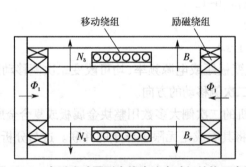

图 8.4.8　电磁式动圈型直线直流电动机结构示意图

对于动圈型直线直流电动机,电磁式的成本要比永磁式低。因为永磁式所用的永磁材料在整个行程上都存在,而电磁式只用一般材料的励磁绕组即可;永磁材料质硬,机械加工费用大;电磁式可通过串、并联励磁绕组和附加补偿绕组等方式改善电动机的性能,灵活性较强。但电磁式比永磁式多了一项励磁损耗。

电磁式动铁型直线直流电动机通常做成多极式,图 8.4.9 所示为三磁极式电磁式动铁型

直线直流电动机。当环形励磁绕组通电时，便产生磁通，径向穿过气隙和电枢绕组，并在铁芯中由径向过渡到轴向，形成闭合回路，如图中虚线所示。径向气隙磁场与通电的电枢绕组相互作用产生轴向电磁力，推动磁极做直线运动。当这种电动机用于短行程和低速移动的场合时，可以省掉滑动的电刷。但若行程很长，为了提高效率，与永磁式直线直流电动机一样，在磁极上装上电刷，使电流只在电枢绕组的工作段流过。

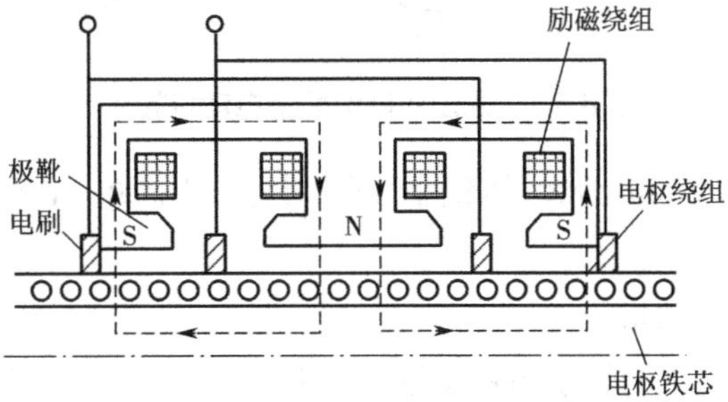

图 8.4.9　三磁极式电磁式动铁型直线直流电动机

情境 5　微型同步电动机

职业能力：掌握微型同步电动机的结构、性能和工作原理。

微型同步电动机即指小功率同步电动机，其功率由零点几瓦到数百瓦。它的转子转速恒为同步转速 n_0，应用在转速要求恒定的控制设备和自动装置中。它的功能是将不变的交流信号变换为转速恒定的机械运动，在自控系统中作为执行元件。

微型同步电动机的定子结构与异步电动机的定子是一样的。转子的极数与定子的极数相同，转子上无绕组，不需要直流励磁，因而没有电刷与滑环，所以结构简单、维护方便。根据转子结构与所用材料的不同，微型同步电动机可分为永磁式、反应式（磁阻式）和磁滞式几种。

1. 永磁式微型同步电动机

永磁式微型同步电动机的转子用永久磁铁做成两极或多极，N、S 极沿圆周交替排列，如图 8.5.1 所示。运行时，定子产生的旋转磁场吸牢转子一起旋转，转速为定子旋转磁场的转速，亦即同步转速 n_0。转子上负载转矩增大时，定子磁场磁极轴线与转子磁极轴线之间的夹角相应增大；当负载转矩减小时，夹角相应减小，转速则始终恒定不变。但是负载转矩不能超出一定限度（最大同步转矩），否则电动机将停转，称为“失步”。永磁式微型同步电动机与普通三相同步电动机一样，如不采取措施，则会因转子具有惯性，启动时定子、转子磁极之间存在相对运动，转子所受到的平均转矩为零，无法自行启动。解决的办法是在转子上加装如图 8.5.1 所示的笼型启动绕组，利用异步电动机的原理使转子转起来，当转速接近同步转速时，定子旋转磁场会将转子牵入同步，与定子旋转磁场一起同步旋转，这种启动方法称为异步启动法。

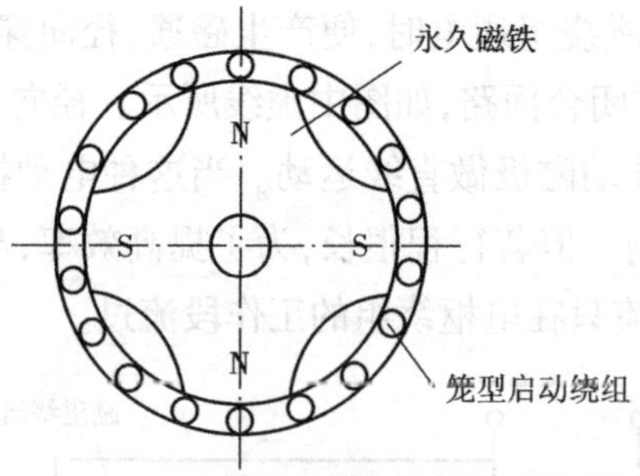

图 8.5.1　永磁式微型同步电动机转子

永磁式微型同步电动机出力大、体积小、耗电少、结构简单、工作可靠,广泛用于自动记录仪表和程序控制系统中。

2. 反应式微型同步电动机

反应式微型同步电动机的转子由铁磁性材料制成,本身没有磁性,但是必须有直轴和交轴之分,直轴的磁阻小,交轴的磁阻大。图 8.5.2 所示为反应式微型同步电动机转子冲片的几种不同形式,其中(a)的外形为凸极结构,靠直轴和交轴气隙大小不同达到磁阻不等的要求,称为外反应式;(b)的外形为圆形,气隙均匀,但在内部开有反应槽,使交轴方向的磁阻远大于直轴方向,称为内反应式;(c)是既采用凸极结构,又在内部开有反应槽,从而使交轴方向和直轴方向的磁阻差别更大,称为内外反应式。冲片上的小圆孔隙用于放置笼型启动绕组导条。

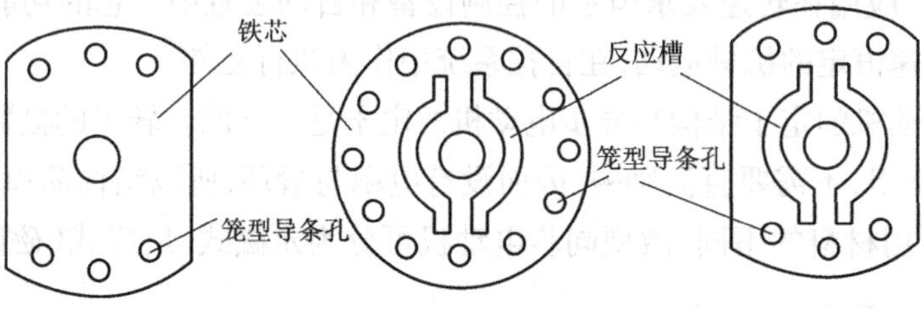

图 8.5.2　反应式微型同步电动机转子冲片

(a)外反应式　(b)内反应式　(c)内外反应式

定子绕组通电时,气隙中建立圆形或椭圆形旋转磁场,并作用于转子,产生磁阻转矩或称反应转矩,使转子与定子旋转磁场一起以同步转速 n_0 旋转,当负载转矩增大时,定子旋转磁场磁极轴线与转子凸极轴线之间的夹角 θ 增大,反应转矩随之增大,同步转速 n_0 保持不变,不过负载转矩不能超过一定限度。反应式微型同步电动机亦有启动问题,为此转子上亦装有笼型启动绕组,采用异步启动法启动。

反应式微型同步电动机的结构比永磁式更简单,成本更低,工作可靠,适用于精密机床、遥控装置、录像机和传真机等。

3. 磁滞式微型同步电动机

磁滞式微型同步电动机的定子结构与永磁式、反应式微型同步电动机相同,转子铁芯采用硬磁材料制成的圆柱体或圆环，装配在非磁性材料制成的套筒上，典型的转子结构如图 8.5.3 所示。在功率极小的磁滞式微型同步电动机中，定子采用罩极式结构，转子由硬磁薄片组成，如图 8.5.4 所示。

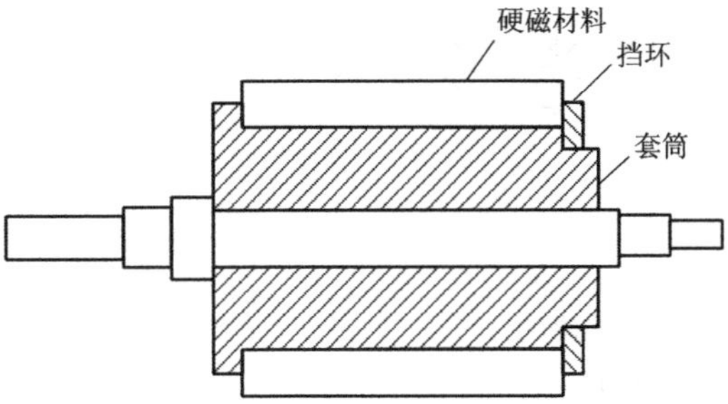

图 8.5.3　磁滞式微型同步电动机转子典型结构

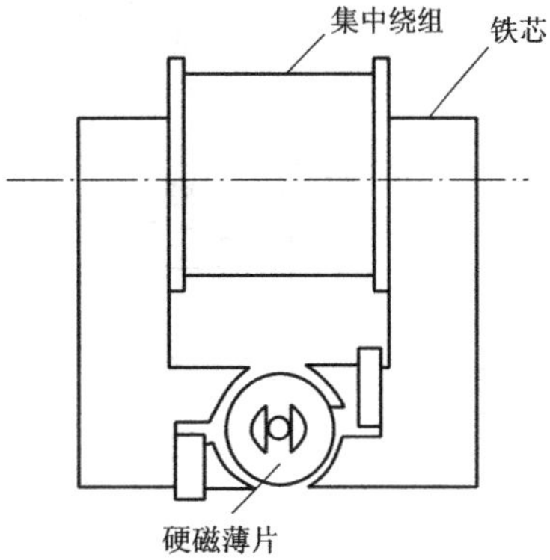

图 8.5.4　罩极式磁滞式微型同步电动机

下面以图 8.5.5 为例说明磁滞式微型同步电动机的工作原理。图中电动机的转子为硬磁材料制成的实心转子，定子产生的旋转磁场以一对等效磁极表示，当定子磁场固定不转时，转子磁畴（磁分子）受磁化，排列方向与定子磁场方向相一致，如图 8.5.5（a）所示，定子磁场与转子之间只有径向力，切向力和转矩均为零。如果定子磁场以同步转速 n_0 逆时针方向旋转，转子处于旋转磁化状态，转子磁畴应跟随定子磁场旋转方向转动。但是，磁畴之间很大的摩擦力使磁畴不能立即跟随定子旋转磁场转过同样的角度，而始终要落后一个空间角度 θ_c，称为磁滞角。这样转子就成为一个磁极轴线落后于定子旋转磁场磁极轴线 θ_c 角的磁铁，如图 8.5.5（b）所示。转子所受的磁拉力除径向分量以外，还有一个切向分量，切向分量产生的转矩称为磁滞转矩 T_c，磁滞转矩 T_c 使转子朝旋转磁场的方向旋转。产生磁滞转矩的条件是转子与定子旋转磁场之间有相对运动，即转子转速低于同步转速，转子被旋转磁化，但是磁滞转矩的大小仅决定于硬磁材料的性质，而与转子异步运行时的转速无关，所以在转速低于同步转速时，磁滞转矩 T_c 始终保持为常数，只要负载转矩 T_L 不大于 T_c，转速就会上升，直至转速等于同步转速时，转子不再被旋转磁化，而是恒定磁化，这时磁滞式微型同步电动机就成为永磁式微型同步电动机。同步运行以后，转速恒定不变，转子磁极轴线与定子旋转磁场磁极轴线之间的夹角改由负载大小决定，一般在 $0\sim\theta_c$。磁滞式微型同步电动机的转速低于同步转速时，转子与旋转磁场之间有相对切割运动。磁滞转子中会产生涡流，与旋转磁场作用产生涡流转矩。所以，磁滞式微型同步电动机启动时，不仅有磁滞转矩，还有涡流转矩，不但能够自行启动，而且启动转矩较大，这是这种电动机的主要特点。

磁滞式微型同步电动机结构简单、运行可靠、启动性能好、噪声小，常用于电钟、自动记录仪表、录音机和传真机等。

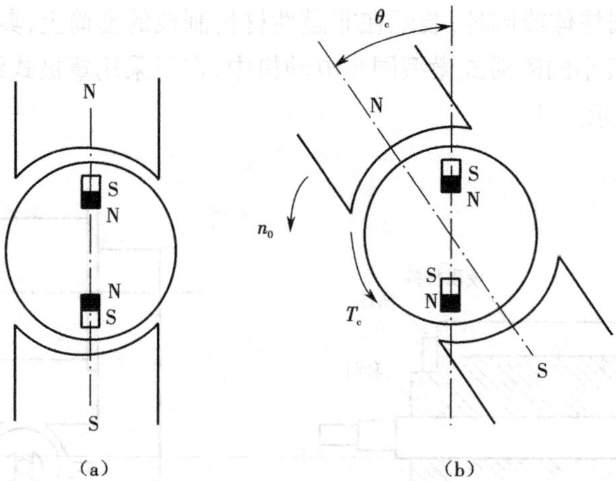

图 8.5.5　硬磁材料转子的磁化

(a)磁化前　(b)磁化后

习　题

问答题

1. 常用的特种电机有哪些？自动控制系统对特种电机有哪些要求？

2. 为什么要求交流伺服电动机有较大的电阻？

3. 直流伺服电动机有哪几种控制方式？

4. 直流测速发电机产生误差的原因有哪些？

5. 试简要说明交流异步测速发电机的基本工作原理和存在线性误差的主要原因。

6. 异步测速发电机在转子不动时，为什么没有电压输出？转动时，为什么输出电压能与转速成正比，而频率却与转速无关？

7. 什么是异步测速发电机的剩余电压？

8. 步进电动机的转速与哪些因素有关？如何改变其转向？

9. 步距角为 1.5°/0.75° 的磁阻式三相六极步进电动机转子有多少个齿？若频率为 2 000 Hz，电动机转速是多少？

10. 试述直线感应电动机的工作原理。如何改变运动的速度和方向？它有哪几种主要形式？各有什么特点？

11. 为什么永磁式和反应式微型同步电动机转子上通常装有笼型绕组？

12. 磁滞式微型同步电动机与永磁式和反应式相比，突出优点是什么？

项目 9　电机与拖动试验

项目	试验	职业能力	学习方式	学习地点	学时数
电机与拖动试验	试验的基本要求和安全操作规程	了解试验前的准备工作、试验过程要求，掌握试验的安全操作规程	试验	实验室	0.5
			试验	实验室	
	电机通用试验	掌握电机绝缘性能的测试方法，掌握电机绕组直流电阻的测定方法	试验	实验室	1.5
			试验	实验室	
	他励直流电机试验		试验	实验室	1.5
	单相变压器参数测定试验		试验	实验室	1.5
	三相异步电动机工作特性测定试验		试验	实验室	1.5
	三相异步电动启动与调速试验		试验	实验室	1.5

试验 1　试验的基本要求和安全操作规程

职业能力：了解试验前的准备工作、试验过程要求，掌握试验的安全操作规程。

1. 试验的基本要求

电机与拖动试验的目的在于培养学生掌握基本的试验方法与操作技能；培养学生根据试验目的、试验内容及试验设备拟定试验线路，选择所需仪表，确定试验步骤，测取所需数据，进行分析研究，得出必要结论，从而完成试验报告。在整个试验过程中，必须集中精力，及时认真做好试验。现按试验过程提出下列基本要求。

1）试验前的准备

试验前应复习教科书有关章节，认真研读试验指导书，了解试验目的、项目、方法与步骤，明确试验过程中应注意的问题（有些内容可到实验室对照试验预习，如熟悉组件的编号、使用及其规定值等），并按照试验项目准备记录抄表等。

试验前应写好预习报告，经指导教师检查认为确实做好了试验前的准备，方可开始试验。

认真做好试验前的准备工作，对于培养学生的独立工作能力，提高试验质量和保护试验设备都是很重要的。

2）试验的进行

（1）建立小组，合理分工。每次试验都以小组为单位进行，每组由 3~5 人组成，试验进行中的接线、调节负载、保持电压或电流、记录数据等工作应有明确的分工，以保证试验操作协调，记录数据准确可靠。

(2)选择组件和仪表。试验前先熟悉该次试验所用的组件,记录电机铭牌和选择仪表量程,然后依次排列组件和仪表便于测取数据。

(3)按图接线。根据试验线路图及所选组件、仪表等按图接线,线路力求简单明了,接线原则是先接串联主回路,再接并联支路。为查找线路方便,每路可用不同颜色的导线或插头。

(4)启动电机,观察仪表。在正式试验开始之前,先熟悉仪表刻度,并记下倍率,然后按一定规范启动电机,观察所有仪表是否正常(如指针正、反向是否超满量程等)。如果出现异常,应立即切断电源,并排除故障;如果一切正常,即可正式开始试验。

(5)测取数据。预习时对电机与拖动的试验方法及所测数据的大小做到心中有数。正式试验时,根据试验步骤逐次测取数据。

(6)认真负责,试验有始有终。试验完毕,须将数据交指导教师审阅。经指导教师认可后,才允许拆线,并把试验所用的组件、导线及仪器等物品整理好。

3)试验报告

试验报告是根据实测数据和在试验中观察和发现的问题,经过自己分析研究或分析讨论后写出的心得体会。

试验报告要简明扼要、字迹清楚、图表整洁、结论明确。

试验报告包括以下内容:

(1)试验名称、专业班级、学号、姓名、试验日期、室温;

(2)列出试验中所用组件的名称及编号和电机铭牌数据(P_N、U_N、I_N、n_N)等;

(3)列出试验项目并绘出试验时所用的线路图,注明仪表量程、电阻器阻值、电源端编号等;

(4)数据的整理和计算;

(5)按记录及计算的数据用坐标纸画出曲线,图纸尺寸不小于 8 cm × 8 cm,曲线要用曲线尺或曲线板连成光滑曲线,不在曲线上的点仍按实际数据标出;

(6)根据数据和曲线进行计算和分析,说明试验结果与理论是否符合,可对某些问题提出一些自己的见解并写出最后结论;

(7)每次试验每人独立完成一份试验报告,按时送交指导教师批阅;

(8)试验报告应写在一定规格的报告纸上,并保持整洁。

2. 试验安全操作规程

为了按时完成电机与拖动试验,确保试验时人身与设备安全,要严格遵守如下安全操作规程:

(1)试验时,人体不可接触带电线路;

(2)接线或拆线都必须在切断电源的情况下进行;

(3)学生独立完成接线或改接线路后,必须经指导教师检查和允许,并在引起组内其他同学注意后方可接通电源,试验中如发生事故,应立即切断电源,查清问题和妥善处理故障后,才能继续进行试验;

(4)电机如直接启动,则应先检查功率表及电流表的电流量程是否符合要求以及是否有短路回路存在,以免损坏仪表或电源;

(5)总电源或试验台控制屏上的电源接通应由试验指导人员来控制,其他人只能在指导人员允许后方可操作,不得自行合闸。

试验 2　电机通用试验

职业能力:掌握电机绝缘性能的测试方法,掌握电机绕组直流电阻的测定方法。

1. 绝缘性能试验

1)试验目的

测定绝缘电阻,正确选择和使用兆欧表。

2)预习要点

(1)兆欧表选用原则。绝缘电阻一般用兆欧表进行测定,所用兆欧表的规格根据被测电机的额定电压值选用,如表 9.2.1 所示。

表 9.2.1　兆欧表的规格与被测电机额定电压值的对应关系

绕组额定电压/V	≤36	36~500	500~3 000	>3 000
兆欧表规格/V	250	500	1 000	2 500

(2)兆欧表使用注意事项。

①在进行测量前,被测设备必须断电,具有电容的高压设备还应充分放电,才能进行测量。

②兆欧表接线端的两根引线不可用双股绞线,引线要分开。

③测量前先将兆欧表进行一次开路和短路试验,检查兆欧表是否良好。若将两连接线开路,摇动手柄,指针应指在"∞"处;若将两连接线短路,摇动手柄,指针应指在"0"处。

④摇动手柄应由慢渐快。当指针已指向零时,就不能继续摇动手柄了,以防表内线圈发热损坏。

⑤测量时应以兆欧表规定的转速 120 r/min 均匀地摇动,待指针稳定后方可读数。

⑥测量后,应将被测绕组对地放电后,再拆测量线。

(3)绝缘电阻的规定值。根据国家标准规定,电机绕组的绝缘电阻在热态时,应不低于下式确定的数值:

$$R=\frac{U}{1000+\frac{P_N}{100}}\ (\mathrm{M\Omega}) \tag{9.2.1}$$

式中:U 为电机绕组的额定电压,单位为 V;P_N 为电机的额定功率,对发电机单位为 kV · A,对调相机单位为 kvar。

由式(9.2.1)可知,500 V 以下的低压电机,热态时绝缘电阻应不低于 0.5 MΩ,如果低于这个数值,应分析原因,采取相应措施,以提高绝缘电阻。

3)试验项目

(1)测量一台鼠笼式异步电动机绕组对地绝缘电阻、相间绝缘电阻。

(2)测量一台绕线式异步电动机绕组对地绝缘电阻、相间绝缘电阻。

4)试验方法

(1)试验设备,见表 9.2.2。

表 9.2.2 试验设备

序号	型号	名称	数量
1	ZC25-3	500 V 兆欧表	1 个
2	Y180m-4	鼠笼式异步电动机	1 台
3	YR200L-4	绕线式异步电动机	1 台

(2)对 ZC25-3 型兆欧表进行开路试验和短路试验。

(3)测量 Y180m-4 型鼠笼式异步电动机绕组对地绝缘电阻、相间绝缘电阻,数据记录于表 9.2.3 中。

表 9.2.3 Y180m-4 型鼠笼式异步电动机绕组对地绝缘电阻、相间绝缘电阻

绕组	U-地	V-地	W-地	U-V	V-W	W-U
绝缘电阻/MΩ						

(4)测量 YR200L-4 型绕线式异步电动机绕组对地绝缘电阻、相间绝缘电阻,数据记录于表 9.2.4 中。

表 9.2.4 YR200L-4 型绕线式异步电动机绕组对地绝缘电阻、相间绝缘电阻

绕组	U-地	V-地	W-地	U-V	V-W	W-U
绝缘电阻/MΩ						

2. 绕组直流电阻的测定

1)试验目的

测定绕组的直流电阻,校核设计值,计算效率以及确定绕组的温升,正确使用单、双臂电桥。

2)预习要点

(1)绕组电阻的大小随温度变化,在测定绕组实际冷态下的直流电阻时,要同时测量绕组的温度,以便将该电阻换算成基准工作温度下的数值。

(2)直流伏安法。测量小电阻按图 9.2.1(a)接线,测量大电阻按图 9.2.1(b)接线。测量电源采用蓄电池或其他电压稳定的直流电源。为了保护电压表,串联一只按钮开关 Q_2。

为了保证有足够的灵敏度，电流要达到一定的数值，但又不能超过绕组额定电流的 20%，并应尽快同时读数，以免被测绕组发热影响测量的准确度。

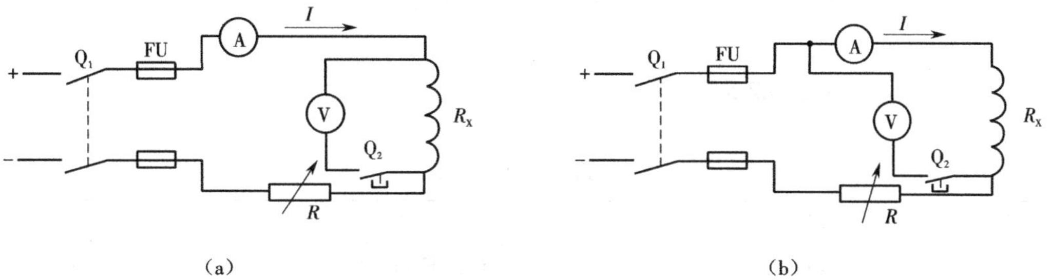

图 9.2.1　直流伏安法测量绕组直流电阻

(a)测量小电阻　(b)测量大电阻

测量时，先闭合电源开关 Q_1，当电流稳定后，再按下按钮开关 Q_2，接通电压表，测量绕组两端电压。测量后，立即松开 Q_2，使电压表先断开，以防在断开电源时绕组所产生的自感电动势损坏电压表。

图 9.2.1(a)中，被测绕组的直流电阻为

$$r = \frac{U}{I - \dfrac{U}{r_V}} \tag{9.2.2}$$

式中：r_V 为电压表内阻。

若不考虑电压表内阻 r_V 的分流，则 $r=U/I$。绕组电阻越小，分路电流越小，误差则越小。

图 9.2.1(b)中，被测绕组的直流电阻为

$$r = \frac{U - r_A I}{I} \tag{9.2.3}$$

式中：r_A 为电流表内阻。

若不考虑电流表内阻 r_A 的电压降，则 $r=U/I$，由于计算值中包括了电流表的内阻，故此实际电阻值稍大。绕组电阻越大，电流表内阻越小，误差则越小。

(3)电桥法。采用电桥法测量电阻时，究竟是选用单臂电桥还是双臂电桥，取决于被测绕组电阻的大小和精度要求。当绕组电阻小于 1 Ω 时，选用双臂电桥，因为单臂电桥测量得到的数值中，包括了连接线与接线柱的接触电阻，这会给低电阻的测量带来较大的误差。

用电桥法测量电阻时，应先将刻度盘旋转到电桥大致平衡的位置；然后按下电池按钮，接通电源，待电桥中的电流达到稳定后，方可接通检流计；测量完毕后，应先断开检流计，再断开电源，以免检流计受到冲击。

测得的冷态直流电阻可按下式换算到基准工作温度时的电阻值：

$$r_w = \frac{k + \theta_w}{k + \theta} r \tag{9.2.4}$$

式中：θ_w 为基准工作温度(A、B、E 级绝缘为 75 ℃，F、H 级绝缘为 115 ℃)；θ 为绕组实际冷态温度；r 为绕组实际冷态电阻；k 为常数，铜绕组 $k=235$，铝绕组 $k=225$。

3)试验项目

(1)用直流伏安法测量一台鼠笼式异步电动机绕组直流电阻。

(2)用电桥法测量一台鼠笼式异步电动机绕组直流电阻。

4)试验方法

(1)试验设备,见表9.2.5。

表 9.2.5 试验设备

序号	型号	名称	数量
1	Y180m-4	鼠笼式异步电动机	1台
2		单臂电桥	1台
3		双臂电桥	1台
4		电流表	1块
5		电压表	1块
6		可变电阻	1只
		按钮开关	1只

(2)用直流伏安法测量Y180m-4型鼠笼式异步电动机绕组直流电阻。先用万用表估测绕组直流电阻,根据估测值选择图9.2.1接线方式进行接线。调整可调电阻值,对应于不同的电流值测量电阻三次,记录于表9.2.6中,取三次测量的平均值作为绕组的直流电阻。

表 9.2.6 Y180m-4 型鼠笼式异步电动机绕组直流电阻

绕组	U相绕组			V相绕组			W相绕组		
直流电阻测量值/Ω									
直流电阻测量平均值/Ω									

(3)用电桥法测量Y180m-4型鼠笼式异步电动机绕组直流电阻。先用万用表估测绕组直流电阻,根据估测值选择单臂或双臂电桥进行测量。调整可调电阻值,对应于不同的电流值测量电阻三次,记录于表9.2.7中,取三次测量的平均值作为绕组的直流电阻。

表 9.2.7 Y180m-4 型鼠笼式异步电动机绕组直流电阻

绕组	U相绕组			V相绕组			W相绕组		
直流电阻测量值/Ω									
直流电阻测量平均值/Ω									

试验3　他励直流电机试验

1. 试验目的

（1）掌握用试验方法测取直流他励电动机机械特性的方法。

（2）掌握直流并励电动机的调速方法。

2. 预习要点

（1）直流电动机的机械特性。

（2）直流电动机的调速原理。

3. 试验项目

1）机械特性

（1）固有机械特性：保持 $U=U_N$ 和 $I_f=I_{fN}$ 不变，测取 $n=f(T_2)$。

（2）人为机械特性：保持 $U=150$ V 和 $I_f=I_{fN}$ 不变，测取 $n=f(T_2)$。

2）调速特性

（1）改变电枢电压调速：保持 $U=U_N$、$I_f=I_{fN}=$ 常数、$T_2=$ 常数，测取 $n=f(U_a)$。

（2）改变励磁电流调速：保持 $U=U_N$、$T_2=$ 常数，测取 $n=f(I_f)$。

4. 试验方法

1）试验设备

试验设备见表9.3.1。

表9.3.1　试验设备

序号	型号	名称	数量
1	DD03	导轨、测速发电机及转速表	1台
2	DJ23	校正直流测功机	1台
3	DJ15	直流并励电动机	1台
4	D31	直流电压、毫安、电流表	2件
5	D42	三相可调电阻器	1件
6	D41	三相可调电阻器	1件
7	D55-2	智能转矩、转速、输出功率测试	1件
8	D51	波形测试及开关板	1件

2）屏上挂件排列顺序

D31、D42、D51、D55-2、D31、D41。

3）他励电动机的机械特性

（1）按图9.3.1接线，校正直流测功机MG按他励发电机连接，在此作为直流电动机M的负载，用于测量电动机的转矩和输出功率；R_{f1}、R_{f2} 分别选用D42的900 Ω串联900 Ω阻值共1 800 Ω；R_1 用D41的90 Ω串联90 Ω阻值共180 Ω；R_2 为发电机的负载电阻，选用

D42 的 900 Ω 与 900 Ω 串联变阻器，加上 D41 的 90 Ω 与 90 Ω 串联变阻器 4 只，阻值最大为 2 160 Ω。当负载电流大于 0.4 A 时用 D41 的 90 Ω 与 90 Ω 串联变阻器 4 只，而将 D42 的 900 Ω 与 900 Ω 串联变阻器部分阻值调到最小并用导线短接，如图 9.3.2 所示。

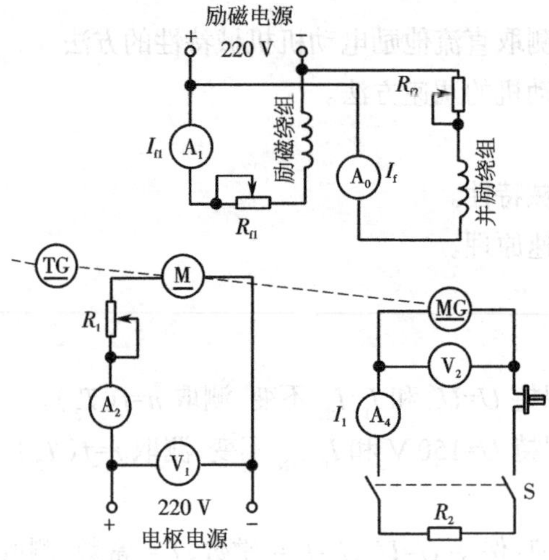

图 9.3.1　直流他励电动机接线图

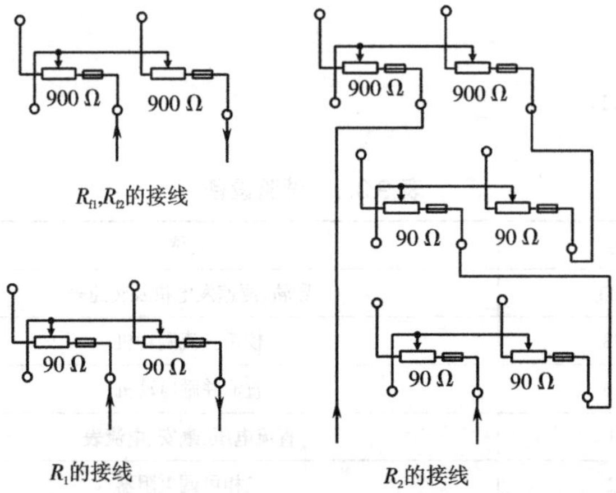

图 9.3.2　R_{f1}、R_{f2}、R_1、R_2 的接线图

（2）将直流他励电动机 M 的磁场调节电阻 R_{f1} 调至最小值，电枢串联启动电阻 R_1 调至最大值，接通控制屏下边右方的电枢电源开关使其启动，其旋转方向应符合转速表正向旋转的要求。

（3）直流他励电动机 M 启动正常后，将其电枢串联电阻 R_1 调至零，并用导线将其短接。调节电枢电源的电压为 220 V，调节校正直流测功机的励磁电流，使其等于校正值 100 mA。将测速发电机的转速信号和校正直流测功机的电枢电流引入 D55-2 板，选择功能 2，按位/+键即可。调节校正直流测功机的负载电阻 R_2 和电动机的磁场调节电阻 R_{f1}，使电动机达到额定值：$U=U_N$，$I=I_N$，$n=n_N$。此时，M 的励磁电流 I_f 即为额定励磁电流 I_{fN}。

（4）保持 $U=U_N$，$I_f=I_{fN}$，逐渐减小电动机负载。测取电动机的转速 n 和电动机输出转矩 T_2，共取数据 8~9 组，记录于表 9.3.2 中。

表 9.3.2　U_N=220 V，I_{fN}=______mA

T_2/（N·A）									
n/（r/min）									

（5）调节电枢电源的电压为 U=150 V。保持 U=150 V 和 $I_f=I_{fN}$ 不变，逐渐减小电动机负载。测取电动机的转速 n 和电动机输出转矩 T_2，共取数据 8~9 组，记录于表 9.3.3 中。

表 9.3.3　U=150 V，I_{fN}=______mA

T_2/（N·A）									
n/（r/min）									

4）调速特性

（1）改变电枢端电压的调速。①直流电动机 M 运行后，将电阻 R_1 调至零，调节负载电阻 R_2、电枢电压及磁场电阻 R_{f1}，使 M 的 $U=U_N$，$I=0.5I_N$，$I_f=I_{fN}$，记下此时的 T_2 值。②保持此时的 T_2 值和 $I_f=I_{fN}$ 不变，逐渐增加 R_1 的阻值，降低电枢两端的电压 U_a，使 R_1 从零调至最大值，每次测取电动机的端电压 U_a、转速 n 和电枢电流 I_a，共取数据 8~9 组，记录于表 9.3.4 中。

表 9.3.4　$I_f=I_{fN}$=____mA，T_2=______N·m

U_a/V									
n/（r/min）									
I_a/A									

（2）改变励磁电流的调速。①直流电动机 M 运行后，将 M 的电枢串联电阻 R_1 和磁场调节电阻 R_{f1} 调至零，调节 M 的电枢电源调压旋钮和 MG 的负载，使电动机 M 的 $U=U_N$，$I=0.5I_N$，记下此时的 T_2 值。②保持此时 MG 的 T_2 值和 M 的 $U=U_N$ 不变，逐渐增加磁场电阻阻值，直至 $n=1.3n_N$，每次测取电动机的 n 和 I_f，共取数据 7~8 组，记录于表 9.3.5 中。

表 9.3.5　$U=U_N$=____V，T_2=______N·m

n/（r/min）								
I_f/mA								
I/A								

5. 试验报告

编写试验报告。

试验 4　单相变压器参数测定试验

1. 试验目的

(1)通过空载和短路试验测定变压器的变比和参数。

(2)通过负载试验测取变压器的运行特性。

2. 预习要点

(1)变压器的空载和短路试验的特点，试验中电源电压一般加在哪一方较合适。

(2)在空载和短路试验中，各种仪表应怎样连接才能使测量误差最小。

(3)如何用试验方法测定变压器的铁损耗及铜损耗。

3. 试验项目

1)空载试验

测取空载特性 $U_0=f(I_0)$, $P_0=f(U_0)$, $\cos\varphi_0=f(U_0)$。

2)短路试验

测取短路特性 $U_k=f(I_k)$, $P_k=f(I_k)$, $\cos\varphi_k=f(I_k)$。

3)负载试验

(1)纯电阻负载：保持 $U_1=U_N$, $\cos\varphi_2=1$ 的条件下，测取 $U_2=f(I_2)$。

(2)感性负载：保持 $U_1=U_N$, $\cos\varphi_2=0.8$ 的条件下，测取 $U_2=f(I_2)$。

4. 试验方法

1)试验设备

试验设备见表 9.4.1。

表 9.4.1　试验设备

序号	型号	名称	数量
1	D33	交流电压表	1 件
2	D32	交流电流表	1 件
3	D34-3	单三相智能功率、功率因数表	1 件
4	DJK10	三相芯式变压器	1 件
5	D42	三相可调电阻器	1 件
6	D43	三相可调电抗器	1 件
7	D51	波形测试及开关板	1 件

2)屏上挂件排列顺序

D33、D32、D34-3、DJK10、D42、D43。

3）空载试验

（1）在三相调压交流电源断电的条件下，按图 9.4.1 接线。被测变压器选用三相组式变压器 DJK10 中的一只作为单相变压器，其额定容量 S_N=50 V · A，U_{1N}/U_{2N}=127 V/31.8 V，I_{1N}/I_{2N}=0.4 A/1.6 A。变压器的低压线圈 a、x 接电源，高压线圈 A、X 开路。

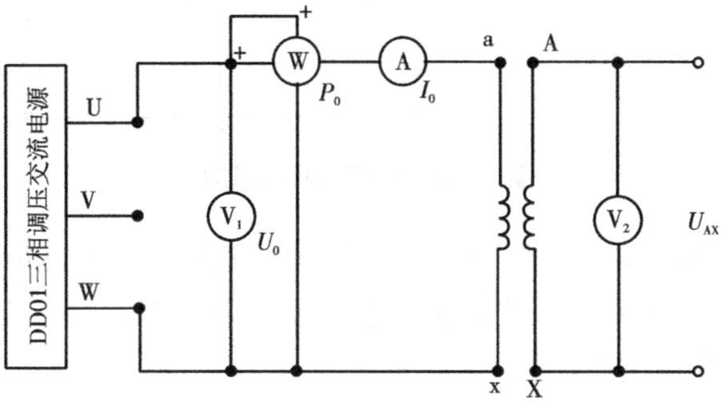

图 9.4.1　空载试验接线图

（2）选好所有电表量程。将控制屏左侧调压器旋钮向逆时针方向旋转到底，即将其调到输出电压为零的位置。

（3）合上交流电源总开关，按下“开”按钮，便接通三相交流电源。调节三相调压器旋钮，使变压器空载电压 $U_0=1.2U_N$（U_N=31.8 V），然后逐次降低电源电压，在（0.2~1.2）U_N 的范围内，测取变压器的 U_0、I_0、P_0。

（4）测取数据时，$U=U_N$ 点必须测，并在该点附近测较密的点，共测取数据 7~8 组，记录于表 9.4.2 中。

（5）为了计算变压器的变比，在 U_N 以下取 3 点，在测取原边电压的同时测出副边电压数据，并记录于表 9.4.2 中。

表 9.4.2　试验数据

序号	试验数据			
	U_0/V	I_0/A	P_0/W	U_{AX}/V

4）短路试验

（1）按下控制屏上的“关”按钮，切断三相调压交流电源，按图 9.4.2 接线（以后每次改接线路，都要关断电源）。将变压器的高压线圈接电源，低压线圈直接短路。

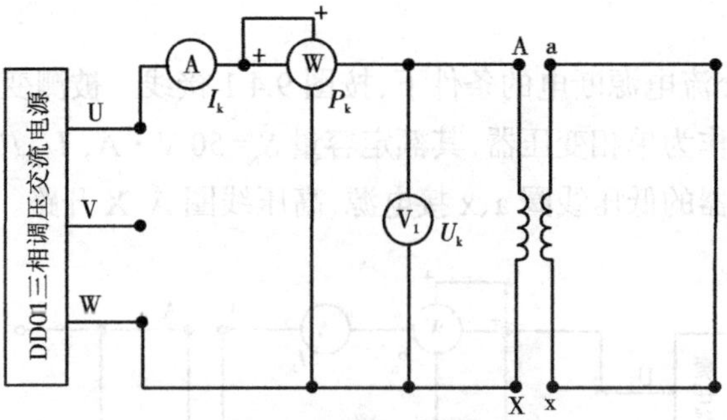

图 9.4.2 短路试验接线图

(2)选好所有电表量程,将交流调压器旋钮调到输出电压为零的位置。

(3)接通交流电源,逐次缓慢增加输入电压,直到短路电流等于 $1.1I_N$(I_N=0.4 A)为止,在(0.2~1.1)I_N 范围内测取变压器的 U_k、I_k、P_k。

(4)测取数据时,$I_k=I_N$ 点必须测,共测取数据 6~7 组,记录于表 9.4.3 中,同时记下周围环境温度(℃)。

表 9.4.3 试验数据(室温____℃)

序号	试验数据		
	U_k/V	I_k/A	P_k/W

5)负载试验

负载试验接线图如图 9.4.3 所示。变压器低压线圈接电源,高压线圈经过开关 S_1 和 S_2 接到负载电阻 R_L 和电抗 X_L 上。R_L 选用 D42 上 900 Ω 加 900 Ω 共 1 800 Ω 阻值,X_L 选用 D43,功率因数表选用 D34-3,开关 S_1 和 S_2 选用 D51 挂箱。

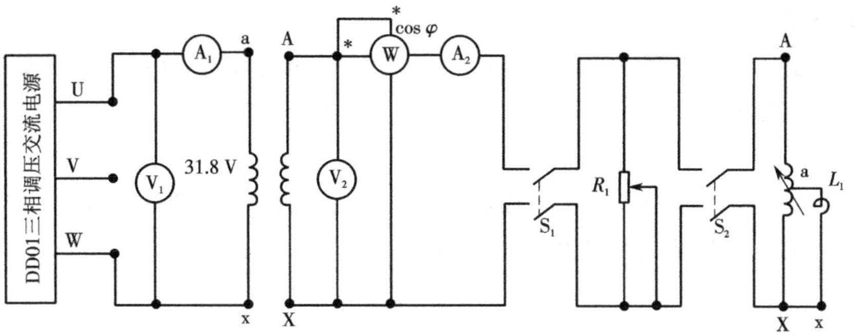

图 9.4.3　负载试验接线图

Ⅰ. 纯电阻负载($\cos\varphi_2=1$)

(1)将调压器旋钮调到输出电压为零的位置，S_1、S_2 打开，负载电阻值调到最大。

(2)接通交流电源，逐渐升高电源电压，使变压器输入电压 $U_1=U_N$($U_N=31.8$ V)。

(3)保持 $U_1=U_N=31.8$ V 不变，合上 S_1，逐渐增加负载电流，即减小负载电阻 R_L 的值，在从空载到额定负载的范围内，测取变压器的输出电压 U_2 和电流 I_2。

(4)测取数据时，$I_2=0$ 和 $I_2=I_{2N}=0.4$ A 两点必测，共测取数据 6~7 组，记录于表 9.4.4 中。

表 9.4.4　$\cos\varphi_2=1$，$U_1=U_N=$____V

序 号							
U_2/V							
I_2/A							

Ⅱ. 阻感性负载($\cos\varphi_2=0.8$)

(1)用电抗器 X_L 和 R_L 并联作为变压器的负载，S_1、S_2 打开，电阻及电抗值调至最大。

(2)接通交流电源，升高电源电压至 $U_1=U_{1N}$($U_N=31.8$ V)。

(3)合上 S_1、S_2，在保持 $U_1=U_N$ 及 $\cos\varphi_2=0.8$ 条件下，逐渐增加负载电流，在从空载到额定负载的范围内，测取变压器 U_2 和 I_2。

(4)测取数据时，$I_2=0$ 和 $I_2=I_{2N}=0.4$ A 两点必测，共测取数据 6~7 组，记录于表 9.4.5 中。

表 9.4.5　$\cos\varphi_2=0.8$，$U_1=U_N=$____V

序号							
U_2/V							
I_2/A							

5. 注意事项

(1)在变压器试验中，应注意电压表、电流表、功率表的合理布置及量程选择。

(2)短路试验操作要快，否则线圈发热会引起电阻变化。

6. 试验报告

（1）计算变比。由空载试验测变压器的原、副边电压的数据，分别计算出变比，然后取其平均值作为变压器的变比 K，即

$$K=U_{AX}/U_{ax}$$

（2）绘出空载特性曲线和计算激磁参数。①绘出空载特性曲线 $U_0=f(I_0)$，$P_0=f(U_0)$。②计算激磁参数。从空载特性曲线上查出对应于 $U_0=U_N$ 时的 I_0 和 P_0 值，并由下式计算出激磁参数：

$$r_m=\frac{P_0}{I_0^2}$$

$$Z_m=\frac{U_0}{I_0}$$

$$X_m=\sqrt{Z_m^2-r_m^2}$$

（3）绘出短路特性曲线和计算短路参数。①绘出短路特性曲线 $U_k=f(I_k)$、$P_k=f(I_k)$。②计算短路参数。从短路特性曲线上查出对应于短路电流 $I_k=I_N$ 的 U_k 和 P_k 值，并由下式计算出试验环境温度为 θ(℃)时的短路参数：

$$Z_k'=\frac{U_k}{I_k}$$

$$r_k'=\frac{P_k}{I_k^2}$$

$$X_k'=\sqrt{Z_k'^2-r_k'^2}$$

折算到低压侧为

$$Z_k=\frac{Z_k'}{K^2}$$

$$r_k=\frac{r_k'}{K^2}$$

$$X_k=\frac{X_k'}{K^2}$$

由于短路电阻 r_k 随温度变化，因此计算出的短路电阻应按国家标准换算为基准工作温度 75 ℃时的阻值，即

$$r_{k75℃}=r_{k\theta}\frac{234.5+75}{234.5+\theta}$$

$$Z_{k75℃}=\sqrt{r_{k75℃}^2+X_k^2}$$

式中：234.5 为铜导线的常数，若用铝导线，该常数应改为 228。

计算短路电压（阻抗电压）百分数：

$$u_k=\frac{I_N Z_{k75℃}}{U_N}\times100\%$$

$$u_{kr}=\frac{I_N r_{k75℃}}{U_N}\times100\%$$

$$u_{kX}=\frac{I_N X_k}{U_N}\times 100\%$$

当 $I_k=I_N$ 时，短路损耗为

$$P_{kN}=I_N^2 r_{k75℃}$$

（4）利用空载和短路试验测定的参数，画出被试变压器折算到低压侧的“T”型等效电路。

（5）变压器的电压变化率 Δu。

①绘出 $\cos\varphi_2=1$ 和 $\cos\varphi_2=0.8$ 时两条外特性曲线 $U_2=f(I_2)$，由特性曲线计算出 $I_2=I_{2N}$ 时的电压变化率，即

$$\Delta u=\frac{U_{20}-U_2}{U_{20}}\times 100\%$$

②根据试验求出的参数，计算出 $I_2=I_{2N}$、$\cos\varphi_2=1$ 和 $I_2=I_{2N}$、$\cos\varphi_2=0.8$ 时的电压变化率 Δu。

$$\Delta u=u_{kr}\cos\varphi_2+u_{kX}\sin\varphi_2$$

将两种计算结果进行比较，并分析不同性质的负载对变压器输出电压 U_2 的影响。

（6）绘出被试变压器的效率特性曲线。

①用间接法计算出 $\cos\varphi_2=0.8$ 时不同负载电流下的变压器效率，记录于表 9.4.6 中。

$$\eta=\left(1-\frac{P_0+I_2^{*2}P_{kN}}{I_2^* P_N\cos\varphi_2+P_0+I_2^{*2}P_{kN}}\right)\times 100\%$$

式中：$I_2^* P_N\cos\varphi_2=P_2$（W）；$P_{kN}$ 为变压器 $I_k=I_N$ 时的短路损耗（W）；P_0 为变压器 $U_0=U_N$ 时的空载损耗（W）；$I_2^*=I_2/I_{2N}$ 为副边电流标么值。

表 9.4.6　$\cos\varphi_2=0.8$，$P_0=$____W，$P_{kN}=$____W

I_2^*	P_2/W	η
0.2		
0.4		
0.6		
0.8		
1.0		
1.2		

②由计算数据绘出变压器的效率曲线 $\eta=f(I_2^*)$。

③计算被试变压器 $\eta=\eta_{max}$ 时的负载系数 β_m，即

$$\beta_m=\sqrt{\frac{P_0}{P_{kN}}}$$

试验 5　三相异步电动机工作特性测定试验

1. 试验目的

用直接负载法测取三相异步电动机的工作特性。

2. 预习要点

(1)异步电动机的工作特性。

(2)工作特性的测定方法。

3. 试验项目

负载试验。

4. 试验方法

1)试验设备

试验设备见表 9.5.1。

表 9.5.1　试验设备

序号	型号	名称	数量
1	DD03	导轨、测速发电机及转速表	1 件
2	DJ23	校正过的直流电机	1 件
3	DJ17	三相绕线式异步电动机	1 件
4	D33	交流电压表	1 件
5	D32	交流电流表	1 件
6	D34-3	单三相智能功率、功率因数表	1 件
7	D31	直流电压、毫安、安培表	1 件
8	D42	三相可调电阻器	1 件
9	D51	波形测试及开关板	1 件
10	D55-2	转矩、转速、输出功率测试	1 件

2)屏上挂件排列顺序

D33、D32、D34-3、D31、D42、D55-2、D51。

三相绕线式异步电动机的组件编号为 DJ17, 120 W, 220 V(Y), 0.6 A, 1 380 r/min;转子 Y 接,用连线将 3 个红色接线柱短接。

3)负载试验

(1)负载试验接线图如图 9.5.1 所示,同轴连接负载电机。图中 R_f 用 D42 上 1 800 Ω 阻值,R_L 用 D42 上 1 800 Ω 阻值加上 900 Ω 并联 900 Ω 共 2 250 Ω 阻值,如图 9.5.2 所示;S 用 D51 上开关,J 为接入 D55-2 上的插接头。

(2)合上交流电源,调节调压器使之逐渐升压至额定电压(线电压 220 V)并保持不变。

(3)合上校正过的直流电机的励磁电源,调节励磁电流至校正值(100 mA)并保持不变。

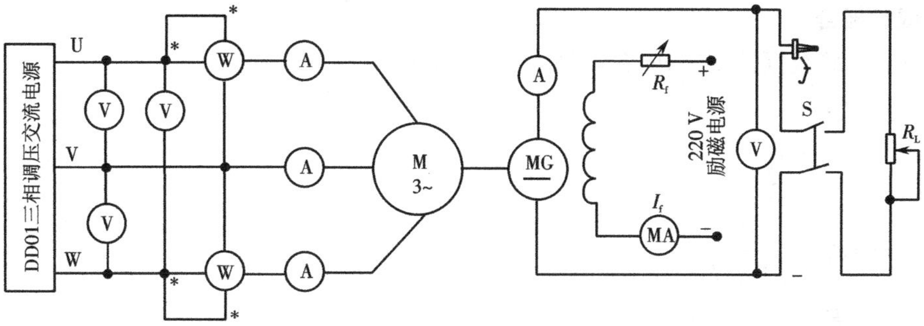

图 9.5.1　三相异步电动机负载试验接线图

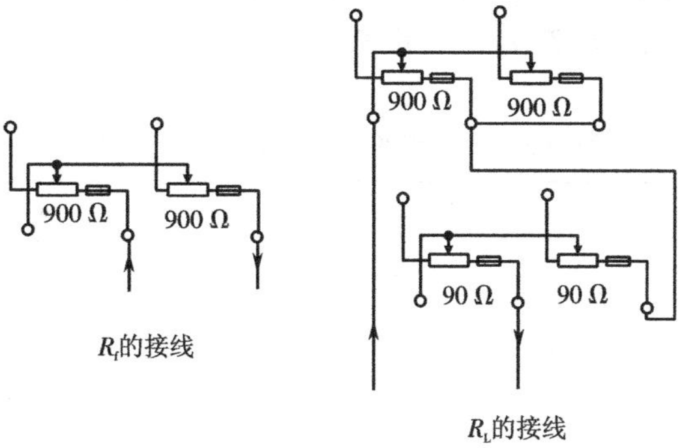

图 9.5.2　电阻接线图

（4）调节负载电阻 R_L（注：先调节 1 800 Ω 电阻，调至零值后用导线短接，再调节 450 Ω 电阻），使异步电动机的定子电流逐渐上升，直至电流上升到 1.25 倍额定电流（0.75 A）。

（5）逐渐减小负载直至空载，在此范围内读取异步电动机的定子电流、输入功率、转速、输出功率 P_2、输出转矩 T_2 等数据。

（6）共测取数据 8~9 组，记录于表 9.5.2 中。

表 9.5.2　U_{1N}=220 V（Y），I_f=____mA

序号	I_1/A				P_1/W			P_2/W	T_2/（N·m）	n/（r/min）
	I_A	I_B	I_C	I_1	$P_Ⅰ$	$P_Ⅱ$	P_1			

5. 试验报告

由负载试验数据计算工作特性，填入表 9.5.3 中。

计算公式为

$$I_1=\frac{I_A+I_B+I_C}{3}$$

$$\cos\varphi_1=\frac{P_1}{\sqrt{3}U_{1N}I_1}$$

$$\eta=\frac{P_2}{P_1}\times 100\%$$

式中：I_1 为定子绕组相电流（A）；U_{1N} 为定子绕组线电压（V）；η 为效率。

绘制工作特性曲线 n、I_1、η、T_2、$\cos\varphi_1=f(P_2)$。

表 9.5.3　U_1=220 V（Y），I_f=______mA

序号	I_1/A				P_1/W			P_2/W	$\cos\varphi_1$	η
	I_A	I_B	I_C	I_1	$P_Ⅰ$	$P_Ⅱ$	P_1			

试验 6　三相异步电动机启动与调速试验

1. 试验目的

通过试验掌握异步电动机的启动和调速方法。

2. 预习要点

（1）异步电动机的启动方法和启动技术指标。

（2）异步电动机的调速方法。

3. 试验项目

（1）直接启动。

（2）星形－三角形（Y-△）换接启动。

（3）自耦变压器启动。

（4）绕线式异步电动机转子绕组串入可变电阻器启动。

（5）绕线式异步电动机转子绕组串入可变电阻器调速。

4. 试验方法

1）试验设备

试验设备见表 9.6.1。

表 9.6.1　试验设备

序号	型号	名称	数量
1	DD03	导轨、测速发电机及转速表	1 件
2	DJ17	三相绕线式异步电动机	1 件
3	DJ23	校正过的直流电机	1 件
4	D31	直流电压、毫安、安培表	1 件
5	D32	交流电流表	1 件
6	D33	交流电压表	1 件
7	D55-2	转矩、转速、输出功率测试	1 件
8	D51	波形测试及开关板	1 件
9	DJ17-1	启动与调速电阻箱	1 件

2）屏上挂件排列顺序

D33、D32、D51、D31、D55-2。

3）异步电动机直接启动试验

（1）按图 9.6.1 接线，电动机绕组为△接法，异步电动机直接与测速发电机同轴连接，不连接负载电动机 DJ23。

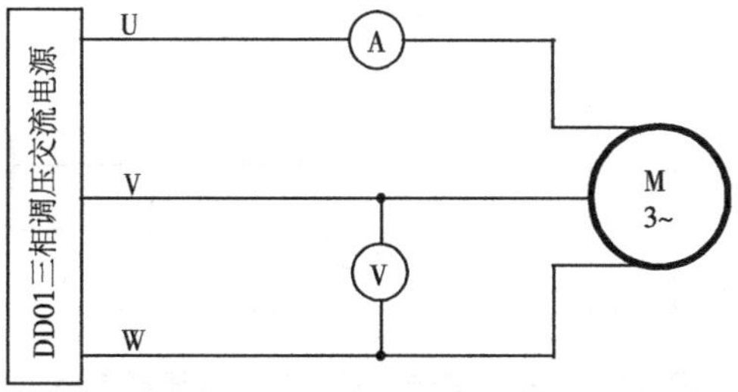

图 9.6.1　异步电动机直接启动

（2）把交流调压器退到零位，开启电源总开关，按下“开”按钮，接通三相交流电源。

（3）调节调压器，使输出电压达到电动机额定电压（127 V），使电动机启动旋转。

（4）再按下“关”按钮，断开三相交流电源，待电动机停止旋转后，按下“开”按钮，接通三相交流电源，使电动机全压启动，观察电动机启动瞬间的电流值（按指针式电流表偏转的最大位置所对应的读数值定性计量）。

4)星形－三角形(Y-△)启动

(1)按图 9.6.2 接线,线接好后把调压器退到零位。

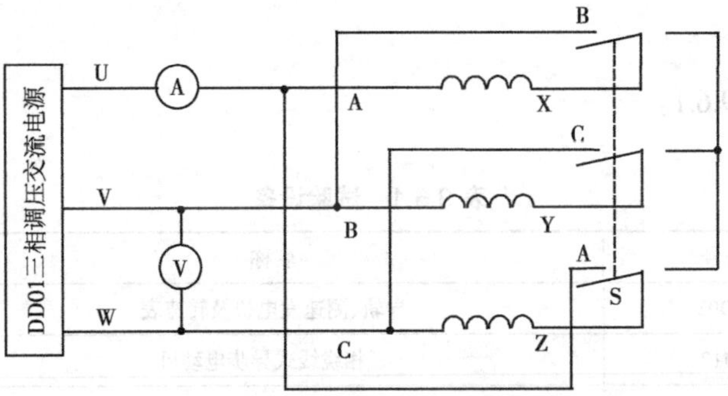

图 9.6.2　三相鼠笼式异步电动机星形－三角形启动

(2)三刀双掷开关 S 合向右边(Y 接法),合上电源开关,逐渐调节调压器使输出电压升至电动机额定电压(127 V),打开电源开关,等待电动机停转。

(3)合上电源开关,观察启动瞬间电流,然后把开关 S 合向左边(△),使电动机正常运行,整个启动过程结束。观察启动瞬间电流表的显示值,以与其他启动方法作定性比较。

5)自耦变压器启动。

(1)按图 9.6.3 接线,电动机绕组为△接法。

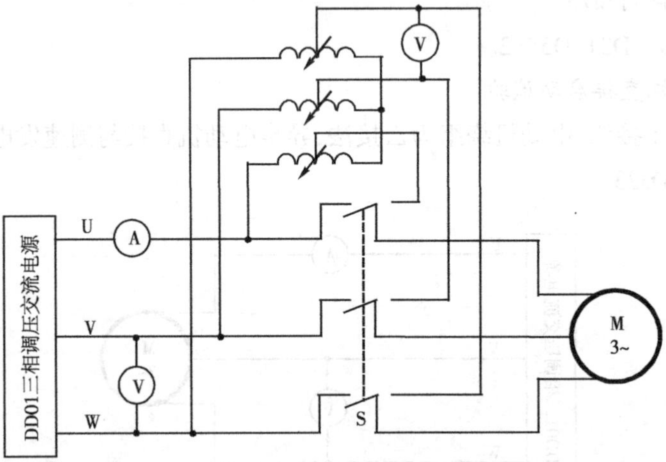

图 9.6.3　三相异步电动机自耦变压器启动

(2)三相调压器退到零位,开关 S 合向左边,自耦变压器选用 D43 挂箱。

(3)合上电源开关,调节调压器,使输出电压达到电动机额定电压(127 V),断开电源开关,待电动机停转。

(4)开关 S 合向右边,合上电源开关,使电动机由自耦变压器降压启动(自耦变压器抽头输出电压分别为电源电压的 40%、60% 和 80%),并经一定时间再把开关 S 合向左边,使电动机按额定电压正常运行,整个启动过程结束。观察启动瞬间电流,以作定性比较。

6)绕线式异步电动机转子绕组串入可变电阻器启动——电动机定子绕组 Y 形接法

(1)按图 9.6.4 接线。

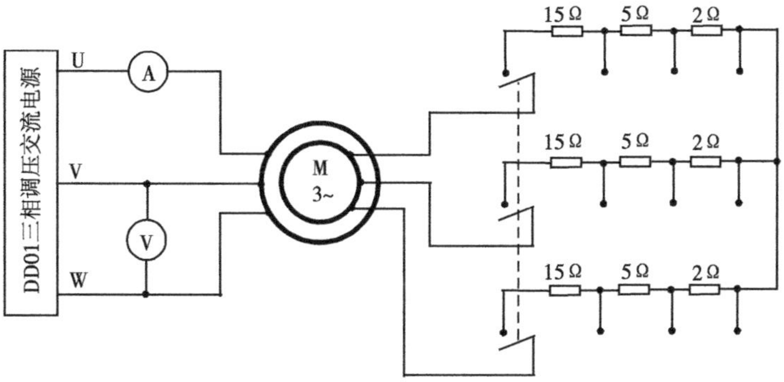

图 9.6.4　绕线式异步电动机转子绕组串电阻启动

(2)转子每相串入的电阻可用 DJ17-1 启动与调速电阻箱。

(3)接通交流电源,调节输出电压,在定子电压为 220 V 时,转子绕组分别串入不同电阻值,测取定子电流。

7)绕线式异步电动机转子绕组串入可变电阻器调速

(1)试验线路图同图 9.6.4,同轴连接校正直流电动机 MG 作为绕线式异步电动机 M 的负载,MG 的试验电路参考图 9.5.2 左接线。电路接好后,将 M 的转子附加电阻调至最大。

(2)合上电源开关,电动机空载启动,保持调压器的输出电压为电动机额定电压(220 V),转子附加电阻调至零。

(3)调节校正电动机的励磁电流 I_f 为校正值(100 mA 或 50 mA),再调节直流发电机负载电流,使电动机输出功率接近额定功率,并保持输出转矩 T_2 不变,改变转子附加电阻(每相附加电阻分别为 0、2、5、15 Ω),测相应的转速,记录于表 9.6.2 中。

表 9.6.2　U=220 V,I_f=_____mA,T_2=______N·m

r_{st}/Ω	0	2	5	15
n/(r/min)				

5. 试验报告

(1)比较异步电动机不同启动方法的优缺点。

(2)由启动试验数据求下述三种情况下的启动电流:

①外施电压为额定电压 U_N 的直接法启动;

②外施电压为 $U_N/\sqrt{3}$ 的 Y-△启动;

③外施电压为 U_N/K_A 的自耦变压器启动。